실무를 위한

식품위생학

박홍현 · 김동원 · 김중배 · 강창수 공 저

光文閣
www.kwangmoonkag.co.kr

머 리 말

식생활을 안전하게 유지하기 위해서는 식품의 유해·유독물질에 대한 위생적인 관리가 매우 중요하다. 그러나 다량생산을 위한 농약의 광범위한 사용이나 환경에서 오는 각종 화학물질의 오염도가 높아지고 있는 실정이다.

이와 같은 오염에 대하여 소비자나 식품 취급자, 또는 시설의 운영자 등이 취할 수 있는 것은 극히 제한되어 있고, 여기에 대한 대응책을 마련하는 것은 무엇보다도 중요하다. 따라서 식품의 품질이나 위생 상태를 확보하기 위한 대책이 필요하다.

지금까지 출간된 서적은 국가시험을 중심으로 편성되어 있거나, 학술적인 내용을 광범위하게 다루고 있다. 즉, 실무에 쉽게 적용할 수 있는 지식을 높이기 위해서 이해하기 쉬운 내용과 편집 체계를 갖춘 도서의 필요성을 평소 갖게 되었다.

본 서에서는 식품위생에 대한 기초 내용과 식품의 취급 및 소비까지의 관리 체계를 중심으로 편성하였고, 식품의 감별법을 정리하여 위생적인 면과 품질관리에도 이해를 돕고자 하였다. 최근에 많은 관심을 받고 있는 위해요소 중점관리기준(HACCP)에 대하여 자세하게 다루었고, 식중독의 발생이나 예방에 대한 최근의 변화에 대해서도 기술하였다. 또한 식품의 취급이나 조리 과정 등에서 발생할 수 있는 안전 사고에 대하여도 관리 방법을 사전에 숙지함으로써 예방을 기할 수 있도록 노력하였다. 그리고 식품위생법에서의 규제나 제한 등을 요약 정리하여 자율적으로 위생 수준을 향상시킬 수 있도록 하였다.

본 서는 식품 분야를 공부하는 학생들이나 식품과 관련이 있는 모든 분들에게 참고서가 되리라고 믿으며, 특히 책의 내용을 이해하기 쉽게 엮고자 노력하였으나 미비한 점이 있는 것으로 사료되며, 독자 여러분들의 많은 이해와 지도편달을 바란다.

끝으로 무더운 여름에 본 서의 출판을 위하여 애써주신 광문각 박정태 사장님과 편집부 여러분의 노고에 깊은 감사를 드린다.

2007. 7 삼복더위 날

지은이 씀

차　례

제1장 식품위생과 건강 / 13

제4장　시설과 기구, 기물의 위생관리 / 171

제5장 조리 가공 과정에서의 위생관리 / 207

제6장 위생관리 대책 / 233

I

식품위생과 건강

제 1 장

식품위생과 건강

§1-1 식품위생의 개념

식품은 인간의 건강을 증진시켜 생명을 유지하는데 필수적이다. 그러므로 식품이 건강을 해치고 생명을 위협한다면 식품이 아니고 독성물질(毒性物質)이 될 수밖에 없다.

식품에 함유한 독성물질에 의한 중독현상은 과거에는 개별 조리 후 섭취하였으므로 개인이나 가정에서 주로 영향을 주었다. 그러나 최근 인구의 팽창과 산업의 발달, 생활수준의 향상은 외식의 기회를 확대시켰다. 또한 핵가족화, 여성의 취업 기회 확대 등 외식산업이 대형화, 규격화, 전문화하는 데 촉진제 역할을 하게 되었다. 이러한 일부의 대량생산시설은 기호성과 저장성을 높일 목적으로 다량의 식품첨가물을 넣음으로써 식중독 사고가 발생하게 되고 피해자나 피해지역이 광역화되었다.

일본의 산업화 과정에서 볼 수 있듯이 식품의 생육・생산 환경의 오염으로 많은 식품이 오염되고 많은 사람들에게 만성적이지만 독성을 나타내게 되었다.

건강에 대한 소비자의 관심이 높아지면서 식품의 선택 기준이 재배・생산 및 제조 등 전 과정에까지 관심을 갖게 되었고 음식점 내에도 청결을 강조하게 되었다.

우리나라 식품위생법(1962년 1월 20일 법률 제1007호) 제2조에서는 식품위생을 "식품・식품첨가물, 기구 또는 용기・포장을 대상으로 하는 음식에 관한 위생"으로 정의하여 식품위생의 적용 대상에 중점을 두고 있다.

1955년 스위스 제네바에서 열린 세계보건기구(WHO)의 환경위생전문위원회에서는 다음과 같이 정의 하였다. "Food hygiene means all measures necessary for ensuring the safety, wholesomeness, and soundness of food at all stages from its growth, production or manufacture until its final consumption" 즉, "식품위생이란 식품의 재배・생산 또는 제조로부터 최종적으로 사람에게 섭취될 때까지의 모든 단계에서 식품의 안정성・건전성 및 악화 방지를 위한 모든 수단을 뜻한다." 라고 규정하였다.

정의에서 식품의 안전성이란 독성분이나 위해인자로 인한 건강장해로부터 벗어남을 뜻하며, 유해·유독 물질이나 유해세균의 오염에 대해 상대적인 의미로 쓰이고 있다.

식품의 안전성과 건전성을 보다 적극적인 의미로 해석할 수 있다. 즉, 재배·생산 단계에서부터 원료를 위생적으로 관리하고 조리·가공·저장 등의 취급 과정에서 적정한 방법을 이용하며, 식품 자체의 기능을 충분히 발휘할 수 있는 영양적 적합성까지도 확보하도록 요구하고 있다.

연구문제

1. 식품위생은 산업의 발달과 어떤 관계를 가지고 변천하는 학문 영역인가?
2. 식품위생의 정의와 궁극적인 목표는 무엇인가?

§1-2 안전한 식품

1. 유해식품

우리나라 식품위생법 제4조에서 위해식품 등의 판매 등을 금지시키고 있는 사항은 다음과 같다.

① 부패·변질 및 미숙한 것
② 유해·유독물질이 들어 있거나 묻어 있는 것
③ 병원미생물의 오염 및 염려가 있는 것
④ 불결하거나 다른 물질이 혼입 및 첨가된 것
⑤ 영업허가를 받지 않거나 신고를 하지 않은 자가 제조·가공한 것
⑥ 안전성 평가를 받지 않은 것
⑦ 수입이 금지된 것이나 수입신고를 하지 않은 것

이들 위해식품 등의 위협은 생물학적 인자로는 전염병이나 식중독, 부패 및 변질을 일으키는 세균이나 곰팡이, 기생충, 그리고 유독성분을 함유하고 있는 동·식물 등이 있다.

생물학적 요인은 식품의 원래 고유 성분인가 또는 외부로부터 오염 혼합된 것인가에 따라 구분될 수 있다. 복어독 같은 동물성 독, 독버섯과 같은 식물성 독, 또 특이체질에 따라 나타나는 알레르기(allergy) 물질(세균 증식에 따라 생성된 알레르기 물질 제외)은 식품이 가지는 원래의 고유 성분이라고 볼 수 있다. 그러나 식중독이나 전염병을 일으키는 세균, 기생충,

독성물질을 생성하는 곰팡이 등은 오염된 것으로 식품 원래의 성분과는 관련이 없다.

화학적 인자로는 농약, 환경오염 물질, 불량 식품첨가물, 기구 및 용기・포장 등으로부터 유해물질, 조리 및 가공 과정에서 생성되는 유해물질 등이 있다.

식품에 함유된 화학물질은 다음과 같이 구분할 수 있다.

① 식품 내의 성분으로 인체에 나쁜 영향을 주지 않은 물질

② 식품의 생산・가공・저장 및 포장 등에서 혼입될 수 있는 물질

③ 외관이나 풍미 향상 등 품질에 영향을 주기 위하여 의도적으로 첨가된 식품첨가물로서 착향료・착색료・보존료 등

④ 식품의 성분간 또는 첨가된 화학물질과 고유 성분 간의 반응 등 제조가공 과정에서 생성되는 물질로 구분할 수 있다.

그러나 생물학적 인자인 세균이나 곰팡이가 식품에 침입하여 식품 성분을 분해 변질시키든가 자신이 독성물질을 생성하여 식품의 안전성을 해치는 경우도 많다.

2. 안전한 식품의 관리

식품을 모든 위해 요인으로부터 제거하기 위하여 다음과 같은 기본 원칙을 마련하고 있다.

① 세균성 식중독균이나 경구전염병균 등에 오염되지 않도록 하고, 오염된 것은 절대로 섭취하지 말도록 한다.

② 생산・제조・저장・조리 등의 과정에서 유독 또는 유해물질의 혼입을 방지한다.

③ 부패나 변질을 일으키는 미생물에 오염되지 않도록 관리하고, 살균 후 저온에서는 단시간 저장한다.

④ 식품첨가물은 규정된 사용량을 넘지 않도록 하고, 잔류농약 및 폐수 등에 오염되지 않도록 한다.

⑤ 불량・부정식품을 제조하지 못하도록 소비자 전체가 감시한다.

세계보건기구(WHO)에서 권장하는 안전한 식품을 위한 황금률(The WHO Golden Rules for Safe Food Preparation)은 다음과 같다.

① 가공된 식품을 선택한다.

과일・채소 등은 자연 상태인 것이 좋지만, 식품에 따라서는 가공되지 않으면 안전치 못한 것도 있다. 생우유보다 살균된 우유를 마시고, 가능한 이온화한 방사선으로 처리된 신선하고 냉동된 닭고기를 선택하여야 하는 바람직하다.

가공된 식품은 저장기간을 연장시켜 줄 뿐만 아니라 안전성도 높다. 또한 상추와 같이 생으로 섭취하는 것은 항상 깨끗이 씻어서 섭취한다.

② 철저하게 조리한다.

생고기류나 살균되지 않은 우유 등은 질병을 일으키는 병원균의 오염에 노출되어 있다. 그러나 충분히 가열하여 조리를 하면 사멸시킬 수 있으며, 특히 중심 부위를 70℃ 이상 가열한다. 냉동된 육류나 어류 등은 조리 전에 완전히 해동시킨다.

③ 조리된 식품은 즉시 섭취한다.

조리된 식품을 실온에서 장시간 방치하면 세균의 증식이 가능하기 때문에 가능한 가열 즉시 섭취한다.

④ 조리식품에 대한 저장관리를 철저히 한다.

식품을 조리해 놓거나 남은 음식 등을 4~5시간 이상 보관할 때에는 60℃ 이상의 온장이나 10℃ 이하의 저온에서 보관한다. 특히 유아용 식품은 되도록 저장하지 않는다.

⑤ 조리되었던 식품은 재가열한다.

저장 중에 증식될 수 있는 세균을 예방하기 위해서는 식품의 중심 부위까지 70℃ 이상이 되도록 충분히 가열한다.

⑥ 생식품과 조리된 식품은 섞이지 않도록 한다.

안전하게 조리된 식품이라도 생식품과 섞이면 오염이 될 수 있는데, 이를 교차오염(cross contamination)이라 한다. 오염 방식은 생고기가 조리된 식품 등과 접촉하여 직접 오염시킬 수 있고, 조리 중에 사용된 조리기구 등으로 병원균을 간접적으로 오염될 수 있다.

⑦ 손을 자주 씻는다.

식품을 조리하기 전이나, 조리 중에 다른 용건을 보는 경우에는 반드시 손을 깨끗이 씻는다. 특히 어류나 육류 등의 생식품을 취급하거나, 다른 식품을 조리할 때는 항상 손을 씻는다. 손에 상처가 났다면 식품과 접촉되지 않도록 주의하고, 애완동물은 사람의 손을 통하여 식품에 병원균을 옮기는 매개체가 된다는 것을 유의한다.

⑧ 조리실의 모든 표면은 깨끗이 한다.

식품은 균에 쉽게 오염될 수 있기 때문에 조리실의 모든 표면은 청결을 유지하여야 한다. 조리용 기구나 용기 등에 접촉하는 모든 천은 매일 교체하고 다시 사용할 때는 열탕으로 처리한다.

⑨ 위생곤충이나 동물로부터 식품을 보호한다.

위생곤충이나 동물은 병원성미생물을 전파시킬 수 있기 때문에 식품과의 접촉을 못하도록 밀봉한 용기에 보관한다.

⑩ 깨끗한 물을 사용한다.

조리용으로 사용하는 물도 식수와 같이 매우 중요하다. 물이 의심스러울 때는 식품에 넣거나 얼음을 만들기 전에 반드시 끓여서 사용하고, 유아식을 만들 때 사용하는 물은 특히 주의를 하여야 한다.

3. 안전성의 평가

식품의 안전성을 위하여 인체에 미치는 영향을 조사하기 위하여 독성시험을 행한다. 급성 독성시험, 아급성 독성시험, 만성 독성시험의 3단계를 거쳐서 인체에 위해를 주지 않는 최대 무작용량(最大無作用量, maximum no effect level : MNEL)을 판정하고, 사람이 하루에 섭취할 수 있는 1일 섭취허용량(acceptable daily intake : ADI)을 구한다.

독성의 강함을 표시하는 데는 최소치사량(minimum lethal dose)과 반수치사량(50% lethal dose, LD_{50}), 치사농도(lethal concentration) 등을 사용하는데 현재 우리나라에서는 LD_{50}을 사용하고 시험방법은 다음과 같다.

(1) 급성 독성시험 : 실험 동물에게 저농도로부터 고농도까지 1회만 투여하고, 7~14일 정도 관찰하여 중독사하는 양으로부터 독성의 강약을 결정하여 그 영향을 판정하는 시험방법이다. 중독 증상과 기능 검사에는 토끼, 개, 고양이 및 원숭이 등 큰 동물을 사용하고, 장기의 병리, 조직학적 장애검사에는 쥐를 사용하고 투여군마다 6~10마리 정도 사용한다.

(2) 아급성 독성시험 : 실험 동물의 수명이 1/10 정도(흰쥐 1~3개월 정도)의 기간에 연속 경구 투여하여 증상을 관찰하고 검사를 행한다. 주로 mouse와 rat을 이용하고, 치사량 10% 정도로 14일 정도 투여한다. 주로 생물학적 무영향 수준의 결정에 이용된다.

(3) 만성 독성시험 : 식품의 독성 평가에 많이 사용되는데, 실험 동물은 mouse와 rat은 2년, 개나 원숭이 등은 1년간 투여하여 독성을 판정한다. 시험결과는 식품이나 식품첨가물이 인체에 미치는 최대무작용량을 판정하는 데 목적이 있다.

(4) 경피 및 점안시험 : 토끼를 실험 동물로 하고 3마리 이상을 약 3주 정도 피부에 바르거나 눈에 넣어 장애를 조사하고 독성을 판정한다.

(5) 아만성 독성시험 : 화학물질을 90일 정도 투여하고 관찰하여 실험 동물의 무영향 수준을 결정한다.

(6) 생식 및 기형 독성시험 : 실험 동물의 수태 능력, 기형, 수유기 시험 등으로 기형의 특성을 관찰한다.

(7) 유전 독성시험 : 체세포 및 생식세포의 유전자인 DNA를 변화시켜 증상을 관찰하는 독성시험이다.

최대 무작용량은 실험 동물에게 아무런 영향을 주지 않는 투여의 최대량으로 큰 동물의 만성 독성시험에도 무독성이 인정되어야 하며, 판정 기준은 다음과 같다.

① 대조군과 비교하여 성장장애가 없고 사망하는 것이 없어야 한다.

② 각종 검사에서 대조군과 비교하여 이상 징후가 발생되지 않아야 한다.

실험 결과로 최대무작용량을 알아서 사람의 1일 섭취허용량(acceptable daily intake : ADI)을 구한다. ADI 값은 최대안전량에 안전계수를 곱하여 최대무작용량을 얻고 여기에 체중을 곱한다. 안전계수는 사람과 동물간의 감수성을 1 : 10, 사람에 따른 개인차를 1 : 10으로 하여 1일 섭취허용량은 1/100을 곱하여 산출한다.

연구문제

1. 식품의 안전성을 해치는 요인을 분류하고 위생적으로 안전한 식품이 어떤 것인가를 기술하라.
2. 세계보건기구가 권장하는 안전한 식품 준비를 위한 황금률의 강조점은 무엇이라고 말할 수 있는가?

§1-3 식품과 미생물

식품의 안정성에 가장 위협을 주는 것이 미생물이다. 눈으로 볼 수 없고 주위의 생활환경에 무수히 존재하고 있다. 식품으로 인하여 일어나는 건강장해의 90% 이상이 미생물에 의한 원인이 되고 있다. 따라서 미생물의 생태를 정확히 이해함으로써 안전성과 저해요인의 관리에 도움이 될 것이다.

1. 미생물의 종류 및 특성

1) 세균(bacteria)

세균은 증식과 복제에 필요한 기능과 조직을 가진 가장 작은 생물조직이다. 크기는 극히 작아서 핀(pin)의 머리 부분에 2,000개를 놓을 수 있으며, 직경은 1㎛ 정도이다. 세균의 종류, 환경과 배지(培地) 및 성장단계 등에 따라서 모양이 다양하다.

(1) 모 양

세균의 모양은 그림 1-1과 같이 구균(球菌, cocci), 간균(桿菌, bacilli), 그리고 나선균(螺旋菌, spirilla) 등 3가지로 분류한다.

구균은 증식하면서 긴 줄 모양을 가진 연쇄상구균(streptococci)과 포도송이 모양을 가진 포도상구균(staphylococci) 등으로 구분할 수 있다. 간균은 막대 모양으로 그 길이에 따라 장간균과 단간균으로 구분한다. 나선 혹은 콤마 모양의 나선균은 보통 단균으로 발견되는 것이 보통이다. 이들 중 특히 간균과 구균이 식이성 질병의 원인이 되고 있다.

(2) 아포(芽胞) 형성

간균 중 어떤 것은 환경이 부적합할 때 자신을 보호하기 위하여 아포(spore)라는 특수 구조를 형성하는 능력이 있다. 이 아포 형성균은 환경이 적합하면 다시 영양형(vegetative form)으로 된다. 아포는 고온이나 저온, 물리・화학적으로 부적절한 환경에서 균을 보호해주는 능력이 있다. 냉동이나 평상 온도에서 견딜 수 있는 있는 것은 아포의 보호에 의한 것이다.

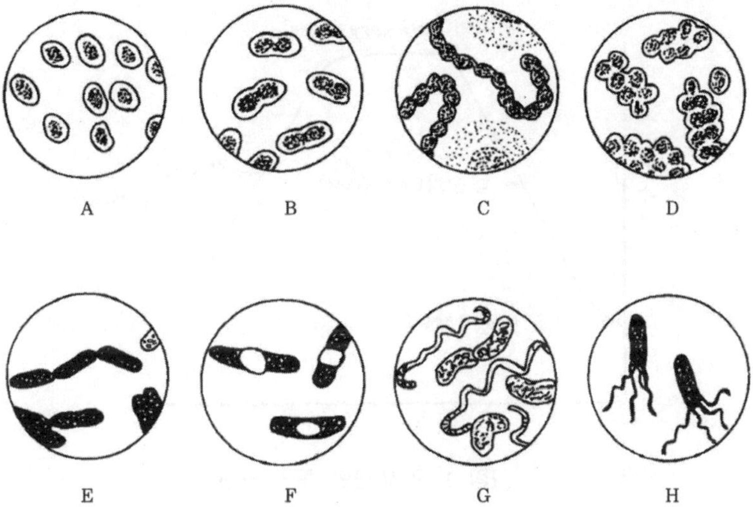

그림 1-1 박테리아의 모양

A : 단구균(monococci) B : 쌍구균(diplococci) C : 연쇄상구균 (streptococci) D : 포도상구균(staphylococci) E : 영양형간균(vegetative bacilli) F : 아포형간균(bacilli with spores) G : 나선균(spirilla) H : 편모를 가진 간균(vegetative bacilli with flagella)

(3) 세균의 증식

세균은 환경 조건이 적합하면 급격한 증가를 가져온다. 보통 20분이면 2배씩 증가하여 한 개의 세균이 10시간 정도 지나면 10억 마리 이상이 되고, 육안으로 볼 수 있는 집락(集落, colony)을 형성하게 된다.

세균의 증식은 그림 1-2와 같이 식품에 침입하였다면 새로운 환경에 적응하기 위하여 증식하지 않는 적응 준비 시간, 즉 유도기(lag phase)를 가지게 된다. 그 후 급속히 수가 증가하는 대수기(log phase)를 거치면서 서로 경쟁을 하게 된다. 이 시기에는 균의 증가가 멈추게 되고 일부는 죽게 되며 정지기(stationary phase)에 이른다. 이어서 영양원의 부족과 자신들의 대사산물에 의한 독성 때문에 저절로 사멸되어 가는 감소기(decline phase)를 맞게 된다.

세균의 증식은 적합한 온도와 영양원이 되는 식품에 의하여 많은 영향을 받는다. 따라서 증식을 억제하는 최선의 방법으로는 온도를 조절하는 가장 중요하다.

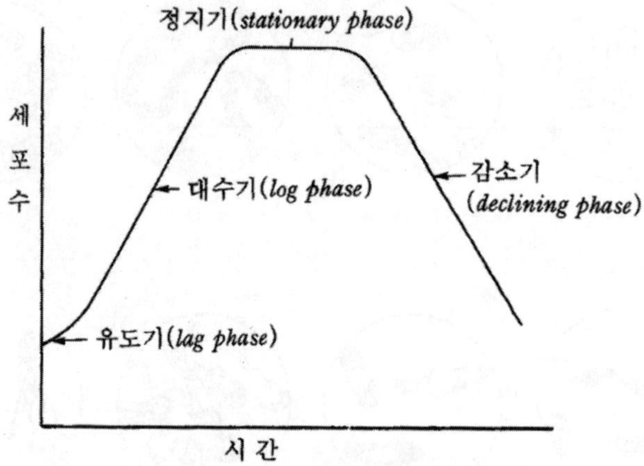

그림 1-2 세균의 증식 곡선

(4) 독 소

인체의 세포에서 화학변화가 일어나는 것처럼 세균도 변화가 일어난다.

세균은 사멸되면서 독소를 생성하여 식중독을 일으키는 원인이 되며, 주로 세균의 증식 과정 중 감소기(decline phase)에 많이 나타난다.

(5) 운동성

어떤 세균은 편모(鞭毛, flagella)로 알려져 있는 채찍 같은 부속기관을 이용하여 스스로 움직일 수 있다. 간균의 대부분과 나선균은 편모를 이용하여 움직일 수 있다. 그러나 편모를 이용하여 장거리를 이동할 수는 없으며, 다른 생물이나 물질에 의하여 함께 이동되고 있다.

(6) 세균의 생육에 미치는 환경의 영향

세균은 인간이 생활할 수 있는 공간보다 더 넓은 지역과 온도에서도 생존이 가능하다. 특히 기온이 따뜻하고 수분이 있고, 중성이나 약산성의 조건에서 왕성하게 번식 하지만 어떤 균은 저온이나 고온에서도 생존하며, 건조 상태나 고산성(高酸性) 및 고염성(高鹽性) 조건에서도 생존이 가능하다.

표 1-1 온도와 세균의 증식

	증식 가능 온도	지적 증식 온도
저온균	0~25℃	20~25℃
중온균	20~45℃	30~37℃
고온균	45~70℃	50~55℃

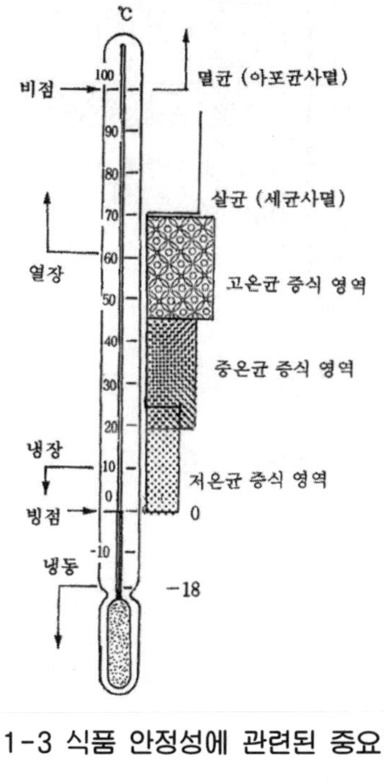

그림 1-3 식품 안정성에 관련된 중요 온도

① 온 도

미생물은 일반적으로 넓은 온도 범위에서 생존할 수 있다. 대부분의 세균은 30℃~37℃ 범위에서 잘 증식하며, 이 영역의 균을 중온균(mesophiles)이라 하며, 식중독균과 전염병균이 여기에 해당한다.

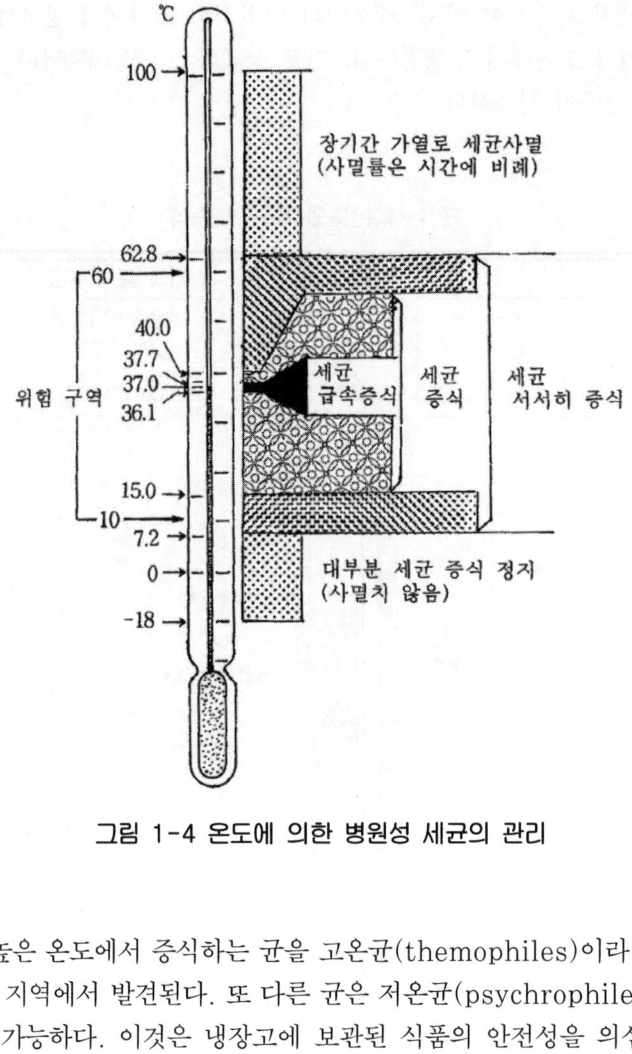

그림 1-4 온도에 의한 병원성 세균의 관리

중온균보다 높은 온도에서 증식하는 균을 고온균(themophiles)이라 하며, 퇴비나 온천 지역과 같은 지역에서 발견된다. 또 다른 균은 저온균(psychrophiles)으로 냉장온도에서도 증식이 가능하다. 이것은 냉장고에 보관된 식품의 안전성을 의심하게 된다.

고온세균을 제외한 대부분의 세균은 45℃ 이상에서 사멸되기 시작하여, 60℃에 도달하면 거의 사멸하게 된다. 그러나 아포를 형성한 세균은 100℃에서도 사멸되지 않고 생존할 수 있으므로 주의가 필요하다.

표 1-2 온도별 중온균 증식

시 간	35℃	30℃	25℃	20℃	15℃
0	1	1	1	1	1
1	8	4	2	2	1
2	64	16	4	3	2
3	512	64	8	4	3
4	4096	256	16	6	4
5	32768	1024	32	10	6
6	262144	4096	64	16	8
2배 증식시간	20분	30분	60분	90분	120분

② 수분

세균이 증식할 때에는 수분을 필요로 하므로 건조식품에는 증식이 어렵다.

수분 중에서도 미생물이 이용 가능한 물을 자유수(自由水) 혹은 유리수(遊離水)라 하며, 미생물의 이용성을 중심으로 하여 자유수만으로 표시한 것을 수분활성도(水分活性度, water activity, *Aw*)라 한다. 그러나 단백질이나 당질에 결합된 결합수(結合水)는 이용하지 못한다.

세균은 수분활성도(*Aw*) 0.85 이상에서는 증식이 활발하고, 이보다 낮은 경우에는 증식이 억제된다. 이 같은 기본원리를 바탕으로 하여 식품이 건조상태의 제품으로 생산되고, 유통과정에서 수분의 흡수를 방지하여 식품의 안전성을 확보할 수 있다.

③ pH

대부분의 세균은 그림 1-5와 같이 pH 4.6 이하에서는 증식이 억제되고, pH 4.6~9.0 범위에서는 증식의 조건에 알맞다. 즉, 식초나 유기산이 많은 과실류는 세균의 증식이 억제되지만, 육류를 비롯한 대부분의 식품은 pH 범위가 세균증식에 적합하기 때문에 위생관리를 철저히 하여야 한다.

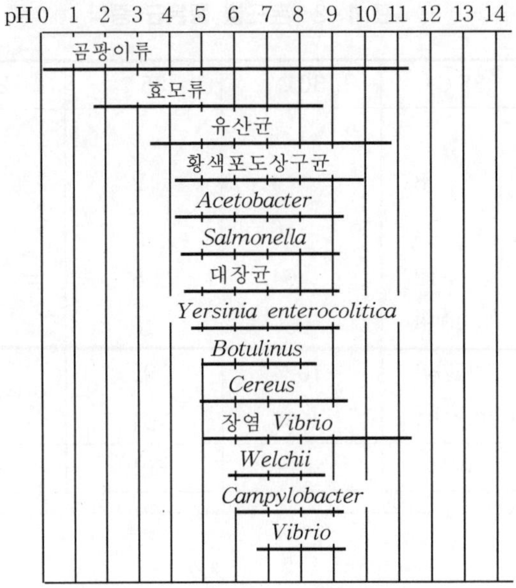

그림 1-5 식품미생물의 발육 pH

④ 산소 요구성

세균은 증식할 때 산소의 요구성에 따라 다음과 같이 구분한다.

세균이 증식할 때 산소를 필요로 하는 균을 호기성균(好氣性菌, aerobes)이라 하고, 산소가 불필요한 균을 혐기성균(嫌氣性菌, anaerobes)이라 한다. 산소가 있거나 없거나 증식이 가능한 균을 통성혐기성균(通性嫌氣性菌, facultative anaerobes), 산소가 절대로 불필요한 균을 편성혐기성균(偏性嫌氣性菌, obligate anaerobes)이라 한다.

2) 바이러스(Virus)

바이러스는 생명이 있다고 생각되는 것 중 가장 작은 것이다. 세균과는 다르게 완전한 세포형태를 갖추고 있지 않아 핵과 세포벽이 없고, 단지 단백질 포장을 한 유전적 특징을 가진 물질이라 할 수 있다.

바이러스는 구조가 극히 간단하기 때문에 스스로 증식하지 못하는 대신 증식을 위하여 살아 있는 숙주에 의지하여 필요한 물질을 얻는다. 일단 바이러스가 숙주 세포에 침입하면 생명기능을 정지시키고 바이러스를 증식시키도록 세포의 유전 명령을 바꾸어 놓는다. 이러한 살아 있는 숙주에 침입하여 기생하는 특성 때문에 기생체로 분류할 수도 있다. 바이러스는 종류에 따라 동·식물이나 세균 등 다양한 숙주를 필요로 한다.

또한 크기는 세균의 1/100~1/3 정도로 전자현미경을 통해서만 관찰할 수 있다. 그러나 전자 현미경으로 관찰하기 위한 전처리 단계에서 사멸되기 때문에 생명기능을 나타내고 있는 바이러스는 볼 수가 없다. 모양은 공 모양으로 둥근 것, 사각형, 벽돌형 등 아주 다양한 것으로 알려져 있다. 온도의 변화에 대한 반응은 세균처럼 다양하고 내한성이 있다. 냉장고에서 7년 이상 저장한 식품에서도 활성을 가지고 있으며, 상당한 저항성을 갖고 있다.

식품에 기인한 질병과 바이러스의 관계는 명백히 밝혀져 있지는 않지만 식품에서 수적인 증가를 가져오지는 않으며 단지 전달 매체로써 식품이 작용하고 있는 것을 보인다.

바이러스에 의한 질병은 세균보다는 많지 않은데 이것은 식품이 최초 오염원이 되지 않기 때문이다. 바이러스성 질병은 개인위생이나 수인성 질병인 경우가 많아 오염된 물에서 채취한 어패류가 원인이 되는 경우가 있다.

3) 곰팡이(molds)

진균류 속에 속하는 곰팡이는 자연계에서 흔히 볼 수 있는 미생물이다. 곰팡이는 균사(菌絲)에 의하여 세포와 세포를 연결시켜 주고 있으며, 각각의 세포는 세균처럼 작은 것부터 큰 것까지 다양하다.

곰팡이는 아주 빨리 증식하여 솜덩이와 같은 균사체를 이루며 쉽게 볼 수 있는 집합체이다.

균사는 효소를 생성하기 때문에 식품의 저장이나 가공에 이용되며 세균처럼 아포(포자)를 형성하기도 한다. 그러나 이 아포는 세균처럼 생존을 위한 것이 아니라 증식을 목적으로 만들어진 것이다. 곰팡이 포자는 식품의 씨와 새로운 개체를 형성하는 데 중요한 기관으로 이들의 형태, 형성방법, 기타 성질이 다양하여 곰팡이의 분류에 중요한 지표가 된다.

곰팡이 중 항생제를 생성하거나 치즈 제조에 이용되기도 하지만, 대체로 식품을 변질시켜 가치를 저하시킨다. 또한 대사산물로 독소를 생성하여 동물에 발암성을 주는 것으로 밝혀졌다.

곰팡이는 환경 적응성이 활발하여 모든 식품, 저장온도, 건조나 습한 상태, 저산성, 염분이나 당분 등 조건이 다를지라도 증식할 수 있다. 즉, 모든 식품에서 증식이 가능하다. 흔히 과실류에 증식하여 적색·자색·흑색·황색 등 다양한 색깔을 나타내며, 채소류·육류·치즈·향신료나 건조식품 등에서도 발견된다.

곰팡이의 세포나 포자는 대부분 60℃에서 10분 정도 가열하면 사멸되지만 생성된 독소는 내열성이 커서 조리과정으로 파괴되지 않으며, 냉동은 곰팡이의 성장을 억제할 수 있지만 사멸시키지는 못한다.

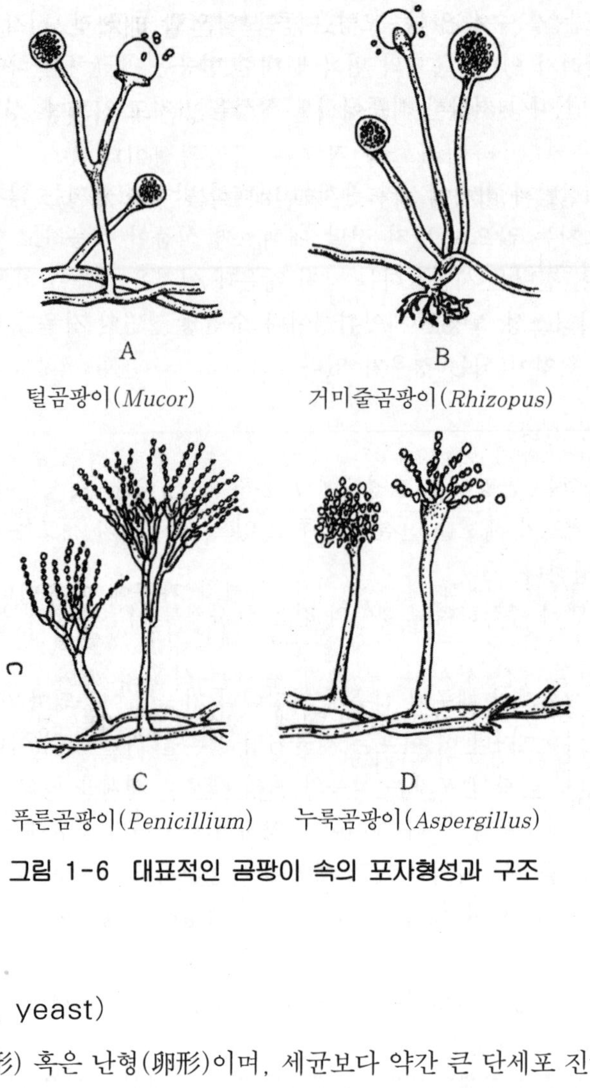

그림 1-6 대표적인 곰팡이 속의 포자형성과 구조

4) 효모(酵母, yeast)

효모는 구형(球形) 혹은 난형(卵形)이며, 세균보다 약간 큰 단세포 진균류로서 출아(出芽, budding)에 의하여 증식한다.

효모는 빵을 발효시키든가 맥주와 같은 알코올 발효에 이용한다. 그러나 효모가 증식하면 식품 중의 당과 같은 성분을 소비하기 쉬우므로 젤리나 꿀과 같은 제품을 변질시키고, 증식이 계속되면 거품이 나든가 알코올 냄새가 난다.

효모는 58℃에서 15분 정도 가열하면 사멸시킬 수 있다.

2. 자연계에서 미생물의 역할

일반적으로 미생물은 해로운 것만 강조하기 때문에 부정적인 측면이 많다. 그러나 이는 잘못 이해되고 있는 것으로서 실제 미생물 중 1% 정도만이 해로울 뿐이다.

어떤 미생물은 피부・구강・소화기계 등에 상재해 있으며, 식품이나 음료수에도 존재한다. 생명체가 존재할 수 있는 곳에서는 어느 곳에서나 발견할 수 있다.

살아 있는 것은 죽어서 사라지고 새로운 생명이 태어나게 된다. 즉, 무기물에서 유기물이 생성되고, 다시 무기물로 변하여 새로운 생명창조를 기다리고 있는 것이 물질의 순환이며 생명의 기원이다. 이러한 물질의 순환에 절대적인 역할을 하는 것이 미생물이다. 인간중심에서 보면 부패균으로 기피하게 되지만 자연의 물질 순환과정에서 보면 자연현상이라 할 수 있다.

1) 유익한 미생물

식품의 가공과 저장에는 필수불가결한 미생물이 많다. 유산균 음료나 치즈 등의 발효식품의 제조에 이용되고 있는 균으로는 *Lactobacillus* 속과 *Streptococcus* 속, 맥주나 포도주 등의 발효에는 *Aspergillus* 속, *Saccharomyces* 속, *Torula* 속 등의 미생물이 대표적으로 이용되고 있다. 또한 청국장 제조에는 *Bacillus* 속의 미생물이 이용되고 있다.

2) 유해한 미생물

질병과 관련이 있는 미생물로서 소화기계 전염병이나 식중독을 일으키고 발암성물질 등을 생성한다.

소화기계 전염병균으로는 이질균, 장티푸스균, 파라티푸스균, 콜레라균 등이 있는데, 콜레라만이 *Vibrio* 속에 속하는 세균이며, 나머지는 장내세균과에 속하는 균이다. 식중독균으로는 *Salmonella* 속, 장염 *Vibrio* 균, *Enterotoxigenic Escherichia coli*, *Staphylococcus*균, *Clostridium botulinum*균, *Clostridium perfringens*균 등이 있으며, 이외에도 새로운 식중독균이 보고되고 있다.

유해 미생물 중 병원성을 가지고 있지는 않지만, 저온에서 잘 발육하는 세균이 단백성 식품을 부패시키는 데 관여하는 것으로 알려져 있다. 대부분 Gram 음성의 세균으로 *Pseudomonas*, *Flavobacterium*, *Acinetobacter*, *Enterobacter*, *Serratia* 등이 있다.

연구문제

1. 모양에 따라 미생물을 개략적으로 어떻게 분류할 수 있으며 식품위생에 관계되 미생물의 분류상의 특징은 무엇인가?
2. 미생물의 생육에 영향을 주는 환경 요인을 열거하고 이 요인을 관리하여 생육을 조절하는 방법을 기술하라.
3. 미생물 관리에 온도 조절이 가장 중요한 이유는 무엇이라고 설명할 수 있는가?
4. 미생물을 인간의 이익이라는 인위적인 관점에서 볼 때 유해하다고 판단하는 미생물의 존재 가치를 어떻게 부여할 수 있는가?
5. 미생물의 아포란 식품위생 측면에서 어떤 의의를 갖는가?

§1-4 식품의 세균오염과 식중독

1. 식중독의 개념과 분류

식중독(food poisoning)이란 식품과 관계되어 인체에 들어온 미생물이나 유해물질에 의하여 발생되는 위장장애를 주로 한 급성 건강장해를 말한다.

그러나 과음, 과식, 영양장해, 식품 중의 이물에 의한 기계적 장해는 식중독으로 취급하지 않고 소화기계 전염병, 기생충병, 바이러스성 질환 역시 식중독과 별도로 취급하고 있다.

식중독을 분류하는 데는 원인 식품 중에 함유된 병인(病因)의 종류와 식중독의 발병 기전, 그리고 증세에 따라서 분류할 수 있다. 일반적인 분류법은 병인의 종류에 따라서 세균성 식중독, 자연독 식중독, 화학성 식중독으로 구분한다.

1) 세균성 식중독

세균성 식중독은 일정 수 이상이 증식한 세균, 혹은 그 대사산물인 독소를 함유한 식품을 섭취하여 증상이 발생하는 것으로 감염형과 독소형, 감염·독소형 등으로 분류한다.

(1) 감염형 식중독

감염형 식중독은 식중독 균(생균)이 함유된 식품을 섭취하였을 때, 장관(腸管) 내에서 증식하여 구토, 설사, 복통 등 증상을 나타낸다. 식중독 균이 장관에 도달하고 증식하여 발증하는데 까지는 일정 시간 요구되기 때문에 8~24시간 후에 중독 증상이 나타나게 된다. 원인 균으로는 *Salmonella*속, 장염 *Vibrio*, *Enterotoxigenic Escherichia coli*

등이 대표적인 균이다.

(2) 독소형 식중독

독소형 식중독은 세균이 증식할 때 생성된 독소(균체외 독소)를 함유한 식품을 섭취할 때 장관에서 흡수되어 증상을 나타낸다. 잠복기는 30분~8시간, 보통 3시간 정도로 감염형보다 짧다. 원인 균으로는 *Staphylococcus*균, *Clostridium botulinum* 등이 있다.

(3) 감염·독소형 식중독

*Bacillus cereus*이나 *Clostridium perfringens* 등의 병원성 균이 다량으로 오염된 식품을 섭취한 후 장내(腸內)에서 증식할 때 독소를 생성하여 발생하는 식중독이다.

2) 자연독 식중독(自然毒 食中毒)

독성분을 동·식물의 성장 과정 중 자체 내에서 생산하여 함유하였거나, 먹이 연쇄를 통하여 유독물을 섭취하고 체조직 내에 축적된 것을 섭취하였을 때 식중독이 발생한다. 그러나 동·식물 자체는 독성에 의하여 피해를 받지 않는다.

(1) 식물성 자연 식중독

식물(植物) 중에는 유독 성분을 항상 함유하는 것과 특정 부위나 일정 시기에만 함유하는 것이 있다. 식중독의 발생은 유독 성분을 함유한 식물을 오인하고 섭취할 때 발생한다.

식물성 자연독은 독버섯에 의한 식중독 사고가 가장 많이 발생한다. 그 외에 감자, 청매(青梅), 은행 등으로 거의 모든 식물이 함량의 차이는 있으나 유독 성분을 가지고 있다.

(2) 동물성 자연 식중독

동물성 자연독은 복어에 의한 식중독이 가장 많이 발생하고, 어패류와 열대 산호초 등에 유독 성분을 함유하고 있다.

3) 화학성 식중독

화학성 식중독은 화학물질의 오용·혼입·잔류·생성 등 병인 물질이 식품에 존재한 것을 섭취하였을 때 발생하는 질환이다. 특히 농약류나 환경오염에 의한 유해금속 등의 오염물질, 기구·용기·포장 등에서의 유독 물질, 불량 식품첨가물이나 과량으로 사용할 때 등이 원인이 되어 식중독이 발생한다.

2. 식중독의 발생 상황

식중독의 발생 상황은 매년 보건복지부에서 발표하고 있다. 그러나 이는 대형사고나 치명률이 높은 사고, 의료시설이 가까이에 있는 도시 중심 등 일부분의 수치로 판단된다.

원인은 환자 스스로 판단하여 민간요법 등으로 병원에 가지 않는 경우와 병원에서 의사가 진단을 했다고 해도 오진 가능성이 있어 보고를 하지 않을 수도 있기 때문이다. 따라서 식중독 발생의 정확한 통계의 정확성보다는 경향을 파악하는 데 중점을 두어야 할 것이다.

1) 연도별 발생 상황

지난 10년간(1996~2005년) 식중독은 표 1-3과 같이 총 1,152건이 발생하였다. 2002년에 78건으로 가장 적게 발생하였고, 1996년 81건, 2001년 93건으로 나타났다. 1999년에는 174건으로 총 발생 비율 15.1%로 10년 중 가장 많이 발생하였으며, 2004년 165건 14.3%, 2003년 135건 11.7%순으로 나타났다. 특히 2003년부터 2005년까지는 총 409건 35.5%로 발생률이 높아졌다.

환자 수는 총 58,743명이 발생하였는데, 2004년 10,388명(17.6%)으로 가장 많았고, 2003년 7,909명(13.4%), 1999년 7,764명(13.2%)순으로 나타났다.

식중독 발생 건수에 따른 환자 수는 2000년부터 증가를 나타내고 있다.

식중독의 발생 원인은 식품위생관리가 소홀했다는 것보다는 집단급식의 증가가 주요인으로 판단된다. 특히 발생 건당 환자 수가 증가하고 있는 것은 식중독이 대형화되고 있는 추세로서, 집단급식소에서의 철저한 위생관리가 필요할 것으로 판단된다.

표 1-3 연도별 식중독 발생 상황

	1996	1997	1998	1999	2000	2001	2002	2003	2004	2005
발생건수(건)	81	94	119	174	104	93	78	135	165	109
환 자 수(명)	2,797	2,942	4,577	7,764	7,269	6,406	2,980	7,909	10,388	5,711
환자수/건(명)	34.5	31.3	38.5	44.6	69.9	68.9	38.2	58.6	63.0	52.4

(2006. 2. 식품의약품안전청)

2) 원인 물질별 발생 상황

원인 물질은 세균, 바이러스, 화학물질, 자연독 및 원인불명 등으로 구분하며, 2005년도 원인 물질별 발생 상황은 표 1-4와 같다.

총 발생 건수는 109건으로 세균 73건 66.9%, 원인불명 26건 23.8%, 바이러스 8건 13.0%순으로 발생하였다. 환자 수는 5,711명 중 세균 4,406명 77.1%, 바이러스 744명 13.0%, 원인불명 550명 9.6%로 세균에 의한 발생이 가장 높게 나타났다.

세균 중에는 살모넬라균 22건 30.1%, 장염비브리오균 17건 23.2%, 황색포도상구균 16건 21.9%, 병원성대장균 15건 20.5%순으로 나타났으나, 환자 수는 4,406명 중 병원성대장균이 1,883명 42.7%로 가장 많이 발생하였고, 황색포도상구균 863명 19.5%,

살모넬라균 753명 17.0%순으로 나타났다.

바이러스에 의한 것은 8건, 환자 744명이 발생하였는데 노로바이러스가 6건, 719명 96.6%로서 식품의 오염에 주의가 요망되며, 원인불명은 26건, 23.8%로서 550명의 환자가 발생하였다.

식품을 조리나 가공·저장 등에서 특히 식중독균에 오염되지 않도록 철저한 관리가 요망되고 최근에는 노로바이러스에 의한 식중독이 많이 발생하는 경향을 보인다. 이는 우리의 식습관과 생활수준의 향상으로 병인물질이 변하고 있다는 것을 뜻하며 앞으로도 계속될 것으로 추정된다.

표 1-4 원인물질별 발생 상황

구 분		건수	환자수
세 균	살모넬라	22	753
	황색포도상구균	16	863
	장염비브리오균	17	663
	바실러스 세레우스	1	24
	클로스트리디움퍼프린젠스	-	-
	클로스트리디움보툴리눔	-	-
	캠필로박터제주니	1	175
	병원성대장균	15	1,883
	기타	1	45
	소 계	73	4,406
바이러스	노로바이러스	6	719
	기타	2	25
	소 계	8	744
화 학 물 질		1	8
자 연 독		1	3
불 명		26	550
총 계		109	5,711

(2006. 2. 식품의약품안전청)

3) 월별 발생 상황

2001년부터 2005년까지 5년간의 월별 식중독 발생 상황은 표 1-5와 같다.

표에서 보는 바와 같이 5~9월까지 5개월간의 식중독 발생은 66.72%, 환자 수는 65.72%를 나타났다.

대부분의 식중독이 세균성인 것으로 거의 하절기에 집중되어 있으며, 기온의 상승과 비슷한 경향을 나타내고 있다. 하절기에는 미생물의 생육조건이 알맞고 날음식이나 찬음식을 섭취할 기회가 많으며, 개인의 체력이 약해지는 등의 결과로 판단된다.

최근에는 이상기온으로 인하여 온도가 높아지면서 3~4월에도 식중독이 많이 발생하고 있기 때문에 특별한 주의가 필요하다.

표 1-5 월별 식중독 발생 상황

	2001년		2002년		2003년		2004년		2005년	
	건수	환자수	건수	환자수	건수	환자수	건수	환자수	건수	환자수
계	93	6,406	78	2,980	135	7.909	165	10,388	109	5,711
1월	2	199	4	266	2	92	3	148	4	142
2월	2	54	2	179	–	–	3	58	2	78
3월	9	355	6	184	26	2,525	3	112	3	44
4월	6	267	12	454	7	208	14	742	16	865
5월	16	2,257	10	298	25	1,916	35	2,678	12	689
6월	20	1,938	5	210	19	1,501	36	2,626	16	1,062
7월	8	416	7	353	5	88	12	495	11	346
8월	7	426	12	188	17	364	9	372	13	639
9월	16	345	10	292	28	951	23	1,832	15	788
10월	2	35	6	122	4	88	9	503	6	51
11월	3	91	2	354	2	176	10	447	5	449
12월	2	23	2	80	–	–	8	375	6	558

(2006. 2. 식품의약품안전청)

4) 섭취 장소별 발생 상황

식중독 사고가 1990년대 초까지만 해도 가정에서 많이 발생하였는데, 현재는 집단급식소의 발생 비율이 높아졌다.

2001~2005년까지의 섭취 장소별 식중독의 발생은 표 1-6에서와 같이 총 580건에 환자는 33,394명이 발생하였다. 집단급식소는 226건(38.9%), 환자 수 23,803명(71.2%)으로 가장 많이 발생하였고, 음식점은 197건(33.9%), 환자 수 5,175명(15.4%),

기타 102건(17.5%), 환자 수 3,367명(10.0%) 순으로 나타났다.

집단급식소 중에서는 특히 학교에서 식중독사고가 많이 발생하고 있는데, 이는 급식을 시행하는 학교의 수가 증가한 것과 관련 있는 것으로 추정된다. 또한 음식점에서 많이 발생하는 원인은 가정에서 행하던 각종 행사를 음식점을 많이 이용하는 것이 원인인 것으로 판단된다.

표 1-6 섭취 장소별 식중독 발생 상황

연도 / 장소	2001년		2002년		2003년		2004년		2005년	
	건수	환자수	건수	환자수	건수	환자수	건수	환자수	건수	환자수
계	93	6,406	78	2,980	135	7,909	165	10,388	109	5,711
가정집	5	90	7	117	7	81	7	44	9	111
음식점	34	1,075	29	586	46	1,441	35	1,052	53	1,021
호텔·여관	2	111	-	-	-	-	-	-	-	-
집단 급식소	41	4,792	16	1,392	67	6,130	72	7,738	30	3,751
학교	35	4,487	9	806	49	4,621	56	6,673	19	2,304
기업체 등	5	209	7	586	18	1,509	15	1,026	11	1,447
기타	1	96	-	-	-	-	1	39	-	-
기타	9	290	26	885	15	257	39	1,206	13	729
불명	2	48	-	-	-	-	12	348	4	99

(2006. 2. 식품의약품안전청)

연구문제

1. 식중독이란 무엇인가?
2. 식중독을 분류하고 각각 특징을 기술하라.
3. 식중독의 발생에 관한 추세 변화를 발생 건수, 환자 수, 사망자 수, 병인, 원인식품 및 원인시설을 중심으로 설명하라.
4. 하절기에 식중독 예방을 위하여 특별한 노력이 필요한 이유는 무엇인가?
5. 세균성식중독 중 감염형과 독소형 식중독은 어떻게 다른가?

§1-5 세균성 식중독

1. 감염형 세균성 식중독

1) 살모넬라균(Salmonella) 식중독

주로 여름철에 식중독을 많이 발생시키는 균으로 발생 건수에 비하여 환자 수가 많은 집단성을 나타내는 특성을 가지고 있다.

*Salmonella*균은 1885년 D.E. Salmon과 Smith에 의하여 cholera에 걸린 돼지로부터 처음 분리되었고, 1887년 Gärtner에 의하여 식중독의 원인 균으로 가장 먼저 발견된 것이다.

*Salmonella*균은 대장균이나 이질균과 같이 장내세균과에 속하는 균으로 혈청형에 따라 지금까지 2,435 종이 보고되었다. *Salmonella*균은 오래전부터 알려진 장티푸스균(*Salmonella typhi*)과 파라티푸스균(*Salmonella paratyphi* A) 등도 이 균 속에 포함된다.

(1) 성상

*Salmonella*균은 Gram음성 무포자, 통성혐기성 간균으로 주모성편모를 가지고 운동성이 있다. 발육 최적온도는 37℃, pH는 7.0~8.0로써 사람과 동물에 질병을 일으키고 특히 돼지나 닭에 많이 분포되어 있다.

이들 균은 열에 비교적 약하여 60℃에서 20분 이상 가열하면 사멸한다. 그러나 하수나 토양 등 저온에 대하여는 저항성이 매우 강하다. 건조에 대하여는 대장균이나 이질균에 비하여 저항성이 강하기 때문에 변화가 많은 자연환경 중에서도 장기간 생존이 가능하다.

우리나라에서는 50여 종의 *Salmonella*균이 식중독과 관계되는데 가장 많이 발견된 것은 *S. enteritidis*와 *S. typhimurium* 등이 있다.

(2) 원인식품

원인식품은 나라별로 다소 차이가 있는데, 이는 식습관에 따른 것으로 특정 식품만을 단정할 수는 없다.

그러나 구미지역에서는 식육제품, 유제품, 달걀 등과 그 가공품에서 많이 발생하고 우리나라와 일본에서는 어패류와 그 가공품, 도시락, 튀김 등이 원인식품이 될 수 있다.

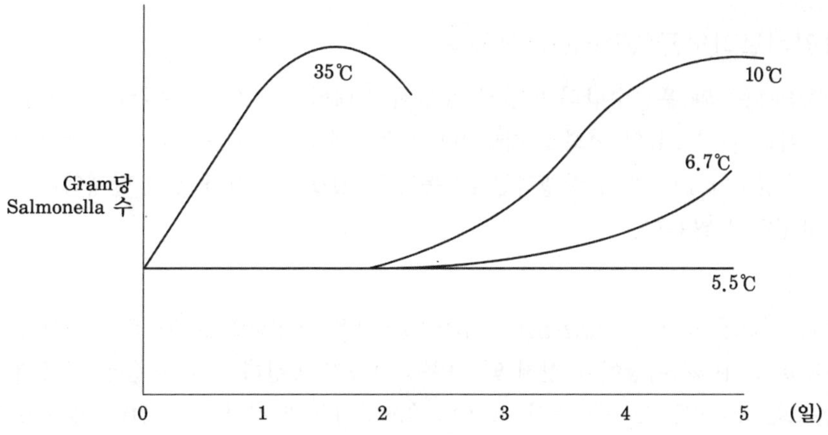

그림 1-7 *Salmonella*균의 증식에 미치는 온도의 영향

(3) 오염원 및 경로

*Salmonella*균은 포유동물 및 조류의 장내에 서식하고 있기 때문에 식육이나 달걀 등이 오염원으로 중요시되고 있다.

오염 경로는 보균 동물의 고기를 직접 생식하여 일어나는 1차 오염과, 쥐나 곤충류에 의하여 보균 동물이나 보균자의 배설물이 식품에 오염되는 2차 오염으로 구분할 수 있다.

(4) 증상

잠복기간은 8~48시간(평균 24시간 정도)이며 복통, 설사, 발열 등이 나타나고 때로는 구토, 메스꺼움, 현기증 등이 따른다. 설사는 1일 수회 정도로 혈액이나 점액이 섞이는 경우도 있다.

주요 증상은 38~40℃ 전후의 발열과 동시에 오환이 나타난다. 경과는 비교적 짧아서 4~5일 정도면 평열로 회복되며, 치사율은 0.3~1.0% 정도이다.

(5) 예방 및 방지대책

① 세균의 증식을 방지하기 위하여 저온 보관한다.
② 60℃에서 20분 이상 가열하면 사멸되기 때문에 섭취 전에 반드시 가열한다.
③ 조리한 식품은 신속히 섭취하고 장기간 보존하지 않는다.
④ 식품 취급자는 시설의 위생관리를 철저히 한다.

2) 장염비브리오균(Vibrio) 식중독

국민소득의 증가와 운송수단의 발달로 생선회에 대한 기호성이 증가하고, 섭취 양이 증가하였다. 이러한 식습관의 변화로 장염비브리오균에 의한 식중독이 최근 많이 발생하고 있다. 주로 5월부터 11월까지 발생하는데, 특히 7~9월에 걸쳐서 많이 발생하며 겨울철에는 거의 발생하지 않는다.

(1) 성상

장염 비브리오균(*Vibrio parahaemolyticus*)은 호염균으로 3~5%의 식염 농도에서 잘 증식하며, 10% 이상이나 전혀 없으면 증식하지 못한다. Gram음성 무포자 간균으로 발육온도는 30~37℃로써, 증식 조건이 좋으면 1세대 기간이 약 10분 정도로 대장균이나 이질균의 2배 정도 증식 속도가 빠르다. 단시간 내에 식중독을 일으킬 수 있는 균의 양에 도달할 수 있으나 환경 적응력은 약한 편이다. 이 균은 60℃에서 5분 이상 가열하면 사멸하고, 냉동·냉장시키거나 담수 중에서도 생존력이 급격히 저하한다.

(2) 원인식품

장염 *Vibrio*균은 호염균으로 어패류가 대표적인 원인식품이다. 중독 원인이 되는 어패류의 대부분은 근해산이며 원양 어류에서 발견되는 *Vibrio*균은 대개 2차 오염에 의한 것이다. 또한 오염된 어패류를 조리한 조리자의 손이나 기구 등으로 2차 오염을 일으킬 수 있고, 도시락 등의 복합 조리식품, 생선회, 초밥 등이 대표적인 원인식품이다.

(3) 오염원 및 오염경로

하절기에는 연안 해수나 해저 오니에서도 장염 *Vibrio*균이 검출되고 있다. 따라서 여기에 생존하는 어패류는 오염을 받게 되고, 수온이 상승하면 세균 수도 증가되어 최고에 달한다. 또한 오염된 어패류를 조리한 조리대, 도마 등이 2차 오염을 일으킬 수 있다.

(4) 증상

잠복기간은 6~36시간(평균 10~20시간)으로 주 증상은 설사와 복통 등 급성장염질환을 일으킨다. 환자에 따라서는 권태감, 발열, 구토나 오한을 보이는 경우도 있다. 콜레라와 비슷한 증상을 나타내고 때로는 점액이 섞인 혈변을 나타내기도 한다.

보통 37~39℃ 정도의 미열로 2~5일 내에 회복된다.

(5) 예방과 방지대책

① 여름철에는 특히 어패류의 생식을 금지한다.

② 어패류를 민물로 깨끗이 씻거나 냉동 및 10℃ 이하로 냉장 보관하면 증식이 억제되므로 효과적이다.

③ 열에 약하기(60℃에서 5분 이상) 때문에 섭취 전에 충분히 가열한다.

④ 2차 오염을 방지하기 위하여 조리기구나 행주 등을 생선 조리 전·후에는 소독 및 살균시킨다.

3) 병원성대장균(Pathogenic *Escherichia coli*) 식중독

(1) 성상

병원성대장균은 사람이나 온혈동물의 장관 내에 정상 세균으로 항상 존재하며 자연계에 널리 분포되어 있다.

이 균은 장내세균과에 속하는 Gram음성 무포자 간균으로 협막을 만들지 않고 *Salmonella*균과 크기가 비슷하다.

장관 외에서 요로감염증(尿路感染症)이나 패혈증(敗血症) 등을 일으키기도 하지만 장관 내에서는 병원성을 보이지 않는다. 그러나 어떤 대장균은 장관 내에서 설사 등의 질병의 원인이 되는 것이 보고되었다. 이러한 병원성을 보이는 대장균은 일반 대장균과 형태나 생화학적으로 쉽게 구분되지는 않지만 비병원성 대장균과 구분하기도 한다.

(2) 분류 및 특성

병원성대장균은 발병 양상에 따라서 장관병원성대장균(Enteropathogenic E. coli, EPEC), 장관침습성대장균(Enteroinvasive E. coli, EIEC), 장관독소원성대장균(Enterotoxigenic E. coli, ETEC) 및 장관출혈성대장균(Enterohemorrhagic E. coli, EHEC : O157 : H7) 등으로 구분하며 표 1-7과 같다.

표 1-7 병원성대장균의 분류

	장관병원성대장균 EPEC	장관침습성대장균 EIEC	장관독소원성대장균 ETEC	장관출혈성대장균 EHEC
주요증상	설사, 복통	발열, 복통, 설사, 점혈변	콜레라와 비슷한설사, 구토, 복통	혈변, 복통, 용혈성 요독증
잠 복 기	9~12시간	10~18시간	12~24시간	4~8일
오염경로	음식물매개	음식물 매개, 접촉	음식물 매개	음식물 매개
특 이 성	유유아(幼乳兒)에게 설사증	인간 고유숙주 이질과 유사	enterotoxin 생성	verotoxin 생성

(3) 예방과 방지책

병원성대장균으로 인한 식중독은 계절과 관계없이 발생하지만 특히 여름철에 발생률이 높다.

① 식품의 보존, 운반, 조리과정 등을 위생적 관리한다.

② 육류는 내부까지 익혀야 하며, 육류와 접촉한 기구 등은 깨끗이 씻는다.

③ 식품을 취급할 때 손과 조리기구 등을 깨끗이 씻는다.

④ 식수의 위생관리를 철저히 한다. 특히 물탱크 관리에 주의한다.

4) 리스테리아 모노시토제네스균(*Listeria monocytogenes*) 식중독

*Listeria monocytogenes*균 식중독은 세계적으로 발생하고, 우리나라에서도 균이 검출된 바 있다. 식중독이 발생한 예는 많지 않으나, 미국에서는 매년 400명 이상이 사망하여 중요하게 관리되고 있다. 최근 수입식품 중 홍합, 아이스크림 등에서 발견되면서 관심을 갖게 되었다.

(1) 성상

이 균은 Gram양성 통성 혐기성균으로 편모를 가지고 있으며, 20~25℃에서 운동성이 활발하다.

인축공통전염병균으로 사람을 포함한 포유류, 가금 및 조류, 어패류 등에서도 발견되고 토양이나 물, 목초와 같은 자연환경에서도 검출되고 있다.

냉동·건조·가열 등 환경에 대한 저항성이 커서 냉장 상태에서도 증식한다. 사멸시키는 데는 80℃ 이상으로 가열하여야 한다.

(2) 원인식품

자연환경 중에 생존하고 있으므로 채소류에는 쉽게 오염될 수 있으며, 오염된 식품을 섭취한 동물은 2차적으로 육류와 유제품을 오염시킬 수 있다. 대표적인 원인식품으로는 살균치 않은 우유나 치즈, 아이스크림과 같은 유제품, 육류 및 어류 등이 있다.

(3) 오염원 및 경로

신생아는 어머니가 임신 기간 중에 오염된 식품을 섭취하였을 때 감염될 수 있다. 건강한 사람은 오염된 식품을 섭취하여도 증세가 나타나지 않는 경우가 있으나, 면역력이 약한 집단에서는 쉽게 감염되어 증상이 나타날 수 있다.

(4) 증상

잠복기는 수일~수주로 질병을 일으키는 데 많은 균이 필요치 않은 것으로 알려져 있다.

임산부는 건강한 성인보다 식중독에 감염될 확률이 20배 이상으로, 유산이나 사산을 일으키거나 때로는 태반감염을 일으켜 신생아에게 감염될 수 있다. 면역 체계가 약해진 노인이나 환자(암, 당뇨, 신장질환 등) 등에게는 패혈증이나 수막염을 일으킨다.

(5) 예방 및 방지대책

① 수·육류와 가금육은 철저히 가열하여 조리한다.
② 생식용 채소는 섭취 전 깨끗이 씻는다.
③ 조리하지 않은 육류는 조리된 육류, 채소류와 구분하여 보관하고 교차오염을 막는다.
④ 살균하지 않은 우유로 만든 유제품의 섭취를 금한다.
⑤ 생식품을 취급한 칼·도마, 손 등을 깨끗이 씻는다.
⑥ 임산부나 환자 등 면역이 약한 경우에는 특히 주의하여 식품을 제공한다.

5) 예르시니아 엔테로콜리티카균(*Yersinia enterocolitica*) 식중독

(1) 성상

장내세균과에 속하며, Gram음성 무포자 간균으로 편모를 가지고 있다. 발육온도는 4~44℃로 광범위하며, 최적온도 25~35℃이다. 특히 4℃에서도 증식이 가능하기 때문에 저온 보관 식품의 취급이나 보존에 주의한다. 특히 가을과 초겨울에도 식중독이 발생할 수 있으므로 예방에 주의하여야 한다.

(2) 원인식품

소·돼지·개 등 동물 및 토양, 하천 등 자연계에 널리 분포하고 있으며, 특히 육류, 우유, 어패류 등에서도 발견되고 있다.

식품오염의 정확한 원인은 밝혀지지 않았으나, 주위의 환경에서 쉽게 발견할 수 있는 것으로 식품에 쉽게 감염될 수 있다. 따라서 저장을 포함하여 위생관리를 철저히 하여야 한다.

(3) 오염원 및 오염경로

우리나라에서는 감염된 바 없으나 쇠고기, 돼지고기, 냉동식품과 쥐 등에서 검출된 바 있다.

동물의 분변과 함께 배출된 균이 사람에게 감염되고 2차적으로 다른 사람에게 감염된 것이 보고되고 있다. 이 균은 냉장온도에서도 증식이 가능하므로 주의하여야 한다.

(4) 증상

주 증상은 복통이 가장 심하고, 발열(39℃ 정도) 및 설사 등을 일으킨다. 특히 우하복부통증이 심하여 충수염으로 오진하는 경우도 있다. 성인은 장염증상과 패혈증, 관절염을 수반하는 경우가 있다.

어린이는 발열은 없으나 설사가 심한 것이 특징이다. 잠복기는 3~7일이고 영유아는 14

일간 지속되는 경우도 있다.

(5) 예방 및 방지대책

① 식사 전·후나 동물을 만진 후 반드시 손을 깨끗이 씻는다.
② 쥐 등 위생동물의 출입을 막고 분변 관리를 철저히 한다.
③ 저온에서도 증식이 가능하므로 냉장식품의 살균에 주의를 기울인다.
④ 저온살균(63℃/30분)으로 사멸이 가능하므로 75℃에서 3분 이상 가열한다.

2. 독소형 세균성 식중독

1) 황색포도상구균(*Staphylococcus aureus*) 식중독

식품 중에 생성된 독소에 의하여 발생하는 대표적인 독소형 식중독으로 광범위하게 발생되고 있다. 이 균은 사람의 체표에 존재하는 경우가 많아 조리자의 개인 위생관리에 철저를 요구하는 주요 대상이 된다.

(1) 성상

자연계에는 여러 종류의 포도상구균이 널리 분포되어 있으나, 그중에서 식중독을 일으키는 것은 황색포도상구균(*Staphylococcus aureus*)이다.

이 균은 Gram양성의 무아포성, 통성혐기성균이다. 내염성 균으로 보통 식품에서 잘 발육하며, 80℃에서 10분 정도 가열하면 사멸한다. 그러나 생성된 enterotoxin은 내열성이 커서 튀김 온도에서도 쉽게 활성을 잃지 않는다.

독소 생성은 10~40℃의 범위가 적합하기 때문에 이를 저지시키기 위해서는 온도 관리가 특히 중요하다.

(2) 원인식품

원인식품은 다양하나 전분질 식품일 경우가 많다. 구미 지역에서는 유제품이나 육제품이 원인으로 발생하고 있지만, 우리나라나 일본은 밥, 떡, 도시락, 빵, 과자 등 탄수화물 식품이 더 큰 원인식품이 되고 있다.

(3) 오염원 및 오염경로

포도상구균은 식품취급자를 통하여 식품에 오염될 수 있고, 항상 위험성이 존재한다고 보아야 한다.

오염원으로는 식품 취급자의 피부나 화농이 주요인이 되고, 식품 취급 기구를 통하여 2차 오염도 가능하다. 식중독이 많이 발생하는 주요 원인은 식품 취급자의 위생 지식이 부족하며, 기계·기구의 청결과 시설 등이 부족한 데 원인이 많았다.

(4) 증상

주요 식중독균의 잠복기는 그림 1-8과 같다.

포도상구균의 잠복기는 식중독균 중 가장 짧은 것이 특징으로 빠를 경우 섭취하고 30분 후에도 발병하는 경우도 있다. 잠복기간은 1~6시간으로 평균 3시간 정도이며 메스꺼움과 구토가 발생한다. 구토는 5~10회 정도로 심할 때는 피가 섞여 나올 때도 있다. 증상은 24시간 정도면 회복되고 후유증이나 사망은 거의 없다.

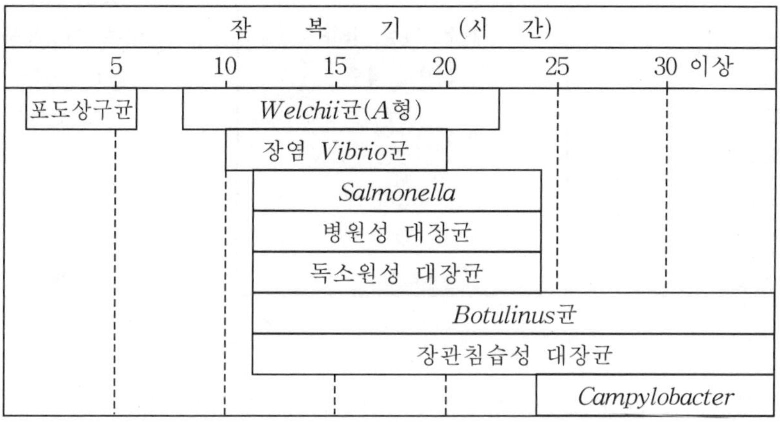

그림 1-8 주요 식중독균의 잠복기 비교

(5) 예방 및 방지대책

① 식품 취급자의 손을 깨끗이 씻고 화농성 질환이나 인후염이 있을 경우에 식품 취급에 종사하지 않도록 한다.

② 식품 취급자는 모자, 위생복, 마스크 등을 착용하여 머리카락, 기침, 재채기 등에 의하여 식품이 오염되는 것을 방지한다.

③ 조리된 식품은 빨리 섭취하고, 보존할 때는 10℃ 이하로 냉장하여 독소의 생성을 억제시켜야 한다.

2) 클로스트리듐 보툴리누스균(*Clostridium botulinum*) 식중독

구미 지역에서는 수세기 전부터 소시지에서 많이 발생한 것으로 알려져 있다. 제품의 살균이 불량하고 혐기적조건 하에 보관할 경우 독소를 생성한다. 치명률이 매우 높은 독소형 식중독으로, 우리나라에서는 식습관의 차이로 발생이 적었지만 최근 포장 식품이 증가되면서 식중독의 발생이 증가될 것으로 예상된다.

(1) 성상

*Clostridium botulinum*균은 Gram양성의 편성혐기성 간균으로 내열성이 강한 유포자균이다.

표 1-8 *Clostridium botulinum*균의 성상

성　　상	A, B형균	E형균
서식처	토양	토양, 해수
매개물	채소, 과실, 육류	어류, 해생동물
열 저항성	120℃, 4분	80℃, 6분
지적온도	37℃	30℃
최저온도	10℃	3.3℃
최저수분활성도	0.94	0.97
최고식염농도	9%	5%
발육 최저 pH	4.8	4.8

포자를 형성하고 있는 유포자균은 열뿐만 아니라 자연환경의 변화에도 저항성이 매우 강하여 토양 중에서 반영구적으로 생존할 수 있다.

*Clostridium botulinum*균은 증식할 때 독소를 생성하며 식중독이 발생한다. 독소는 면역학적 항원성에 따라 A~G형까지 7가지 형으로 분류한다. 사람에게 식중독을 일으키는 것은 A, B, E 및 F형이며, 소나 말, 조류 등에서는 C, D형이 발생한다.

A, B형의 아포는 내열성이 강하여 100℃로 6시간 이상 또는 120℃로 4분 이상 가열해야 파괴시킬 수 있다. 그러나 E형은 80℃에서 6~10분으로 파괴된다.

발육상의 특성은 A, B형은 북위 30℃ 이상 온대지역, E형은 북위 40℃ 이상 기온이 낮은 지역에 많이 분포되어 있다. 특히 냉장온도에서 발육할 수 있다.

*Clostridium botulinum*균의 독소는 아포균에 비해 열에 약하여 80℃에서 15분 또는 100℃에서 2~3분이면 활성을 잃는다. 독력은 자연계에 존재하는 독소 중에서 가장 강하여 독버섯이나 복어의 독에 비하여 수만 배의 독성을 나타낸다.

(2) 원인식품

*Clostridium botulinum*균의 원인식품은 과일이나 채소, 어육제품, 식육제품, 생선발효제품 등 나라마다 식습관에 따라 차이가 있다. 그러나 통조림, 병조림 또는 발효제품과 같이 산소가 부족한 상태에서 살균이 불충분할 때 사멸되지 않은 아포가 증식하면서 독소를

생산하여 식중독을 일으킨다.

(3) 오염원 및 오염경로

*Clostridium botulinum*균은 토양 중에 존재하는 균으로 환경의 변화에 저항성이 크다. 바다나 하천 및 연못 등의 바닥 흙이나 동물의 장관(腸管)에 분포되어 있다. 특히 토양에서 오염된 식품을 충분히 씻지 않으면 식중독을 일으킬 가능성이 높다.

(4) 증상

잠복기는 12~36시간으로 섭취한 독소의 양에 따라 다르다. 많은 양을 섭취하면 잠복기도 짧고 증세가 더욱 심하게 나타난다.

임상증상은 신경증상을 나타낸다. 보통은 신경증세를 나타내기 전에 메스꺼움, 구토, 설사 등의 위장질환 증세가 계속되며 전신무력감, 시신경장애, 인두(咽頭)마비로 침을 삼키는 데도 통증을 느끼게 한다. 또한 증상의 경중에 따라 다양한 전신 증세를 나타내며 중증일 때는 호흡마비로 사망하게 된다. 사망률은 세균성식중독 중 가장 높아서 30~80%에 이른다.

(5) 예방 및 방지대책

① 균의 오염을 방지하기 위하여 식품을 충분히 씻고, 조리나 가공에 사용된 기구나 기계를 잘 세척하고 살균한다.
② 오염되거나 의심이 가는 진공포장식품은 중심온도가 120℃ 이상에서 4분 이상 가열하여 아포를 사멸시킨다.
③ 수분활성도 0.94 이하, pH 4.5 이하인 때에는 증식하지 못하므로 위험성이 있는 식품은 저온으로 보존한다.
④ 식품을 섭취하기 전에 80℃에서 20분 이상 가열하면 무독화시킬 수 있다.

3. 감염 · 독소형 세균성 식중독

1) 바실러스 세레우스균(*Bacillus cereus*) 식중독

(1) 성상

*Bacillus cereus*균은 부패균으로 자연계에 분포되어 있다. Gram양성 간균으로 아포를 형성하고 통성혐기성균이며 독소는 enterotoxin을 생성한다. 135℃에서 4시간을 가열하여도 사멸되지 않는 내열성균으로 발육 최적온도는 28~35℃이다.

(2) 원인식품

*Bacillus cereus*균에 의한 식중독의 원인식품은 주로 볶음밥, 복합식품, 향신료를 사

용한 육류나 채소 등이 자주 발생하는 것으로 보고되고 있다.

(3) 증상

중독증상은 설사형과 구토형으로 구분하며 원인식품에 따라서 다르게 나타난다.

설사형은 고분자 단백질에 의해 발생되는 것으로 향신료를 사용한 육류나 채소가 대표적이다. 잠복기는 6~15시간으로 설사, 어지러움, 복통, 메스꺼움 등이 일어나고 하루 정도면 회복된다.

구토형은 열에 안정한 저분자의 peptide에 의해 발생하는 것으로 밥이나 볶음밥, 소시지, 수프, 샐러드 등 복합식품에서 발생한다. 0.5~6시간 후에 구토, 메스꺼움, 때로는 심한 설사나 복통을 일으키고 24시간 내에 회복한다.

(4) 예방 및 방지대책

① 식품의 원료에 균의 오염을 방지한다.
② 조리한 식품은 신속하게 섭취한다.
③ 보관했던 식품은 재가열(독소는 60℃에서 20분 가열로 파괴)하여 섭취한다.
④ 원료를 10℃ 이하에서 보존한다.

2) 크로스트리듐 퍼프린겐스균(*Clostridium perfringens*) 식중독

*Clostridium perfringens*균은 *Clostridium welchii*균으로 불렸던 것으로서 사람이나 동물의 장관(腸管)에 상재(常在)하는 균으로 토양, 물, 식품 등에 널리 분포되어 있다.

(1) 성상

식품 중에 *Clostridium perfringens*균이 오염된 것을 섭취함으로써 장(腸)내에서 증식할 때 독소를 생성하여 식중독을 발생하게 된다. 사람이나 동물의 분변에 10^2~10^4cell/g 정도 존재한다. 포자를 형성하고 Gram양성 간균으로 편모가 없는 편성혐기성균으로 발육온도는 37~45℃이다.

독소는 A~F형으로, 이 중에서 식중독은 99%가 A형에 의한 것으로 100℃에서 1~4시간을 가열하여도 포자가 파괴되지 않으며, 독소는 lecithinase C(α독소)이다. B, C, D 및 E형은 90℃에서 30분, 100℃에서 5분 정도 가열하면 파괴된다.

(2) 원인식품

육류와 가공품, 튀김류, 동·식물성 단백질 및 가열 조리된 식품이 원인으로 알려져 있다.

(3) 오염원 및 오염경로

특히 집단적 식중독의 원인을 규명한 결과 식품을 다량으로 조리한 후에 이를 방치했다가 섭취한 것이 이유였다. 조리를 할 때는 세균은 사멸되겠지만, 산소가 제거되어

*Clostridium perfringens*균의 발육조건이 적합하고, 이를 방치하였을 때 아포가 성장하여 식중독을 발생시킨다.

*Clostridium perfringens*균에 의한 식중독은 1년 내내 발생하고, 대형음식점이나 집단급식소에서 집단 발생의 우려가 많기 때문에 주의하여야 한다.

(4) 증상

A형의 잠복기는 8~12시간(평균 12시간)으로 설사는 하루에 수회로 1~2일에 회복된다. F형은 2시간 정도로 구역질, 구토 등을 일으키고, 어느 정도 경과하면 혈액이 섞인 설사와 복통이 나타나고, 설사가 심하면 탈수 증상도 수반할 수 있다.

(5) 예방 및 방지대책

① 식품을 혐기적 상태로 보관하지 말 것.
② 조리한 식품은 얕은 용기에 넣어 신속히 냉각시킨다.
③ 식품을 15℃ 이하 또는 55℃ 이상으로 보존한다.
④ 실온에서 장시간 방치하지 말 것.
⑤ 식품을 섭취하기 전에 충분히 가열할 것.

3) NAG-비브리오균(Non-agglutinable Vibrio) 식중독

NAG-*Vibrio*균은 물이나 어패류를 통하여 사람에게 감염되고 장(腸)내에서 독소인 enterotoxin을 생성하여 식중독을 일으킨다.

어패류가 원인식품으로 잠복기는 8시간 정도로서 설사, 복통, 발열 등을 나타낸다. 환자의 분변이나 조리용구 등에 의한 2차 감염이 발생할 수 있다.

4. 기타 세균성 및 바이러스성 식중독

1) 알레르기(allergy)성 식중독

생체 내에 이물질(항원)이 침입하면 여기에 대항하는 항체가 생긴다. 이는 이물질에 대한 방어기능으로 면역이라 할 수 있다. 물질에 따라서는 생체가 이상 과민반응을 일으켜 allergy 증상이 나타난다.

Allergy는 미생물의 독소, 식품첨가물, 농약, 환경오염물질 등과 같이 외인성인 경우가 있고, 식품 자체의 성분에 대한 개인별 특성을 나타내는 내인성인 것도 있다. 원인물질은 histamine, acetyl choline, serotonin, trimenthylamine oxide 등으로 개인, 건강상태 또는 섭취량에 따라 다르게 나타나기도 한다.

신선한 식품이나 식생활에 많이 섭취하고 있는 식품군에도 많기 때문에 여기에서는 단백질의 변질에 따른 문제점만을 설명하고자 한다.

단백질 식품이 세균에 의하여 부패물이 생성되고 여기에 allergy를 발생시키는 물질이 있는 것이 알려져 있다. 예를 들면 가장 많이 발견되고 있는 것은 아미노산 중 히스티딘(histidine)이 부패세균에 의하여 탈탄산작용을 일으켜 히스타민(histamine)이 생성되고 이를 섭취할 때 allergy를 일으킨다.

(1) 성상

부패세균 중 *Proteus morganii*가 histidine 분해기능이 강한 것으로 자연계에 널리 분포되어 있으며, 인축(人畜)의 장관(腸管)에도 존재한다.

(2) 원인식품

원인식품은 histidine 함량이 많은 꽁치, 정어리, 고등어 등 표피는 청색이고 살색은 적색인 어류나 그 가공품 등이다.

표 1-9 어패류 중의 histidine 함량

mg histidine (100g 중)	어 패 류
500 이하	갈치, 광어, 도루묵, 도미, 명태, 명란, 꼬막, 모시조개, 굴, 피조개, 전복, 미꾸라지, 민어, 복어, 빙어, 바닷가재, 게, 문어, 오징어, 해삼
500~1000	고래, 넙치, 뱀장어, 참치, 붕어, 삼치, 송어, 숭어, 은어, 잉어
1000 이상	고등어, 가다랭이, 꽁치, 날치, 정어리, 방어, 연어

(3) 오염원 및 오염경로

여름철에는 균이 오염되어 있는 경우가 많아 주 오염원이 된다. 또한 어류를 불완전하게 살균처리한 가공품에서도 균을 발견할 수 있고, 조리기구를 통하여 2차적 오염의 가능성도 있으므로 소독 및 살균을 철저히 해야 한다.

(4) 증상

잠복기는 식후 30~60분 정도에 얼굴을 중심으로 상반신이나 전신에 홍조(紅潮), 작열감(灼熱感), 발열, 두통, 가려움증 등이 나타나고 때로는 위장 증세도 나타난다. 일과성인 경우가 많아 1일 이내에 회복되며 예후도 좋다.

(5) 예방 및 방지대책

붉은 살 어류는 신선한 것을 구입하고, 관능적으로 신선한 어류도 식중독을 일으킬 수 있으므로 세균의 증식을 못하도록 냉동보관한다.

2) 장구균(*Streptococcus faecalis*) 식중독

사람의 소장(小腸)에 존재하는 균으로 장(腸)의 생리작용에 관여하고 있다. 발육온도는 10~45℃로 광범위하며, 60℃에서 30분 정도 가열하여도 사멸되지 않는다. pH 9.6, 식염농도 6.5%의 배지에도 발육이 가능하다.

원인식품은 햄, 분유, 치즈, 크림, 쇠고기, 두부 등으로 추정되며, 잠복기는 5~10시간 정도로 설사, 구토 및 복통 등을 나타낸다.

3) 아리조나균(Arizona) 식중독

미국의 Arizona 사막에 서식하고 있는 도마뱀에서 분리되었다. 파충류의 장내(腸內) 세균으로 알려져 있고, 가금류(家禽類)에도 존재하고 있다.

잠복기는 6~48시간(평균 20시간)으로 닭이나 칠면조 등의 고기나 알[卵] 등이 원인식품이다.

급성위장염과 발열을 나타내고 중이염, 관절염, 골수염 등을 일으킨다.

4) 노로 바이러스(Norovirus) 식중독

(1) 성상

노로 바이러스는 아직 분류가 되지 않은 소형원형 바이러스(small rouond structure viruses, SRSVs)를 총칭하며 미국 오하이오주 노르와크(Norwalk)에서 환자가 발생하고 환자의 변에서 이 바이러스가 검출되어 Norwalk virus라고도 한다.

최근 국내뿐 아니라 일본, 미국에서도 환자가 급격히 증가하고 있어 미국에서는 바이러스성 질환 중 감기 다음으로 많이 발생한다.

(2) 원인식품 및 오염경로

소화기계통을 통하여 오염되기 때문에 오염된 식품이나 물이 오염경로에서 중요한 역할을 한다. 사람에서 사람으로 직접 전파도 가능하지만 물이 가장 보편적인 오염원이다. 식수 이외에도 수영장이나 물놀이 시설의 물도 오염원이 될 수 있다. 식품 중에서는 패류와 샐러드 재료가 원인식품으로 주목을 받고 있다. 12월에서 2월 사이에 집중해서 발생되기 때문에 일반적인 식중독과는 달리 주의를 소홀히 할 때 잘 발생한다.

(3) 증상 및 잠복기

오염된 물이나 식품을 먹은 후 24시간에서 48시간이 경과하면 나타나는 증세로 구토, 설사, 복통, 두통, 중등도의 발열이 있으나 심한 편은 아니다. 단지 면역의 형성이 불완전한 어린이와 노약자는 주의를 요한다.

(4) 예방법

① 85℃에서 1분 이상 가열하면 감염성이 없어지므로 조리 시 충분히 익혀 먹도록 하고 날것으로 먹을 경우는 깨끗이 씻어 먹는다.
② 물은 반드시 끓여 먹는다.
③ 노약자나 어린이 등 면역력이 약한 사람들은 가급적 날음식을 먹지 않는다.
④ 조리기구는 세척 후 열처리하든가 차아염소나트륨(염소농도 200ppm)으로 살균한다.
⑤ 손씻기 등 개인위생을 철저히 한다.

연구문제

1. 사례연구

경기도의 한 보건소에서는 7월 4일부터 7일 사이에 지역 병원으로부터 식중독으로 의심이 가는 환자가 3명 입원했다는 보고를 받았다. 이 환자들은 동일한 시간에 입원한 것은 아니나 복통과 설사가 있고 발열이 있어 동일한 임상증세를 보였다(추후 역학 검사에서 *Salmonella* 균이 세 환자의 변에서 발견됨).

조사에서 이 환자 중 1명은 도시 변두리 식당에서 일하는 사람이고 다른 두 명은 4일 간격을 두고 그 식당에서 식사를 한 것으로 밝혀졌다. 그 후 주인은 7월 10일자로 자발적으로 휴업을 하였다.

그 식당의 단골고객 47명과 면담에서 그중 25명이 동일한 증세를 보이는 것을 발견하였다. 병원균을 전파하는 전파체가 되는 식품은 샐러드로 추정되었다.

조사 과정에서 종업원의 식품 취급 방법에 문제점이 있고 또 냉장시설도 부적절했다. *Salmonella* 균이 샐러드, 상추 또는 나무도마의 표면에서도 발견되었다. 보건소에서는 종업원에게 충분한 위생교육을 시킬 것을 명령하고, 모든 종업원의 변에서 *Salmonella* 균이 검출되지 않을 때까지 종사치 못하도록 지시하였다. 이 업소는 7월 21일 다시 영업을 시작하였다.

① 식중독 사고가 일어난 원인은 무엇인가?
② 당신이 관리자라면 어떤 조취를 취하는 것이 가장 적절하다고 판단하는가?

2. 식중독이 일어났을 때 원인세균을 그 증세로부터 어떻게 추정할 수 있는가?
3. 세균성식중독의 치사율을 비교하고 치사율이 높은 식중독균의 특징을 정리하라.
4. 식이성 알레르기는 왜 일어나며, 어떻게 예방할 수 있는가?

§1-6 식품과 전염병

1. 경구전염병

병원미생물이 음식물이나 손, 기구, 음료수 등을 통하여 경구적으로 체내에 침입하여 증식함으로써 질병을 일으키는 것을 경구전염병(經口傳染病)이라 한다. 또한 소화기계통에 장해를 일으키기 때문에 소회기계전염병이라고도 한다.

경구전염병은 세균에 의한 것으로 세균성이질, 장티푸스, 파라티푸스, 콜레라 등과 바이러스에 의한 것은 급성회백수염(소아마비), 전염성설사, 유행성간염 등, 원충류에 의한 것은 아메바성이질 등으로 나눌 수 있다.

경구전염병과 세균성식중독은 식품을 매개로 하여 병원미생물에 의하여 발생하는 것으로 초기의 증상은 유사하나 감염 형태에 따라서 다르다.

특히 경구전염병은 병원체가 강한 병원성을 갖고 있어 미량의 균으로도 발병할 수 있고, 환자 → 매개물 →2차 감염을 일으키는 감염환(infection cycle)을 나타낸다. 세균성식중독은 발병에 다량의 균이 필요하고 2차 감염이 일어나지 않는 종말감염(終末感染, terminal infection)을 하고 있다.

경구전염병이 유행하려면 전염원(source of infection), 전염경로(route of transmission), 감수성 숙주(susceptible host)의 상호작용에 따라 영향을 받게 된다. 숙주의 감수성과 면역성, 생활습관, 연령, 성별 등과 병원체의 변이나 내성(耐性)의 발달 등 특이성, 기온변화 등 자연환경의 변화와 매개 동물의 증감과 생활환경의 변화 등이 전염성의 유행 양상에 크게 작용한다.

전 염 원	전염경로	숙 주
① 병원체 ② 병원소	③ 병원체의 탈출 ④ 전파 ⑤ 병원체의 침입	⑥ 감수성숙주의 감염

그림 1-9 전염병의 생성 과정

1) 경구전염병의 발생

전염병의 발생은 일반적으로 다음의 6개 과정을 거치는 연쇄적 현상으로 나타난다. 이 중 하나라도 결여된다면 전염은 형성되지 않는다.

(1) 병원체(causative agent)

병원체는 세균, 바이러스, 원충류 등으로 침입 기관에 따라 증식이나 전염성이 다르다. 발병은 독력과 침습성에 따라 차이가 나타나고, 발병 후 감염자가 받는 독성은 병원체의 독성과 양(量), 그리고 작용 양식에 따라 다르다.

(2) 병원소(reservoir of infection)

병원소(病原巢)란 병원체가 증식하면서 다른 숙주에게 전파시킬 수 있는 상태로 저장되는 장소로서 인간병원소와 동물병원소 등이 있다.

인간병원소는 환자와 보균자로 구분한다. 환자란 병원체에 감염되어 임상증상이 나타나는 것을 의미하고, 경증일 때에는 전염원으로서 의미가 크다. 보균자는 임상증상이 없는 병원체 보유자로 잠복기 보균자, 회복기(병후) 보균자, 건강 보균자로 구분하며, 전염병 관리상 중요한 대상이 되고 있다.

동물병원소란 동물이 병원체를 보유하고 있다가 사람에게 전염원으로 작용하는 것이다. 이를 인축공통전염병이라고 하며 소, 돼지, 양, 말, 염소 등이 있다.

(3) 병원소로부터 병원체의 배출

전염병의 전파는 병원소로부터 병원체가 배출됨으로써 성립되는데, 경구전염병에서는 소화기계로부터 이루어진다. 즉, 분변이나 토한 물질을 통하여 병원체가 배출하는 경로이다.

(4) 전파

경구전염병의 전파는 거의 간접적으로 이루어지며 병원소 밖에서 일정 기간 동안 생존능력이 있어야 한다.

전파는 활성 전파체와 비활성 전파체로 구분한다. 경구전염병을 옮기는 활성 전파체는 쥐, 파리, 바퀴 등이 있으며, 비활성 전파체는 물, 식품, 조리용구, 수세시설 등을 통하여 병원체가 운반되는 경우이다.

(5) 숙주(宿主)에 침입

소화기계 전염병의 병원체가 침입하는 곳은 소화기계인 경우가 대부분으로 전파체에 의하여 감염된 물이나 식품을 통하여 입으로 침입한다.

(6) 숙주의 감수성과 면역

감수성이란 침입한 병원체에 대항하여 감염이나 발병을 저지할 수 없는 상태를 말한다. 숙주가 감수성이 있고 저항력이나 면역력이 약할 때 증상이 나타나게 되며, 침입한 병원체가 모두 감염 과정을 성립시키는 것은 아니다.

면역(immunity)이란 병원체의 침입에 방어하여 증상을 없애거나 가볍게 하는 능력을 의미하고 대부분 후천적으로 얻어지며, 수동면역과 능동면역이 있다. 경구전염병은 거의 능동면역이 나타난다. 장티푸스, 발진티푸스, 콜레라 등은 사균 백신(killed vaccine)에 의하여 인공능동면역이 이루어지며, 한 번 이환된 후에도 거의 영구면역이 형성된다. 그러나 세균성이질은 자연능동면역이 약하기 때문에 이환 후의 면역은 기대하기 어렵다.

2) 경구전염병의 발생 상황

1995년부터 2005년까지 10년간 제1군 전염병 환자의 발생 건수와 사망자 수는 표 1-10과 같다.

표 1-10 제1군 전염병의 환자 발생/사망자 수

(단위 : 보고수)

	콜레라		페스트		장티푸스		파라티푸스		세균성이질		장출혈성 대장균감염증	
	발생	사망	발생	사망	발생	사망	발생	사망	발생	사망	발생	사망
1995	68	0	0	0	370	0	30	0	23	0	-	-
1996	2	0	0	0	475	0	9	0	9	0	-	-
1997	10	0	0	0	265	0	9	0	11	0	-	-
1998	0	0	0	0	380	0	12	0	906	0	-	-
1999	3	0	0	0	308	0	11	0	1,781	0	-	-
2000	0	0	0	0	234	0	7	0	2,462	0	1	1
2001	162	0	0	0	401	2	36	0	928	0	11	0
2002	4	0	0	0	221	0	413	0	767	0	8	0
2003	1	0	0	0	199	0	88	0	1,117	0	52	2
2004	10	0	0	0	174	0	45	0	487	0	118	0
2005	16	0	0	0	190	0	31	0	317	0	43	0

(2007. 4. 11. 질병관리본부 전염병 정보망)

전염병은 생활여건의 향상이나 환경개선이 이루어져도 감소시키지 못하고 있다.

특히 장티푸스는 매년 발생하며 토착화된 전염병으로 예방과 유행의 차단을 위하여 노력해야 할 것이다. 세균성이질은 낮은 발생률을 보이다가 2000년을 전후하여 발생 건수가 급격하게 증가되었고, 장출혈성 대장균감염증 역시 이때부터 발생하기 시작하였다. 이는 집단급식소의 증가가 원인으로 판단되며, 철저한 위생관리가 필요하다. 파라티푸스는 매년 환자가 발생되고 있으며, 콜레라는 뚜렷한 추세변화를 일으켜 1980년과 1991년, 그리고 2001년에 거의 10년 주기로 급격한 발생을 보이고 있다.

사망자 수는 10년 사이에 장출혈성대장균감염증은 2000년 1명, 2003년 2명, 장티푸스는 2001년에 2명 등으로 나타났다. 2005년 1년간 제1군 전염병의 발생 상황은 표 1-11과 같다.

총 발생 597건 중 세균성이질 317건(53.1%), 장티푸스 190건(31.8%), 장출혈성대장균감염증 43건(7.2%) 순으로 발생하였다.

월별로는 콜레라 8월 8건, 12월 3건. 장티푸스 5월 29건, 4월, 9월 각각 19건. 파라티푸스 1. 8월 각각 5건. 세균성이질 12월 82건, 11월 55건. 장출혈성대장균감염증 7월 11건, 6월 9건 등으로 발생하였다.

주로 기온이 높은 여름철에 많이 발생하였는데, 특히 세균성이질은 겨울철에 많이 발생하였다. 따라서 식품에 대한 위생관리는 계절과 관계없이 꾸준한 관리가 필요하다.

표 1-11 2005년도 제1군 전염병의 발생 상황

(단위 : 발생 건수)

	콜레라	페스트	장티푸스	파라티푸스	세균성이질	장출혈성 대장균감염증
1월	1	0	18	5	8	0
2월	0	0	13	3	22	1
3월	0	0	17	4	6	2
4월	0	0	19	4	38	1
5월	0	0	29	1	10	2
6월	0	0	15	1	20	9
7월	1	0	15	2	7	11
8월	8	0	11	5	19	6
9월	1	0	19	0	10	4
10월	0	0	12	3	40	4
11월	2	0	14	0	55	3
12월	3	0	8	3	82	0
계	16	0	190	31	317	43

(2007. 4. 11. 질병관리본부 전염병정보망)

3) 경구전염병에 대한 예방대책

경구전염병을 예방하기 위해서는 전염병 발생의 3대 요소인 감염원(병원소), 감염경로(환경), 감수성이 있는 사람(숙주)에 대한 관리로 나누어 생각할 수 있다.

감염원에 대한 대책으로는 환자나 보균자를 조기 발견하여 분리시키든가 조기 진료함으로써 전파의 기회를 감소시킨다.

감염경로에 대한 대책은 경구전염병의 가장 중요한 대책이다.

① 손을 잘 씻고 환경을 소독한다.

② 조리기구 및 식기 등을 살균한다.

③ 쥐, 파리, 바퀴 등의 매개 동물의 음식물이나 기구로의 접근을 차단한다.

④ 상·하수도 및 변소를 위생적으로 관리한다.

⑤ 음식물의 위생관리와 같은 환경의 관리가 있다.

감수성 있는 사람에 대한 관리는 예방접종 효과가 있는 것은 예방접종을 하여 면역을 증강시켜야 하며 충분한 휴식과 체력의 증강으로 질병에 대한 저항성을 길러주는 것이 중요하다.

4) 주요 경구전염병

(1) 세균성이질(shigellosis, Bacillary dysentery)

• 병원체 : 세균성 이질균은 *Shigella*속으로 Gram음성 무포자 간균이며 호기성으로 편모가 없다. 병원체는 *Shigella dysenteriae*(A군), *S. flexneri*(B군), *S. boydii*(C군), *S. sonnei*(D군) 등 4개의 군(群)으로 나눈다.

국민소득이 낮은 저개발국가에서는 A군이, 선진국에서는 D군에 의한 이질이 많이 발생하고 있다.

• 감염원 및 감염경로 : 오염된 음료수나 식품 등으로 감염되며, 환자나 보균자의 분변이 주 감염원이다. 감염을 예방하기 위하여 쥐나 곤충의 침입을 막고, 열에는 매우 약하므로 55℃에서 30분, 60℃에서 10분 정도 가열하면 사멸되고, 5%의 석탄산에는 수분 내에 사멸시킬 수 있다.

• 증상 : 잠복기는 1~3일 정도로 임상증상은 가볍거나 없이 지나기도 하지만, 발열(38~39℃ 때로는 40℃)과 구토, 복통 등을 나타낸다. 심할 때는 대변에 혈액이나 농이 섞여 나온다. 합병증으로 경련, 관절염, 폐렴, 패혈증, 수막염 등이 나타나기도 한다.

(2) 장티푸스(typhoid fever)

• 병원체 : 병원체는 *Salmonella typhi*이다. 장내(腸內)세균으로 Gram음성 간균이며 편모가 있어 운동성이 활발하나 협막(capsule)이 없어 열에 약하다. 토양이나 물에 생존하며 발육 최적온도는 37℃, pH 7.0이다.

• 감염원 및 감염경로 : 환자나 보균자의 분변에서 오염된 음식물에 의하여 전염이 된다. 농촌보다 도시지역에서 발생률이 높은데 이는 물에 의한 오염과 보균자가 식품을 취급할 경우 오염된 것으로 판단된다. 특히 회복 후에도 계속 균을 배출하는 경우가 많고, 담즙을 좋아하기 때문에 담낭에 서식하여 건강보균자로 남기도 한다.

• 증상 : 1~3주일의 잠복기가 지나면 두통, 식욕부진, 오한, 열이 난다. 열은 1주일 정도에서 최고에 달해 40℃ 전후의 열이 1~2주일간 계속된 후 점차 내린다. 열에 비하여 맥박이 낮은 편이고, 치명률은 2~3% 정도였으나 그 이하로 감소하고 있다. 병후의 면역은 평생면역으로 강력한 면역체를 형성한다.

(3) 파라티푸스(paratyphoid fever)

• 병원체 : 파라티푸스균은 장티푸스균과 동일한 속으로 *Salmonella paratyphi* A, B, C의 3가지 형이 있다. 주모성 간균으로 포자와 협막이 없다.

• 감염원 및 감염경로 : 환자나 보균자의 배설물로 주로 전염된다.

• 증상 : 급성전신성 열성질환으로 장티푸스와 비슷한 임상적이나 병리적 증상을 나타낸다. 잠복기는 1~10일 정도로 발열증상을 나타내고 식중독과 같이 급성이나 치사율도 낮기 때문에 그냥 지나쳐 버리는 경우가 많다.

Salmonella paratyphi A형은 아시아 지역에서 발생률이 높고 청장년에서 발생하며, B형은 청소년에게서 많이 발생한다. 주로 남성에게서 많이 발생하며, 우리나라에서는 C형은 보고된 바 없고, B형이 많이 발생한다.

(4) 콜레라(cholera)

• 병원체 : 환자의 장이나 점막에서 발견되는 Gram음성 단 간균으로 편모가 있어 활발한 운동을 하며 협막이나 포자가 없다. 열 저항력이 약하여 56℃에서 15분, 100℃에서 1~2분이며 사멸하며, 건조한 상태에서 일광에 1시간이면 사멸한다. 그러나 저온에 대한 저항력은 강하여 바다에서는 3주 정도, 하수(下水) 약 9개월 정도, 20~27℃에서는 2개월 정도 생존한다.

외래 전염병으로 경구전염병 중 가장 급성으로 인도나 동남아시아의 풍토병으로 알려져 있다. 콜레라균은 진성(classic)형 (*Vibrio cholerae biovarcholerae*)과 엘토르(eltor)형 (*Vibrio cholerae biovar eltor*)으로 구분하며, 혈청형으로는 inaba형과 ogawa형이 있다.

• 증상 : 심한 위장장애와 전신 증상으로 급성 설사질환을 일으킨다. 잠복기는 1~3일로 쌀뜨물과 같은 심한 설사를 하루에 10~30회 정도하며 때로는 구토가 일어난다. 심한 설사 때문에 다량의 수분을 잃게 되고 체력이 급격히 소모되어 무력증에 빠지게 된다. 치사율은 10~60%로 유행하는 균의 독력에 따라서 달라진다.

*Vibrio cholerae*균은 호염균이기 때문에 해산어패류의 생식이나 2차 오염을 예방하고,

검역이나 환자의 조기발견이 예방에 매우 중요하다.

(5) 아메바성 이질(amoebic dysentry)

● 병원체 : 주로 열대나 아열대지방에서 발생률이 높다. 병원체는 최하급 동물류인 이질아메바(*Entamoeba histolytica*)로서 원충(原蟲)이다. 발육기에 따라서 영양형, 포낭전기형, 포낭형으로 나눈다. 감염원이 될 수 있는 것은 포낭형으로, 이를 섭취하면 소화관에 침입하고 소장하부에서 탈낭한다. 원충은 외계에 대한 저항성이 약하여 배출된 후 12시간 이내에 죽지만 낭포는 저항성이 커서 분변 중에서 12일간, 물속에서 한 달간 생존하지만 열이나 건조 환경에서는 약하여, 90℃에서 사멸한다.

● 감염원 및 감염경로 : 감염원은 환자나 낭포보유자의 분변 중에서 배출된 원충이나 낭포가 채소류나 음료수를 통하여 경구 감염된다.

● 증상 : 잠복기는 보통 3~4주일이다. 대장에 침입한 영양형 아메바에 의하여 장표층 점막이 괴사, 탈락되기 때문에 점액 변이나 혈변이 따르는 설사증상을 나타낸다. 설사는 세균성이질만큼 심하지 않고 복통도 가볍다.

무증상 감염도 많으며 아메바가 혈행에 의하여 간에 이행하면 아메바성 간염 또는 간궤양을 일으킨다. 예방법은 세균성이질과 같으며 특히 음료수의 위생에 유의하여야 한다.

(6) 유행성간염(epidemic hepatitis)

● 병원체 : 간염바이러스가 간세포에 침입하여 염증을 일으키는 것으로 하절기에 많이 발생한다. 특히 청소년이 감염되는 경우가 많다. 종류로는 A형(hepatitis A virus), B형(hepatitis B virus), C형(hepatitis C virus) 등이 있다.

● 감염원 및 감염경로 : A형은 대변이나 혈액, 요 등으로 병원체가 배출되어 오염된 물이나 음식물로 경구적으로 감염된다. B형은 주로 환자나 보균자의 혈액, 소변 등으로 감염되며, C형은 수혈, 혈액투석, 모자간 수직감염 등 비경구적으로 감염된다.

● 증상 : A형의 잠복기는 15~50일 정도로 발열, 구토, 식욕감퇴, 복통, 설사 등으로 소아는 거의 증상이 없으나 나이가 많을수록 심하다. B형은 30~180일 정도로 급성이 때에는 황달, 심한 피로감, 만성인 경우는 피로, 권태감, 간헐적 황달, 식욕부진 등을 나타낸다. C형은 급성인 경우는 증상이 경미하나 만성일 때에는 급성 C형 간염환자 중 80~90%가 만성간염으로, 20% 정도가 간경변으로 진행된다.

일반적인 증상은 전구기, 발열기, 황달기 및 회복기로 나눈다. 전구기는 특별한 증상은 없으나 오심, 구토 및 설사 등을 일으킨다. 발열기에는 급격한 오한이 나타나고 38℃ 정도의 열이 있다. 이 시기에는 식욕감퇴와 권태감이 심하며 인두염, 기관지염 같은 카타르성 증상이나 두통, 요통이 나타난다. 다음에는 간이 비대해지고 전신에 황달이 나타난다. 황달기는 2~4주간 때로는 수개월 계속되기도 한다. 황달이 서서히 없어지고 회복기에 들어가 2~6주면 치유된다.

이 바이러스는 60℃에서 30분간 가열해도 생존하나, 100℃에서는 10분 이상 가열하면 사멸시킬 수 있다. 1ppm의 염소를 함유한 물에서는 사멸되지 않으며, 건조에 대하여도 강한 저항성을 나타낸다.

(7) 폴리오(poliomyelitis)

• 병원체 : Poliomyelitis는 Heine병, Medine병, 급성회백수염, 소아마비(acute infantile paralysis), 급성척수전각염(poliomyelitis anterior acute) 등으로 불리고 있다. 폴리오바이러스(poliovirus)에 의하여 발병하는 급성이완성마비를 일으키는 전염병으로 Ⅰ(brunhilde), Ⅱ(lansing), Ⅲ(leon)형 등 3종류가 있다.

• 감염원 및 감염경로 : 폴리오바이러스는 환자나 불현성 감염자의 인두 분비물과 대변을 통하여 배출되는데 직접 접촉이나 비말(飛沫)에 의해서 감염된다. 늦여름이나 초가을에 많이 발생하고, 개발도상국에서는 5살 이하의 소아에 감염이 많다.

• 증상 : 잠복기는 마비성인 경우는 7~12일, 불현성 감염일 때는 3~6일로서 무증상 감염이나 비특이적 열성질환이 대부분이다. 마비성인 경우에는 발열, 인후통, 구토 등 증상을 보이다가 이완성마비(flaccid paralysis)를 나타낸다.

2. 인축공통 전염병

1) 인축공통전염병(Zoonosis)의 개요

사람과 척추동물이 같은 숙주로 하는 병원체에 의해서 발생하는 질병이나 감염 상태로 30여 종 정도가 알려져 있다. 우리나라에서 식품위생과 관계되어 문제가 되는 것은 탄저(炭疽, Anthrax), 파상열(波狀熱, Brucellosis, Undulant fever), 야토병(野兎病, Tularemia), 결핵(結核, Tuberculosis), 돈단독(豚丹毒, Swine erysipeloid), Q열(Q-fever), 리스테리아증(Listeriosis), 렙토스피라증(Leptospirosis) 등이 있다.

2) 인축공통전염병의 예방대책

인축공통전염병의 예방은 감염원에 대한 대책으로 가축의 관리나 예방접종을 철저히 하고, 질병에 걸린 가축을 조속하게 격리나 도살 매몰해야 한다. 또한 도축장의 위생적 관리나 수입 육류의 검역을 엄격하게 관리하여야 한다.

즉, 가축에 대한 사육, 도축 및 유통관리, 가공이나 조리 등 모든 과정이 위생적으로 이루어져야 할 것이다.

표 1-12 감염원에 따른 인축공통전염병

동물의 고기	동물의 젖	가금류의 고기 및 알
탄 저 파상열 렙토스피라증 돈단독 Q 열 리스테리아증 야토병	탄 저 파상열 렙토스피라증 결 핵 Q 열	파상열 돈단독 리스테라아증

표 1-13 주요한 인축공통전염병

	병 원 체	동물숙주	감염원 및 경로	증 상
탄 저	*Bacillus anthracis*	소, 말, 양, 염소	피부상처나 육류의 섭취에 의한 경구감염	잠복기 1~4일, 피부종양(피부탄저), 폐렴증상(폐탄저), 위장증상(장탄저)
브루셀라증 (파상열)	*Brucella melitensis* *B. abortus* *B. suis*	양, 염소, 소, 돼지	질병을 가진 동물의 고기나 젖을 통하여 감염	잠복기 7~14일, 38~40℃의 열이 2~3주 간격으로 되풀이됨. 수개월간 계속됨
결 핵	*Mycobacterium bovis*	소	균을 가진 소의 젖을 살균치 않고 섭취하여 감염	잠복기 4~6주, 침입 부위에 따라 다양한 증상을 나타냄
돈단독	*Erysipelothrix rhusiopathiae*	돼지	돼지고기의 취급 시 피부상처를 통하여 혹은 경구적으로 침입	잠복기 10~20일, 피부발적, 발열, 종창, 동통이 있고 자홍색의 홍반이 생김

표 1-14 식인성 질병의 특성(종합)

증세부위별	잠복기	주요증세	관련 독소나 미생물
위장 상복부	1시간 이내	구토, 이미증, 구강작열감	금속염류
	1-2시간	구토, 두통, 청색증, 현기증, 의식상실	질산염

위장 상복부	1-6시간(평균 2-4시간)	구토, 설사, 복통, 피로	포도상구균독소
	8-16시간	구토, 설사, 위경련	*Bacillus cereus*
	6-24시간	구토, 설사, 갈증, 동공산대, 혼수	독버섯(Amanita종)
목과 호흡기계	12-72시간	후두염, 발열, 구토, 비출혈	*Streptococcus pyrogenes*
	2-5일	목과 코의 염증, 발열, 후두염, 오한, 회색 분비물, 연하곤란, 경부임파선 부종	*Corynebacterium diphtheriae*
위장 하복부	2-36시간, 평균 6-12시간	위경련, 설사, 때때로 구토	*Clostridium perfringens, Bacillus cereus, Streptococcus faecalis, S. faecium*
	12-74시간 평균 18-36시간	위경련, 설사, 구토, 발열, 오한, 두통	Salmonella species Shigella, enteropathogenic E. coli, Vibrio parahaemol-yticus, V. cholerae, V vulificus, V. fluvialis, Campylobacter jejuni
	3-5일	설사, 발열, 복통, 호흡기계 증상	Enteric viruses
	1-6주	점액성 설사, 복통, 체중감소	*Giadia lamblia*
	3-6월	신경질, 불면증, 공복통, 식욕감퇴, 체중감소, 복통	*Tania saginata, T. solium*

신경계	1시간 이내	신경질, 시각혼탁, 흉통, 청색증, 근육경련,	
		발한, 침흘림, 위장염, 부정맥, 천식성 호흡, 동공수축	무스카리아형버섯
		따끔거림, 마비, 현기증, 창백, 위출혈, 반사소실, 마비, 눈마비, 피부박리	복어독(테트로도톡신)
	1-6시간	따끔거림, 마비, 위장염, 현기증, 구강건조, 근육통, 동공산대, 경련	시구아테라 독소
		구역질, 따끔거림, 현기증, 쇠약, 식욕감퇴, 체중감소,	염화탄화수소
	2시간- 6일, 보통 12-36시간	현기증, 복시, 빛반사소실, 침을 삼키거나 말, 호흡곤란, 구강건조, 호흡기계 경련	*Clostridium botulinum*의 독소
	72시간 이상	마비, 경련, 시력손상, 혼수	유기수은
위장계 혹은 신경계	30분-2시간	따끔거림, 마비, 졸음, 작열감, 부조리한 언어, 호흡기계 마비	마비성 패류중독(saxitoxin)
	2-5분에서 3-4시간	냉온감의 반전, 따끔거림, 입술, 혀, 목의 마비, 근육통, 현기증, 설사, 구토	신경독 패류중독(brevetoxin)
	30분에서 2-3시간	구토, 설사, 복통, 오한, 발열	설사성 패류 중독
	24시간(위장계)-48시간(신경계)	구토, 설사, 복통, 기억상실, 지남력상실, 발작, 혼수	기억상실성 패류 중독

알레르기성질환	1시간 이내	두통, 현기증, 구토, 안면부종 및 발적, 피부소양증, 위통, 목의 작열감	히스타민
		구강마비, 발적, 현기증, 두통, 구토, 감각기능 이상	글루타민산나트륨
		발적, 온감, 소양증, 복통, 안면과 무릎부종	니코틴산
일반적 감염	4-28일, 평균 9일	위장염, 발열, 안 부종, 근육통, 오한, 피로, 발한	*Trichinella spiralis*
	7-28일, 평균 14일	불쾌감, 두통, 발열, 기침, 구토, 변비, 복통, 오한, 혈변, 장미반점	*Salmonella tphi*
	10-13일	발열, 두통, 근육통, 발진	*Toxoplasma gondii*
	10-50일, 평균 25-30일	발열, 불쾌감, 식욕부진, 구토, 복통, 황달, 권태감	바이러스성 질환으로 추정

<자료 : FDA, 2002>

연구문제

1. 경구전염병의 발생 과정을 그림을 그려 설명하라. 가장 적절한 예방방법은 어느 과정을 어떻게 차단하는 것인가?
2. 전염병 유행 양상이 시간적 변화를 다양하게 보이는데, 무슨 이유인가?
3. 국가 간에 빈번한 관광객의 교류는 국가 간의 질병 교류도 예상할 수 있다. 어떤 수인성 질병이 관광객을 통하여 전파될 가능성이 높으며 예방 방법은?
4. 인축공통전염병에는 어떤 것이 있으며 조리사가 취할 수 있는 예방대책은?

§1-7 식품의 변질

1. 식품 변질의 개념

식품이 변질(變質. spoilage)되거나 부패되면 섭취가 불가능하고 건강에 유해하다. 그러나 변질을 객관적으로 판단하는 기준은 국가마다 또는 개인의 판단 기준이 다르기 때문에 정확한 설정 기준을 정하기는 매우 어렵다.

일반적으로 변질은 식품성분의 분해를 연상하게 되지만 분해되지 않고도 유해세균이나 독소 때문에 식용에 부적합할 때가 많고, 때에 따라서는 미생물이나 효소의 작용은 바람직하지 않다. 예를 들면 우유가 미생물의 작용으로 신맛이 나면 변질되었다고 판단하지만, 치즈의 제조에 이용하였을 때는 변질이 아니다. 즉, 동일한 미생물의 작용이라 할지라도 경제적 가치 상승, 기호성의 상승, 위생적인 안전성이 있을 때 발효(醱酵. fermentation)라 하고, 부정적인 경우에는 변질, 부패, 변패 및 산패라 한다.

식품의 변질은 대체적으로 화학적 또는 생물학적 원인에 기인한다.

식품의 성분에 따라서 단백성 식품의 변질은 부패(腐敗. putrefaction)라 하고, 지질이나 당질이 풍부한 식품의 변질을 변패(變敗)라 한다. 지질의 변질이나 유기산류를 대사산물로 하는 초산균이나 젖산균 등에 의한 변질을 산패(酸敗. rancidity)라 한다.

2. 부패에 관여하는 주요 미생물

부패에 관여하는 미생물은 식품의 성분, pH, 염분, 당분 등 화학적 조성의 영향을 받는다. 또한 식품의 처리나 가공과정, 포장상태 등에 따라서도 미생물의 종류가 달라진다. 특히 저장온도와 수분함량은 미생물에 따라서 생존이나 증식의 환경조건이 다르기 때문에

표 1-14 식품군별 부패에 관여하는 주요 미생물

식품군	주 요 미 생 물
곡류 및 가공품	B : *Bacillus* F : *Aspergillus, Rhizopus, Fusarium, Penicillium*
어패류 및 가공품	B : *Flavobacterium, Pseudomonas, Achromobacter, Proteus, Baciillus, Micrococcus, Corynebacterium*
유제품	B : *Streptococcus, Micobacterium, Alcaligens, Bacillus, Clostridium, Pseudomonas, Lactobacillus* F : *Torula, Penicillium, Gestricum*

가금육 및 가공품	B : *Pseudomonas, Micrococcus, Proteus, Achromobacter, Aerobacter* F : *Pencillium, Cladosporium*
수육류	B : *Pseudomonas, Achromobacter, Lactobacillus, Leuconostoc, Bacillus, Micrococcus, Microbacterium* F : *Thamnidium*
채소 및 과실류	B : *Erwinia, Pseudomonas* F : *Rhizopus, Alternaria, Penicillium, Fusarium*

※ B : Bacteria F : Fungi

적합한 조건에서 활발히 증식하는 균이 주요 원인이 된다. 식품의 부패에 관여하는 것으로 자주 발견되는 균은 표 1-14와 같다.

3. 부패의 과정

고분자 화합물인 단백질이나 다당류는 자기 소화작용(autolysis)에 의하여 펩티드나 아미노산, 단당류 등이 생기고, 조직이 연화되면서 미생물의 증식이 시작되고 부패가 시작된다.

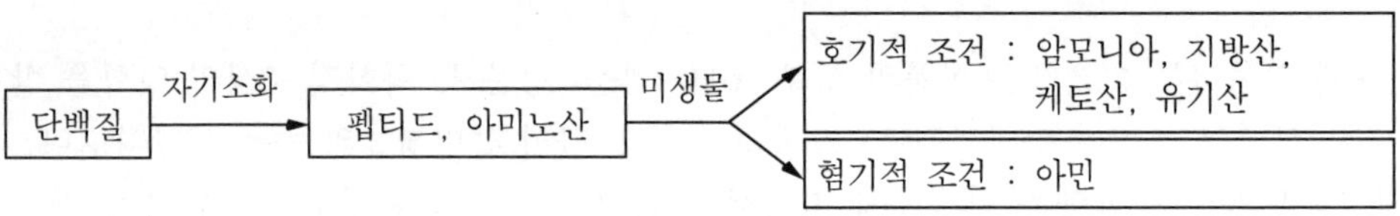

호기성균이나 통성혐기성균의 효소에 의하여 일어나는 화학반응은 탈아미노 반응(deamination)으로 다양한 양상을 보여주고 생산율도 각기 다르다.

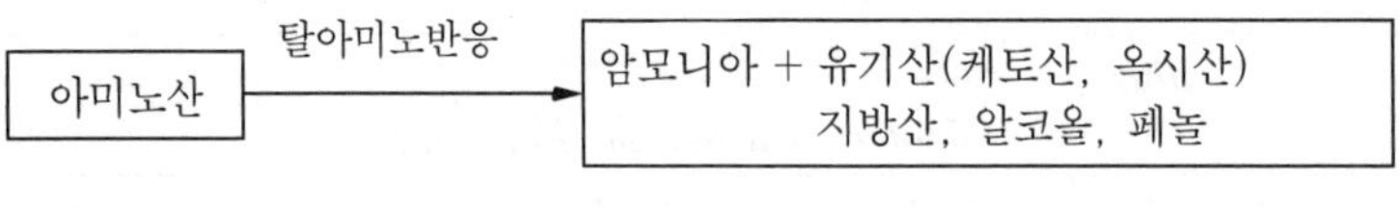

일부 통성혐기성균이나 편성혐기성균에 의해서는 다음과 같이 아민과 탄산가스를 생성시키는 탈탄산반응(decarboxylation)이 일어난다. 생성된 아민은 독성을 나타내어 식중독을 일으키는 경우가 있다. 또한 유황을 함유한 아미노산은 mercaptane이나 황화수소, 메탄을 생성할 수 있으며, 인돌 핵을 가진 tryptophan은 indol을 생성시켜 부패 취

를 낸다.

표 1-15 아미노산과 탈탄산반응 생성물

아미노산	생성된 아민류	아미노산	생성된 아민류
glycine	methylamine	arginine	agmatine
alanine	ethylamine	histidine	histamine
lysine	cadaverine	tyrosine	tyramine

해산 어류의 성분으로 감칠맛을 주는 trimethylamine oxide는 미생물에 의해 환원되어 trimethylamine(TMA)이 생성되어 비린내의 원인이 된다.

다당류인 전분이나 펙틴 등은 미생물에 의하여 분해되어 각종 유기산이나 알코올 등을 생성시킨다. 분해된 생성물이 유익한 생산일 때 발효라 하며, 식품공업에 널리 이용된다. 그러나 혐기성균 중에는 탄수화물을 분해해 초산, 아세톤, 이소프로파놀, 부탄올 등 불쾌취를 가진 물질을 생성하는데, 이를 변질 혹은 부패라 한다.

4. 식품의 선도 판정

식품은 신선한 상태로 조리・가공되어 섭취하고자 하는 것이 소비자가 요구하는 사항으로, 위생적 측면이나 영양적 측면에서 매우 중요하다.

1) 관능적인 방법

과실류나 채소류는 수확 후 저장을 장기간 하게 되면 색상이나 향기 등 품질의 변화가 일어난다. 저장 중 수분이 5% 정도 감소하면 선도가 현저하게 저하한다. 따라서 중량이 저하되고 변색되거나 퇴색되고 혹은 특유의 향기를 잃고 불쾌 취를 나타낸다.

축산물은 색깔, 냄새, 육질 등을 관능평가의 대상으로 하고 있다.

식육의 색깔은 myoglobin과 hemoglobin으로 구별되어 있다. 원래는 적자색이지만 산소와 접촉하면 oxymyglobin이 되어 선홍색 내지 선적색을 띠고, 더 산화되면 갈색의 metmyoglobin이 된다. 갈변은 상온에서 수 시간 걸쳐 진행되기 때문에 식육단백질은 변화가 적으나, 선도가 저하되고 광택을 소실하여 회색이 강하게 된다.

식육은 종류에 따라서 독특한 냄새를 가지고 있는데 이를 잃고 이취가 나면 선도가 저하된 것으로 판단한다. 시판 식육은 거의가 숙성을 마친 해경육(解硬肉)으로 단단함보다 부드러움, 광택, 투명감 등이 선도 판정의 대상으로 유용하다.

어패류는 식육의 근육조직과 구조가 다르기 때문에 부패가 쉽고, 생식하는 경우가 많기 때문에 선도의 유지는 식품위생상 매우 중요하다.

선도가 양호한 어류는 체표에 광택이 나고 탄력을 유지하며, 수분의 손실이 적어 체형이 바르다. 눈은 충혈되지 않고 주위가 깨끗하고 투명하며 꺼져 들어가지 않아야 한다. 아가미는 고유한 색으로 단단하며 이취(異臭)가 없어야 한다.

선도가 저하되면 광택이 없어지고, 복부는 연화되며 배속은 물기나 이취가 나타난다. 선도저하에 미치는 영향은 어종, 어획법, 처리조건 등에 따라 다르다.

2) 물리적 방법

식품의 선도가 떨어지면 경도, 탄성, 색, 점성 및 전기저항 등이 변화하는데, 이들을 측정하여 판정한다. 예를 들면 농산물의 변색 정도를 색조계(色調計)로 판정한다. 또한 어류의 탄성을 탄력계로 측정하고, 전기저항이나 유전특성(誘電特性) 등을 판정하여 선도를 구분한다. 이 밖에 안액(眼液)의 굴절률을 측정하기도 한다.

3) 화학적 방법

화학적 방법으로 분석하여 판정하는 방법으로 과채류는 chlorophyll, ascorbid acid, 가용성 질소 등이 지표가 되고 있다. 수산물은 pH, 암모니아 질소, 휘발성 질소, trimethylamine 질소, 유리아미노 질소, 가용성 질소, 휘발산, 휘발성 환원물질, histamine, indol 등을 분석하여 선도를 판정하고 있다.

① 트리메틸아민(trimethylamin)

신선한 어패류 3㎎% 이하, 부패 초기는 4~6㎎% 정도이다.

② 휘발성 염기질소(volatile base nitrogen. VBN)

신선한 어육 10~15㎎%, 초기 부패어육 30~40㎎%, 부패육은 50㎎% 이상 함유한다.

③ 히스타민(histamin)

어육 중 4~10㎎% 정도 축적되면 allergy가 발생한다.

④ K-값(K-value)

어육 중 adenosine triphosphate(ATP)는 사후 강직 후 adenosine diphosphate (ADP), adenosine monophosphate(AMP), inosinic acid(IMP)로 분해 되고 선도가 더욱 떨어지면 inosine(HxR), hypoxanthine(Hx) 등으로 변화된다.

$$K-\text{value}(\%)=\frac{HxR+Hx}{ATP+ADP+AMP+IMP+HxR+HX}$$

어육이 아주 신선하면 K-value가 10% 이하, 양호 20% 이하, 약간 저하 40~60%이며 부패 초기는 60~80% 정도이다.

⑤ pH

탄수화물이 많은 농산물은 유기산 발효에 의하여 pH가 저하하지만, 부패균에 의하여 서서히 상승하는 경우도 있다. 단백질을 많이 함유한 수육이나 어육 등은 부패가 시작되면 약간 저하하다가 암모니아 등의 생성으로 상승한다. 신선한 어육은 pH가 5.5 전후이며, 부패 초기는 6.2~6.5 정도이다.

4) 세균학적 방법

세균학적 검사는 주로 단백질 식품에 적용되고 있으나, 균수가 선도나 위생성의 판단에 정확한 지표가 되지 못하는 경우가 있다.

균 중에는 유용한 균과 무작용균에 속하는 것도 있고 생육환경에 영향을 받는 경우도 많다. 따라서 균수 뿐 만 아니라 유해균의 유무, 균상(菌相) 등을 조사한 결과가 더 정확한 선도의 지표가 될 수 있다.

일반적으로 식품 중의 균수를 측정하여 부패를 판정한다. 이는 부패의 정도와 세균 수가 대체로 일치하므로 초기 부패판정법으로 이용하고 있다. 식품 1g 또는 1㎖ 중에 세균 수가 10^5인 때를 안전 한계, 10^7~10^8인 때를 부패 초기로 본다.

5. 부패, 변질의 방지

식품의 부패나 변질을 방지하기 위해서는 미생물의 증식을 최대한 억제하는 것이다. 즉, 수분이나 온도관리 등 물리적 조건의 변화를 주거나, pH의 조절, 보존료 등 화학물질을 첨가하여 증식을 억제할 수 있다.

1) 생육온도의 조절

(1) 저온 보존

온도가 낮아지면 화학반응과 효소의 활성이 떨어지며 미생물의 성장이나 증식이 억제된다. 일반적으로 미생물의 증식온도는 0~60℃ 정도로 미생물의 종류에 따라서 온도 한계가 다르다.

저온저장의 방법은 식품을 0~10℃에서 보존하는 냉장저장과 0℃ 이하로 보존하는 냉동저장으로 구분할 수 있다. 0℃ 이하로 동결시켜 저장하면 부패, 변질을 최대한 억제할 수 있으나 식품조직의 변화로 품질이 저하되는 경우가 있다. 따라서 품질의 저하를 방지하기 위하여 동결할 때 얼음결정의 크기를 미세하게 하기 위하여 급속냉동을 시킨다.

표 1-16 식품별 저온저장(냉장)*

식품별	저장온도	저장기간	비 고
쇠 고 기 돼지고기	0~2℃ 0~2℃	1주 5일	고기를 1~2일 내에 쓰고자 할 때는 포장을 느슨하게 하여 공기를 유통시켜 혐기성 세균의 증식을 억제시킨다.
닭 고 기	0~2℃	2~4일	가금육은 수육보다 쉽게 부패된다. 포장은 느슨하게 하고 내장은 따로 저장한다.
어 류	0~1℃	1~2일	내장이 먼저 부패하기 때문에 생선을 통째로 저장하지 않아야 한다. 냉장한다면 조각 얼음과 함께 저장한다.
패류(껍질 벗긴 것)	7℃	3일	구입 당시의 용기 상태로 보관하며 염수에서 저장하여야 한다.
계 란	3~5℃	5일	
우 유	3~5℃	5일	용기가 한 번 개봉되고 나면 2일 이내에 사용하고 냄새를 흡수치 않도록 꼭 막아두어야 한다.
사 과 오렌지 딸 기 당 근 오 이 상 추 양 파	3~5℃	4주 2~3개월 4~8주 1~3주 1~2주 2~4주 5~7월	사과, 바나나, 배는 실온에서 숙성이 잘된다. 채소류는 공기를 필요로 한다. 그러나 공기순환이 지나치면 탈수건조에 이른다. 감자는 10~30℃ 정도의 암소에 저장하고 20℃에서도 역시 수주간 저장할 수 있다.

* 위의 저장 조건은 개별식품의 상대습도가 적절한 조건일 때를 말함.

표 1-17 식품별 저온저장(냉동)

식품별	저장온도	저장기간	비 고
쇠고기 돼지고기	-30~-18℃	6~10월 4~8월	해동 시에는 24시간 내에 사용하여야 하며 부분적으로 작게 잘랐을 때는 저장 기간을 반으로 줄여야 함
닭고기	-30~-18℃	4~6월	장기 저장이 고기를 부패시키지는 않아도 풍미와 품질의 저하를 초래할 수 있음
어패류	-30~-18℃	2~6월	
아이스크림	-30~-18℃	6주 이상	아이스크림은 구입 당시 -30℃ 이상 되지 않는 것이 좋다.

표 1-18 온도별 물의 수증기압

온도(℃)	액상물(mmHg)	수분활성도	온도(℃)	액상물(mmHg)	수분활성도
0	4.579	1.000	-25	0.607	0.784
-5	3.163	0.953	-30	0.383	0.75
-10	2.149	0.907	-40	0.142	0.68
-15	1.436	0.864	-50	0.048	0.62
-20	0.943	0.823			

표 1-19 주요 미생물의 열 저항성

미생물	사멸조건	미생물	사멸조건
Pseudomonas aeruginosa	50℃, 60분	*Flavobacterium ferrugineum*	52℃, 10분
P. fragi	50℃, 7.4분	*Micrococcus cryophilus*	40℃, 15분
P. fluorescens	53℃, 4분	*Streptococcus faecalis*	60℃, 0.8~9.6분
Acetobacter aceti	60℃, 10분	*S. lactis*	60℃, 0.1~2.9분
Enterobacter aerogenes	47℃, 60분	*Lactobacillus plantarum*	65~75℃, 15분
Serratia sp.	30℃, 30분	*Bacillus subtilis*	50℃, 1.9분
Proteus vulgaris	55℃, 60분	*B. subtilis*(아포)	121℃, 0.5~0.2분
Clostridium butyricum(아포)	85℃, 18분		

(2) 고온처리

대부분의 미생물은 고온에 대한 저항성이 약하고, 고온균이라도 70℃ 이상에서는 사멸되거나 활성을 잃게 된다. 따라서 식품의 변질을 방지하기 위하여 고온으로 가열한다.

병원성균보다 부패균은 열에 저항성이 크기 때문에 처리 온도나 시간을 조절하여 처리하여야 한다.

고온처리에서 중요한 것은 포자를 가지고 있는 유포자균은 내열성이 커서 100℃에서 수십 분을 가열하여도 파괴시킬 수 없다. 다량의 식품을 처리할 때나 열전도가 나쁜 식품에서 중심의 온도가 유포자균을 사멸시킬 수 있는 온도에 도달하는 데는 많은 시간이 필요하다. 따라서 식품의 장시간 가열에 따른 변질 등을 고려하여 적절한 방법을 선택해야 하며, 주요한 부패 미생물의 내열성은 표 1-19와 같다.

2) 수분함량의 조절

(1) 건 조

미생물이 증식하는 데는 수분이 필수적인 조건이다.

식품 중에 함유된 물은 유리수와 결합수로 나눌 수 있는데, 유리수는 분자운동이 자유롭고 미생물이 이용할 수 있는 물을 말한다. 결합수는 식품 성분과 결합되어 있어 미생물이 이용할 수가 없다.

따라서 식품의 부패에 관여하는 미생물의 증식은 자유수의 함량에 따라 영향을 받게 되며, 수분활성도(水分活性度, water activity, *Aw*)로 나타낸다.

미생물 중 세균의 수분요구량이 가장 크고 다음은 효모이며, 곰팡이는 가장 적은 수분상태에서도 증식이 가능하다. 그러나 내건성, 내염성, 내당성, 내삼투압성 미생물은 적은 수분에도 생존이 가능하나, *Aw* 0.60 이하에서는 증식이 거의 정지된다(표 1-20, 21 참조).

식품의 건조방법은 자연건조법, 가열건조법, 감압건조법 등으로 나눌 수 있으며 식품의 종류와 목적에 따라 방법도 다양하다. 그러나 탈수를 하였거나 건조한 식품을 공기 중의 방치하면 수분을 흡수하여 부패 미생물이 증식하기 쉽다(표 1-22 참조).

표 1-20 부패 미생물의 생육 최저 수분활성도

미 생 물 군	최저 수분활성도	미 생 물 군	최저 수분활성도
대부분 세균	0.91	호염성 세균	0.75
대부분 효모	0.88	내건성 곰팡이	0.65
대부분 곰팡이	0.80	내삼투압 효모	0.60

표 1-21 식중독 미생물의 생육 최저 수분활성도*

미생물	최저수분 활성도	미생물	최저수분 활성도
Aspergillus flavus	0.71~0.78	*Clostridium perfringens*	0.95~0.96
Bacillus cereus	0.93~0.95	*Escherichia coli*	0.95
Clostridium botulinum type A	0.95	*Salmonella spp.*	0.95
Clostridium botulinum type B	0.94	*Staphylococcus aureus*	0.83~0.86
Clostridium botulinum type E	0.97	*Vibrio parahaemolyticus*	0.94

* 발육을 위한 최적 온도 조건일 때

표 1-22 건조 상태에서 식품의 최대 저장기간*

식품별	최대저장기간	식품별	최대저장기간	식품별	최대저장기간
베이킹파우다	8~12개월	농축우유	1년	소금	무기한
옥수수전분	2~3개월	분유	1년	향신료	2년 이상
건조효모	18개월	마요네즈	2개월	조미소금	1년
분말커피(진공포장)	7~12개월	사라다드레싱	2개월	식초	2년
분말커피(일반포장)	2주	사라다오일	6~9개월	설탕	무기한
인스탄트커피	8~12개월	식물성쇼트닝오일	2~4개월	건조두류	1~2년
녹차	12~18개월	밀가루	9~12개월	쿠키 · 크랙커	1~6개월
탄산음료	무기한	국수류	3개월	건조과실	6~8개월
과일통조림	1년	쌀	9~12개월	잼, 젤리	1년
과일주스통조림	6~9개월	글루타민산나트륨	무기한	너트	1년
해산어류통조림	1년	소스	2년	피클(조미)	1년
채소통조림	1년	겨자	2~6개월	감자칩	1개월
분말크림	4개월				

* 포장된 상태로 저장시설의 환기, 조명, 청결 상태가 양호하고 쥐나 곤충의 침입이 없고 수분의 흡수가 없다는 것을 저장 조건으로 할 때의 최대 권장 저장기간이다.

(2) 염장(鹽藏) 및 당장(糖藏)

소금이나 당류를 이용하여 식품을 저장하는 방법은 오래전부터 잘 알려져 왔고 이용하는 방법이다. 채소류나 젓갈류, 생선 등을 고농도의 소금으로 처리하면 부패 미생물의 증식이 저지되고 효소나 내염성 미생물의 작용으로 풍미가 좋아진다.

소금은 식품 용액 중 용질의 농도를 높여 주므로 수분활성도를 낮추어 건조의 효과가 있으며, 삼투압의 영향으로 미생물의 생육이 억제된다. 그러나 염소이온에 의하여 유해 작용도 있는 것으로 알려져 있다.

표 1-23 수분활성도와 용질의 농도(%, 25℃)

수분활성도	NaCl	전화당	포도당	설 탕	수분활성도	NaCl	전화당	포도당	설 탕
1.000	0	0	0	0	0.92	11.9	32.9	43.7	54.4
0.99	1.7	4.1	8.9	15.5	0.90	14.2	41.1	48.5	58.5
0.98	3.4	8.2	15.7	26.1	0.86	18.2	57.5	58.5	65.6
0.96	6.6	16.4	28.5	39.7	0.80	23.1			
0.94	9.4	24.7	37.8	48.2	0.75	26.5			

미생물은 호염성 세균과 일부 곰팡이나 효모를 제외하고는 5%의 소금 농도에서 증식이 억제되고, 15% 이상에서는 증식이 정지된다.

당류를 식품에 첨가하여 보존하는 방법도 있으나, 소금보다는 효과가 낮으며, 50% 이상의 당을 함유할 때 미생물의 증식이 억제된다. 미생물의 증식 억제작용은 소금과 비슷하나 수분활성도를 낮추는 작용이 약하고, 화학적 억제기능을 갖지 못하고 있다(표 1-23 참조).

3) 화학물질에 의한 부패 방지

(1) pH의 조절

미생물은 종류에 따라서 증식에 적합한 pH를 갖는다. 일반적으로 중성 부근에서 잘 증식하나, 산성에서는 저항성이 약하여 pH 4.5 이하가 되면 증식이 억제된다. 또한 pH 3~4가 되면 식품 단백질뿐 아니라 미생물 단백질도 변성되므로 사멸하게 된다.

식품 중의 pH 조절은 맛에 영향을 주기 때문에 일부 채소나 과실류에만 식초산이나 유기산 등을 사용하고 있다(표 1-24, 25 참조).

(2) 식품첨가물의 첨가

식품의 품질을 유지하면서 장기보관 및 유통시키기 위하여 첨가되는 화학물질을 보존료 또는 방부제라 한다. 이러한 화학물질은 미생물의 증식에 유해한 작용을 하기 때문에 사람에 대해서도 유해성에 논란이 있다. 따라서 사용이 허용된 보존료도 그 사용 대상 식품과 사용량을 명확히 규제하고 있다.

표 1-24 식중독 미생물의 발육을 위한 pH

미 생 물	최 저	최 적	최 고
Aspergillus flavus	1.7~2.4	3.4~5.5	9.3
Bacillus cereus	4.4~5.0	7	9.3
Clostridium botulinum A	4.8	7	8~8.5
Clostridium botulinum B	4.8	7	8~8.5
Clostridium botulinum E	5.0	7	8.5~8.9
Clostridium perfringens	5.0	7	8~9
Salmonella spp.	4.1~5.5	7	8~9
Staphylococcus aureus	4.3	7	8~9
Vibrio parahaemolyticus	4.8	7.4~8.5	11

현재 식품위생법에 허용된 보존료는 데히드로 초산(dehydroacetic acid), 데히드로 초산 나트륨(sodium dehydroacetate), 소르브산(sorbic acid), 소르브산 칼륨(potassium sorbate), 안식향산(benzoic acid), 안식향산 나트륨(sodium benzoic acid), 파라옥시 안식향산 부틸(butyl ρ-hydroxy benzoate), 파라옥시 안식향산 이소부틸(isobutyl ρ-hydroxy benzoate), 파라옥시 안식향산 이소프로필(isopropyl ρ-hydroxy benzoate), 파라옥시 안식향산 에틸(ethyl ρ-hydroxy benzoate), 파라옥시 안식향산 프로필(propyl ρ-hydroxy benzoate), 파라옥시 안식향산 메틸(methyl ρ-hydroxy benzoate), 프로피온산 나트륨(sodium propionate), 프로피온산 칼슘(calcium propionate) 등이 있다. 그러나 사용 대상 식품과 허용량 등 효력을 나타내는 조건이 각각 다르다.

표 1-25 식품의 pH에 의한 분류

산도에 의한 분류	pH	식 품 군	식 품 종 류
저산성식품	7.0 6.0	고기류, 생선류, 가금류, 우유 채소류	달걀, 굴, 우유, 옥수수, 오리, 닭, 대구, 쇠고기, 정어리 리마콩, 완두, 당근, 사탕무우, 아스파라거스, 감자
중산성식품	5.0~4.5	수프, 채소	모화과, 토마토 수프, 피망, 소스
산성식품	4.5~3.7	과일	토마토, 배, 살구, 복숭아, 오렌지, 파인애플, 사과, 딸기
강산성식품	3.7 이하	딸기류, 주스	소금절임, 초절임, 크랜베리주스, 레몬주스, 라임주스, 잼, 젤리

연구문제

1. 식품의 변질과 위생은 어떤 관계를 가지고 있는가?
2. 부패에 따른 생성물은 무엇이며 이들은 식품의 가식성에 어떤 영향을 주는가?
3. 냉장고의 보급은 식품의 저장성을 크게 향상시켰다. 냉장고의 이용법 중 온도와 에너지 관리 측면에서 효율성을 높이는 방법을 써라.
4. 냉장고를 그리고 위치별로 어떠한 식품을 배치하는 것이 좋은가를 기록해 보라.
5. 냉장고가 식품의 신선도 유지에 절대적인 방법이 되지 못하는 이유는?
6. 가정에서 행해지고 있는 식품 저장방법의 사례를 들어보아라. 그와 같은 방법이 저장효과뿐만 아니라 식품의 기호성에 어떠한 영향을 미치는가?

II

식품 취급자의 위생관리

제 2 장

식품 취급자의 위생관리

인간은 식품오염의 가장 보편적이고 중요한 오염원이 된다. 사람의 손과 호흡 그리고 소화기계를 통하여 세균을 전파시킨다.

기침이나 재채기에 의하여 병인성 미생물의 전파가 가능하고 동물의 배설물과 같이 인간의 배설물은 병원체의 전파에 중요한 역할을 한다.

인간은 식중독 사고의 피해자이면서 동시에 사고의 원인 제공자가 되는 이중성을 가지고 있다.

건강한 사람이라도 수많은 미생물을 가지고 있다는 것은 잘 알려져 있는 사실이다. 포도상구균이 머리, 피부, 입, 코에서 발견되며 소화기계에는 *Salmonella*속이나 *Clostridium*속의 일부 세균이 상재하고 있는 상태이다.

인후염을 가진 사람이 기침, 재채기를 하거나, 감기에 걸려 있는 사람의 코나 입의 분비물로부터 식품이 오염되게 되면 식중독의 원인이 될 수 있다. Samonella나 간염바이러스는 인간에게 침입하여 질병을 일으키고 그 증세가 소실되어도 수개월에서 수년까지 균을 배출할 수 있다.

사람의 피부는 미생물 오염에 항시 노출되어 있으며 세균생육의 중요한 장소이다. 온도가 적합하고 피부분비물이 미생물의 증식에 적합한 조건을 제공하고 있기 때문이다. 특히 포도상구균은 화상, 여드름, 뾰루지, 외상, 안질환, 귓병이 있는 곳에 늘 많은 증식을 하고 있다. 이러한 모든 세균 증식 장소로부터 미생물의 탈출은 사람의 손에 의한 경우가 많으며, 식품 취급자의 비위생적인 습관에 의하여 식품오염이 이루어지게 된다.

§ 2-1 영업주 및 관리자의 역할

1. 위생시설의 설치

식품 취급자가 위생규칙을 지키도록 하기 위해서는 적절한 시설을 완비해 주어야 하며 시설을 운용하는 데 불편치 않게 하고 수시로 점검하여야 한다.

식품 취급자는 작업장에 도착하면 갱의실로 가서 평상 외출복을 위생복으로 갈아입어야 한다. 갱의실은 깨끗이 위생적으로 관리되어야 하며, 잠금 장치를 하여 타목적으로 이용되지 않도록 하여야 한다. 위생복은 작업장 밖에서 입어서는 안 된다. 또, 귀금속을 착용해서는 안 되기 때문에 갱의실은 작업 중 귀금속이나 기타 사물을 안전하게 보관할 시설이 구비되어야 한다.

만약 시설이 더럽고 비좁으면 사용을 기피하기 때문에 갱의실은 사용이 편리한 장소에 깨끗하고 밝고 적절한 공간으로 확보하여야 할 것이다.

식품 취급자들을 위한 휴게시설의 준비도 필요하다. 작업장과 떨어진 독립된 공간의 확보가 바람직하며, 여기에서는 담배를 피우거나 간단한 휴식을 취할 수 있는 장소가 될 수 있도록 한다.

작업자들의 화장실은 고객용과는 분리되어야 하며 문은 자동감응 개폐식 문이 바람직하다. 또한 작업의 시작이나 종료후 샤워를 하고자 할 때 이용할 수 있는 샤워시설을 함께 갖추는 것이 좋다.

작업자를 위한 수세시설은 화장실과 함께 편리한 장소에 설치해야 한다. 만약 수세시설이 너무 멀게 되면 작업자는 주방 싱크대에서 손을 씻으려고 할 것이다. 식품과 기구를 세척하는 싱크대에서 오염된 손을 씻게 되면 상호 오염의 기회를 제공하는 것이 된다. 이상적인 수세시설은 발이나 무릎, 팔꿈치로 개폐 작동하는 시설이 필요하다.

수세시설은 냉 온수가 공급되고 43-49℃ 정도로 혼합하여 쓸 수 있도록 장치되어 있어야 한다. 냉 온수의 균형적인 공급이 되지 않으면 수세를 기피하든가 불성실하게 실시하기 때문이다. 비누는 액체비누를 쓰는 것이 좋으며, 떨어지지 않도록 충분히 공급한다.

수세 후 손을 건조하는 시설은 1회용 위생 종이타월이나 전기 건조기에서 건조하며 손수건이나 행주치마 혹은 공동수건에 닦지 않도록 주의를 환기시켜야 한다.

2. 새로운 종사자의 고용 시 주의점

관리자는 식품으로 인한 위생적 문제를 일으킬 염려가 있는 종사원으로부터 다른 종사원이나 고객을 보호해야 할 의무를 갖는다. 그것은 법률에 의하지 않아도 직업적인 관찰능력으로도 보호할 수 있다. 식품위생법에서도 전염성 질환을 가지고 있거나 식중독의 위험요인을 가진 사람은 식품을 취급하지 못하도록 규정하고 있다. 종사원을 고용할 때도 관리자의 최우선 책임은 건강한 사람을 채용 대상으로 하는 것이다.

일을 시작하기 전에 식품위생상 위험요인을 가진 사람을 찾아내는 것이 식품위생 관리변에서 볼때 시기적으로 가장 적절하다.

그러면 어떻게 지원자의 건강을 판단할 수 있는가?

첫째, 지원서 상에 기록된 내용을 살핀다. 지원서상에는 직업에 대한 경력 등 관련 자료와 함께 과거 병력이나 현재의 건강 상태를 기록하도록 한다. 기록된 내용이 큰 신뢰감을 줄 수 없을지라도 하나의 지표로 활용할 수 있다.

둘째, 관리자는 지원자를 주의깊게 관찰하여 아래와 같은 항목의 저촉 여부를 확인해야 한다.

① 지원자가 깨끗하고 단정한 복장을 하고 있는가? 만약 그렇지 않다면 평소의 작업습관에 의문을 가질 수 있다. 더러운 옷, 헝클어진 머리, 더러운 손톱은 식품위생에 나쁜 영향을 주는 신호들이다.

② 지원자가 피부염증, 피부좌창, 여드름, 기타 개방병소를 갖고 있지 않은가?

이런 지원자는 명백히 식품위생상 문제점을 가진 사람이며, 특히 손가락의 상처 여부를 관찰해야 한다.

③ 지원자가 기침이나 재채기를 자주 하지 않는가? 이는 목이나 콧구멍 등 호흡기계통에 감염증세가 있다고 의심이 된다.

④ 지원자가 얼굴, 머리 혹은 목을 만지는 습관을 가지고 있지 않은가? 이런 행위가 정신적 긴장 상태에서 나타날 수도 있지만 식품 취급자에게는 바람직하지 못한 습관이다. 외형상 나타난 질환이나 건강진단서에 기록된 건강상의 문제점은 쉽게 해결할 수 있지만 나쁜 습관은 고치기가 어려워 채용 시 특히 주의하여 살펴야 한다.

셋째, 관리자는 의학적 소견이 필요하다고 인정될 때는 건강진단서를 제출하도록 요구할 수 있다. 혹은 지원서 제출 시 제출하도록 요구해도 좋다. 신규 채용 시 위생에 관련된 요구는 최소한이며 시작에 불과하다.

3. 종사원에 대한 지도감독

식품의 위생적 관리를 위하여 훌륭한 계획이나 규정이 설립되어 있을 지라도 계속적인 지도 감독이 없으면 성공할 수 없다. 위생에 관한 훈련이나 계획의 집행에는 효율적인 지도 감독이 있어야만 효과를 거둘 수 있다.

아주 바쁠 때는 양심적인 종업원일지라도 제 규정이나 지침을 지키는 데 어려움을 겪을 것이다. 어떤 사람은 맨손으로 머리칼을 만지고 어떤 사람은 생 닭고기를 자른 다음 손을 닦지 않고 햄 등을 맨손으로 만지는 사람도 있을 것이다. 오물이나 흙으로 더러워진 위생복을 새것으로 갈아입는 데도 번거로움을 느낄 것이다.

이러한 잘못에 대하여 감독자는 늘 지적하고 종업원의 작업 습관으로 정착되도록 노력해야 할 것이다.

종사원은 매일 상처, 화상, 부스럼, 호흡기계 질환 등 식품의 안전성에 영향을 줄 문제점을 검사받아야 한다.

우리나라 식품위생법에도 전염성 질환을 가졌거나 의심이 가는 사람은 질병 치료가 의학적 처리가 끝난 후에 종사하도록 규정되어 있다. 경우에 따라 피부질환은 고무장갑을 끼고 작업하도록 지시할 수 있으나 심한 질병은 완치가 될 때까지 작업장에 출입을 금하여야 한다. 떠나 있도록 지시하여야 한다.

안전한 식품을 공급한다는 것은 훌륭한 지도 감독의 결과라고 볼 때 일상적이고 규칙적인 점검이 꼭 필요하다.

① 작업자는 깨끗한 위생복을 입었는가?
② 손, 손목에서의 위생적인 문제점은 없는가?
③ 작업자는 모자 등 머리카락을 보호하는 장치를 착용했는가?
④ 여드름을 짜거나 얼굴이나 머리를 만지거나 긁는 작업자는 없는가?
⑤ 완전 조리된 식품 앞에서 담배를 피우거나, 음식을 먹거나, 껌을 씹는 사람은 없는가?
⑥ 손톱은 짧고 깨끗한가?
⑦ 싱크대나 바닥 등에 침을 뱉는 일은 없는가?
⑧ 손을 대고 기침이나 재채기를 하지 않는가?
⑨ 반지나 팔찌 등 음식물이 쉽게 낄 장신구를 착용하고 있지 않는가?
⑩ 얼굴의 땀을 닦을 때 맨손이나 위생복을 사용하지 않는가?

종사원은 자신에게 어떤 위생적인 문제점이 있는가를 말하는 데 자유스러워야 한다. 일시적인 건강상의 문제가 직장에서 종사원 개인의 금전적 수입과 관계되든가, 직업을 잃게 하여서는 안 된다.

관리자들은 종사원을 지도 감독하는 중에도 역시 자신을 돌아보아야 한다. 관리나 지도의 가장 강력한 도구는 좋은 본보기이다. 주방이나 급식준비 장소에서 관리자가 담배를 피우며 돌아다니는 것과 같은 행위는 종업원의 지도 감독에 대해 타당성을 잃게 한다.

관리자는 위생적인 행위가 주는 의미를 충분히 이해하여야 한다. 관리자는 업무에 경험이 가장 많은 사람이라고 생각되지만 새로운 것을 배우는 데 가장 게으른 사람이 될 수도 있다.

연구문제

1. 식품 취급시설에 종사하는 사람과 시설 사이에는 미생물 오염의 상호 전파체가 될 수 있다. 식품 취급시설의 관리자로서 종업원과 시설에 대하여 오염방지를 위하여 해야 할 일은 무엇인가?
2. 식품 취급시설의 관리자라면 신규 채용자의 위생상 특성을 발견하기 위하여 신체적

인 것 중 어떤 점을 보아야 하는가? 신체의 위쪽부터 차례로 말하라.

3. 종업원의 비위생적인 버릇(습관)이 불결한 신체보다 식품위생상 더 위험한 이유는?

§2-2 식품 취급자의 위생관리

1. 개인위생

신규 채용자는 식품위생상 문제점이 없다는 것이 관리자에 의하여 확인된 후 그 들은 식품 취급시설에서 반드시 지켜야만 할 개인위생의 규칙을 배워야 한다. 안전하게 식품을 취급하는 요령을 명백히 이해하지 않는 한 번거롭고 귀찮은 것으로만 생각하기 쉽다.

규칙이나 방침은 쉬운 말로 쓰고 종사원이 보기 쉬운 곳에 부착하여야 하며 종사원 휴게실, 세면실, 공고란 등에 붙여 놓는다. 또 적당한 모양과 크기로 다양성을 주고 거기에는 개인의 청결, 흡연, 위생복, 권장하는 행위, 금지하는 행동이나 습관 등이 포함되어 있어야 한다.

1) 개인의 청결 유지

(1) 머리

기름이 끼고 더러운 머리는 세균의 좋은 증식 장소가 된다. 비듬이 음식에 들어가지 않도록 자주 감아야 한다.

(2) 목욕

체취나 더러운 피부는 고객을 불쾌하게 한다. 피부는 세균 증식의 가장 중요한 장소이다.

(3) 수세

개인위생의 가장 중요한 요소는 손을 자주 또 철저히 씻는 것이다. 더러운 손은 오염물질이나 세균을 식품에 옮겨 주는 데 결정적인 역할을 한다. 또한 손의 상처가 거스러미가 있을 때도 균의 증식이나 화농소가 생길 수 있으므로 깨끗이 정리하여야 한다.

다음과 같이 자주 반복되는 행위 후에는 철저히 손을 씻어야 한다.

◈ 귀, 입, 코, 머리와 같은 신체의 어떤 부분을 접촉한 후
◈ 손수건이나 휴지를 사용한 후
◈ 더러운 장치, 더러워진 작업장의 표면을 접촉한 후
◈ 원재료 식품을 취급한 후

◈ 돈을 만진 후
◈ 담배를 피운 후
◈ 사용한 식기를 세척한 후
◈ 식사 후
◈ 화장실에 다녀온 후

(4) 손톱

손톱은 잘 정돈되고 깨끗해야 한다. 더러운 손톱, 긴 손톱은 세균의 서식처를 제공하게 된다. 일본의 한 조사 결과를 보면 표 2-1과 같이 손톱의 길이가 길면 길수록 0.01g당 세균수가 증가하고 있는 것을 알 수 있다.

표 2-1 깎아낸 손톱의 양과 세균수*

손톱의 양 (g)	중학생			성인		
	건수	세균수	0.01g대비 세균비	건수	세균수	0.01g대비 세균비
0.01	33	3.5×10^3	1	1	4.2×10^3	1
0.02	40	8.9×10^3	3	-	-	-
0.03	20	1.7×10^4	5	3	5.3×10^4	13
0.04	5	3.2×10^5	9	2	2.0×10^3	5
0.05	19	1.7×10^5	49	11	6.3×10^5	150
0.06	6	1.7×10^5	49	13	1.5×10^6	360
0.07	6	2.9×10^5	83	-	-	-
0.08	2	2.7×10^4	8	4	3.4×10^6	810
0.1 이상	3	1.2×10^4	340	4	1.8×10^5	410

* 손톱의 양이 적고 많음은 손톱의 길이가 짧고 긴 것을 나타냄

(5) 외상

수지에 생긴 자상(刺傷)이나 찰과상(擦過傷)과 같이 개방된 상처는 여러 사람에게 위생상 나쁜 인식을 주고 실제 세균의 오염이 된다. 상처가 있는 사람이 작업을 계속하고자 하면 항균 반창고를 붙이고 물이 들어가지 않도록 보호대로 감싸주어야 한다. 심한 경우에는 상처가 완전히 치료될 때까지 식품을 취급하지 않는 부서로 옮겨줄 필요가 있다.

(6) 흡연과 껌

흡연은 식품 취급시설에서는 허용되지 않는다. 식품의 준비, 조리, 저장, 배식의 과정에서 뿐 아니라 식품 취급기구의 준비실이나 세정시설에서도 담배를 피워서는 안 된다. 단지

휴게실과 같이 식품오염과 관계가 적은 시설에서만 허용될 수 있다.

흡연은 작업자나 고객 모두에게 건강상의 문제점을 발생시킨다. 담배를 피울 때 실제로 손가락에 침을 전혀 묻히지 않을 수 없다. 극히 작은 침이 손에 묻어 있을 때라도 수많은 미생물이 손을 통하여 전파될 수 있다. 역시 담배연기를 내뿜을 때 공기 중에 침방울이 나오기 쉽다.

작업자가 오염되는 경우는 그 반대의 경우로 생각할 수 있다. 더러운 물건을 만진 손으로 담배나 입술을 오염시키고 그 오염된 담배나 입술로부터 깨끗한 손까지 더럽히게 된다. 그러므로 담배를 피운 후, 작업을 시작하기 전에는 오염되었다고 생각하고 철저히 씻어야 한다.

껌을 씹는 것도 또 다른 오염원이 될 수 있다. 씹는 사람의 습관에 따라 입을 벌리고 소리를 낸다거나 풍선껌을 불고 손으로 만지는 행위는 침에 의하여 직접 또는 손을 통해서 식품을 오염시키게 된다.

2) 작업자의 복장

(1) 위생복

작업자의 옷은 식품에 오염을 차단시켜 주는 중요한 역할을 한다. 그래서 복장에 대하여는 엄격한 규정을 정하여 준수하도록 요구하고 있다. 더러운 위생복은 고객들에게 거부감을 주고 불쾌하게 할 뿐 아니라 병원성세균의 서식처가 될 수 있다. 더러운 위생복에 접촉하면 오염이 순환 반복될 수 있다. 즉, 더러운 옷에서 손이나 식품으로 오염물질의 전파가 이루어진다.

그래서 관리자는 종사원들이 위생복을 깨끗이 또 필요시에는 자주 갈아입도록 요구하여야 한다. 또, 종사원들이 위생복에 손을 닦는 습관이 생기지 않도록 감독을 철저히 하여야 한다. 위생복은 입어야 할 곳과 입지 않아야 할 곳을 명백히 구분하여 지켜야 한다.

(2) 위생모

머리카락은 세균의 증식처로 식품위생에 중요한 관리 요소가 된다. 식사 도중 머리카락이 발견되면 그 급식 시설에 대한 고객의 인상은 크게 나빠질 것이다. 그러므로 식품오염방지를 위하여 위생모자나 머리망 등의 착용을 강제 규정하여야 한다. 위생모를 쓰면 손가락으로 머리를 만지거나 두피를 긁는 습관이 있는 사람의 나쁜 습관을 억제할 수 있고 고객에게도 신뢰감을 줄 수 있을 것이다.

(3) 귀금속

반지, 시계, 팔찌 등은 식품 취급 시 음식 찌꺼기가 끼기 쉽고 또 손과의 사이에 남아 있는 음식 찌꺼기는 세균 증식의 온상 역할을 한다. 더구나 표면이 복잡한 장신구 일수록 위험성은 더 크며, 다른 기구나 장치의 취급 시 안전사고의 위험도 크다.

3) 수세(手洗)의 위생

(1) 손의 세균오염

식품위생상 문제가 되는 손의 오염세균으로서는 황색 포도상구균과 장내세균이 중요하다. 즉, 식중독의 원인이 되는 독소를 생산하는 황색포도상구균은 건강인의 비강 내에 높게 분포되어 있다. 그래서 코를 손으로 접촉하거나 코를 풀 때 위와 같은 세균이 손에 오염되기 쉽다. 또 이 세균은 신체의 내외에 부착되어 있는 것은 물론 자연계의 생활환경 중에도 극히 보편적으로 존재하기 때문에 어디서든지 손을 오염시킬 가능성이 있다. 한 보고에서는 일반 식품 영업자의 피부에서, 실험 대상자 중 30%가 황색포도상구균에 오염되어 있는 것으로 보고하고 있다.

또 이질, 장티푸스, 살모넬라 식중독 등의 원인균이 되는 각종 장내세균이나 A형 간염 바이러스는 경구 감염을 일으키지만 원인식품을 오염시키는 데는 수지가 관여하는 기회가 많다.

손의 오염이 가장 흔한 기회는 용변 후의 처리에서 일어날 수 있다. 이들 세균의 보균자가 용변 후 장내세균에 의하여 오염될 기회는 설사성 수양변일 때 더욱 큰 것으로 알려져 있다.

식품 취급과 관련이 적은 일반 시민이나 작업장 근무자의 손에서도 10% 내외의 대장균군이 검출되고, 특히 식품관계 영업자의 손에서는 50% 가량, 생선초밥을 만드는 사람 손에서는 80% 이상의 대장균군을 검출할 수 있었다는 일본의 한 보고를 보면 우리나라에서도 상당수의 식품 취급자가 오염되어 있을 것이라고 추정할 수 있다.

(2) 수세의 방법과 세균 제거 효과

표 2-2와 같이 손을 씻을 때는 담아 놓은 물과 흐르는 물에 따라, 물의 냉, 온수 여부에 따라 세균 제거 효과에 차이가 난다고 보고하고 있다.

담아 놓은 물보다는 흐르는 물, 찬물보다는 더운물, 또 비누를 사용하거나 3% 크레졸을 사용하면 가장 효과가 크다고 인정할 수 있다. 그러나 세균이 전혀 없는 것은 아니며, 단지 세균의 수가 감소되는 비가 크다는 것이다.

수세는 손톱의 길이가 짧을 때 효과가 크며 손톱이 길 때 수세를 철저치 못하면 오히려 손톱에 붙어 있는 세균을 손바닥이나 손가락으로 옮겨 주는 역할을 하기도 한다.

표 2-2 수세의 효과 비교

	방법		잔존율(%)	잔존율의 비
수돗물	간단히	담아 놓은 물 흐르는 물	36.3 12.0	3.0
	정성껏	담아 놓은 물 흐르는 물	13.0 1.83	7.1
더운물 (35℃)	흐르는 물 담아 놓은 물		13.1 1.65	7.9
비누사용	간단히 정성껏		1.65 6.4	29.0
비누 3%크레졸	간단히		5.25	35.0
	정성껏		0.15	

(3) 위생적인 수세법

이상적인 수세장치는 발이나 무릎 또는 팔꿈치로 작동할 수 있는 시설이 좋다 (그림 2-1 참조).

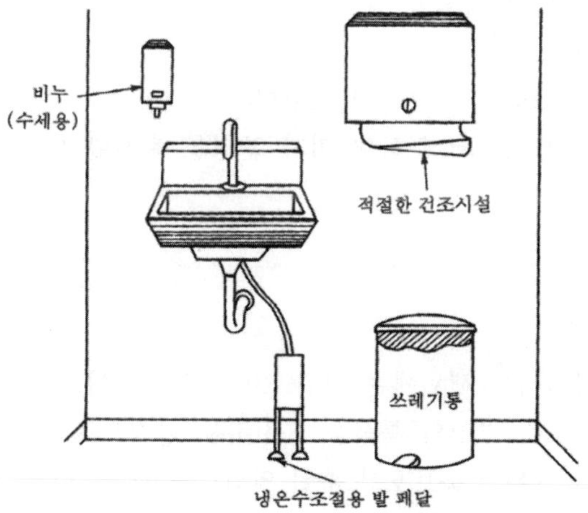

그림 2-1 적절한 수세시설

수세장치에는 더운물과 찬물이 공급되어야 하며 혼합 시 43-49℃ 정도의 수온이 수세에 적합하다. 비누는 액체 비누를 권장하며 케이크형 비누(고체비누)보다 더 위생적이라고 생각된다. 비누를 사용하여 충분한 비누 거품이 생기게 하고 솔을 가지고 손톱 사이를 깨끗이 씻는다. 비누 거품을 완전히 제거한 후 1회용 타월이나 종이 타월 혹은 전기건조기로 건조시킨다.

(4) 수세와 피부의 보호

수세의 빈도가 높아지면 세제의 사용이 많아져 손이 거칠어지게 된다. 손이 거칠어지면 황색포도상구균의 증식 가능성이 높아진다. 정상 피부를 가진 사람의 손에서 황색포도상구균의 검출률이 2.1%인데 비하여 손이 거칠어진 사람은 16.7%의 균이 검출되었다고 보고하였다. 이것은 수세에 따라 피지막이 소실되어 각질이 노출되고 각질이 떨어져 나가 세균에 대한 방어력이 저하되었다고 생각된다. 특히 합성세제를 사용할 때는 이 현상이 현저하다.

손에서 식중독을 일으키는 세균 등을 제거하고자 하는 수세작업이 피부를 거칠게 하여 세균의 서식을 용이하게 하는 결과를 가져올 수도 있기 때문이다.

손이 거칠어지는 것을 방지하기 위한 대책으로는

① 세제는 적정 농도를 사용한다.

② 세제를 이용하여 기구 등을 세척할 때는 고무장갑을 착용한다.

③ 고무장갑에 알레르기가 있는 사람은 속에 면장갑을 낀다.

④ 물을 쓰는 작업을 한 후에는 다음과 같이 수지를 보호한다.

- 세제 성분이 손에 남지 않도록 깨끗이 닦는다.
- 손의 물기를 말린다.
- 유성크림이나 핸드크림으로 손을 보호한다.
- 손을 마사지하여 혈액을 좋게 하고 피지 분비를 촉진한다.

연구문제

1. 개인위생을 향상시키는 행위에는 어떤 것이 있으며 이들은 어떤 의미를 갖는가?
2. 위생복이나 위생모는 직업의 특성을 표시하는 상징으로 의의를 갖는 경우가 많다. 그러나 실질적인 뜻은 식품보호가 주된 의의라고 할 수 있다. 그러면 위생복은 어떤 모양으로 만들어져야 좋은가?
3. 표 2-2를 보고 가장 좋은 수세 방법을 써라.
4. 식품 취급 시 식품과 가장 가까이 있는 것은 조리사의 손이다. 손에 의하여 세균이 옮겨지는 경로에는 어떤 것들이 있는가?

§2-3 식품 취급자에 대한 위생 교육

위생 교육을 받아야만 할 식품 취급자나 식품 접객 종사원은 기능직종으로 충분한 사회적 대우를 받고 있지 못하다. 급료의 수준, 근무조건 등이 열악하고 직업에 대한 만족도나 자부심이 낮은 편이다. 이렇게 만족도가 낮고 책임감이 결여되어 있기 때문에 고용 회전이 빠르고 근무 기간이 짧은 편이다. 연령의 차이, 교육적 배경의 차이 및 다양성 때문에 교육을 시키기 어렵고 교육자나 피교육자의 욕구를 충족시키기가 아주 어려운 현실이다.

오히려 교육의 효과를 지속적으로 유지시키려면 경영 측면의 접합이 가능한 경영주나 관리자에 대한 교육에 치중하는 것이 효과를 거둘 수 있으며, 종업원은 전달 교육이나 현장교육으로 실시하는 것이 효과적일 것이다. 이는 인사고과나 급료 책정에 영향을 줄 수 있는 사람일수록 교육의 효과가 클 것이기 때문이다.

위생 교육은 관리 측면에서 보면 식품으로 인한 질병을 감소시키고, 고용 회전율을 낮춰주는 효과가 있다. 또한 지도 감독의 업무가 감소되며, 표준 작업 방법이 개선되어 생산성이 높아지고, 고객에 좋은 서비스를 제공할 수 있다.

피고용자 측면에서 보아도 직업에 대한 만족도가 증가되고 급료나 승진의 기회가 증가될 수 있으며, 안전성에 대한 자신감으로 긍지를 가질 수 있다.

1. 교육계획의 작성

1) 교육 주제 및 내용의 결정

교육계획을 작성하는 첫 단계는 주제를 결정하는 것이다. 주제의 영역은 모든 종사원들이 알아야만 할 것과 직종에 따라 특수한 분야로 나눌 수 있다. 식품위생 기초는 모든 신규 종사원에게 강조 교육되어야 하며, 업무를 시작하기 전에 실시하는 것이 좋다. 식품위생 기초에는 최소한 아래와 같은 내용이 포함되어야 한다.

① 경구 전염병 예방과 식품위생의 중요성
② 작업 전 또는 작업 중 지켜야 하는 개인위생 실제
③ 적절한 식품의 취급 및 식품의 보호에 대한 기초 지식
④ 시설, 장비 위생 및 특별지역의 청결 및 위생관리
⑤ 위생 곤충 및 설치류 관리
⑥ 안전성을 높이는 습관과 행위

식품 서비스 산업에 근무 예정이거나 또는 근무하고 있는 초보자를 위한 교육 내용은 표 2-3과 같다. 이 교육 내용은 식품위생 전반에 걸쳐 숙련자를 만들기 위한 프로그램은 아니나 그 깊이에 따라 경력자에게도 적용할 수 있다.

식품 위생 교육은 대상의 업무 특성상 관리자, 조리사를 포함한 식품 취급자, 서비스하는 자 등으로 다양하기 때문에 본 프로그램은 그 대상에 따라 내용의 비중을 달리해야 할 것이다. 또 같은 직종에 속하더라도 교육적 배경 등이 일정치 않기 때문에 융통성 있게 운용하여야 한다.

미생물 기초에 1단위, 식품 자체의 오염과 식품 기인성 질병에 8단위, 취급자에 대한 교육 2단위, 식품 취급 시설, 설비, 기구, 용기에 대한 교육이 4단위, 세정과 살균소독이 1단위, 식품 위생관리 행정면에 1단위로서 총 17단위로 구성하였다. 식품 취급의 장소, 시설 등은 관리자에게 강조되어야 할 내용이며, 식품 자체의 오염과 식품으로 인한 질병, 소독, 세정에 관한 교육은 조리, 가공, 저장 등 식품 취급자에게 중점적으로 교육되어야 한다. 개인위생은 식품 취급자와 서비스하는 사람에게 강조되어야 할 부분이다.

위와 같은 일반적인 위생 기초를 교육시킨 후 각 개인의 직종에 따라 특별 분야에 대한 교육이 실시되어야 한다. 위생에 관련된 일은 단위 교육으로 구분, 분류하여야 한다. 예를 들어 식품 접객 종사원의 업무 분석에 의한 단위 교육은 아래 예와 같이 나눌 수 있다.

- 컵이나 기구에서 손잡이가 있을 때는 손잡이를 쥔다.
- 많은 유리컵은 쟁반으로 운반한다.
- 컵이나 접시는 아랫부분을 쥔다.
- 음식은 쌓아서 운반하지 않는다.
- 얼음은 집게를 사용하여 옮긴다.
- 빵이나 케이크는 집게를 사용하여 나누어 놓는다.
- 오염의 가능성이 있을 때는 즉시 손을 씻는다.

2) 교육 목표의 설정

교육에서 두 번째로 결정해야 할 것은 교육계획의 목표이다. 예상되는 결과나 예견 없이 교육을 시작하는 것은 무모한 짓이다. 교육의 목표는 전체의 관리 목표와도 비교될 만큼 가치 있는 것이다. 위생 교육의 결과로 이루어 질 수 있는 위생적인 건전한 식품의 공급은 전체 관리 목표의 하나일 것이다.

목표의 설정은 관리자 쪽과 피교육자와의 협의에 의하여 수립되어도 좋다. 목표 설정을 위한 팀에서는 교육의 내용, 즉 어떤 교육이 필요한 지를 분석하며, 해결 방법을 제시하고, 피교육자의 숙련도나 능력을 평가한다. 이러한 교육 목표의 선정은 경비와 시간에 의해서도 영향을 받게 될 것이다.

표 2-3 식품접객 업소 종사자를 위한 교육 프로그램

번호	교육 요목	교육 내용	단위
1	미생물 기초	• 식품위생에서의 미생물의 중요성 • 미생물의 증식에 관계된 요인	1
2	식품의 미생물 오염	• 식품의 미생물 오염 경로 • 식품별 미생물 오염에 대한 특성과 변화 • 식품의 관능적 선도 판단법	2
3	식품과 질병	• 세균성식중독 • 경구 전염병 • 기생충 질환	3
4	식품오염 화학물질	• 환경오염과 식품오염 • 포장, 용기 표시사항 중 첨가물 확인 • 식품 취급, 저장 중 화학물질 오염방지	1
5	식품의 저장 및 서비스	• 냉장·냉동의 원리와 응용 • 가열 온도와 시간에 따른 저장 효과 • 저장 방법별 특성	2
6	개인위생	• 건강의 개념 • 개인위생과 식품으로 인한 질병과의 관계	2
7	시설관리	• 건축 시설의 위생적인 관리 • 조명, 환기	1
8	식품 취급 설비관리	• 기계, 기구의 설비 및 배치 • 취급 설비의 청결	1
9	식품 취급 기구, 용기 포장	• 식품 취급 기구, 용기의 위생적 관리 • 기구 용기와 재질에 따른 위생적 문제 및 사용 특성 • 기구, 용기의 위생적 구조	1
10	시설운영	• 화장실 관리 • 구충, 구서 시설 • 쓰레기 및 하수관리	1
11	세정과 살균소독	• 살균, 소독의 목적 및 방법 • 세제의 종류 및 특성 • 세정의 방법과 효과	1
12	관리행정	• 준수사항 점검요령 • 점검 보고서 작성 • 점검 결과에 대한 조치법	1

설정될 목표의 내용은 일반적인 것과 업무의 특수성에 따른 특별 분야로 나누어 생각할 수 있다. 일반적인 내용에 특수 분야의 내용이 포함되면 교육의 낭비를 가져올 수 있고, 특수 분야가 많으면 교육의 실행 상 번거로움이 많을 것이다.

3) 교육 방법의 선정

교육 방법은 개인 대 개인의 방법과 집단교육의 두 가지로 나눌 수 있다. 어떤 교육 방법을 택할 것인가는 교육 받을 피교육자의 수가 얼마인가, 집행할 수 있는 예산 사정은 어떤가, 또 더 중요한 것은 교육의 주제가 어떤 방법을 선택하는 것이 최선인가에 달려 있다.

(1) 개인 교육법

한 번에 한두 사람을 대상으로 하는 교육은 식품 산업에서는 보편화되고 있는 방법이다. 이 방법은 많은 이점을 갖고 있다.

① 교육을 받은 사람의 특별한 필요에 따를 수 있다. 특수한 경우, 개별 작업군에 대한 지도가 가능하다.
② 특별한 교육 장소를 필요로 하지 않으며 어느 곳, 어느 시간에도 교육이 가능하다.
③ 피교육자의 이해도를 즉시 확인할 수 있다.
④ 피교육자가 직접 참여하기 때문에 흥미 유발이 쉬우며 한두 사람의 신규 종사원이나 재교육을 받고자 하는 소수의 사람에게 효과적인 교육 방법이다.

이 교육법의 단점은 시간과 경비가 많이 든다는 점이다. 관리자가 교육에 많은 시간을 보내면 다른 관리 기능에 소홀해지기 쉽다.

(2) 집단 교육법

교육의 대상이 다수일 때 개인 교육법 대신 택할 수 있는 제도이다. 이 방법은 교육계획이 다수인에게 동일하게 적용되므로 동일한 내용을 반복할 필요가 없어 교육 대상이 동일한 위생적 교육 요구가 있을 경우 통일성과 간편성을 갖는 장점이 있다.

또 교육 방법도 강의, 토론, role-playing session 등을 적용할 수 있고, 여러 가지 교육 보조자료도 효율적으로 이용할 수 있다.

단점이라고 하면 개인지도가 어렵다는 것이다. 피교육자가 실제 작업 중 발생하는 위생적인 문제점에 대하여 더 알고자 할 때 효율적으로 처리하기 곤란하다. 또 피교육자 전체에 대한 보편적인 교육 내용은 자칫 지루하고 흥미를 잃기 쉽게 한다.

(3) 교육 방법의 응용

교육 방법은 바라는 행동에 관계되어야 한다. 만약 관리자가 규정에 따라 접시를 위생적으로 처리하기를 원할 때 가장 좋은 방법은 그 과정을 시범으로 보이고 피교육자가 반복해서 실시토록 요구하는 것이다. 피교육자는 혼자서 훌륭히 실시하고 실시 도중 요점과 주의

점을 설명할 수 있어야 한다. 관리자는 교육 보조자료를 도표로 준비할 수 있다.

미생물 증식에서 시간 온도 원리와 경구 전염병 발생과의 관계를 알려주기 원하면 교육자는 세균 증식에 관한 간단한 도표를 포함한 슬라이드를 준비하고 일상생활에서 안전한 식품 공급에서의 위험 요소에 대한 강의를 함께 할 수 있을 것이다.

교육은 가능한 한 응용할 수 있고 업무와 관련성이 큰 것이어야 한다. 만약 어떤 위생관련 이론의 제공이 필요하다면 위생 교육은 실제적인 업무와 관련되어 준비되어야 한다.

4) 교육 보조자료의 선택

식기 세척기의 이용, 테이블 준비(table setting), 식품 접대에서의 기초적인 위생 문제 등은 단지 말로서 설명할 수도 있다. 이때 교육 보조자료를 이용하면 보다 나은 교육 성과를 얻을 수 있다.

교육 보조 기자재로는 교재, 그림, 도표, 그래프, 모형, 영화필름, 비디오테이프, 녹음테이프, 슬라이드, 투명도 등이 있다. 그러나 교육 보조자료는 피교육자의 참여, 실제 연습, 현장경험 등이 뒷받침되어야만 더욱 효과 있게 교육 성과를 높여 줄 것이다.

교육 보조자료의 사용은 시간을 절약하고 흥미를 높이고 피교육자의 이해를 돕고, 전에 배웠던 것을 기억나게 하고 교육자의 일을 쉽게 해준다. 위생 교육 시 교육 보조자료는 아래와 같이 내용에 적합한 것을 택하도록 한다.

(1) 정확성

자료는 사실적이고, 시대 감각에 맞으며, 완전하고 이해하기 쉬운 것이어야 한다.

(2) 적합성

자료는 목적에 적합하고 피교육자의 언어 수준, 이해 수준, 난이도 등에 적합해야만 한다. 또 교육자의 운용 능력에 적합해야만 성공적으로 이용할 수 있다.

(3) 매력

교육을 한다는 것은 주의를 끌고 흥미를 느끼지 않는 한 성공적일 수 없다. 식품위생처럼 흥미를 끌기 어려운 주제에 대해서는 끊임없이 흥미와 자극을 유발시키는 교육법을 개발해야 한다.

(4) 공인성

교육 보조기구는 그 분야에서 공인되고 우수성이 증명된 것이어야 결과도 인정받을 수 있다.

많은 회사에서는 신규 채용자에게 배포하려고 종업원 필독서를 개발하고, 신규 채용자들은 이들로부터 필요한 지식이나 정보를 습득하고 있다. 그러나 이러한 필독서들은 위생 교육과는 거리가 멀며 오히려 회사 방침 안내서나 소개 책자로써의 기능이 더 크다고 할 것이다.

시청각 보조자료가 교육에 유용하기는 하지만 보조자료일 뿐이다. 교육의 주체는 교육자이기 때문에 교육자가 어떻게 운용하는가가 더 중요하다. 오히려 시범을 보여 주고 확인 점검하는 일이 더 효과적인 방법이다.

마지막으로 간단한 시험으로 교육 내용을 평가해야 하며 주어진 문제점에 대하여 교육자와 피교육자가 같이 토론함으로써 결론을 유도하는데 함께 노력하도록 한다.

5) 강사의 선정

강사는 위생 교육의 주제에 대한 지식을 가지고 있고, 해당 조직의 위생적인 문제점을 잘 알고 있으며, 인간관계를 원만히 할 수 있는 기술이 있고, 다른 사람을 교육시킬 능력이 있는 사람을 선정해야 한다.

누구를 강사로 위촉할 것인가 하는 것은 상황에 따라서도 영향을 받는다. 교육 대상, 교육 장소, 교육 내용에 따라 달라질 수 있으나 조직 내부 혹은 외부 인사를 위촉할 수 있다. 조직 내에서 관리자 혹은 상급자가 교육시키는 것은 현장의 문제점을 가장 잘 알고 있기 때문에 한 조직의 운영 관리상 책임 있게 교육시킬 수 있다. 또 피교육자는 생동감 있고 상급자에 의한 교육이기 때문에 승진이나 인사 문제에 영향을 줄 것으로 생각하고 열심히 교육을 받으려 할 것이다. 그러나 강의 기법, 지식의 부족, 문제 접근 방법의 미숙, 조직의 형편에 따라 편법 운용이 되기 쉽다.

외부에서 강사를 위촉할 경우 전문적인 학술기관의 전문가나 교수, 관계 행정기관의 전문가 등을 예로 들 수 있다. 이들은 강의 기법이나 지식이 풍부하고 보편성을 가진 교육을 시킬 수 있으나 현장 감각이 떨어지고 직장에 따른, 또 직무에 따른 특수성을 갖지 못하기 때문에 흥미를 잃기 쉽다.

그래서 일반적인 내용을 교육할 때는 외부 강사에 의뢰하고 세부적이고 구체적인 내용은 내부 강사가 바람직하나 내부 강사는 그 자질 함양을 위하여 별도의 교육을 받는 것이 좋다.

6) 교육 시간의 결정

업장이나 업소의 정상 근무시간 중에 교육을 위한 시간과 장소를 마련하는 것은 쉬운 일이 아니기 때문에 소홀히 하는 빌미가 될 수 있다. 교육은 시간의 낭비나 노동력의 손실이 아니라 궁극적으로 기업의 이익과 직결된 것이므로 경영관리 차원에서 실시되어야 한다.

강의 시간은 너무 길지 않게 해야 한다. 이상적인 시간은 45분 정도가 좋다. 그러나 특별히 인기가 있고, 성공적인 강의시간은 90분 정도로 연장 실시하여도 좋다. 시간표에는 날짜, 시간, 강의 장소, 주제, 피교육 대상자, 강사를 명시해야 한다. 관리자는 강의 시간을 알리는 공고문을 쉽게 볼 수 있는 곳에 게시해야 하며 종사원들은 위생 교육이 관리자의 관리 수준에서 실시되고 있음을 알게 하여야 한다.

피교육자는 매 강의 시간이 정시에 시작되고 불가피하지 않은 결석을 묵인해 주지 않는다는 것을 알게 해야 한다.

7) 교육 장소의 선정

교육은 종사원(피교육자)이 편한 마음으로 받아들이도록 하여야 한다. 특별한 강의실은 필요치 않으며 종사원 휴게실, 지배인실, 창고의 일부, 식당 등을 사용치 않을 때 이용하면 된다. 교육의 일부는 실기를 포함하고 있기 때문에 작업장을 교육 실습 장소로 이용해도 좋다.

교육 장소는 너무 비좁아서는 안 되며 피교육자가 필기할 수 있어야 한다. 의자 배치는 편안하고 공개토론 시 의견을 교환하는 데 불편하지 않도록 배치한다. 만약 시청각 기자재가 사용된다면 적절한 시설이 준비되어 있어야 한다.

8) 교육의 실시

교육은 단순해야 하며 복잡한 교육 방법은 피교육자들을 혼란스럽게 한다. 다음과 같은 단순화한 과정에 따라 교육을 실시하는 것이 바람직하다.

① 피교육자들에게 무엇을, 어떻게, 왜 배우는지 알려준다.
② 교육을 실시한다.
③ 시범을 보인다.
④ 질문을 받고 답한다.
⑤ 실습을 시킨다.
⑥ 결과에 칭찬과 건설적인 비평을 한다.
⑦ 반복 복습한다.

교육자와 피교육자는 교육을 위하여 준비를 하여야 한다. 교육자는 관련된 지식을 가지고 피교육자의 질문에 충분하게 설명할 수 있어야 한다. 또 교육자는 어떻게 교육시키는 것이 가장 적절한지 알아야 한다. 피교육자도 스스로 준비하여 교육에 임하는 마음가짐을 새롭게 해야 한다.

(1) 교육자의 준비

먼저 교육자로서 가르치고자 하는 내용을 완전히 소화해야 한다. 만약 교육자가 주제의 내용에 확신을 갖지 못할 때 피교육자는 이것을 느낄 것이고 교육자가 하는 말에 대한 정확성에 의구심을 갖게 될 것이다.

강의 준비 시 우선 생각해야 할 것은 피교육자들의 특성이다. 만약 가르치고자 하는 내용이 종사원의 요구에 미치지 못하거나, 일상생활과 관계가 적고 너무 추상적이거나, 너무 복잡하거나 흥미를 유도하는데 실패하는 등의 일은 피교육자의 특성이 충분히 고려되어 있지 않기 때문이다.

강의 시작 전 교육자로서 자신을 정직하고 성실하다는 인상을 심어 주는 것이 좋다. 지식을 확실하게 전달하는데 어떤 기술을 가지고 있는가? 피교육자들이 열심히 들으려고 집중하고 있는가? 강의 내용에 관심을 보이며 목소리를 크게 해달라고 요구하지 않는가? 피교육자들은 이해하지 못한 부분에 많은 질문을 하지 않는가? 다음 내용은 의사 전달 기술을 발전시키고 성공적인 강의를 할 수 있도록 몇 가지 제안을 한다.

① 무엇보다 우선 준비하라. 어떤 교육법을 쓸 것인가, 어떤 교육 보조 자료를 쓸 것인가를 결정해 두어야 한다.
② 강의 중 피교육자에게서 눈을 떼지 마라.
③ 강의의 말투는 가능한 한 대화식으로 하고 형식에 얽매인 말투를 쓰지 않는다.
④ 목소리는 단조롭지 않게 강조할 곳에 힘을 준다.
⑤ 언어는 단순한 것으로 쓰고, 불필요하게 전문 기술용어의 사용은 피교육자와의 거리를 멀게 한다.
⑥ 질문이나 제안은 신중히 대답하고 그들의 의견이 가치 있는 것으로 보여 주어라. 강의의 방해 요소로 생각하거나 가치 없는 질문이라고 질책함으로 부끄러움을 주어서는 안 된다.
⑦ 모든 이야기를 혼자 독점하지 마라. 피교육자에게 질문하고 답을 유도해 내야 한다.
⑧ 시간은 짧게, 주어진 시간을 지켜라. 성공적으로 강의를 이끌었어도 휴식 없이 계속된 강의는 피교육자를 지겹게 하기 쉽다.
⑨ 강의 범위를 업무와 관련된 위생에 한정시켜라. 강의 범위가 넓으면 흥미를 잃고 배우려 하지 않는다.

(2) 피교육자의 동기 유발

강의하고자 하는 내용과 종사원의 실무 사이의 관계를 잘 조화시키고 가르치고자 하는 내용에 대하여 배우고자 하는 피교육자의 동기를 유발하는 방법을 알아야 한다.

대부분의 종사원들은 식품위생이 흥미를 크게 끌만한 내용이 아니라는 것을 안다. 교육자의 임무 중 하나는 교육을 받고자 하는 사람들을 강의 내용에 집중시키는 것이다.

2. 교육효과의 평가

관리자 측면에서 볼 때 교육의 효과가 시간과 돈을 들여 실시한 것이기 때문에 실제 경영상의 이익이 있어야 한다. 그만큼의 교육 효과를 얻으려면 교육 내용은 얼마만큼 가치 있는 것이었나? 그 내용이 충분히 종업원에게 전달되었는가를 확인 평가해야 한다. 관리자는 평가 내용을 인사나 급료와 연결시킴으로써 성취도를 높일 수 있다.

1) 설정된 목표에 대한 평가

평가의 첫 단계는 교육을 시작하기 전에 이루어져야 한다. 관리자나 교육자는 그 직장이나 종업원들의 식품위생에 관계된 요구 지식이 어떤 것인가를 알고 있어야 한다. 다음과 같은 질문은 그 답을 유도하는데 도움이 될 것이다. 종업원들은 맡은 업무를 수행하는데 어떤 교육을 필요로 하고 있는가? 여기에서 나온 답은 교육 목표 설정에 참고하여야 한다. 목표가 설정되었으면 평가의 결과는 어떤 것이어야 하느냐 하는 것은 명백하며, 평가자는 그 기준을 가지고 있어야 한다.

둘째로 교육 중 혹은 교육이 완료된 후의 평가이다. 교육이 직무에 어떤 유익한 결과를 낳게 하는지, 또 의도된 결과가 나오지 않았다면 왜 그런지에 대하여 관리자나 교육자는 스스로 대답해야 한다. 이러한 질문에 긍정적인 답변을 얻지 못한다면 이것은 교육의 효과가 있었는지, 교육된 내용이 실제 직무에 적용이 되지 않거나 잘못 적용되고 있지 않는가에 대하여 관리자가 알지 못하고 있다는 뜻이다.

2) 교육 효과의 측정

(1) 목표 달성도 측정

개인적인 학습 진도에 대한 목표 달성 여부를 측정하는 데는 다양한 시험 방법이었다. 공식 강의 시간이나 비공식적인 시간을 이용하여 필기나 구두로 실시하는 평가는 전 교육 과정이나 매 시간 개개인의 이해도를 측정하는데 유익하다. 공식적인 측정법은 매시간 혹은 전 과정에서의 교육 목표를 얼마나 잘 달성했나 하는데 대하여 교육자에게 알려주는 기회가 된다. 시험의 결과는 피교육자의 숙지도, 흥미도를 알 수 있고 무엇을 더 가르쳐야 하는지에 대한 정보를 제공해 줄 것이다.

(2) 실무를 통한 효과 측정

위생 교육의 진정한 평가는 작업 현장에서 주어진 업무를 수행하는 능력이다. 이런 의미에서 작업 현장에서 교육 효과의 측정은 종업원 개인에 대한 평가가 될 수 있고, 관리자나 감독자의 업무의 일부로 생각해도 좋다. 교육 성취에 대한 기준이 교육 이전에 설정되고 작업자와 감독자 간에 이해되었을 때 기준과 개인의 성취도를 비교해 봄으로써 평가가 가능하다.

만약 종사원이 위생적인 업무 처리를 한다면 실제 실행에 따른 효과를 관찰할 수 있을 것이다. 예를 들어 만약 관리자나 감독자가 선입선출(先入先出) 규정을 지키는지 보기를 원한다면 종사원이 개별 식품의 입고 일자를 기록하고 확인하는 지를 관찰할 필요가 있다. 시간과 온도 규칙은 종사원이 개별 식품의 저장 온도를 확인하고 온도계를 정상적으로 사용하는지 여부를 확인하는 것으로 대신할 수 있다.

관대한 칭찬은 종업원의 태도를 바꾸고 활력을 주는 데 도움이 될 수 있다. 만약 그들이 하는 일이 관리상 가치 있는 일이라고 판단할 때 최선의 노력을 하려고 할 것이다.

피교육자는 교육의 종료와 동시에 어떤 인증서를 주어야 한다. 상장이나 수료증서가 보편적으로 이용되고 있으나 증서의 형식은 상황에 따라 달라져야 한다. 어떤 경우, 증서의 발행자가 경영자 명의로 되어 있거나 공동 명의로 할 수도 있다. 증서의 발행자가 상위 경영자가 좋다는 것은 교육 과정에 경영자의 관심이 크다는 것을 인식시켜 교육의 가치를 종사원 스스로 높이 평가하게 될 것을 기대할 수 있다.

부서별 감독자들은 교육받은 종업원들이 새로운 지식이나 기술을 사용하고 관찰할 수 있도록 작업을 조절해 줄 수도 있다. 감독자는 업무의 조정이나 편의성을 위하여 직접 종업원 개개인과 접촉하고 타부서의 상급자나 종업원과 직접 접촉하지 않도록 하는 것이 좋다. 감독자는 직접적으로 교육의 필요와 성공에 대하여 알아야 한다. 필요를 인식하고, 교육을 시키고 종사원이 교육받은 지식을 업무에 적용하도록 도와주면 관리자는 단지 결과를 기다릴 뿐이다. 원하는 결과가 나오면 그것을 기록해 놓고, 긍정적인 결과가 나오지 않고 부분적으로만 성취되었다면 감독자는 그 이유를 알아내도록 노력해야 한다.

교육의 효과 평가에는 근무 상황에서도 확인할 수 있다. 잦은 지각, 조퇴, 각종 보고의 지연, 생산성도 관찰할 수 있으며 최종적으로는 고객의 불편 신고율, 고객의 재방문율이 직접적으로 위생 교육의 질과 연결되어 있다.

예리한 관리자는 이상의 모든 정보를 교육의 가치 평가 도구로 유용하게 이용할 수 있을 것이다.

연구문제

1. 위생 수준을 개선하기 위해서는 위생 교육이 제일 중요하다. 그러나 위생 교육의 효과를 얻기에는 많은 제한점이 있다. 어떤 것들이 있는가?
2. 식품을 조리하는 사람과 접객 종사자 사이에는 교육 내용 중 어떤 부분이 더 강조되어야 하나?

3. 위생 교육 실시를 위한 절차는 여러 단계를 거치게 되나 그중 중요한 것 3가지만 선택한다면 어느 것을 택할 수 있으며 그 이유는?
5. 효과적으로 달성된 교육이 업소의 이익과 어떤 관련이 있는가?
6. 한 식당에서 두 사람의 종업원을 채용했는데 관리자는 위생 교육을 시키고자 한다. 그러나 한 사람은 경험이 있는 남자 조리사이고 다른 사람은 경험이 없는 웨이트리스였다.

① 두 사람을 위하여 어떤 교육 방법을 택하여야 하는가?
② 두 사람에게 공통으로 시켜야 할 교육 과정을 제시하라.
③ 교육의 효과적인 평가 방법은?

7. 식품 접객업소에서는 왜 위생 교육을 1년 내내 실시하도록 계획하여야 하는가?

III

식품의 위생적 관리

3-1 식품 중의 미생물
3-2 오염된 식품의 지표세균
3-3 식품과 곰팡이
3-4 식품과 기생충
3-5 식품에 혼입되는 화학물질
3-6 천연식품 중에 존재하는 독성물질
3-7 이물과 식품위생
3-8 식생활과 암
3-9 식품의 감별 및 선택
3-10 물의 위생관리

제3장

식품의 위생적 관리

§3-1 식품 중의 미생물

1. 식품 중의 미생물 오염원

자연계에서 식품에 미생물이 오염시킬 수 있는 기회는 너무나 많고 다양하다. 인간이나 동물 자신도 오염원이 될 수 있으며 그들을 둘러싸고 있는 환경, 즉 토양, 공기, 물도 식품을 오염시키는데 큰 역할을 한다. 이들 오염원은 그 환경적인 특성 때문에 환경에 따른 특징적인 미생물총(微生物叢, microflora)을 보여준다.

1) 토양의 미생물

토양 중의 미생물의 종류와 양은 토양의 수분량, 산소함량, pH, 유기물량, 온도 등에 따라 다르지만 대체로 1g당 10^8~10^9마리의 미생물을 함유하고 있다. 미생물 중에는 세균이 가장 많고 그 외에도 곰팡이, 효모 등의 진균류, 조류, 원생동물 등도 볼 수 있다.

세균 중에 특히 많은 것은 아포형성 세균으로 *Bacillus*와 *Clostridium*이며, 그 외에 그람양성균인 *Arthrobacter*, *Corynebacterium*, *Mycobacterium*, *Micrococcus*, *Leuconostoc* 등이 있고, 그람음성균인 *Pseudomonas*, *Acinetobacter*, *Moraxella*, *Enterobacter*, *Serratia* 등이 분포되어 있다. 이들 세균의 대부분은 식품에 오염되어 부패에 관여하는 것으로 알려져 있다.

토양 중에 수분이 증가하면 일시적으로 그람음성균이 증가하지만 수분이 증발하면 다시 감소된다. 발육 온도로 보면 중온균이나 고온성세균이 많이 발견된다.

2) 물속의 미생물

하천, 호수, 연못 등의 담수에는 특유한 미생물들이 보인다. 이들 수역에는 끊임없이 토양이나 인축의 분변, 하수 등에 생존하는 미생물이 흘러 들어오고 있기 때문에 주변 환경에 따라 미생물도 크게 영향을 받는다. 담수세균으로 식품과 관계가 깊은 것은 그람 음성균으로 *Pseudomonas*, *Moraxella*, *Acinetobacter*, *Aeromonas*, *Flavobacterium* 등으로 대부분 저온 세균이다. 하수에는 토양, 대변, 다양한 폐기물 등이 혼입되어 많은 세균의 오염을 받고 또 유기물의 유입이 많아 영양이 풍부하고 세균 증식도 왕성하여 1ml당 10^4~10^6마리에 달하는 경우도 있다.

한편 해수는 약 3%의 소금을 함유하고 있기 때문에 거기에 서식하는 해양세균의 대부분은 호염세균이다. 그러나 연안과 외양, 표층과 심층수의 미생물상은 다르다. 해수에는 일반적으로 그람음성의 저온성 세균이 많고 주된 세균은 *Pseudomonas*, *Vibrio*, *Moraxella*, *Acinetobacter*, *Flavobacterium* 등이 있다.

3) 공기 중의 미생물

공기 중의 특유한 미생물은 별도로 존재하지 않는다. 단지 토양과 함께 공기 중에 비산된 미생물 중 건조, 추위, 자외선 등에 강한 미생물의 일부가 공기 중에 부유하고 있다. 대부분은 *Bacillus*속이나 *Clostidium*속 등의 포자형성균과 그람양성의 구균, 곰팡이, 효모 등이 발견된다. 그람음성세균은 일반적으로 건조한 환경에서 사멸되기 쉽지만 고온다습한 실내 공간에서는 많이 발견된다.

4) 사람이나 동물의 분변(糞便) 미생물

사람이나 동물의 장관에서 유래하는 분변에는 1g당 10^{10}~10^{11}의 세균이 함유되어 있으며, 특징적인 미생물이 우점균을 이루고 있다. 혐기성균인 *Bacteroides*, *Bifidobacterium*, *Eubacterium*, *PeptoStreptococcus* 등이 있고 다음으로 *Clostridium*, *Streptococcus*, *Escherichia*, *Lactobacillus* 등이 상재하고 있다. 전염병 보균자의 분변에서는 장티푸스균이나 이질균이 발견되어 감염원으로 중요한 역할을 한다.

위와 같은 여러 가지 미생물 오염원을 철저히 식품과 차단시킴으로써 세균 증식에 따른 식품의 부패나 변질, 식중독, 전염병 발생 등을 예방할 수 있다.

2. 식품 중의 미생물량

식품 중의 생균수는 정상 시판 식품 중에도 많이 존재한다. 식품이나 저장 보관 조건에 따라 크게 다르지만 통상 1g당 10^3~10^7 정도 존재한다. 예를 들어 생선회는 10^4~5×10^5

이 90% 가량, 두부는 10^4~$5×10^7$이 90%, 사라다에는 10^4~10^7, 메밀국수에는 10^4~$5×10^6$, 생과자에는 10^4 이하가 60% 가량 된다.

이와 같이 식품의 세균수가 많기 때문에 식품 간의 미생물 오염도 용이하게 일어나 조리 가공의 단계를 지나면서 오염도가 높아져 간다. 초밥 등은 취반 직후에는 세균이 거의 검출되지 않지만 조리 과정을 지나면서 세균의 급격한 증가를 보인다. 이것은 조리에 사용되는 기구나 손등에 상재하는 세균의 2차 오염에 의한 것이다.

3. 식품 중의 미생물상의 특징

보통 식품은 처음부터 특정한 미생물에만 오염되는 것이 아니고 많은 종류의 미생물에 오염되어 있다. 그러나 식품의 성분이나 수분활성도, pH, 보존온도, 산화 환원전위 등에 의하여 각 식품의 고유한 미생물상을 형성하고 환경 조건 에 따라 균종이 변화하게 된다. 이 현상을 미생물상의 경시적 추이(經時的推移)라고 한다. 예를 들어 초기의 저온 상태에서는 세균에 오염되어 있지만 시간이 경과하면 단일 종류의 저온세균만 우점종으로 남아 있고 다른 세균은 극히 적은 수만이 생존하게 된다.

일반 식품 중 미생물상의 특징은 다음과 같다.

① 해산어패류는 생산지역의 유입된 해수, 하천수 등의 미생물상의 영향을 받는다. 채소류, 과실, 곡류 등은 토양 미생물의 오염을 받아 미생물상이 형성된다.

② 가공식품에서는 원료 자체에 상존하는 내열성 미생물과 가열 처리한 식품에 남아 있는 내열성세균이나 공중낙하세균 등에 의한 미생물 등이 남아 있다.

③ 일반적인 식품 중의 미생물상은 보통 하나가 아니고 두 종류의 미생물이 우점종을 형성한다. 일단 우점종상이 형성되면 다른 환경 변화가 있어 소규모의 오염이 있어도 미생물상의 구성은 변화가 없다.

④ 표면적이 넓고 통기성이 많은 식품에서는 호기성균, 산소가 적은 식품에서는 통성혐기성균이나 편성혐기성균에 의한 미생물상이 형성된다.

⑤ 수분이 많은 식품에서는 세균이 우선 발육하고, 반대로 수분함량이 적은 건조식품이나 과실류 등에서는 곰팡이가 발육한다.

⑥ 식품을 저온에서 가공 보존했을 경우는 저온세균이, 산성식품에서는 유산균 발효에 의한 특수한 미생물상이, 당함량이 높은 식품에서는 곰팡이가 발육되기 쉽다.

연구문제

1. 식품을 오염시키는 오염원이 되는 자연 조건은 어떤 것이 있으며 오염원에 따른 미생물상의 특성은 무엇인가?
2. 식품을 오염시킨 미생물은 시간이 지남에 따라 어떤 특성을 보이는가?
3. 식품의 오염과 변질과는 어떤 차이가 있는가?

§3-2 오염된 식품의 지표세균(指標細菌)

식품을 미생물 오염으로부터 방지하는 것은 함께 혼입될 우려가 있는 병원성 미생물의 오염을 차단하고 보존성을 확보하는 데 극히 중요하다. 여기에서 미생물의 관리가 효과적으로 실시되고 있는지 여부를 알기 위하여 특정의 지표세균을 정하고 세균학적 검사를 통하여 이들 지표세균의 유무와 양을 평가하여 기초 자료로 활용한다. 이들 지표세균을 통상 오염지표세균 혹은 위생지표세균이라 한다.

오염지표세균에는 세균학적인 청결도나 보존성을 예측하기 위한 지표로 사용되는 일반 세균수와 경구 전염병균의 존재 여부를 추측하기 위한 분변오염 지표세균이 있다.

1. 일반 세균수

일반 세균수란 식품에 존재하는 세균 중의 잡균의 수를 말한다. 보통 32~35℃에서 배양하여 검출된 식품 1g 또는 1ml당 생균수를 일반 세균수라 부르며 그 식품의 미생물학적 품질의 지표로 한다. 그 이유는 식품 매개 질병의 원인균이나 식중독을 일으키는 균의 대부분이 중온 세균이기 때문에 일반 세균을 검사할 때 이용되는 생육 온도 영역대와 일치된다. 그래서 일반 세균이 많이 검출된 식품은 미생물학적으로 볼 때 품질이 나쁘다고 판단하는 것이 타당하다.

그러나 일반 세균이 적은 식품이 늘 위생적인 문제점이 적다고만은 할 수 없다. 포도상구균과 같은 균은 내열성이 약하지만 이 균이 생산하는 독소가 내열성이 강하여 살균 과정에서 균이 사멸되어도 독소는 활성을 잃지 않아 위생적으로 안전성을 보장받을 수 없기 때문이다.

이와 같이 식품 중의 일반 세균수의 평가에는 앞에 언급한 문제점을 지니고 있기 때문에 다른 검사와 병행하여 실시하며, 식품의 안전성, 보존성 예측, 취급 과정의 좋고 나쁨 등을 종합평가할 때 중요한 수단이 된다.

또 최근의 경향으로는 식품 중의 일반 세균수를 측정할 때 32~35℃와 함께 25℃ 배양을 병행하기도 한다. 이것은 식품 중의 상존하는 미생물상의 구성 세균이 원료에서 유래되었는지, 또는 제품의 냉각 시 환경에서 오염되었는지를 알려줄 수 있기 때문이다. 가열처리 과정을 거친 식품에서 만일 25℃에서 발육하는 세균이 많으면 이들 세균은 저온성세균으로 가열 후의 취급 과정에서 2차 오염이 이루어졌다고 판단해도 좋다.

2. 분변 오염지표균

1) 대장균군(coliforms)

대장균군은 식물, 토양, 물 또는 분변에 많이 존재하므로 식품에서 검출된 대장균군이 반드시 사람이나 동물의 분변과 직접 관계가 있다고 할 수는 없다. 식품위생의 측면에서 식품의 대장균군 검사를 행하는 것은 주로 가열처리 공정이 있는 식품에서 행하여진다. 만일 대장균군이 검출되었다면 가열공정이 불충분했거나 제품의 취급, 보존 방법이 나쁘다고 보아진다. 따라서 대장균군은 식품의 위생적 평가를 나타내는 척도로 보는 것이 타당할 것이다.

2) 분변 대장균군(fecal coliforms)

대장균군 중에는 토양이나 연안 해수 등 자연계에 널리 분포되어 있는 것이 있기 때문에 생채소나 패류와 같은 식품에서는 대장균군을 지표세균으로 하는 것이 타당치 않다. 분변 대장균군이 검출되면 직접 사람이나 동물의 분변에서 오염되었다고 판단된다. 분변 대장균군이 검출되었어도 병원균이 있다고 단정할 수는 없지만 인축 관계 병원성세균의 오염 가능성이 높다는 것을 나타내기 때문에 안전하지 않은 식품 또는 불결하게 오염된 식품의 의미를 갖고 있다고 하겠다.

3) 대장균(*Escherichia coli*)

대장균은 분변 오염의 지표로 가장 널리 사용되고 있다. 이 균은 열에 매우 민감하여 80℃에서 15분간 처리하면 사멸된다. 동물성 식품에서 다량 검출되었다면 도살 과정에서 취급이 불량하거나 비위생적인 처리를 했다고 판단한다. 열처리 식품은 대장균이 검출되어서는 안 된다. 만약 열처리한 식품에서 대장균이 검출되었다면 2차 오염된 것으로 판단한다.

분변 대장균군 시험법이 일부의 장내세균과 함께 검출될 수 있으며, 분변 오염을 평가하는 가장 확실한 확인 방법이다.

4) 장구균(Enterococci)

장구균은 대장균군과 마찬가지로 단일 세균을 지칭하는 것이 아니라 대장 내에 존재하는 구균을 지칭한다. 비교적 크기가 큰 그람양성구균으로 쌍구균 또는 단연쇄상구균이며 60℃에서 30분간 가열하여도 생존한다. 장구균은 분변 중의 상재하는 균으로 외부 환경에 노출되면 생존하기 어려워 자연계의 물이나 토양 등에 존재할 가능성이 희박하기 때문에 특수 식품의 위생 지표균으로 쓰인다.

가열이나 냉동, 염장 등에서 대장균군보다 저항성이 크기 때문에 불량 원료의 사용이나 열악한 제조 환경에서 생산된 제품을 검사할 때 유효한 수단이 된다. 그러나 장구균의 존재 유무를 분변 오염의 지표로 쓰는 것은 신뢰성이 적다.

연구문제

1. 식품 오염의 지표균으로 쓰이는 균은 어떤 것들이 었으며 이들 지표균의 특징은?
2. 대장균군, 분변대장균군, 대장균의 검출 의의를 구분하라.

§3-3 식품과 곰팡이

우리나라는 옛날부터 발효식품의 제조에 곰팡이를 많이 사용하여 왔다. 그러나 최근 유해성이 알려지면서 식품에 관여하는 곰팡이에 대한 관심이 높아지게 되었다. 더구나 농산물의 수입량이 많아지면서 독소를 생산하는 곰팡이에 오염된 식품이 수입되는 기회가 많아 주의를 요하고 있다.

1. 자연계에서의 곰팡이

곰팡이는 다른 미생물과 마찬가지로 각종 유기물과 폐기물을 분해시켜 무기물로 분해시키는 역할을 하고 있다. 진균류 중에서도 식품에 발생하는 곰팡이는 자유생활균 또는 부생균(魔生菌)이라고 하며, 죽은 동식물에 기생하는 경우가 많다. 대부분의 부생성 곰팡이는 전분 및 당류와 같은 탄수화물을 영양원으로 이용하므로 cellulase, amylase 등과 같은 탄수화물 분해효소의 활성이 강하다. 식품의 부패나 변패에 관여하는 곰팡이 중에는 protease, lipase 활성이 강한 균주도 있다.

살아 있는 동식물에 질병을 일으키는 기생균(寄生菌)인 곰팡이는 자연계에 많이 분포되어 있다. 곡류나 청과물이 재배되는 중에 침입한 식물병원균은 수확 후에도 그대로 남아 있거나 수확 후 저장 중에 대량으로 증식하기도 한다.

2. 곰팡이의 생육 특성

① 곰팡이는 생육 최적 온도인 20~30℃에서 세균에 비해 생육 속도가 늦다. 집락(colony)을 형성할 때까지는 5~7일을 요한다. 따라서 저장 기간이 짧고 수분이 많은 생선류에서는 곰팡이에 의한 식품 사고가 적다.
곰팡이의 생육 온도 범위는 최저 0℃ 전후, 최고 35~37℃ 범위에 있다. *Aspergillus*속은 30℃ 이상에서도 생육하지만, *Penicillim*은 30℃ 이상에서 생육하지 않는다. 물론 *Aureobsidim, Cladosporium, Penicillim, Phoma* 등은 0℃ 이하에서도 잘 증식하는 호냉성중온균(好冷性中溫菌)이며 -5℃~-1℃에서도 성장한다. 냉동고에서는 번식하지 않지만 냉장고나 저온 보관 진열장에서 번식이 가능하므로 주의하지 않으면 안된다.

② 수분활성(水分活性, Aw)과의 관계는 세균과 달리 생육의 범위가 대단히 넓다. 최저 생육 수분활성 0.90(25℃) 이상에서도 생육하는 곰팡이는 호습균(好濕菌)이라고 부르지만 그 중에 식물병원균(植物病原菌)이 많고 호냉성균에서도 호습균이 포함되어 있다.
대부분의 *Penicillim, Aspergillus* 속에서는 수분활성이 0.80 ~ 0.89(25℃)의 범위에 최저 생육 수분 활성값을 지니고 있어 여름 장마철의 기상(온도 25℃, 습도 80% 이상)과 번식 조건이 일치한다. 이 균주를 중습균(中濕菌)이라 불리기도 한다. *Aspergillus*속 중 일부와 *Erotium, Monascus, Wallemia* 등은 호건균(好乾菌)이라 부르며, 수분활성이 0.79~0.65(25℃)에서도 생육이 가능하다. 이들 호건균은 건조식품이나 염장, 감미식품에서 발생한다.
중온균의 대부분과 호건균은 포자가 바람을 따라 비산하는 특정이 있어 토양이나 실내의 먼지와 함께 공기 중에 부유하다가 건조식품이나 저장식품에 2차 오염을 일으키게 된다.

③ 진균곰팡이는 pH 2~8.5의 범위에서 생육하고, 특히 약산성인 pH 5.5~ 6.5에서 잘 증식한다. pH 4 이하에서도 일부 곰팡이가 생육하기 때문에 과실, 채소 등의 저산성 식품은 곰팡이나 효모의 침입을 받기 쉽다. *Moliella*와 같은 것은 특히 초산내성이 강하여 피클, 식초, 마요네즈, 드레싱, 과즙 등을 변패시킨다.

3. 곰팡이가 발생하기 쉬운 식품

곰팡이가 식품에서 증식하면 육안으로 쉽게 식별이 가능하다. 특히 전분을 많이 함유한 과자류, 곡류 및 그 가공품에서 쉽게 식별 가능하며 어패류 및 가공품, 채소, 과류에서도 쉽게 발견된다.

곰팡이의 오염원으로는 농산물의 경우 재배지의 토양의 주변 식품, 수산물에서는 하천수나 해수, 가공식품의 경우는 공중 부유균, 제조시설의 환경(벽면, 천정, 바닥, 기계) 등, 작업 종사자의 의류 및 제조에 사용되는 물 등이 지적되고 있다.

4. 곰팡이 독(mycotoxin)

저장 곡류, 두류, 땅콩류, 향신료 등은 곰팡이가 발생하기 쉬운 농산물이다. 경작지에서 재배하는 동안 곰팡이가 부착되어 고온 다습한 기상 조건하에서 수확, 가공, 저장 혹은 수송 단계에서 곰팡이가 증식하여 곰팡이 독을 생성시켜 사람이나 가축의 건강을 해치는 원인이 된다.

1) 곰팡이 독이란?

곰팡이 독은 곰팡이의 2차 대사산물로(생존과 관련된 물질) 생산되어 생물에 대하여 독성을 나타내며, 소위 곰팡이 독 중독증(mycotoxicosis)을 유발시킬 가능성이 있는 물질을 총칭하고 있다. 곰팡이 독 생산균은 독버섯처럼 일반적으로 독 곰팡이로 불리고 있지만 곰팡이 자체에 독이 있는 것은 아니다. 곰팡이 독을 생산하는 종류는 표 3-1과 같이 가장 대표적인 것이 *Aspergillus* 속, *Penicillim* 속, *Fusarium* 속으로 분류되고 있다.

2) 저장 농산물과 곰팡이

땅콩은 밭에서 재배할 때 *Aspergillus flavus*의 오염을 받게 된다. 보리에서 출수기(出 穗期)에 *Fusarium graminearum* (적색곰팡이병균)이 침입 증식하여 피해를 입게 된다. 이들 곰팡이는 밭 토양 중에 상재하는 1차 오염균이라 할 수 있다. 곡류, 옥수수, 두류, 건과류, 향신료 등은 수확 후 가공하여 건조 저장한다.

재배 시에 부착된 병원성 곰팡이는 저장 과정에서 급격히 감소하여도 수분, 온도와 같은 물리적 인자, 산소, 영양원과 같은 화학적 인자에 따라 생육이 급속히 증가한다.

저장 농산물의 2차 오염은 저장 창고와 수송 등의 유통과정에서 발생하며 주로 호건균이 부착하여 발생한다. 2차 오염을 방지하기 위해서 수확 후 농산물을 속히 건조하여 저장한 후 오염된 곰팡이의 생육한계 이하까지 수분을 감소시키며, 수분 재흡수 방지, 저온저장, 탈 산소포장 등의 방법을 실시한다.

표 3-1 생산 균별 주요 곰팡이 독

곰팡이 독	오염원	병원성
Aspergillus 속		
aflatoxin	1차, 2차	간암
ochratoxin	2차	신장암
sterimatocystin	2차	간암,육종
Penicillium 속		
citreoviridin -	1차, 2차	신경독
citrinin	2차	신장독
cyclopiazonic acid	2차	간장독
luteoskyrin	2차	간암
patulin	2차	육종, 신경독
penicillic acid	2차	육종, 심장독
rubratoxin	2차	간장독
Fusarium 속		
trichothecene	1차, 2차	백혈병
zearalenone	1차, 2차	육종

3) 곰팡이 독의 생산 조건

곰팡이의 번식에 가장 중요한 인자는 온도와 습도이다. 그러나 곰팡이가 발생되었다고 반드시 곰팡이 독이 생겼다고 판단할 수는 없다. 그 이유는 곰팡이 독 생산균주인가 아닌가에 따라, 또 생산균 이외에 공존하는 곰팡이의 영향, 생산균의 생육과 곰팡이 독 생산 조건과의 관계, 곰팡이 독 생산에 대한 기질로서 식품의 적합성 등에 따라 달라지기 때문이다.

곰팡이 독 생산은 같은 종의 곰팡이에서도 계통에 따라 현저히 다르다는 것이다. 아플라톡신의 경우 *A. flavus* 분리 주의 약 10~30%, *A. parasiticus* 분리 주의 약 70~90%가 독소 생산균이다. 자연계에서는 *A. flavus* 쪽이 *A. parasiticus*보다 훨씬 많이 발생한다.

아플라톡신 B_1의 최적 생산 조건은 30℃, 상대습도 88% 이상이며 한계점는 10℃ 이하, 습도 83% 이상이다. 대체로 한랭지에서 생산되어 수확된 농산물에서는 아플라톡신 발생이 적다.

한편 10℃ 이하의 저온에서 생산되는 곰팡이 독으로는 patulin, penicillic acid, ochratoxin 등이 있으며, 대부분 *Penicillium*속에서 발생한다. Trichothecene류에서 *F. graminearum*에 의한 deoxynivalenol의 생산은 26~30℃의 범위가 최적인 반

면 T-2 toxin은 0~28℃에서 독을 생산하며 최적 생산 온도는 15℃이다. Zearalenone도 12~18℃의 범위가 최적 생산 온도이기 때문에 한랭지 농산물에서 오염 사고가 많다. 즉, 농산물 유통의 국제화 시대에 수입농산물의 원산지 표시를 확실시해야 하며, 검역기관에서는 원료에 부착 가능한 독 생산균주에 대하여 집중적으로 관리하여야 할 것이다.

4) 곰팡이 독의 건강장해

우리나라 사람의 사망 원인 중 제1위가 암으로 발표되었고, 그 중에도 위암이 남여 모두에게 가장 많이 발생하는 것으로 알려져 있다. 이것은 암의 대부분은 식품과 직, 간접적인 관련이 있으며, 담배와 함께 강력한 발암성을 갖는 물질이 식품과 관련되어 있음을 뜻한다.

암을 예방하기 위한 주의사항 중에 곰팡이가 생긴 식품에 대한 주의가 많은데, 이는 아플라톡신을 중심으로 발암성 곰팡이 독에 대한 위험도가 크다는 것을 경고하고 있는 것이다.

암의 발생은 하나의 곰팡이 독에 의하여 일어나는 경우도 있지만 여러 종류의 곰팡이 독이 복합적으로 작용할 수도 있고, 곰팡이 독 이외의 다른 환경 인자와의 복합적인 관계에 의해서도 발생될 수 있다. 식품에 관계하는 발암물질과 발암 영향력은 다음과 같다(표 3-2 참조).

표 3-2 식품관련 발암물질의 평가

발암성 물질	기원 용도	영향력
aflatoxin	곰팡이 독	+++
담배	기호품	++
benzpyrene	담배연기, 식품 불순물	++
nitrosamine	장내세균이 생성	++
브롬산카리	빵	++
safrole	오렌지 등의 정유	+
shikimic acid(?)	고사리	+
agaritine	버섯	+
cycasin	소철	+
과산화수소	살균제, 표백제	+
삭카린	인공감미료	(+)
auramine	황색색소	(+)
trihalomethane	수돗물 중 생성	(+)

+++ : 발암성이 극히 크다. ++ : 발암성이 상당히 크다.
+ : 발암성이 크다. (+) : 발암성이 적다.

또한 곰팡이 독은 발암성 이외에도 여러 장기에 장해를 주기도 한다.

특히 독소 성분의 해독과 배설을 담당하는 간장과 신장에 우선 장해가 오는 경우가 많다. 간세포에서는 간경변, 간세포괴사와 같은 병변을 일으키기도 하며 급만성 신장질환을 일으킨다. 그 외에도 뇌신경 장해, 피부질환, 조혈기능장해를 초래하는 독소들이 있다.

5) 조리가공 과정에서의 곰팡이 독의 분해와 제거

아플라톡신은 안정한 물질로써 오염된 땅콩을 실온에서 2년간 저장하여도 거의 감소하지 않는다. 반면 치즈나 소시지 중에 함유한 patulin, penicillic acid의 경우 5℃, 1주간 저장으로 거의 분해된다.

아플라톡신은 열에 비교적 안정하여 배소(焙燒) 공정인 210℃에서 처리하여도 40~50% 정도만 분해될 뿐이다.

즉, 아플라톡신은 열처리 과정을 거치는 가공이나 조리 과정에서 분해나 제거가 어렵다.

연구문제

1. 세균이 증식하기 쉬운 식품과 곰팡이가 발생하기 쉬운 식품은 어떻게 다른가?
2. 국내에서 생산된 식품보다 수입된 식품에서 곰팡이 독의 위험이 더 높다. 그 이유는?
3. 곰팡이 독은 발생 식품, 발생 계절의 특징을 가지고 있다. 어떤 이유인가?

§3-4 식품과 기생충

1. 기생충 감염 경로

자연계에서 생물은 독립된 생활로 영양을 섭취하지만 어떤 생물은 타 생물에 침입하여 영양을 섭취하는 기생 생활을 하는 두 종류로 나눌 수 있다. 이러한 기생 생활을 하는 생물을 기생충(parasite)이라 하고, 기생하는 상대를 숙주(host)라 한다. 숙주는 기생충이 성주기(sexual stage)를 거쳐 완전 발육하는 경우를 종말숙주(final host), 어느 정도까지 발육하고 종말숙주로 감염되는 데 도움을 주는 것을 중간숙주(intermediate host)라 한다. 기생충 중에는 중간숙주를 전혀 필요로 하지 않는 것과 하나 혹은 두 개의 중간숙주를 필요로 하는 것이 있다. 2개의 중간숙주를 필요로 할 때 성장 단계에 따라 제1 혹은 제2 중간숙수로 부른다.

분류학적으로 기생 생활을 하는 기생충들은 극히 수가 많아 여러 동물 문(門)에 광범위하게 분포되어 있고 그 생활사도 종류에 따라 다르며, 그 독특한 생활사 때문에 인체에 감염 양식도 종류에 따라 다르다. 경구감염과 경피감염이 중요한 감염 양식인데 경구감염도 기생충의 종류에 따라 그 감염 방법이 다르다.

① 감염형 유충을 가진 알에 의한 감염(회충, 편충 등)

② 감염형 유충에 의한 경구감염(십이지장충, 동양모양선충)

③ 중간숙주와 함께 경구감염(중간숙주를 갖는 모든 기생충)

위 감염 방법 중 ① 및 ②에 의한 감염은 채소나 토양 매개성 기생충으로 점차 감소 추세를 보이며 예방도 쉬운 편이나 ③과 같이 식용 동물에 의한 감염은 중간숙주를 식품으로 이용하기 때문에 쉽게 예방하거나 근절시킬 수 없다.

표 3-3 주요한 기생충의 숙주 및 감염 양식

감염원	종류	중간숙주		종말숙주	감염 양식
		제1	제2		
토양 매개형 (채소류)	회 충[1]			사람	경구
	요 충			사람	경구, 자가감염
	편충			사람	경구
	12지장충			사람	경구, 경피
	동양모양선충			사람	경구, 경피
수육 매개형	선모충	돼지[3]		포유동물	경구
	유구조충	돼지		사람	경구
	무구조충	소		사람	경구
	톡소플라스마	돼지,개,고양이		척추동물	경구, 경피
어패류 매개형	간디스토마	쇠우렁이	담수어류	사람,개,고양이	경구
	폐디스토마	다슬기	민물게,가재	사람,개,고양이	경구
	요꼬가와흡충	다슬기	담수어류	사람,개,고양이	경구
	광절열두조충	물벼룩	반담수어류	사람	경구
	유극악구충[2]	물벼룩	담수어류	개,고양이	경구
	아니사키스[2]	크릴새우	해산어류	바다포유류	경구

1) 동물에 따라 특유한 회충을 가지고 있는 경우가 많다.
2) 유극악구충이나 아니사키스의 종말숙주는 사람이 아니지만 우연 중간숙주가 될 수 있다.
3) 선모충에서 돼지는 실제 중간숙주가 아니라 종말숙주이다. 단지 인간이 돼지고기에 의하여 감염되기 때문에 중간 매체로써의 의미로 이해하여야 한다.

기생충이 인체에 침입하면 종류나 수, 기생 부위에 따라 차이가 있으나 작용 기전을 대체로 아래와 같이 나눌 수 있다. 즉, 숙주에 기생충이 기생하므로 숙주 조직의 손상과 같은 기계적 작용, 기생충이 분비한 독성물질에 의한 작용, 영양장해나 알레르기와 같은 작용이 있다.

이러한 장해를 가져오는 기생충의 종류 및 그 숙주는 다음과 같다(표 3-3 참조).

2. 기생충 감염 실태

기생충 감염 상황은 많은 외적 요인에 의하여 영향을 받게 된다. 국민소득의 증가와 식생활 습관의 변천은 기생충 감염 상황에도 크게 영향을 준다. 분뇨의 비료 사용이 거의 없어지면서 토양 매개성 기생충 감염률이 급격히 감소하고 있으나, 외국여행 기회가 증가되면서 기생충 감염률이 높은 지역을 여행하고 오는 사람으로부터 기생충이 수입되고 있다. 수입 육류의 증가로 검역을 철저히 하지 않으면 수육 매개 기생충의 수입도 예상된다.

1971년부터 5년마다 실시된 전국의 기생충 감염 실태를 조사한 결과를 보면 표 3-4와 같이 급격한 감소를 보여주고 있다. 특히 토양 매개성 기생충 감염률은 전반적으로 감소하면서 수년 후에는 관리의 대상에서 제외될 수도 있을 것으로 예상된다. 그러나 도시 지역에 비해 농촌 지역은 아직도 3배 이상의 충란 양성률을 보여 농촌이나 강촌, 어촌과 같은 환경에 있는 주민을 대상으로 구제사업이나 예방 교육에 힘써야 할 것이다.

감염률이 0.1% 이하로 극히 낮은 것은 십이지장충(구충), 폐흡충, 동양모양 선충, 축소조충으로 조금만 더 노력하면 감염 위험으로부터 해방될 수 있을 것이다. 감염률이 비교적 낮은 유·무구 조충은 분뇨처리의 위생화로 낮은 수준에 머물러 있다. 아직도 상당히 높은 감염률을 보이는 것은 회충, 편충, 요충 등으로 토양 매개성 질환이 주가 되며 아직도 높은 감염 기생충군에 속한다.

위와 같은 기생충은 감염률이 낮거나 낮아지고 있는 현상은 앞으로 관리 전망이 밝다고 하겠으나 감염률의 감소가 뚜렷치 못한 기생충도 있다. 즉, 간디스토마와 요꼬가흡충은 감소율에 큰 변화를 보이고 있지 않다.

간디스토마는 전체 기생충 중 감염률이 최고를 보이고 있으며 그 다음의 감염률을 나타내는 요충의 3배이다.

특히 농촌 지역, 낙동강, 섬진강 유역 주민들의 감염률이 크게 높아 집중적으로 예방 사업이 이루어져야 할 것이다.

담수어류의 생식 습관에 따른 감염환이 이루어지므로 잘못된 식습관을 고치고, 예방법을 교육하는 것이 필요하다.

정확한 조사 결과는 알려져 있지 않지만 담수어류를 통한 광절열두조충, 유극악 구충, 장흡충 등도 주의해야 할 기생충이며 해산어류를 통한 감염원인 아니사키스도 증가되고 있으며 스팔가늄과 같이 보신적인 동물의 생식에 따른 발병도 무시할 수 없는 숫자의 감염 사례가 보고되어 있다.

표 3-4 장내 기생충의 양성률(%)

	충란	회충	구충	편충	동양모양 선충	간흡충	폐흡충	요꼬가와 흡충	조충	요충
1971	84.3	54.9	10.7	65.4	7.7	4.6	0.09	-	1.9	1.3
1976	63.2	41.0	2.2	42.0	1.0	1.8	0.01	-	1.3	-
1981	41.1	13.0	0.5	23.4	0.2	2.6	-	1.2	1.5	12.0
1986	12.9	2.1	0.1	4.8	0.02	2.7	0.002	1.0	0.5	3.6
1992	3.8	0.3	0.01	0.2	0.04	2.2	-	0.3	0.07	0.9
1997	2.4	0.01	0.0	0.0	0.0	1.4	0.0	0.3	0.0	0.4

* 보건복지부, 보건복지부통계연보(1998)
* 조충은 유구조충, 무구조충, 축소조충, 왜소조충을 포함

3. 채소류와 기생충

채소류를 통하여 감염되는 기생충은 토양 매개성 기생충이며 분변을 불완전하게 처리한 상태에서 비료로 사용하기 때문에 감염이 이루어진다. 분뇨 처리를 비료로 사용하는 것은 경제적으로 볼 때는 큰 이점이 있으나 각종 전염병의 전파, 기생충의 감염에 많은 문제점을 안고 있다.

충란이 부착된 채소를 충분히 씻지 않고 먹거나 열처리하지 않고 날로 먹을 때 감염될 수 있는 기생충류는 매우 많지만, 최근 분뇨 비료 사용 대신 화학비료 사용의 보편화로 인해 급격한 감소를 보인다.

채소류를 통하여 감염되는 기생충 중 구충이나 동양모양선충 등은 감염률이 극히 낮아 특별히 관리하지 않아도 좋을 만한 상태에 있으나 다른 몇몇 기생충은 감염률이 낮아지고 있을 뿐 아직도 높은 감염률을 보이고 있다.

1) 편충(whip worm)

온대지방의 보편적인 기생충으로 우리나라에서도 과거에 상당한 감염률을 보였다. 모세관 같은 식도를 가진 선충류의 일종으로 3~5cm의 크기로 몸길이의 반 이상이 가는 식도로 되어 있다. 전반부가 가늘고 후반부가 굵어 흡사 채찍과 같은 모양을 하고 있다.

충란이 외부로 배출되면 서서히 발육하여 충란 내에 자충을 형성함으로써 감염 능력을 갖게 된다. 채소와 함께 경구적으로 인체에 들어오면 소장 상부에서 부화되고 유충은 맹장 부위에서 성충이 되어 맹장과 대장 상부 점막에 전반부 가는 부분에 삽입하고 산다. 수명은 대개 7~10년에 이른다.

충체가 작기 때문에 소수가 기생하면 자각증세가 없는 경우도 많다. 다수의 충체가 기생하면 복통, 오심, 구토, 식욕부진, 설사, 빈혈 등을 보일 수 있다. 채소류에 부착되어 인체에 감염되는 경우가 많으므로 채소류의 세척과 열처리가 예방법이다.

2) 요충(pin worm)

전 세계에 널리 분포하고 있으며 다른 기생충과 달리 도시 지역에도 감염률이 높은 편이며, 어린이에게 많이 감염되어 있다.

1992년 전국을 대상으로 한 기생충 감염 조사에서 토양 매개성 기생충 중에 가장 높은 감염률을 보이고 있으며, 분변 관리만으로 근절시킬 수 없는 감염 경로를 갖고 있다.

암컷은 약 1cm, 수컷은 약 5mm 내외의 아주 작고 가는 실 모양을 하고 있다. 주로 맹장에서 기생하며 수정 후 암컷은 산란을 위하여 직장 부위에 도달한다. 산란을 위하여 항문 밖으로 나와 주위 피부에 산란한다. 충란은 수 시간 경과한 후 발육하여 자충(lavae)을 갖게 되어 감염 능력을 갖는다.

암컷이 산란을 위하여 항문 주위를 기어다니기 때문에 심한 가려움증이 있다. 심하게 긁어 피부질환을 나타내기도 하며 음식물을 통하지 않고 자가감염이 가능한 기생충이다.

산란은 취침 후에 이루어지기 때문에 심한 불면증이나 신경불안을 나타내기도 한다. 가려워 긁다가 이불이나 옷에 충란이 떨어져 생활환경을 오염시키고 손이나 식기, 식품에 부착되어 감염될 수도 있다.

가족 내 감염을 방지하기 위하여 일제히 구충약을 복용하여야 하며 요충의 수명이 약 1개월이기 때문에 그 기간 동안 침구나 속옷, 손 등을 깨끗이 유지하여 구제할 수 있다.

3) 회충(round worm)

세계적으로 가장 흔한 기생충으로 농촌 지역에 특히 감염률이 높다. 사람에게 기생하는 선충류 중 가장 크며, 수컷은 15~20cm, 암컷은 20~30cm의 몸길이와 굵기는 3~5mm의 직경을 갖는다.

암컷은 하루에 약 20만 개 가량의 알을 낳고 외부 조건이 좋으면(22~23℃) 1~2주만에 감염 능력을 갖는 성숙란이 된다. 음식을 경구적으로 섭취함으로써 감염되어 소장에서 부화되고 유충은 장벽을 뚫고 소정맥 → 심장 → 폐동맥 → 폐로 침입한다. 그곳에서 2회 탈피하고 기관지, 기도, 회연부, 식도를 거쳐 소장에 되돌아와 성충이 된다.

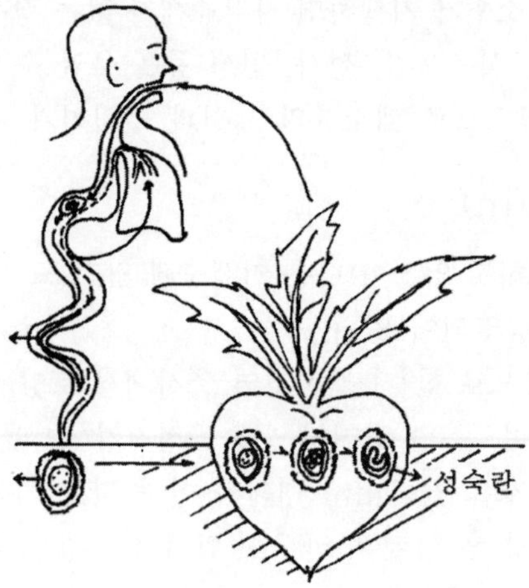

그림 3-1 회충의 생활사

회충에 감염되어도 특별한 증상을 나타내지 않는 경우도 있지만 다수가 기생하거나, 정상 부위가 아닌 다른 기관에 들어가는 타조직 이행성을 보일 때는 특이한 증세가 나타날 수 있다. 유충의 체내 이행에 따른 폐렴 증상, 성충의 기생에 의한 오심, 설사, 이미증, 복통, 두통, 식욕부진 등이 나타나고 담도, 췌관, 충수에 침입하여 상해를 일으킨다.

충란은 숙주 밖에서 약 1년간 생존하며 건조와 저온에 저항성을 가지나 열에는 약하여 75℃에서 1초, 65℃에서 10분 이상 가열로 죽는다.

그러나 각종 소독수나 표백 성분에서도 1주일 이상의 저항성을 보인다. 염이나 식초에 저항성을 갖기 때문에 예방을 위해서는 채소 세정 시 흐르는 물에, 특히 잎의 뒷면을 세심하게 충분히 씻어 주는 것이 좋다.

4) 십이지장충(hook worm)

구충(鉤蟲)이라고도 하며 최근 우리나라에서는 급격히 감소하고 있는 기생충이다. 회충보다 건강장해가 심하고 경구감염뿐만 아니라 경피감염이 되기도 한다.

몸길이는 1cm 내외이며 굵기는 0.5mm 정도이다. 입에는 예리한 절치가 있어 장벽에 고착하여 이동하지 않으며 기생 부위는 십이지장보다 공장 상부인 경우가 대부분이다.

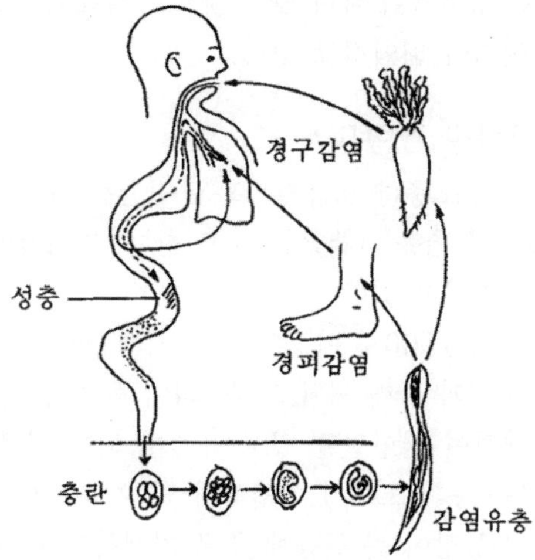

그림 3-2 십이지장충의 생활사

암컷은 하루 약 1만 개의 알을 낳으며, 분변과 함께 체외로 나온 알은 습기와 온도가 알맞으면 부화 탈피하여 피낭유충이 되어 감염의 기회를 기다린다. 식품이나 음료수 혹은 손, 발을 통해 체내에 침입하면 혈관, 폐, 식도, 위, 소장의 과정을 거쳐 성충이 된다.

십이지장충은 기생하는 수에 따라 증세를 달리하며, 유충의 체내 이행에 따른 호흡기계 질환과 비슷한 증세, 성충의 흡혈에 의한 빈혈, 식욕감퇴, 이미증(異味症)을 일으켜 산미가 강한 음식이나 흙 등을 먹게 된다. 이런 어린이는 신체 발육이 저해될 뿐 아니라 지능 발달도 지연된다.

분변 속에 있는 충란의 생존 기간은 겨울철에 13~14일 정도이나 보통 2개월 정도이다. 충란의 저항력은 회충보다 훨씬 약하여 70℃에서 1초 가열로 사멸되며 직사광선에서는 단시간에 죽는다.

예방 대책은 회충에 준하는 것 이외에 경피감염도 되므로 분뇨 처리한 밭에 맨발로 다니거나 맨손 작업을 해서는 안 된다.

4. 수육에 의한 기생충 감염

수육의 조리 과정에서 불충분한 열처리로 인하여 근육에 기생하는 낭충이 인체에 감염된다. 세계적으로 가장 널리 분포되어 있는 기생충은 선모충으로 돼지, 야생동물, 바다 포유류가 모두 중간숙주 및 종말숙주를 겸하는 특이한 기생충이다. 오래전부터 미국과 유럽의 대표적인 기생충으로 알려져 있으며, 우리나라에서는 거의 보고된 바 없다. 아프리카,

아시아, 오세아니아에서는 감염률이 극히 낮은 것으로 알려져 있으며 구미 제국과 국제교역의 증가에 따라 위험 지역이 넓어지고 있다.

1) 무구조충(beaf tape worm)

흡반에 갈고리가 없어 무구조충(無鉤條蟲) 혹은 민촌충이라고 부르기도 하며, 소를 중간숙주로 하기 때문에 쇠고기 촌충(寸蟲)이라고도 한다. 감염률이 높은 편은 아니며 분변의 위생적 처리와 함께 감소되고 있다.

몸길이는 4~10m, 편절이 1000개 이상의 대형 기생충이다. 충체 말단부의 편절 내의 자궁에서 발육한 충란은 편절과 함께 체외로 배출되어 목초에 묻은 것을 중간숙주인 소가 섭취하면 십이지장에 도달하여 알껍질을 벗고 유충이 되어 나온다. 유충은 장벽을 뚫고 혈류나 임파류를 따라 근육 등의 조직에 침입하여 약 2개월 후 무구낭충이 된다. 낭충은 허리, 둔부, 혀, 심장 등 운동량이 큰 근육에 주로 기생하지만 각종 장기의 내장근에서도 발견된다. 이 낭충이 사람에게 경구 감염되면 소장 상부에 기생하며, 약 2개월 후 성충이 된다.

임상 증세는 뚜렷하지 않지만 두통, 식욕 이상, 오심, 설사 등 소화기계 증세를 보이는 경우도 있으나 배변 시 편절이 항문으로 저절로 배출되기 때문에 심한 불쾌감을 갖게 된다.

예방 방법은 쇠고기 생식을 금하고 충분히 가열 처리하여 섭취해야 된다.

2) 유구조충(pork tape worm)

머리 부분에 갈고리가 있어 갈고리촌충이라고도 하며 돼지를 중간숙주로 하는 경우가 많아 돼지고기 촌충으로도 불린다. 성충 감염률은 높지 않은 편이며 오히려 낭미충증이 더욱 문제가 된다.

무구조충과 비슷한 대형 조충이지만 체장이 3~4m 가량으로 약간 짧고 편절은 800~1,000개 정도이다. 소장에 기생하는 성충의 말단 편절과 함께 충란이 체외로 배출된다. 배출된 충란이 돼지가 섭취하면 소장에서 부화하여 혈액의 흐름을 타고 근육에 퍼지고 발육하여 낭충이 된다. 사람이 이 돼지고기를 섭취하면 낭충은 소장에서 껍질을 벗고 발육하여 약 2개월이 지나면 성충이 된다.

유구조충(有口條虫)의 기생에 따른 병세는 성충이 장관에 기생하는 경우와 낭충이 사람의 피하조직에 기생하는 경우에 따라 차이를 보인다. 성충이 장관 내에 기생을 하면 오심, 구토, 복통, 설사, 식욕 이상 등 소화기계 증상과 변 배출 시 편절 때문에 통증을 나타내는 경우가 있으나 일반적 증상은 심하지 않다.

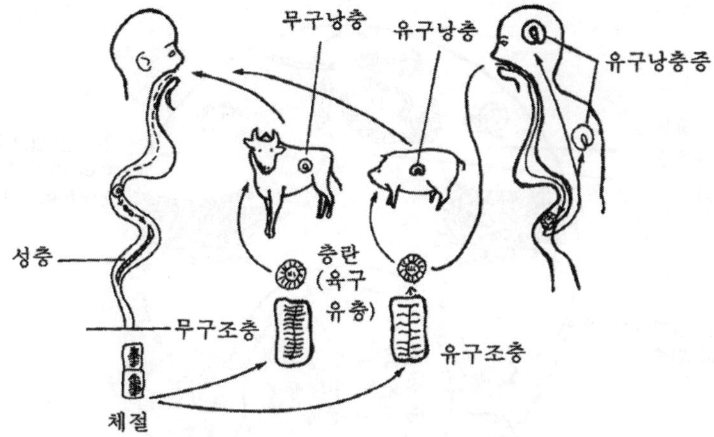

그림 3-3 유구조충, 무구조충의 생활사

낭충의 기생에 의한 유구낭충증(有鉤囊虫症)은 보통 피하 혹은 근육에 기생하는 종양으로 알려져 있다. 때로는 사람의 머릿속에 낭충이 기생하여 뇌종양을 일으키는 위험한 상황에 이르기도 한다.

낭충증이 있는 환자는 장에 성충을 함께 가지고 있는 경우가 보통이다. 장관 내에서 편절에서 탈출한 충란 내의 육구유충(六鉤幼蟲)이 껍질을 벗고 장점막에 침입하여 낭충증을 만들게 된다. 이때 환자는 많은 낭충을 몸에 갖게 된다.

예방법은 돼지고기를 충분히 가열 처리 후 섭취하는 방법이 최선책이다.

3) 선모충(Trichina worm)

선모충은 우리나라에서는 보고 사례가 드물지만 서양에서는 가장 주목받는 기생충이다. 기생충 중에서 오직 선모충에 대하여만 특별히 관리하도록 요구되는 것을 보면 선모충의 피해가 컸으리라 생각되며, 우리나라도 돼지고기의 수입이 증가되므로 특별관리가 요구된다.

선충류 중에서 가장 작은 것으로 몸길이는 2~4m 정도이다. 피낭유충은 위에서 탈낭하고 소장으로 내려와 5~7일 사이에 성충이 되며 소장 상부의 점막 내에 기생하여 유충을 낳는다. 유충은 숙주의 혈류를 따라 이동하여 온 몸의 횡문근 내에서 발육하고 피낭으로 기생한다. 성충은 소장 상부의 점막 내에 기생하여 유충을 낳는다. 유충은 숙주의 혈류를 따라 이동하여 온 몸의 횡문근 내에서 발육하고 피낭으로 기생한다.

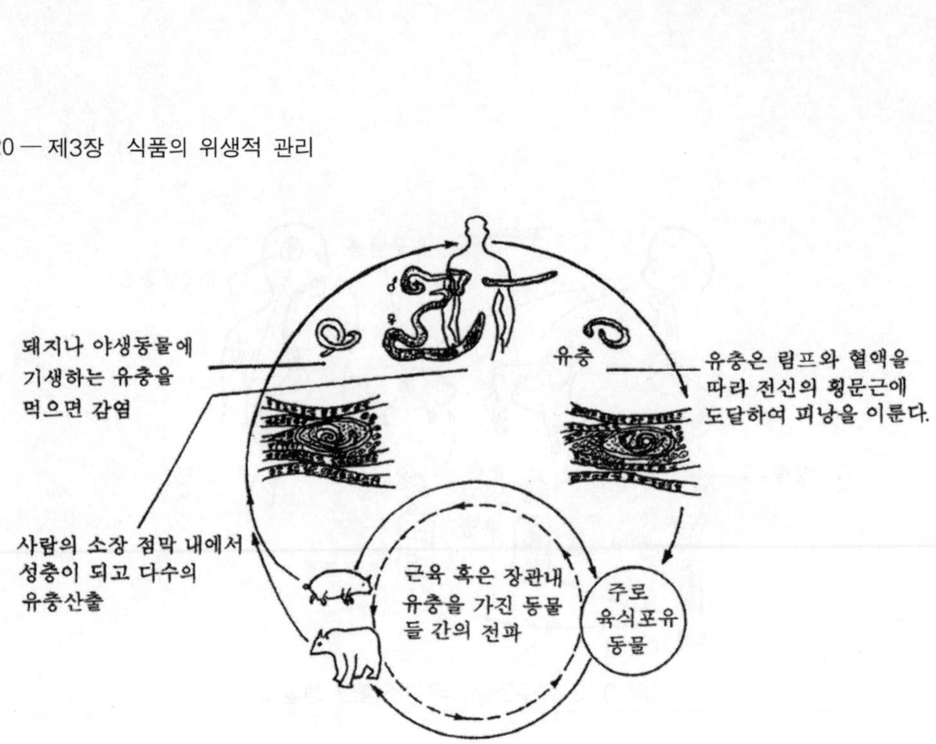

그림 3-4 선모충의 생활사

자연계에서는 쥐에 만연되어 있으며 2차적으로 돼지, 개, 여우가 감염되어 종말숙주가 된다. 사람은 주로 돼지고기에 의하여 감염되며 한 숙주에서 성충과 유충을 발견할 수 있는 것이 특징으로 종말숙주에서 종말숙주로의 감염이다.

피낭유충의 형태로 기생하고 있는 돼지고기를 사람이 섭취함으로써 인체 기생이 이루어지는데 소장벽에 침입한 유충 때문에 미열, 오심, 구토, 설사, 복통 등이 일어난다. 특히 40℃ 이상의 발열과 근육통을 일으키고 얼굴에 부종이 온다.

횡경막이나 심근(心筋)에 침입할 때는 사망하는 수도 있다. 인체 내에 형성된 피낭은 시일이 경과되면 그 주위에 지방 및 석회침착이 생긴다.

피낭자충은 저항력이 강하여 감염된 돈육이 부패되어도 상당 기간 살아 있고 고온과 저온에 대한 저항력도 강하다. 또 소금절임(salting)이나 건조에도 죽지 않으므로 돼지고기는 충분히 가열 조리 후 섭취하지 않으면 안 된다.

5. 어류에 의한 기생충 감염

담수 및 해산어류를 생식함으로써 감염될 수 있는 기생충은 중간숙수를 2개 가지고 있기 때문에 그 생활사가 복잡한 과정을 지니고 있다. 우리나라에서 채소류나 수육을 통하여 감염되는 기생충은 그 감염률이 급격히 감소되고 있으나 감소되지 않는 유일한 기생충증은 어류를 통하여 감염되는 기생충증이다. 더구나 생활수준의 향상, 어류 운송수단의 발달로 도시 지역에서도 어류를 생식할 수 있는 기회가 증가함에 따라, 어류에 의하여 감염되는 기생충의 위험성이 강조되고 있다.

1) 간디스토마(chinese liver fluke)

동남아시아, 극동아시아에 주로 분포하며 우리나라의 남부 지역 특히 낙동강, 영산강, 섬진강 유역에서 토착병처럼 높은 감염률을 보인다. 성충은 1~2cm 정도의 가늘고 긴 타원형 오이씨 모양을 갖고 있다. 담관에 기생하고 있는 성충이 배출한 충란은 분변과 함께 외계에 나와 물속으로 들어간다. 충란은 제1 중간숙수인 쇠우렁이, 제2 중간숙주인 담수어에서 발육하여 피하조직이나 근육조직에서 피낭유충이 된다. 우리나라의 거의 모든 민물고기가 중간숙주가 될 수 있으나 붕어, 잉어, 피라미 등이 중요한 중간숙주이다.

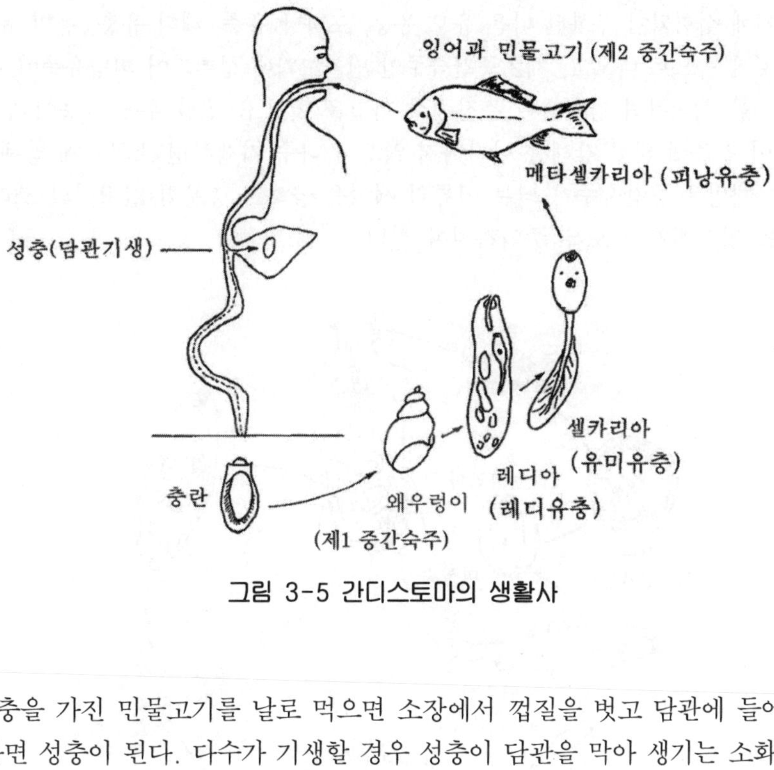

그림 3-5 간디스토마의 생활사

피낭유충을 가진 민물고기를 날로 먹으면 소장에서 껍질을 벗고 담관에 들어가 1개월 정도 지나면 성충이 된다. 다수가 기생할 경우 성충이 담관을 막아 생기는 소화기계 증상이 일어난다. 담관 내에 살고 있는 성충으로 인해 담관염, 간 비대, 황달 등의 기능장해가 나타나고 임상증세로는 복부팽만, 식욕부진, 설사, 그 외에 복수, 부종, 빈혈이 나타나기도 한다. 이들 증세는 기생충의 수나 기생 기간에 따라 다르기 때문에 환자에 따라 발증의 정도가 다르다.

종말숙주가 사람 이외에 개나 고양이 등도 될 수 있기 때문에 분변 처리나 환경관리만으로 생활사를 차단시킬 수 없다.

간디스토마 감염 치료약이 개발되어 있지만 예방이 우선이기 때문에 감염률이 높은 지역 주민에게 계몽이나 식습관의 개선을 권장하는 것이 바람직하며 가열처리를 충분히 하는 것이 가장 좋은 방법이다(55℃에서 15분에 사멸).

2) 요꼬가와(横川)흡충(Yokogawa's fluke)

간디스토마 유행 지역과 거의 같은 지역에 많이 기생하고 있으며, 우리나라에서는 영산강, 섬진강 유역에서 높은 감염률을 보이고 있다. 감염률이 간디스토마와 같이 높지는 않으나 감소 추세가 눈에 띄지 않는 기생충 질환이다.

성충은 체장이 1mm가 겨우 넘을 정도로 흡충류 중 가장 작고 모양과 생활사가 간흡충과 아주 비슷하다. 소장(공장 상부)에 기생하고 있는 성충으로부터 배출된 충란은 제 1 중간숙주인 다슬기에 섭취되어 부화된 다음 유모 유충, 포자낭 유충, 레디 유충, 유미 유충의 발육과정을 거쳐 물속으로 나오고, 제2 중간숙주인 민물고기에 섭취되어 피낭유충이 된다. 이러한 민물고기를 생식하면 감염되어 소장에서 껍질을 벗고 6~8일 후에 성충이 된다.

보통은 이 흡충에 의한 장해는 나타나지 않으나 다수 기생하면 소화기계 장해를 일으키기도 한다. 예방은 중간숙주가 되는 어류의 생식을 금하고 충분한 열처리와 조리과정에서 2차 오염을 일으키지 않도록 주의하여야 한다.

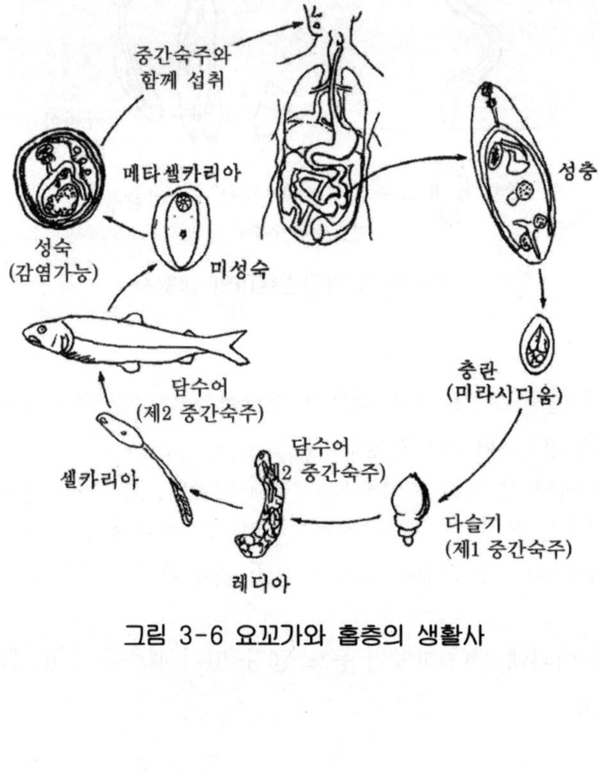

그림 3-6 요꼬가와 흡층의 생활사

3) 아니사키스(anisakis)

선충류의 일종인 아니사키스(*Anisakis simplex*)는 고래나 돌고래와 같은 바다 포유류를 종말숙주로 하는 해산포유류 회충의 일종이다. 동지나해 통킹만과 황해에서 잡힌 어류에서 높은 감염률을 보이고 있다. 우리나라에서도 여러 건이 보고 되어 있으며 일본이 해산어류의 생선회를 즐겨먹는 식습관 때문에 높은 감염률을 보이며, 우리나라에도 점차 증가가 예상되는 기생충이다.

체장은 약 10cm 내외로 돌고래의 위벽에 붙어 생활하고 있다. 숙주로부터 배출된 충란은 해수 중에서 크릴새우와 같은 갑각류(甲殼類)인 제1 중간숙주에 들어가 2기 유충이 된다.

이들을 제2 중간숙주인 해산어류(고등어, 청어, 아지, 오징어, 전갱이 등 북양성 어류)가 섭취하면 그들의 복강에서 2~3cm 가량의 제3기 유충이 되고 이것을 고래가 섭취하면 고래의 위에서 성충으로 발육된다.

이 기생충에 감염된 해산어류를 생선회나 생선초밥 등으로 사람이 섭취하면 감염된다. 유충은 사람의 위벽이나 말단 회장벽에 기생하여 육아종을 형성한다. 급성 증세로는 상복복통, 오심, 구토, 발열 등을 나타내고 충수염과 비슷한 증세를 보이기도 한다.

육아종 내의 충체가 죽어서 2~3주 사이에 석회화가 진행되면 위는 둔통, 불쾌감이 생기며 x-선상 악성 신생물 등으로 오진되는 경우가 있다.

예방 방법은 해산어류의 생식을 금하고 열처리하여 섭취하는 것이 좋다. 유충은 내열성이 약하나(50~60℃, 6초 사멸) 냉동에서는 -20℃에서 7일 이상 두어야 사멸하기 때문에 열처리를 철저히 할 필요가 있다.

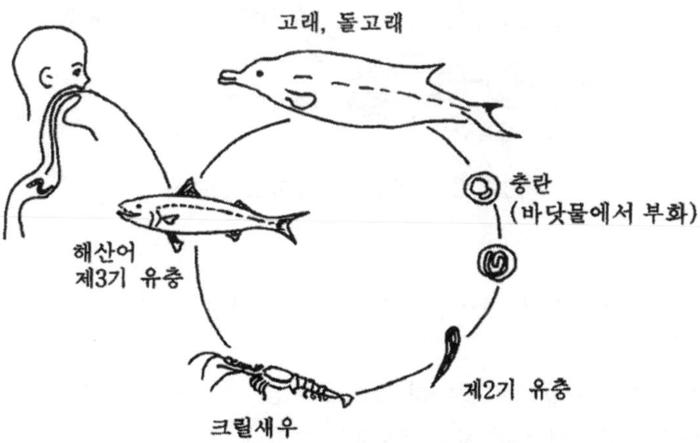

그림 3-7 아니사키스속 선충의 생활사

4) 광절열두조충(廣節裂頭條虫, broad tape worm)

인체에 기생하는 조충 중에서 가장 긴 것으로 긴촌충이라고도 하며 우리나라는 많은 예가 보고되어 있지는 않으나 점차 증가하는 기생충 질환으로 알려져 있다.

몸길이가 3~10m이며 체절이 3,000~4,000개에 달하고 각 체절은 길이가 2~3mm, 폭이 10~12mm로 폭이 넓어 광절이란 말이 붙는다.

숙주로부터 배출된 충란은 물속에 들어가서 발육 후 제1 중간숙주인 물벼룩에 섭취되어 들어간다. 일정 생활사를 거친 후 제2 중간숙주인 송어나 잉어와 같은 담수어 또는 반 담수어가 물벼룩을 섭취하면 어류의 근육에서 의미충(擬尾虫)이 된다. 이를 사람이 섭취하면 장관에서 성충이 되어 소장 상부에 기생하며 사람 이외에 개, 고양 이, 여우, 곰, 족제비 등에도 기생하여 종말숙주가 된다.

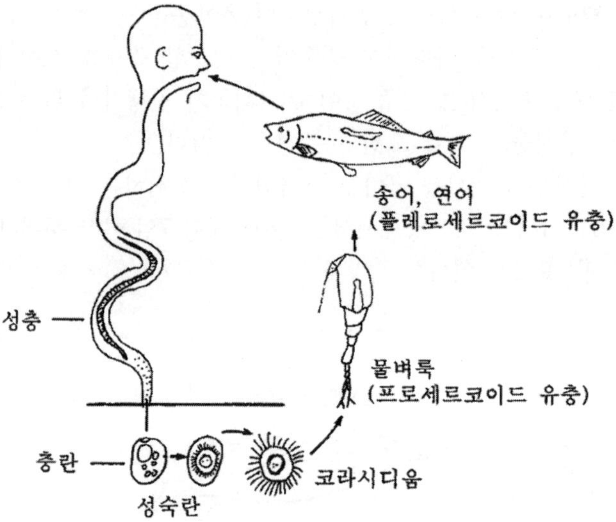

그림 3-8 광절열투조층의 생활사

감염되면 복통, 설사, 오심, 구토, 식욕부진, 심계항진, 체중 감소 등과 빈혈을 나타낼 수 있다.

어육 속의 의미충은 저항력이 상당히 강하여 건조, 소금절임, 냉동시켜도 죽지 않는다. 고온에는 약하여 50℃에서 수분 내에 죽는다. 그러나 근육 속까지 열이 전도되기까지 충분한 시간을 가열하여야 한다. 최근 육류보다는 어류, 특히 신선한 어류와 생선회 식용이 크게 늘어나면서 이 기생충의 감염이 늘어날 위험이 있다. 생식을 피하고 완전히 가열 조리한 것을 섭취함으로써 예방할 수 있다.

6. 기타 기생충

제2 중간숙주에 의하여 인체에 침입할 수 있는 기생충은 매우 다양하다. 어류 이외에도 패류, 연체동물, 파충류, 양서류 등도 제2 중간숙주가 될 수 있다. 그중에 맨손(manson) 열두조충은 보신용 건강 특수식품에 대한 기호성이 높아지면서 우리나라에서 문제가 되고 있다.

열두조충과(裂頭條虫科)에 속하는 조충의 유충기를 스팔가눔(sparganum)이라고 하며, 사람의 장 이외 조직에 기생할 때 스팔가눔증(sparganosis)이라 한다. 성충은 개나 고양이의 장에 기생하기 때문에 사람이 종말숙주가 되지 않는다.

제1 중간숙주는 물벼룩이며 제2 중간숙주는 원칙적으로 뱀, 개구리, 담수어 등이나 조류나 포유류, 사람도 중간숙주의 역할을 한다. 만약 사람이 뱀이나 개구리를 생식하면 감염되며 피하조직에 원형 종유(腫癒)가 생기고 소양증이 발생된다. 기생 부위가 일정치 않으나 복부, 서혜부, 눈, 음낭, 유방 등에 기생한다. 또한 감염된 물벼룩을 물과 함께 마시거나, 이 유충을 가진 뱀이나 개구리, 닭의 근육에도 유충이 이행되는데 이를 생식하여도 감염된다.

약물요법으로 치료가 어렵기 때문에 일단 감염되면 외과적으로 제거할 수밖에 없다. 그렇기 때문에 중간숙주가 되는 동물의 생식을 금하도록 하여야 한다.

채소류를 통하여 감염되는 것 중에는 동양모양선충(東洋毛樣線蟲)이 근절되지 않고 있다. 털 모양으로 아주 가늘고 작은 기생충으로 길이가 4~7mm 정도이다. 분변과 함께 배출된 충란은 부화하여 유충이 되고 더 발육하여 감염 유충이 된다.

감염 유충은 주로 채소에 부착하여 경구감염되지만 경피감염도 가능하다. 경구감염된 유충은 식도, 위를 지나 소장 상부에서 성충이 된다. 체내 이행성은 없으며 다수 감염되지 않으면 자각 증세를 느끼지 못한다. 다수 감염되면 빈혈과 장점막 염증을 일으키며 예방 방법은 십이지장충의 예방법에 따르면 된다.

연구문제

1. 기생충의 생활사 중에서 인간이 갖는 의의는?
2. 우리나라 기생충 감염 양상이 과거 10년 전에 비하여 크게 다르게 나타나고 있다. 그 이유는 무엇이며 앞으로 퇴치를 위하여 집중적으로 노력해야 할 기생충 질환은

어떤 것이 있는가?

3. 기생충의 매개체 혹은 중간숙주의 특성에 따라 보편적인 예방법을 정리하라.

§3-5 식품에 혼입되는 화학물질

소득의 증가와 생활수준의 향상은 식생활의 변화를 가져왔고 식품의 소비 패턴을 바꾸었다. 즉, 자연식품 위주의 식생활이 가공식품 위주로 급격히 변하고 있으며, 외식 기회의 증대에 따른 외식산업의 발달, 수입식품의 증가와 함께 식생활이 다양화되었다. 또한 전통농업은 기계영농, 기업영농으로 산업화 과정을 거치면서 많은 농약이 사용되었고 식품에 잔류하게 되었다.

독성을 지닌 화학물질은 거의 합성품이며 여기에 속하는 것은 식품첨가물, 농업용 화학물질(농약), 또 환경오염에 따른 식품에 오염되는 물질들로 구분할 수 있다(용기, 포장에서 유래될 수 있는 유해물질은 시설관리에서 논의).

1. 식품첨가물

식생활 수준의 향상, 소비자 기호성의 다양화, 식품의 제조가공 기술의 발달로 식품의 형태나 종류가 다양화되고 있으며 이러한 변화는 첨가물의 사용 없이는 이루어지기 힘든 과정이다.

식품첨가물은 국가나 기관에 따라 다른 정의를 내리고 있으나 대체로 의도적으로 첨가한 것, 직, 간접으로 식품의 구성 성분이 되거나 식품의 특성에 영향을 주는 것, 생산, 가공, 저장, 수송, 포장 단계 중에 첨가하는 식품의 기본 성분이 아닌 물질이거나 그 물질의 복합체로 볼 수 있다.

우리나라 식품위생법에서는 사용 방법에 중점을 두고 그 사용 목적을 명백하게 구별하지 않아서 영양 성분으로 쓰는 것도 많다. 즉 아미노산, 비타민, 무기질 등을 첨가물로 지정하고 있다. 그러나 이러한 첨가물이 영양 강화의 목적으로 사용되는 경우는 많지 않으며 오히려 다른 용도로 쓰이는 경우가 많다.

우리나라 식품위생법에서는 천연물보다 화학적 합성품인 첨가물에 대하여 엄격히 규제하고 있다.

가공된 식품에 직접 사용하든가 가공품으로 새로운 식품을 조리 가공하고자 할 때 식품의 포장의 제조일자, 제조원, 허가번호, 첨가물 사용 여부를 표시해야 하며, 사용된 첨가물이 정당한 목적으로 적절한 양이 사용되었는지를 확인해야 한다.

첨가물은 사용 방법에 따라 사용량이 규정되어 있는 것(보존료, 발색제 등), 사용해서는 안 되는 식품만 규정하고 있는 것(인공감미료, 착색료 등), 규정되어 있지 않고 사용량만 규정되어 있는 것(탄산칼슘 등), 사용 규정이 전혀 없는 것(착향료 등) 등이 있다.

허용된 식품첨가물 중 단지 식품의 상업성을 높여 주거나 관능적 만족을 강조하는 것들이 많아, 소비자들은 기호성의 만족이 품질과 직접적 연관이 되었다고 잘못 판단할 수 있다. 그러나 식품첨가물은 긍정적인 면도 많기 때문에 금기시하는 것보다 적정량을 사용하도록 법적, 행정적 감시가 더욱 중요하다. 첨가물 사용의 장점을 보면

① 영양의 강화 : 조리, 가공 과정에서 일어나는 영양 성분의 손실이나 파괴된 것을 보충해 주거나 부족한 영양 성분을 강화시킬 수 있다. 특히 파괴되기 쉬운 비타민을 강화시킴으로 영양 개선의 한 방법으로 이용할 수 있다.

② 자원의 유효성 이용 : 식량 자급률이 점차 낮아지고 있는 현실에서 식량 자원을 최대한 효율적으로 이용하는 기술의 보급이 필요하다. 유지 종자로부터 유지를 추출하는 추출용제나 어육연제품 제조 시 적절한 첨가물을 사용함으로써 가용식품으로 변경시킬 수 있다.

③ 식품제조에 필요 : 식품을 제조할 때 화학물질이 불가피하게 사용된다. 두부 제조 시 수용성 단백질 응고제의 사용은 반드시 필요하다. 예전에는 천연 응고제로 간수가 쓰였으나 해양 환경오염 등으로 간수의 생산이 감소하여 합성 응고제를 쓸 수밖에 없다.

④ 부패, 변패의 방지 : 발생되는 식중독의 대부분은 세균성이기 때문에 세균 증식을 억제하기 위하여 사용하는 것은 바람직한 것이다. 이를 위하여 살균제, 보존료 등을 사용함으로써 장시간 식품 보존과 장거리 유통이 가능하다. 또, 유지가 산패되어 인체에 유해성 물질이 생성되는 것을 방지하는 산화방지제는 유익한 첨가물이다. 물론 이들을 적절히 사용하는 것은 긍정적인 시각으로 볼 수 있다. 단지 부패, 변패 방지용 첨가물은 안전성에 논란이 있기 때문에 사용량을 철저히 준수하여야 한다.

⑤ 기호의 향상 : 식품은 식욕을 자극하는 인자를 확보하는 것도 대단히 중요하다. 시각, 후각, 미각 등을 만족시켜 주기 위하여 착색료, 착향료, 화학조미료 등을 사용할 수 있다. 이는 기호의 다양성과 제품의 특수성을 강조하기 위하여 바람직하나 미숙한 것을 숙성된 것처럼 소비자를 속이거나 오도하는 데 사용되어서는 안 된다.

⑥ 경제적 효과 : 식품에 첨가되는 첨가물 중 화학적 합성품은 천연품보다 훨씬 값이 싸다. 천연의 것과 구조가 동일하기 때문에 천연품만 고집하는 것은 비경제적이다. 착향료, 산미료, 조미료 등이 그 대표적인 첨가물로써 단지 합성 시 원료의 순도를 높여 다른 유해물질의 함량을 극소화하도록 노력한다면 사용을 기피할 필요가 없다.

⑦ 제조 과정의 합리화 : 대부분의 추출 용매가 여기에 속하며 제조 공정의 기계화, 대

량생산을 위하여 첨가제를 사용한다. 이들은 제조 과정에만 필요한 것이기 때문에 최종 제품에 잔존하지 않아야 한다.

⑧ 품질의 개량 : 소맥분 개량제, 호료, 유화제, 결착제, 피막제 등이 이 목적으로 사용된다. 빵이나 유제품 생산 시 상품성을 높이기 위하여 가장 널리 쓰이고 있으며 제조 공정을 단축시키는 효과도 있다. 그러나 어떤 첨가제는 영양 성분을 파괴하거나 다른 독성물질을 생성할 가능성도 있다(소맥분 개량제 과산화벤조일은 분해 시 안식향산을 생성할 수 있다).

현재 허용되어 있는 첨가물은 천연 첨가물을 포함하여 500여 종이지만 사용 대상 식품과 허용량이 규정되어 있고, 미생물의 생육에 영향을 주는 몇몇의 첨가물군은 아직도 그 안전성에 대한 논란이 되고 있다. 법적 사용이 허용되어 있는 첨가물의 종류는 식품 산업의 발달, 기호성의 다양화와 함께 계속 증가되리라 생각되지만 사용 대상과 양의 규제가 엄격하다. 위생관리에 관심이 큰 용도군에 대한 몇몇 중요한 첨가물은 다음과 같다.

1) 보존료

보존료란 식품 중 세균이나 곰팡이 등의 미생물의 발육 증식을 억제하여 부패를 방지하고 식품의 저장 수명을 연장시키기 위하여 사용되는 첨가물을 말하며 방부제라고도 한다.

식품위생법에 허용되어 있는 화학적 합성보존료는 대부분이 산(acid) 및 그 염류인 경우가 대부분이다. 이러한 보존료는 미생물을 살균할 수는 없으나 세균의 발육증식을 정지시킬 수 있는 효력을 지니고 있다. 보존료는 식품의 향, 맛, 색, 조직감 등 관능적 특성 및 영양적 가치에 영향을 주어서는 안 되며, 인체에 대한 독성이 낮아야 하고 장기적으로 사용해도 만성독성을 나타내지 말아야 한다.

현재 허용하고 있는 보존료는 파라옥시 안식향산 에스테르류를 제외하고는 모두 유기산이나 그 염류이며 산성 영역에서 효과가 크다. 산성 보존료의 항균작용은 농도에 비례하기 때문에 산성 액체 식품에는 효과가 크나, 중성 이상에서는 그 효과가 극히 낮다.

일반적으로 세균 성장에 가장 좋은 pH의 범위는 7.0~8.0 정도이며 효모와 곰팡이는 더 낮은 pH에서도 잘 자랄 수 있다. 그러나 식품의 관능적 특성을 무시하고 미생물의 생육 억제만을 위하여 pH를 조절한다는 것은 식품으로서의 가치를 저하시키는 일이기 때문에 식품의 보존 효과를 얻기 위하여, 산을 사용할 때는 가열살균, 냉장, 염장 등 다른 방법과 함께 사용하기도 한다.

식품위생법상 허용된 보존료는 5가지 화학물질군으로 분류할 수 있다. 디히드로(무수)초산(dehydroacetic acid) 및 그 염류, 소르빈산(sorbic acid) 및 그 염류, 안식향산(benzoic acid) 및 그 염류, 파라옥시 안식향산 에스테르류(parahydroxy benzoate ester), 프로피온산 염류(propionate)로 사용 대상 식품과 사용량이 각각 다양하게 규정되어 있다.

그중 안식향산은 다른 보존료와 달라 미생물의 살균작용과 발육저지작용을 함께 갖는다. 그러나 pH의 변화에 민감하여 pH 5.5 이상에서는 효과를 기대하기 어렵다. 파라옥시 안식향산 에스테르류는 pH에 영향을 크게 받지 않으며 세균보다 곰팡이나 효모의 발육을 저지하는 작용이 크기 때문에 장류나 주류에 많이 쓰인다.

2) 산화방지제

아황산염류는 오래전부터 미생물의 살균제 혹은 표백제로서 사용되어 왔으며 안전성에 대한 논란이 1980년대부터 문제가 제기되었다. 아황산염은 식품의 변색과 부패를 방지하는 목적으로 쓰이나 실제로는 채소와 과일을 싱싱하게, 포도주는 맑게, 고기와 생선은 붉고 신선하게 보이도록 하며, 껍질을 벗긴 감자나 도라지 등은 갈변하지 않도록 하는데 사용되어 왔다.

그러나 아황산염류는 알레르기 체질을 가진 사람이나 천식환자에게는 부작용을 일으킨다는 보고가 미국 FDA에서 발표된 후 특정 식품에 대하여 사용금지 조치가 이루어졌다.

현재 사용이 허용된 아황산염류는 메타중아황산칼륨, 무수아황산, 아황산나트륨, 산성아황산나트륨, 차아황산나트륨 등 6종류로써 물엿, 건조 과실, 건조 해산물, 과실주 등에 사용되고 있으나, 천연과실이나 채소류에서는 사용이 금지되어 있다. 사용이 허용된 품목에도 그 사용량 및 사용 범위를 축소하는 방향으로 진행될 것으로 예상되며 그 대용품으로 레몬주스나 구연산이 이용될 수 있다.

3) 발색제

아질산염류나 질산염류는 햄, 소시지, 베이컨과 같은 수육가공품에 첨가하여 안정된 적색을 유지시켜는 발색제, 색소 고정제(color fixatives)로 오랫동안 사용되어 왔다. 아질산은 분해되어 니트로소(nitroso)기를 형성하고 헴(heme)색소와 반응하여 안정된 색소인 니트로소 미오글로빈(nitrosomyoglobin)을 형성한다.

아질산은 Na염이나 K염으로 첨가된다. 질산염은 채소류와 같은 식물에 자연적으로 존재하기도 한다. 사람의 소화기관에 있는 세균은 질산염이나 다른 질소화합물로부터 아질산을 생성시킨다.

아질산은 색소 고정작용 외에도 치사율이 높은 식중독균인 *Clostridium botulinum*의 억제 효과가 있다. 또한 *Clostridium perfringens*, *Bacillus cereus*, *Staphylococcus aureus*와 같은 식중독세균이나 경구전염병을 일으키는 세균의 증식도 억제하는 것으로 알려져 있다. 이 같은 장점에도 불구하고 안전성에 문제가 제기되고 있다.

아질산은 2급 아민, 3급 아민과 반응하여 nitrosamines을 형성시켜 동물 실험에서 발암성을 나타내며 아질산나트륨도 발암물질로 알려져 있다. 1975년 미국 FDA의 연구에서도 아질산은 림프조직에 암을 일으킨다는 사실을 발표하였다. 그러나 아직도 아질산염류의 사용을 법적으로 금지시키지 못하고 있다. 대체 물질에 대한 연구가 계속되고 있지만 아질산염류와 같은 효과를 갖는 물질이 발견되지 않고 있기 때문에 가능한 사용량을 줄여야 한다.

2. 항생제 및 호르몬제

항생제나 호르몬제와 같은 약품은 육류 생산을 위한 가축의 건강관리와 성장률을 높이는 데 유용한 역할을 하고 있다. 축산업이 대형화, 기업화된 구미에서는 수육이나 가금육에서 이들 물질이 발견되는 경우가 있다.

1) 항생제

항생제의 발견은 인간과 동물 모두에게 질병 발생과 사망률을 급격히 낮추는 중요한 역할을 하여 왔다. 아주 낮은 농도에서도 미생물의 생육과 증식을 억제시키는 작용을 지니고 있으나, 식품의 저장 수명을 연장시키는 항생제의 사용은 문제점이 있음이 밝혀졌다.

식품 중의 항생물질은 질병 예방의 목적으로 동물사료에 첨가하거나, 질병 치료, 제조가공상 필요에 의하여 첨가하여 사용되고 있다. 동물에 항생물질의 계속된 투여는 동물을 병원성 미생물의 내성을 길러주어 병원균이 인체에 침입했을 때 감염증의 치료나 예방이 어려워지며 알레르기를 유발하는 원인 물질이 된다.

이러한 문제점 때문에 사료 첨가물이나 축·수산용 의약품에서 유래되는 항생물질, 합성항균제 및 성장 호르몬제 등의 식품 중의 잔류를 방지하기 위하여 배합 사료에 대한 이들 첨가제의 사용량, 사용법, 도살 전 휴약 기간 등이 농수산부 고시로 규정되어 있을 뿐만 아니라 식품위생법에서도 식품 일반의 성분 규격으로 식품은 항생물질, 합성항균제 및 성장호르몬제를 함유하지 않도록 규정하고 있다.

2) 호르몬제

식용 동물의 성장 촉진과 같은 대사성 약제는 주로 estrogens과 progesterones이다. DES(diethylstil bestrol)가 널리 쓰여왔고 사료에 첨가되거나 알약의 형태로 동물의 근육에 넣어 장기간 서서히 용해되어 일정 농도의 호르몬 양을 유지하도록 사용되어 왔다. 그 후 동물과 사람에게 발암의 원인이 될 수 있다는 보고된 이후 문제를 일으킬 만한 사용 허용량, 검정 능력의 문제, 농업 경제적인 측면의 문제들이 제기되어 왔다. DES는 안전성에 대한 의구심을 해결하지 못해 1979년 미국을 비롯한 각국에서 사용이 금지되었다.

실제 미국의 대형 축산 농가에서는 소의 성장 촉진을 위하여 testosterone, progesterone 등 5종의 성장촉진호르몬을 투여한 결과 사육비 및 사육 기간을 절감시키는 것으로 알려져 있다. 이러한 이점 때문에 호르몬을 사용하지 않는 농가는 1% 이하일 정도로 많이 사용되고 있다. 우리나라에서는 성장호르몬제의 잔류 허용 기준으로 디에틸스틸베스트롤(Diethylstilbestrol, DES)이 쇠고기, 돼지고기에서 검출되어서는 안 되도록 규정하고 있으며 제라놀(zeranol)은 쇠고기에서 0.002mg/kg만을 허용하고 있다.

3. 농약

세계의 인구는 급격히 증가되어 왔고, 인구의 약 15%는 만성적 기아에 처해 있고, 30~35%는 영양 상태가 충분치 못한 것으로 추정된다. 인간은 식량자원을 지키기 위하여 수많은 곤충, 동물, 식물 등과 투쟁을 하고 있다. 모든 농작물의 1/4은 해충이나 질병에 의하여 손실된다. 농작물을 해치는 주요 생물은 세균, 곰팡이, 진드기, 설치류, 곤충, 잡초류 등이다.

1940년에 DDT가 살충 효과가 있다는 사실이 알려지기 전에는 비소, 구리, 수은, 유황과 같은 무기 농약이 사용되어 왔다. 그러나 제2차 세계대전 후 화학공업의 발달로 수많은 살충제, 제초제, 항균제 등이 합성되어 생산되었다. 그 결과 식량의 생산량이 증가되고 노동력이 절약되어 획기적인 증산 효과를 얻게 되었다. 그 후 이런 농약들이 생태계에 오래 잔류하면서 생태계를 파괴하고 먹이사슬(Food chain)에 의하여 사람에게 그 피해가 파급되었다(그림 3-9 참조).

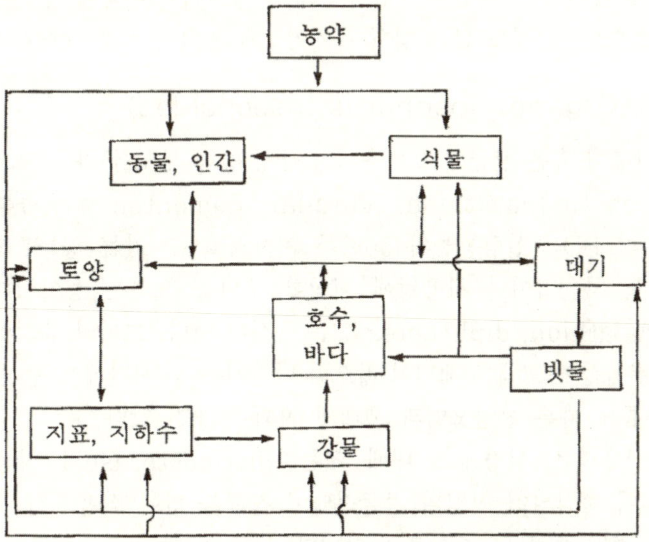

그림 3-9 먹이사슬에서 농약의 이동 경로

이러한 농약들이 식품에 유입되는 과정은

- 농산물에 곤충이나 미생물의 번식을 막기 위하여 직접 살포한 경우
- 직접 투여하지는 않았으나 성장 과정에서 뿌리로부터 흡수한 경우
- 조리, 가공, 저장, 유통 등의 단계에서 오염될 수 있는 가능성으로 나눌 수 있다.

식품을 조리하거나 취급하는 사람들은 농약의 오염에 대하여 취할 수 있는 방법은 극히 적다. 농약 사용 경로 중 처음 두 가지 경우는 정부에서 법적인 규제를 하지 않는 한 소비자나 식품제조 가공자가 할 수 있는 예방법은 없다. 단지 식품을 구매할 때 신뢰할 수 있는 생산자로부터 제품을 구입하고 충분히 세척하는 방법 정도이다. 세 번째 경우는 식품 취급이나 저장 과정 중 곤충이나 쥐의 접근을 막기 위하여 식품 부근에 살충제나 살서제를 사용할 때 일어날 수 있다. 위험물질은 별도로 보관하여야 하고, 상품명이 명백히 표시된 원래 용기를 그대로 사용해야 하며, 소분하여 보관하지 않도록 한다.

1) 유기 염소제(Organochlorine insecticides)

DDT, BHC, endrin, aldrin, heptachlor 등과 같은 살충제, PCP, 2,4-D, 2,4,5-T와 같은 제초제가 유기염소제의 농약들이다. 이들은 용해성이 적고 화학적으로 안정하기 때문에 자연계에 잔류농약으로 남아 있다. 포유류에 대한 독성은 유기인제에 비하여 대체로 낮은 편이나 endrin은 독성이 높은 편이다.

유기염소제 농약의 중요한 특징은 높은 지용성을 지니고 있어 생물체 내에서 분해되지 않고 잔류되어 독성을 나타낸다. 생체에 들어오면 지방조직에 축적되어 만성독성을 나타내는 것이다. 실제 토양 중의 잔류 기간은 수년에서 50년 정도이기 때문에 각 국에서는 사용을 대부분 금지시키고 있다. 아직도 많은 양의 유기염소제 농약이 식품 중에서 발견되고 있다.

2) 유기인제(Organophosphorus insecticides)

유기인제는 살충제 혹은 살균제로 이용되며 급성 중독 사고를 자주 일으킨다. 유기인제 중 parathion, methylparathion, schradan, dementon 등은 독성이 높아 실험용 쥐에 경구투여 시 LD_{50}(실험동물의 50%를 치사시킬 수 있는 양)의 양이 체중 kg당 10mg 이하이다. 사용법이나 사용량에 세심한 주의를 요하는 농약이다. 그에 비하여 sumithion, malathion, diphtherex 등은 독성이 낮다. 그러나 유기인제는 비교적 분해되기 쉬워 잔류독성이 크게 문제되지 않으며 반감기는 수 시간에서 수 일 정도인 것으로 나타나 장기 잔류에 따른 환경오염과 생태계 파괴는 크지 않다.

유기인제의 작용점은 신경세포 내에 있는 cholinesterase의 작용을 억제하므로 acetylcholine이 축적되어 신경의 자극전달이 장해를 받아 식욕부진, 매스꺼움, 구토, 전신경련, 두통, 현기증 등의 증상을 나타낸다.

3) 기타 살충제

우리가 식품에서 발견되는 농약은 유기염소제와 유기인제이며, 기타 약제는 그 비율이 극히 낮다. 여러 농약 중에서 carbamate제는 많이 알려져 있고 독성을 낮게 하고자 하는 대체 노력의 산물이다.

그 외 유기수은제, 유기불소제, 금속제 등이 있으나 사용이 금지된 것이 많고 사용되는 것도 사용 대상, 사용량, 사용법 등이 극히 제한되어 있다.

4. 유해 금속류

자연을 구성하고 있는 원소는 100종 이상이지만 그중에 사람이나 동물과 같은 생체에 존재하는 원소는 약 40종 정도이다.

표 3-5 식품중의 유해금속 기준치*

금속명	식 품 명	기준치(mg /kg)
중금속	• 두부, 묵류	3.0 (Pb로서)
	• 잎차류, 홍차, 고형차*	5.0
	인스턴트커피, 액상차	
	분말 청량음료	
	설탕, 엿류	
	• 기타 식품	10.0
비 소	• 액체식품	0.3 (As_2O_3로)
	• 고체 식품, 조미식품	1.5
납	• 병, 통조림	0.3
	청량음료, 탄산음료	
	혼합음료, 인삼음료	
	• 포도당, 과당	0.5
	• 해산어패류	2.0
총수은	• 콩나물	0.1
	• 해산어패류	0.7
카드뮴	• 청량음료, 탄산음료	0.1
	혼합음료	
주 석	• 병, 통조림식품	150
	청량음료, 탄산음료	
	혼합음료, 인삼음료	

* 식품 등의 기준 및 규격에 의함

이들은 그 양에 따라 필수원소가 될 수 있으나 다량 존재하므로 유해원소가 된다. 일반적으로 필수원소로 알려진 것은 아연(Zn), 동(Cu), 망간(Mn), 니켈(Ni), 코발트(Co), 몰리브텐(Mo), 세렌(Se), 크롬(Cr), 불소(F), 주석(Sn), 바나디움(V) 등이다. 이들 금속 중에서는 효소의 구성 성분이 되는 경우가 많으며 또 아연과 같이 인슐린을 구성하거나 코발트와 같이 비타민 B_{12}의 성분이 되는 경우도 있다.

유해 금속류가 인체에 들어오는 경로 중 가장 심각한 것은 산업폐기물에 의한 환경오염이다. 오염된 환경은 식품을 오염시키고 여러 과정을 거쳐 먹이연쇄에 따라 생체 내로 들어오게 된다. 또 다른 침입 과정은 부적절한 재질로 만들어진 기구, 용기, 포장에서의 식품 오염이다. 용기의 재질 중에서는 납, 카드뮴, 안티몬, 아연, 주석 등을 함유하고 있는 경우가 많아 과실주스나 기타 산성식품과 반응하여 식품 속으로 용출 및 혼입되는 경우가 있다.

식품위생법에서도 유해 금속이 식품 제조·생산·가공 과정 중 혼입될 우려가 있는 식품에 대하여 개별 기준, 전체 식품에 대한 공통 기준을 표 3-5와 같이 규정하고 있다.

다음은 주요한 유해 금속류의 독성에 대하여 기술하고자 한다.

1) 납(lead)

납에 의한 중독은 급성보다 만성중독이 되는 경우가 많다. 납중독은 무기납 (Pb^{++})에 의한 경우와 유기납(4 에칠납)에 의한 경우로 독성에도 차이가 있다.

무기납에 의한 일반적인 중독증상은 빈혈이다. hemoglobin 합성 시에 관여하는 ALA 탈수소효소(amino levulinic acid dehydrogenase)가 저해되기 때문에 heme 합성이 지연되고 대사 중간 산물이 축적되게 한다. 납중독이 진행되면 얼굴이 창백해지고, 이와 잇몸 사이에 검은 띠 모양으로의 착색이 되고, 말초신경염 등 신경계장애와 함께 신장, 소화기관에도 영향을 주게 된다.

유기납에 의한 중독은 대부분 대기오염이나 작업환경에 의한 중독이기 때문에 식품과 관련되어 영향을 주는 경우는 거의 없다. 납은 인체 내에서 생물학적 반감기가 약 4년 정도이고 특히 뼈에 침입한 납은 10년 정도 잔류되고 축적성도 커서 미량 오염이라도 장기간 섭취하면 만성중독에 이를 수 있다.

2) 수은(mercury)

수은은 옛날부터 여러 산업에 많이 이용되어 왔는데 특히 화학공업이나 의약품, 농약의 살충제 등으로 많이 사용되어 왔다. 특히 산업폐수 중에 함유되어 있는 메틸수은은 어패류의 체내에 축적되어 그것을 섭취한 사람에게 심한 신경장해를 일으킨다. 대표적인 수은중독인 미나마다병은 일본의 산업화 과정에서 큰 사회문제를 일으켰다. 그 이후에도 비슷한 질병이 세계 각국에서 보고되어 수은중독이 세계적인 관심사가 되었다.

무기수은 화합물의 독성은 결합된 화합물의 종류에 따라 흡수율이 다르다. 흡수된 수은은 혈장단백질과 결합하여 각 조직으로 이행(移行)하지만 신장에 특히 대량 축적된다. 무기수은은 뇌혈액 관문이나 태반을 통과하지 못하지만 유기수은, 특히 메틸수은은 장관에서의 흡수율도 극히 높고 뇌혈액관문이나 태반을 용이하게 통과하여 태아에게도 영향을 준다.

유기수은에 의한 장해로는 중추신경장해에 따른 시야협착, 수족마비, 현기증, 언어장해 등을 나타낸다.

3) 카드뮴(cadmium)

카디뮴에 의한 오염은 "이타이이타이병"을 계기로 문제가 되었다.

이타이이타이병은 1963년 일본의 도야마현 진즈강(富山縣 神通川) 유역의 주민들에게 발생한 질병으로 신장에서 칼슘, 인 등의 재흡수기능 저해로 골, 관절에 이상을 초래하는 질병이다. 이 병은 공장폐수에 의한 식품오염의 결과로 광산에서 배출된 폐수에 의하여 일어난 만성중독증이다.

카드뮴은 자연환경 중에 널리 분포되어 있으며 섭취하면 쉽게 흡수된다. 대부분 무기염의 형태로 되어있으며 카드뮴을 함유한 유기물에 대한 독성 연구는 거의 없다.

흡수된 카드뮴은 금속-단백질 복합체로 신장에 축적된다. 계속 섭취될 때는 동물이나 사람의 신장세뇨관에 손상을 입게 된다. 또한 빈혈, 간기능장애를 받게 된다. 신장세뇨관에 병변이 생기면 단백뇨, 당뇨, 다뇨 등의 신장증상이 나타나고, 이어서 재흡수기능이 저해되어 칼슘이나 인 등이 소변으로 배출되어 체내 칼슘의 불균형을 초래하여 골연화증(骨軟化症)을 일으키는 것으로 알려져 있다.

체내에 들어오는 경로는 먹이연쇄를 통한 생물 농축(어패류, 농수산식품)에 의하여 높은 함량의 카드뮴이 들어올 수 있다. 그러나 대부분의 식품은 50ppb 이하의 함량을 가지며 보통 성인이 하루에 40～50μg 정도를 섭취하고 있고 주당 400～500μg 정도로 허용하고 있는 것이 보통이다.

5. 기타 잔류성 화학물질

화학공업의 발달은 수많은 화학물질은 새롭게 합성되어 의약품, 농약, 공업용품, 가정용품 등으로 광범위하게 이용되고 있다. 그러나 각종 생산품으로서의 우수한 특성이 있을지라도 그 자체 혹은 제조공정 중의 부산물 등으로 인하여 인체에 유해성을 가지고 있는 경우가 많다. 특히 유기염소화합물 중 PCB나 THM(trihalomethane), 또 방사성 물질들은 장기간 미분해 상태를 유지하기 때문에 먹이연쇄에 의하여 농축 및 축적되어 장해를 일으키는 것으로 알려져 있다. THM은 수돗물의 염소 소독 시 생성되는 것으로 실험 동물에게 간장이나 신장에 발암성이 있는 것으로 알려져 있다. 그중에서 미강유중독사건(米糠油中毒事件)으로 유명한 PCB(polychlorobiphenyls)는 염소를 함유한 환상화합물(環狀化合物)로 내열성, 내약품성, 내광성, 내산화성 등이 큰 안정된 화합물로써 물에 녹지 않으며 기름에 녹는다. 물리·화학적 안정성이 우수하여 불에 타지 않고 전기가 통하지 않는 성질을 이용하여 많은 공업용 제품에 이용되고 있다. 즉, 콘덴서나 변압기의 절연유, 식용유 공장의 열매체, 페인트나 잉크 등의 도료첨가제, 가소제, 윤활유, 합성수지나 고무의 난연제(難燃劑) 등으로 일상생활에 광범위하게 이용되고 있다.

이러한 물질들이 환경 중에 폐기될 때 PCB는 대기나 수질계, 토양 등을 오염시켜 농수산물의 생산과정을 따라 인체에 침입하게 된다. 지용성 특성 때문에 인체의 지방층에 축적되어 사람의 모유에서도 발견되고 있다.

미강유 사건에서 손톱과 피부 착색 등의 이상이 있고, 안검부종(眼瞼浮腫), 발열, 편두통, 탈력감, 가려움증 등을 호소하였다.

PCB는 지구 전체의 생태계를 파괴시킬 만큼 많은 양이 사용되어 다량이 장기간 자연계에 머물면서 피해를 주고 있기 때문에 각국에서는 식품 중의 PCB 함량규제, 생산유통 중지, 사용 제한 등의 조치를 취하고 있는 실정이다.

다이옥신(Dioxin)은 제초제의 부산물로 잘 알려져 있지만 폐기물 소각이나 금속 정련 시, 염소계 농약 등 각종 화합물 제조 시 부산물의 하나로 발생되고 있다. 환경 중에 배출된 다이옥신은 공기, 물 등과 함께 인체에 들어오는 것도 있지만, 양적으로 가장 큰 것은 식품과 함께 섭취되는 것으로 판단된다. 다이옥신은 발암성, 최기형성, 간장해 등을 일으키는 것으로 알려져 있으며, 거의 모든 농축수산물에서 소량이라도 검출되고 있어 자연생태계 전체에 끼칠 영향이 매우 크다.

연구문제

1. 식품첨가물의 긍정적인 면과 부정적인 면을 기술하라.
2. 과학의 발전이 식품의 안전성에 어떤 영향을 준다고 생각하는가?
3. 육축이나 가금에 치료용 항생제와 성장촉진호르몬의 과잉 투여가 인체에 어떤 영향을 줄 수 있는가?
4. 잔류성이 높은 농약에는 어떤 것이 있으며 왜 생태계에 문제점이 큰가?
5. 일본의 산업화 과정에서 일어난 환경오염에 의한 식중독 사건을 기술하라.

§3-6 천연식품 중에 존재하는 독성물질

천연에 존재하는 식물이나 동물 중에도 유독한 것이 적지 않으며 감자나 복어와 같이 식용 동식물 중에 독이 있는 경우와 식용치 않는 동식물을 식용으로 섭취하는 경우가 있다.

이러한 유독성분은 우리가 식생활에 흔히 이용하는 것일지라도 계절에 따라, 서식 장소에 따라 유독성분을 갖게 되는 경우(패류의 독)와 특정 부위에 독이 집중되어 있는 경우(발아중의 감자, 복어 등)가 있다.

식품 섭취에 의하여 발생되는 나타나는 자연독 식중독을 예방하기 위해서는 식용식물과 독성식물을 구분할 수 있는 지식을 습득하고, 계절에 따라 유독화하는 것은 그 시기를 피하여 섭취하여야 한다.

1. 식물성 천연식품의 독성

대부분의 식물은 다소의 차이는 있지만 독성물질을 함유하고 있다. 그러나 일상 식생활에서 섭취하는 정도로는 독성을 나타내지 않고 있다. 예외적으로 어떤 식품은 건강에 장해를 줄 만큼의 강한 독성물질을 가지고 있기 때문에 독성을 나타내는 천연식품에 의한 독성의 중요성이 강조된다.

1) 청산 배당체(cyan 配糖體)

청산 배당체는 효소에 의하여 가수분해되어 청산(HCN)을 유리시켜 cytochrome 산화효소를 저해하여 조직 호흡을 급속하게 저하시킴으로써 급성중독을 일으킨다. 청산을 발생시킬 수 있는 식물은 1,000종 이상에 달한다고 알려져 있지만 콩과, 장미과, 벼과 등의 고등식물에 주로 분포되어 있다.

청산배당체의 대표적인 것은 미숙한 매실이나 살구씨의 amygdalin, 오색두의 linamarin(phaseolunatin), 두류나 카사바의 lotaustralin, 수수의 dhurrin 등이 있다.

이들 청산배당체를 함유하는 것을 많이 먹으면 두통, 소화불량, 구토, 설사, 복통 소화기계 증상과 호흡곤란, 경련 등을 일으킨다. 이들에 의한 중독을 예방하려면 독성물질이 휘발성이 강하기 때문에 열처리하든가 수용성이 크므로 물에 넣어 담그면 충분히 용출 분해시킨다.

2) 알칼로이드(alkaloids)

알칼로이드를 함유한 식물은 수천 종에 달하며 양귀비과, 가지과, 미나리아재비과, 콩과 등의 식물에 함유되어 있는 것으로 알려져 있다.

- 솔라닌(solanine) : Solanine은 감자에 많이 존재하며 사과, 가지, 사탕무 등에 소량 존재하는 alkaloid 물질로써 다량 섭취 시에는 신경계통에 독성을 나타낸다. 감자의 녹색 표피나 싹이 난 부위에 특히 많아 1g /kg에 달할 때도 있지만 보통의 감자에는 그 함량이 극히 낮아 2~13mg /100g으로 문제가 되지 않는다. 저장 중 햇빛에 노출되어 생성되는 solanine도 당의 종류에 따라 다양한 화합물로 전환이 된다. 이 solanine은 물에 녹지 않을 뿐만 아니라 조리과정에서 열에 의하여 파괴되지 않기 때문에 일단 생성된 것은 표피를 두껍게 벗기지 않는 한 제거하기 어렵다. 중독증세로는 가벼운 위장장해, 현기증, 목구멍열감, 졸음 등 가벼운 의식장애도 나타난다.
- 아코니틴(aconitine) : 바곳의 뿌리에 함유되어 있는 alkaloid로 옛날부터 오두(烏頭), 쌍란국(雙蘭菊) 등으로 불리는 다년생 초본(草本)으로 그 뿌리는 부자(附子)란 이름으로 생약에 이용되기도 하였다. 산나물로 잘못 알고 먹든가, 부자꽃을 밀원으로 생산되는 한 벌꿀에서도 나타날 수 있다. 증상은 구토, 안면이나 사지의 마비가 일어난다.
- 아트로핀(atropine) : 흰 독말풀이나 미치광이풀 등에 함유되어 있으며 새싹과 뿌리를 식용으로 잘못 알고 섭취하면 일어날 수 있는 식중독이다. 생약제로도 많이 쓰이고 있기 때문에 잘 알고 쓰면 약으로, 모르고 쓰면 독이 되는 대표적인 성분이다. 신경계통에 장애를 주기 때문에 환각, 흥분상태, 동공이 확대되는 등의 증세를 나타낸다.

3) 독버섯 독

우리나라에서 독버섯에 의한 식중독은 자연 독 전체를 대표할 만큼 큰 비중을 차지하고 있다. 사망자 수에 있어서도 가장 높은 비율을 차지하고 있다.

중독 증상에 따라 위장계통의 장애와 신경계통의 장애를 가져오는 것으로 나눌 수 있다. 위장계통의 장애는 알광대버섯, 마귀곰보버섯, 화경버섯 등이 있으며 이중에는 치사율이 극히 높은 amatoxin군이 있으며 그외 phallotoxin군, gyromitrin, lampterol 등이 있다.

뇌신경계통이나 부교감신겸에 장애를 주는 버섯 종류에는 광대버섯, 미치광이버섯, 환각버섯, 땀버섯류가 있으며 그 독성분으로는 muscarine, psilocybin 등이 있다. 독버섯의 유독 성분별 그 증상은 표 3-6과 같다.

1,000종 가까이 알려진 버섯 중에도 독성분을 가진 것은 20~30종에 지나지 않지만 그 모양이나 외관에 의하여 관능적으로 쉽게 구분이 되지 않는다. 그러기 때문에 경험이 없는 사람이 야생의 버섯을 스스로 판단하고 채취하여 식용으로 하는 것은 지극히 위험한 일이다. 최근에는 야생보다 전문 재배 농가에서 집단 시설 재배하는 경우가 많아 식중독 사고가 감소하는 경향을 보이고 있다.

독버섯의 독성분은 보통의 조리법으로 파괴시킬 수 없는 것이 대부분이기 때문에 주의를 요한다. 중독 예방에는 독버섯을 잘 구별하여 섭취하지 않는 것이 가장 좋은 방법이기 때문에 부정확한 지식이나 단편적으로 전해지는 구별법에 따르는 것보다는 많은 경험을 가진 사람이 채취하는 것을 식용으로 쓰는 것이 좋다.

표 3-6 독버섯의 유독 성분과 증상

유독 성분	버섯명	주요 증상
muscarine	광대버섯, 땀버섯, 깔대기버섯	부교감 신경 자극, 각종 분비항진, 동공수축, 발한, 침흘림, 소화기 증상
muscaridine	광대버섯	뇌증상, 동공확대, 일과성 발작
amanitatoxin (phallotoxin, amatoxin)	알광대버섯, 흰알광대버섯, 독우산광대버섯	콜레라상 증상, 복통, 설사, 구토
bufotenin	땀버섯, 광대버섯	환각, 발한, 구역질, 동공확대
psilocybin	환각버섯속의 버섯	환각, 심신위화감, 체온, 혈압상승
imapterol	화경버섯, 깔대기버섯	구토, 복통, 설사, 오한
acromelic acid	독깔대기버섯	교감신경자극, 혈관수축
coprine	두엄먹물버섯	안명홍조, 현기증, 구토, 심장박동 항진
gyromitrin	마귀곰보버섯	구토, 두통, 위경련, 설사
agaricic acid	발굽잔나비버섯	위장카타르, 설사, 구토, 두통
pilztoxin	광대버섯, 마귀버섯	위장카타르, 설사, 구토, 두통
phaline	알광대버섯, 독우산버섯	용혈작용, 콜레상 증상
helvella acid	광대버섯, 마귀버섯	용혈독

그러나 경험 많은 버섯 채취자 사이에서도 중독 사고가 빈번히 발생된다. 그 이유로서 다음과 같은 사항이 지적되고 있다.

(1) 버섯에는 수천 종이 있으며 전문가라 하더라도 아직 먹지 않던 새로운 종류를 도전해보려는 어리석음이 내포되어 있다.

(2) 형태가 매우 비슷한 버섯의 종류가 많아 현미경 검사 등을 통하여 구별할 수 있는데 비슷한 두 종류 중 하나가 유독한 경우 그 종류를 오판한다.

(3) 식용이건 독버섯이건 환경조건이나 영양상태에 따라 외형적 특성에 변화가 생긴다. 예컨대 독버섯인 *Amanita muscanna*는 생육조건에 따라 암적색, 오렌지색, 백색의 3가지 색깔을 띨 수 있는데 오렌지색의 것은 식용버섯인 *A. cesarea*와 혼동될 수 있다.

(4) 버섯 종류를 확인하는 중요한 어떤 부위가 기계적 손상을 받아 변형된다.

(5) 중독 현상은 개인의 연령, 건강 상태나 버섯의 독소 함량 또는 조리 방법에 따라 차이가 발생되며 어떤 종류의 버섯에 대한 식용 또는 비식용 여부가 문헌상으로도 달리 나타나고 있다.

4) 기타 독성이 낮은 독성물질

독성이 낮은 물질 중에는 생리적 기능장해를 가져오거나 영양소의 흡수장해를 가져와 2차적으로 생리적 이상을 초래하는 것들이 있어 다량 혹은 장기적 섭취로 인하여 발생되는 부작용이 많이 있다.

- 수산(oxalic acid) : 식물 중에 수산이 존재하는 것은 오래전부터 알려져 있으며 칼슘염이나 칼륨염으로 세포 중에 존재한다. 여러 종류의 식물에 함유되어 있지만 시금치, 홍차, 코코아 등에 비교적 많이 함유되어 있고 과실류에는 많지 않다.
  수산은 인체 중에도 미량 존재하고 있지만 사람에게는 필수 성분이 아니며 다량 존재하면 해로워서 신경통 등의 병인이 될 수 있다. 수산은 또 생체 내에서 칼슘과 안정된 염을 형성하여 난용성으로 변하여 칼슘의 이용률을 감소시킨다.
- 질산염(nitrates) : 식물은 단백질 합성을 위하여 뿌리에서 질소를 흡수하여야 한다. 이용에 적합한 형태는 질산염 형태인데 이는 질소비료나 토양 중 유기질소 화합물이 분해되어 생긴 암모니아가 산화되어 형성되는 것이다. 사람이 질산염에 의하여 중독이 되려면 아질산염으로 환원되어야 한다. 식품 중의 아질산염은 발암물질이 될 수 있다. 식품 중의 질산염은 채소, 해조 등에 많이 함유되어 있지만 과실, 어패류, 식육류에는 많지 않다. 배추, 시금치 등의 엽채류, 무우, 우엉 등의 근채류에는 질산염이 많이 함유되어 있지만 카베쓰, 당근, 감자류, 과채류 등에는 함유량이 낮다. 이외에도 프로테아제 저해 물질(protease inhibitor), 항비타민 물질(antivitamin substances), 항갑상선 물질(goitrogens), 킬레이트 화합물(chelating substances) 등이 생리적 기능을 저해시키는 원인이 된다.

2. 동물성 식품의 독성

대부분의 독성분은 열에도 안정하여 보통의 조리 과정에서 독성을 잃지 않는다. 독성물질을 가진 동물은 해산 어패류가 가장 많다. 또 해산어패류의 독성분은 시간과 공간, 또 부위에 따라 독성의 차이가 있어 먹이나 생활 조건에 의해 독성이 영향을 받는 것으로 보인다.

1) 복어(puffers, blowfish)

복어는 우리나라에서도 그 기호성이 높아 겨울철에 많이 섭취하고 있는 어종이다. 우리나라 근해의 복어의 독은 tetrodotoxin으로 자연독 중에서도 가장 강력한 독소로 알려져 있으며, 청산나트륨(NaCN)의 약 1,000배의 독성력을 지니고 있다.(표 3-7 참조). 모든 복어가 독이 있는 것은 아니며 종류에 따라 계절에 따라, 부위에 따라, 서식 지역에 따라서도 독성의 차이가 있다.

표 3-7 수종 독소의 독성 비교

독 소	LD_{50}(μg/kg mouse)	기 원
Botulinus toxin A	0.00003	세균(*Clostridium botulinum*) 세균(*Clostridium tetanus*)
Tetanus toxin	0.0001	세균(*Corynebacteruum diphtheriae*)
Diphtheria toxin	0.3	
Palytoxin	0.6	Ciguatera toxin
Batrachotoxin	2.0	개구리
Saxitoxin	10	이매패(二枚貝), 게
Gonyatoxin	12	이매패(예 : 모시조개)
Tetrodotoxin	8.7	복어
Strychinine	500	식물(인도, 동남아시아산 가지科)
Sodium cyanide	10,000	NaCN

- 독성 : 독성은 일반적으로 난소나 간장에 가장 많이 존재하며, 내장 내용물, 피부순으로 존재하며, 근육이나 정소(精巢)에는 독성이 약하거나 없는 경우가 많다. 그러나 종류에 따라 독의 체내 분포가 동일한 양상을 보이지 않는 경우도 많다(표 3-8 참조).
  복어독은 계절에 따라 차이가 커 산란기인 11~4월경에 가장 강하여 이 시기에 중독사고도 많이 일어난다. Tetrodotoxin은 물이나 유기용매에 녹지 않으며 100℃의 가열로도 독성을 거의 잃지 않는다.
  Tetrodotoxin은 복어 이외에도 해산동물 중 편형동물, 연체동물, 절족동물, 척추동물의 일부에서도 발견되고 세균에서도 발견되는 것으로 보아 복어의 고유의 한 독소가 아니고 세균에 의하여 생산된 독소가 먹이연쇄에 의하여 유독화되는 것으로 판단된다.
- 중독 증상 : 식후 20분~3시간(보통 1시간 이내)에 입술과 혀끝에 마비가 시작되고 이어서 손끝마비가 온다. 이때 두통이나 복통, 팔의 통증이 따르는 일이 있다. 걸음걸

이도 점차 어렵게 되고 일반적으로 격한 구토가 있게 되면 뒤끝이 좋지 않은 경우가 많다. 그 후 운동 불능, 현저한 지각마비, 언어장해, 이어서 호흡곤란, 혈압강하가 따른다.

더욱 심하면 전신의 운동마비, 지각마비, 호흡곤란, cyanosis, 연하 및 반사작용불능, 의식혼탁에 이어 호흡이 정지되고 심장의 박동도 정지하게 된다.

치사 시간은 길어야 8시간이고 4~6시간에 사망하는 경우가 가장 많다. 치사율은 약 60%에 이르나 섭취량, 섭취 부위, 복어의 종류 등에 따라 다르다.

표 3-8 복어의 독성

종류 및 일본명	간장	난소	정소	피부	장	근육,	혈액
섬복(kusa - fugu)	A	A	C	B	A	C	
졸복 (higan-fugu)	A	A	C	B	B	D	D
매리복 (shyosai-fugu)	A	A	D	B	B	C	
검복(ma-fugu)	A	A	D	B	B	D	
황복(me-fugu)	B	A	D	B	B	D	
눈불개복(ak없ne-fugu)	B	B	D	B	C	D	D
자지복(tora-fugu)	B	B	D	D	C	D	D
까치복(shima cfugu)	B	B	D	D	C	D	
까칠복(goma-fuguJ	B	B	D	C	D	D	
밀복(sa bil-fugu)	D	D	D	D	D	D	D
청복 (kitamakura)	C	D		B	C	D	
가시복 (harisenbon)	D	D		D	D	D	
거북복(hako-fugu)	D	D	D	D	D	D	
육가복 (itomaki -fugu)	D	D	D	D	D	D	

A(맹독) : lag 이하에서 치사(致死)
B(강독) : 10-100g에서 치사
C(약독) : 100-1,000g에서 치사
D(무독) : 1,000g 이하에서 치사적이 아니다.

- 예방 방법 : 복어독은 잠복기가 짧고 발증 후 치사 시간이 8시간 이내로 아주 짧다. 또 해독제가 없기 때문에 철저한 예방이 중요하다.

  복어는 전문조리사가 취급하는 전문점에서 섭취하고 스스로 조리하는 일이 없어야 한다. 또 복어독이 복어에만 있는 것이 아니기 때문에 독이 있는 권패류를 섭취할 때는 중장선(中腸腺)을 제거하여야 한다. 만일 중독 환자가 발생하면 최대한 빨리 병원으로 수송하여 인공호흡 등의 치료를 받아야 한다. 치료는 해독약이 없기 때문에 대증요법으로 장애 현상을 최소화하는 방법밖에 없다.

2) 마비성 조개 중독(paralytic shellfish poisoning)

조개류에 의한 마비성 식중독은 검은조개, 섭조개(홍합), 대합조개 등 이매패(二枚貝)에 의하여 발생한다. 이러한 조개류의 유독화는 먹이로 섭취하는 유독성 프랑크톤이 생산하는 독소에 의하여 이루어진다. 또 독성이 없는 지역의 조개를 독성이 있는 지역으로 옮기면 2주 이내에 유독화된다는 보고가 있는 것을 보아 지역에 따른 유독성 프랑크톤의 분포가 다르고 이를 조개가 섭취하기 때문에 유독화 현상이 일어난다.

이러한 유독화 현상은 일정 지역, 일정한 계절에 발생되는 것이 보통이기 때문에 관계기관에서는 유독 프랑크톤의 존재 유무 등 소장(消長)을 예의 주시하여 어민에게 알려주어 유독기에 조개를 채취하는 일이 없도록 하여야 할 것이다.

- 독성분: 마비성 조개중독을 일으키는 독성분은 10여 가지가 알려져 있으나 saxitoxin군, gonyautoxin군, proto-gonyautoxin군, decarbamoyl saxitoxin군으로 나누며 대부분 적조(赤潮)를 일으키는 조류(藻類)에 의하여 유독화가 되기 때문에 적조독이라고도 한다.
- 중독 증상 : 복어중독의 증상과 비슷하여 보통 식후 약 30분이 지나면 입술, 혀, 안면이 마비되고 차차 목, 팔, 다리로 마비가 확대된다. 수의운동(隨意運動)이 곤란하고 언어장애, 두통, 구갈, 구토, 침 흘림이 일어나 최후에는 호흡마비로 사망하게 되지만 의식은 사망 직전까지도 또렷하며 혈압강하는 현저하지 않다. 사망은 12시간 내에 일어나는 것이 보통이며 이 시간을 넘으면 회복되는 경우가 많다. 치사율은 10% 정도에 이른다.
- 예방 방법 : 마비성 조개중독의 발생 지역에서는 정기적으로 조개를 채취하여 독성을 검사하고 독성이 가식성을 초과한다고 판단되면 관계기관은 그 지역에서 독성이 없어질 때까지 조개의 채취, 이동, 판매를 금지시키고 대중매체를 통하여 소비자에게 알릴 필요가 있다.

3) 모시조개 중독(venerupin 중독)

모시조개, 굴 등이 유독 플랑크톤을 섭취하여 중장선에 유독 성분이 축적되어 유독화한 것으로 우리나라 남해안 지역에서 많이 발생한다. 지역에 따라 대략 2~4월경에 독성이 높아지는 계절성을 보이고 있다.

- 독성분 : venerupin으로 알려져 있으나 그 구조는 밝혀져 있지 않다. 내열성이 있어 100℃에서 1시간 가열로도 변화가 없다.

- 중독 증상: 중독 증상은 보통 24~48시간에 나타나며 초기 증상은 메스껍고 구역질이 나고 식욕이 감퇴되고 복통, 변비 등이 오며 피하 출혈반점이 반드시 나타난다. 이 출혈반점은 가슴과 어깨, 팔, 다리에 적색 또는 암적색의 좁쌀 크기로 나타난다. 발병후 2~3일 지나면 황달이 나타나고 중증일 때는 정신착란 상태, 혼수에 빠져 1주일 이내에 사망한다.
  사망률은 매우 높아 30~50% 정도에 이른다.
- 예방 방법 : 모시조개나 굴이 유독화되는 것은 보통 1~4월이기 때문에 주의하여 섭취하여야 한다. 관계기관에서는 그 기간 중에 모시조개 등의 독성검사를 실시하여 독성 여부를 어민과 소비자에게 알려주어야 한다. 특히 유독성분이 조개류의 중장선에 축적되어 있기 때문에 중장선을 제거하여 섭취하면 안전하다고 할 수 있다.

4) 기타 어패류중독

우리나라에서는 위와 같은 어패류 중독이 주로 발생하고 있으나 그 외에도 표 3-9와 같이 독성을 가진 것은 다종다양하다. 더구나 어업 기술의 발달과 함께 하고 어획 지역이 넓어지게 되므로 우리에게 생소한 어패류독이 발생할 가능성이 높다.

3. 독성물질 섭취 시의 처리

독성물질을 섭취한 것으로 판단될 때 가장 중요한 것은 시간이다. 우선 신체에 독성 성분이 흡수되는 것을 막는 것이 급선무이다. 즉, 섭취한 독성물질을 위에서 빨리 제거시키기 위하여 구토하도록 하여야 한다. 또한 즉시 의사를 부르든가 응급구조 요청을 하여야 하며 부근에 의사가 없을 때는 응급처치 후 병원으로 이송하여야 한다. 이때 함께 있던 사람은 어떤 식품을 언제, 어느 정도 먹었는가, 독성물질이 식물이라면 어느 부분을 먹었는가, 증세는 어떠하였는가를 말해주어야 하며, 먹다 남은 것이 있으면 검사를 위하여 보관하여야 한다. 응급처치 요령은 다음과 같다 .

- 환자가 의식을 잃었을 때는 필요하면 인공호흡을 시킨다.
- 환자에게 미지근한 비눗물이나 식소다수 혹은 소금물을 여러 컵 먹여 독성분을 쉽게 토할 수 있게 한다. 이때 토사물이 기도로 들어가지 않도록 주의해야 한다.
- 손가락을 목에 깊이 넣어 토하게 한다. 토할 때 환자의 배를 무릎으로 받쳐 머리가 아래쪽으로 늘어지게 한다.

표 3-9 기타 어패류 중독

중독명	원언 어패류	독소명	증상
설사성 조개중독	검은조개, 큰가리비, 모시조개(중장선)	okadaic acid등	메스꺼움, 구토, 설사
수랑중독	수랑,나팔고둥,수염고동, 털탑고둥(중장선)	tetrodotoxin	지각이상, 운동, 호흡, 혈행장애
	수랑(중장선)	surugatoxin neosurugatoxin prosurugatoxin	지각이상, 운동장애
tetramine 중독	명주매물고둥, 보라골뱅이 등(타액선)	tetramine	현기증, 두통, 멀미
wax중독	장미게르치 (caster oil fish) (근육)	wax	설사,복통,구토
어란독중독	장갱이(난소)	dinogunellin	권태감, 탈력감 등이 따르는 소화기계 증상
돗돔중독	돗돔(간장)	vitamin A	두통, 발열, 구토 피부박리
ciguatera 중독	독꼬치고기, red snapper, grouper (내장)	ciguatoxin, maitotoxin	위장장애, 신경증세

연구문제

1. 천연식품에 존재하는 독성물질은 동식물의 생태에서 어떤 역할을 한다고 생각하는가? 또 동물성 식품보다 식물성 식품에 독성이 많은 이유는 무엇이라고 생각하는가?
2. 천연식품 중 독성분이 확인되기까지 많은 시행착오가 있었을 것으로 판단된다. 앞으로 천연식품에 의한 중독 사고는 어떤 추세를 보일 것으로 판단하는가?
3. 천연식품의 독은 보통 계절에 따라, 부위에 따라 다른 경우가 많다. 이를 구분하여 정리하라.

§3-7 이물과 식품위생

이물(異物)이라는 말은 여러 의미로 널리 쓰이고 있지만 식품 중의 이물은 특성을 갖는 특정 이물질을 의미한다. 식품 중 이물의 혼입은 생산자 측면에서 볼 때 상품 이미지를 실추시키고, 소비자 입장에서 보면 안전성이나 품질에 대한 불안, 불평을 갖게 되어 제조회사에 대한 신뢰감을 떨어뜨린다.

1. 이물의 정의와 종류

식품 중의 이물이라 함은 식품의 표면에 확실히 볼 수 있는 벌레나 티끌 등을 연상하는 경우가 많다. 확실히 그것도 이물임에는 틀림없으나 눈에 보이지 않는 이물도 많다.

눈에 보이지 않는다는 것은 2가지 의미를 갖는데 하나는 너무 작아서 확대경이나 현미경을 쓰지 않으면 볼 수 없는 것과 또 하나는 눈으로 볼 수 있는 충분한 크기를 갖지만 식품 속에 감춰져 있어 볼 수 없는 경우이다. 그런 이유로 한번 보아서 이물이 보이지 않는다 하여도 안심할 수 없다.

보기에 깨끗한 식품도 이물검사를 행하면 여러 가지 이물이 검출되는 경우가 많다.

이물은 생산, 저장, 유통과정에서 부적절한 환경이나 취급 방법으로 인해 제품 중에 유입되는 고형 외래 물질이 대다수이다. 쥐똥이나 해충과 같은 침입형 이물도 있고, 곰팡이나 세균 증식에 의한 미생물도 있다.

이물의 분류는 여러 방법이 있으나 보통은 그 성질에 따라 아래와 같이 분류하는 것이 일반적이다.

1) 동물성 이물

절족동물(곤충, 거미, 진드기 등)의 성충, 번데기, 유충, 란 및 이들의 파편, 배설물, 포유동물의 체모, 조류의 털, 포유동물 및 조류의 배설물, 기생충 및 란, 쥐나 대형 곤충이 갉아 놓은 흔적이나 족적 등

2) 식물성 이물

이종 식물종자(곡류 중 잡초의 종자 등), 불가식성 식물체 및 그 조각(나뭇조각, 지푸라기, 겨 등), 식물섬유 가공품의 조각(종이류 포함), 곰팡이 등

3) 광물성 이물

천연 광물 조각(흙, 모래, 돌 등), 동물 유래 광물 조각(조개껍질 등), 광물성 가공품(유리, 도자기, 시멘트, 금속, 플라스틱, 합성섬유 등)의 파편 등

2. 이물과 식품위생과의 관계

사람에게 경구 섭취된 식품 중의 이물은 단순히 상품 가치의 문제로 식품위생상으로 가볍게 취급되고 있다. 그러나 이물의 혼입에 따른 식품위생상의 실제의 위험성은 식품의 종류, 이물의 종류, 혼입 시기 등에 따라 다르다.

우선 그 식품이 소비자에게 그대로 입으로 들어가는 최종 제품인가 반제품인가 원재료에 의한 것인가에 따라 다르다. 원재료 단계의 것이라면 다소의 토사나 티끌이 들어가는 것은 허용될 수 있을 것이다(단지 곰팡이가 생긴 것은 위험하다). 또 혼입 시기가 가열 공정의 전에 있었다면 비교적 안전하다고 생각된다.

검출된 이물질이 유해하거나 위험하다고 생각되는 경우와 그렇지 않은 경우와는 위험성의 평가가 다르다.

식품위생상 유해 또는 위험하다고 생각되는 이물은 다음과 같은 것이다. 병원미생물 및 기생충을 전파 매개시킬 우려가 있는 동물(쥐, 박쥐, 비둘기, 파리, 바퀴 등)의 털, 깃털, 충체, 그 조각, 이 동물들의 배설물 및 기거 흔적, 기생충의 유충 및 알, 살아 있는 곤충 및 진드기류, 가축의 배설물 및 해체 시에 나온 장내용물, 유독 성분을 함유한 식물체 및 종자, 곰팡이, 중금속편, 유리조각, 예리한 금속조각이나 플라스틱조각 등이다.

이들 중 쥐의 털 등은 그 자체가 유해하다고 하기보다는 쥐털이 있다고 하는 것은 그 식품 부근에 쥐가 출입하고 있다는 증거로 병원체를 가진 쥐의 배설물 등에 오염되어 있을 가능성 때문에 위험하다고 하는 것이다.

곰팡이류는 외견상 불결할 뿐만 아니라 곰팡이 독(mycotoxin)을 생성시키는 곰팡이가 번식될 가능성이 있기 때문에 식품이 위험하다고 하는 것이다. 이 독소에는 많은 종류가 있고 대부분은 내열성을 가지고 있다. 따라서 가열처리된 가공식품에 죽은 곰팡이 균사체가 보이는 것은 위험하다.

3. 이물의 혼입 경로

1) 원재료

제조 생산단계에서 혼입되었다고 생각되는 식품 이물은 원재료 중에 이미 존재하고 있는 경우가 적지 않다. 예를 들어 곡류, 곡분 등에는 바구미 등의 곤충, 대두 등에는 이종식물의 종자, 기타의 식물 조직, 채소에서는 토사, 곤충 등의 여러 가지 이물이 혼입되고 있다.

2) 제조공정

출입구나 창에서 곤충 등이 날아들어오거나 작업 종사자의 모발, 의류의 섬유 부스러기,

또 작업용 기구 등에서 떨어진 볼트, 너트, 때로는 손에 붙였던 반창고 등 그 종류도 다양하다.

3) 보관 · 유통 과정

창고 등에서 보관하는 식품 중에 동물성 이물, 특히 쥐, 식품에 침입하는 곤충, 진드기 등에 의한 피해가 많다. 이들은 용기, 포장의 틈으로부터 침입하거나 포장을 망가뜨리고 침입하여 때로는 그 안에서 산란하기도 한다.

4) 가정

보관 · 유통의 경우와 거의 마찬가지로 동물성 이물의 혼입이 많다. 특히 포장이 열려진 채로 방치하거나 뚜껑을 덮는 것을 잊어 발생하기 때문에 곤충, 진드기류가 자유로 침입하거나 쥐, 바퀴에 의한 피해가 많다.

4. 주요한 이물의 방제(防除)

1) 곤충류

식품에 피해를 주는 곤충은 식품을 섭취할 목적으로 침입하지만 바퀴 등과 같이 살모넬라균을 보균하고 있는 경우도 있기 때문에 특히 주의할 필요가 있다. 이들의 방제에는 작업장, 창고 등의 정리, 정돈, 청소를 철저히 하여 곤충 등이 살 수 없는 환경을 만드는 것이 중요하다. 또 출입구의 문, 창 등을 정비하고 철망 등을 사용하여 방충 효과를 얻도록 한다.

곤충의 방제에는 일반적으로 살충제를 살포하거나 훈증 등의 방법이 행하여지고 있지만 식품에 약제가 부착하거나 침입할 우려가 있기 때문에 이런 방법을 쓰지 않는 편이 좋다. 불가피하게 사용해야만 할 때는 식품에 약품의 오염이 일어나지 않도록 충분한 주의를 하여야 한다.

또 원재료를 구매할 때 곤충의 부착 유무를 엄격히 검사하는 일도 식품 중에서 곤충을 막는 중요한 수단이 될 수 있다.

2) 진드기류

식품에 부착하는 진드기류는 주로 가루진드기류로 극히 작아서 육안으로는 발견하기 어렵다. 환경이 불결하고 습도가 높은 곳에서 자주 볼 수 있다. 이 때문에 작업장, 창고 등의 용기나 기구는 끊임없이 청결히 하고 건조시켜 정리하는 것이 중요하다.

3) 모발

모발은 식품에 혼입되는 이물 중에서 그 방제 대책이 곤란한 것 중의 하나이다. 사람의 모발은 하루에 약 100개 정도가 빠지거나 떨어져 나올 뿐 아니라 모발은 두발 이외의 다른 부분에서도 나올 수 있으므로 이들 전부를 식품 이물의 대상으로 생각하지 않으면 안 된다.

보통 두발에서 떨어지는 것을 방지하기 위하여 모자를 쓰고 작업실 내에서는 벗지 않도록 한다. 또 작업장 내 휴게실 등도 모발이 실내에 방치되지 않도록 흡인청소기로 청소하며 흡인 솔로 어깨, 소매 등도 청결히 청소하여야 한다.

4) 금속성 이물

각종 기계, 기구 외에 원재료의 포장 재료나 서류 등에서 떨어진 스태플러 핀, 크립 등이 들어올 수 있으므로 주의를 요한다. 제조기기에서 발생하는 기기의 부서진 조각이나 금속물질, 못 등도 혼입될 수 있다. 작업 전후에는 사용기기의 점검을 충분히 하고 부품의 탈락이나 파손의 유무, 녹이나 윤활유 등이 식품에 오염되지 않는가에 유의하여야 한다.

연구문제

1. 식품 중에서 검출된 이물은 어떤 의의를 갖는가?
2. 이물의 종류를 열거하고 혼입 경로에 따른 위생상의 문제점을 기술하라.

§3-8 식생활과 암

우리나라도 평균 수명이 급속히 늘어나면서 감염에 의한 사망률보다 암이나 심장혈관계 질환에 의한 사망률이 전체 사망률을 주도하게 되었다. 사람에게 발생하는 암의 주요 원인의 직접 혹은 간접적으로 볼 때 80%는 외부에서 섭취한 화학물질에 의한 것으로 추정하고 있다. 또 영국이나 미국에서 남성 암의 30~40%, 여성 암의 60% 이상이 식사를 포함한 생활양식과 관계가 있다고 한다.

1. 발암물질(carcinogen)

암을 일으키는 화학물질은 일상생활 중에서 많이 발견된다. 발암물질 중 강력한 발암성을 갖는 benzopyrene은 토양, 물, 석유, 기름, 배기가스, 담배, 구운 고기나 생선의 탄 부분 등에 함유되어 있다.

지난 60년간 약 5,000개의 화학물질에 대하여 발암성을 검토하였는데 이중 약 2,000개가 발암성 의심 물질로 알려졌다.

식품첨가물은 동물 실험에서 발암성이 증명되면 사용금지된다.

2. 천연에 존재하는 발암물질

우리들의 생활환경에는 다양한 발암물질이 존재하고 있다. 이들 화학물질은 일상 섭취하는 식품 중에 함유된 것도 있지만 대부분은 식용으로 하지 않고, 곰팡이나 유해식물에 오염된 식품 중에서 발견할 수 있다.

1) 곰팡이 독에 의한 발암

곰팡이 독은 곰팡이의 2차 대사산물로 사람 혹은 동물에 어떤 장애 또는 정상적 생리작용을 저해시키는 물질들을 말한다. 곰팡이에 오염된 사료를 섭취하여 동물의 중독 사고의 원인물질로써 알려진 경우가 많다.

1960년 영국에서 칠면조가 폐사하는 질병의 원인물질로써 aflatoxin이 분리되었다. 그 명칭은 사료로써 브라질산 땅콩박(粕)에서 분리된 독성곰팡이 *Aspergills flavus*의 학명의 일부를 사용하고 있다. 현재 aflatoxin은 B_1 B_2, G_1, G_2나 그 대사산물인 M_1, M_2 등 17종 이상이 존재하는 것으로 알려져 있다.

Aflatoxin은 강한 발암성이 있고 특히 B_1은 자연계에 알려진 가장 강력한 발암물질이다.

세계보건기구에서 행한 조사에서 aflatoxin에 의한 식물오염으로 아프리카와 아시아 지역의 간암 발생률 증가와 관련성이 있다는 것을 입증하였다. Aflatoxin은 여러 종류의 동물 실험 결과 발암성이 있으며 투여량과 암 발생과의 관계가 명백하다는 결과를 얻었다. aflatoxin은 주로 간장암을 유발하며 또 빈도는 낮지만 신장, 폐, 위, 결장에서도 암을 유발시킨다.

동물 중 수컷과 또 어린 것일수록 진행이 빠르다. 사람에 대한 발암성 여부는 다른 곰팡이 독에 대하여도 조사하였지만 현재까지 신뢰할 만한 정보는 알려져 있지 않다.

2) 버섯류에 함유된 Hydrazines의 발암성

일부 버섯에서 발암성이 의심이 가는 agaritine이나 그 분해산물이 함유되어 있는 것이 있다. 또 다른 종류의 버섯에서는 N-methyl-N- formhydrazine 등 11종류의 hydrazine과 hydrazone이 분리되고 있다. 버섯 중 agaritine 등 hydrazine 유도체에 대한 발암성 연구 결과에서 몇 개의 성분이 실험용 쥐에 암을 발생시키는 것으로 나타났다. 그러나 사람에 대한 발암성에 대하여는 확실한 결론을 내리지 못하고 있다.

3) 식물의 성분과 그 대사산물의 발암성

Pyrrolizidine alkaloids인 머위, 민들레, 컴프리, 국화과 식물 등 식용식물에 함유되어 있다. 이들 물질 중 일부는 쥐에 대하여 간암을 유발하는 것으로 알려져 있다. 또 pyrrolizidine alkaloids를 함유한 식물이 사료나 식용 곡류에 혼입되어 오염되는 일이 있어 가축의 급성, 만성중독 사례가 보고되고 있다.

고사리의 발암성 연구에서는 대량으로 섭취한 소에서 방광암, 실험용 쥐에서 방광암과 장의 선암(腺癌)을 일으킨다고 알려져 있다. 고사리 중에서도 어린 것이 독성이 더 높으며 발암 활성은 줄기나 잎보다 뿌리 쪽이 강하고 조리 과정에 의하여 독성이 적어지게 되지만 그다지 줄지 않는다고 한다.

4) N-니트로소화합물과 발암

1956년 Magee와 Barnes 등에 의하여 N-nitrosodimethyl amine(NDMA)이 쥐의 간에 대해 강력한 발암성을 지니고 있다고 보고된 이후, 현재까지 300종이 넘는 N-nitroso화합물에 대하여 발암성이 검토되었고, 대부분 발암성이 있다고 인정되고 있다.

N-nitroso화합물의 일반식은 $O{=}N{-}N\langle\begin{smallmatrix}R_1\\R_2\end{smallmatrix}$ 으로 R_1, R_2의 변화에 따라 표적 장기(target organ)의 작용점이 변한다.

N-nitroso화합물이 공중위생상 문제가 된 것은 1960년대 초 노르웨이에서 방부제로 다량의 아질산염을 첨가한 어분 사료를 먹인 밍크 등의 가축이 대량으로 죽는 사태가 발생하였다.

이 사건이 계기가 되어 그 원인을 규명한 결과 NDMA로 판명되었다. 우리나라에서도 아질산 염류를 현재 발색제로 쓰고 있지만 구미제국에서는 옛날부터 햄이나 소시지 등의 식육 제품에 방부제로써 사용되어 왔다. 그 후 nitrosamine 생성의 문제는 큰 국제적 관심사가 되었고 WHO의 국제 암 연구기관을 중심으로 1970년경부터 이 분야의 연구가 급속히 이루어졌다.

한편 N-nitroso화합물의 전구물질인 질산염과 아질산염은 채소 중에 널리 분포되어 있고 그 농도는 채소와 종류나 저장 조건 등에 따라 다르며 생활양식이나 식습관에 따라 다르다.

미국인의 평균적 식사에서 1일 1인당 약 100g의 채소를 소비하면 여기에서 매일 약 75mg의 질산염과 0.8mg의 아질산염을 섭취된다고 추정할 수 있다. 한국 사람은 미국인에 비하여 채소 섭취량이 훨씬 많기 때문에 일본인의 일일 평균 추정 섭취량인 질산염 310mg, 아질산염 1.5mg과 비교하면 비슷한 수준이 아닐까 생각된다. 또 식물을 통하여 섭취된 질산염의 약 25%는 침과 섞여 있을 때 구강 내 세균에 의하여 약 20%가 아질산염으로 환원되어 음식물과 함께 넘어간다고 추정하였다.

콜롬비아, 칠레, 일본, 이란, 중국, 영국 및 하와이에서 행한 역학조사에 따르면 위암과 식도암의 발생 증대와 식물이나 음료수에서 질산염이나 아질산염의 다량 섭취와의 사이에는 상관성이 있다고 하였다. 지금까지 약 300종의 nitroso화합물에 대하여 동물 실험을 한 결과 대부분 여러 조직에 암을 발생시키는 것으로 확인되었고, 이들 화합물의 대부분은 변이원성을 가지고 있음이 밝혀졌다.

3. 조리 과정과 발암물질

1964년 Lijinski 등은 가스나 숯불에 구운 쇠고기에서 각종 다환방향족 탄화수소(多環芳香族炭化水素, polycyclic aromatic hydrocarbon-PAH)를 검출하였다. 이중에는 발암성이 있는 benzo(α)pyrene도 함유되어 있다. PAH는 훈제 제품이나 볶은 커피에서도 검출되고 있다.

1977년 일본 국립암센터의 杉村 등에 의하면 구운 생선이나 육류의 탄 표면 추출물에서 변이원활성이 강한 물질이 발견되었고, 이것은 트립토판 등 아미노산의 열분해 생성물인 것으로 보고하였다.

한편 1970년대 미국 및 캐나다의 연구자들은 베이컨을 강하게 가열 조리하면 nitrosopyrrolidine 등의 발암성 N-nitroso 화합물이 생성되는 것을 발견하였다.

1) benzo(α)pyrene과 다환방향족 탄화수소

다환방향족 탄화수소는 대기오염물질, 특히 발암 관련 물질군의 하나로써 오래전부터 주목을 받았다. 코올타르를 토끼 귀에 반복 접촉시킴으로써 피부암을 실험적으로 발생시켜 발암물질에 대한 많은 연구가 이루어졌다.

benzo(α)pyrene의 생성량은 식품의 종류, 가열 방법에 따라 차이를 보이며 다른 것으로 보고되어 있으며, 특히 훈연 육류에서 다량 검출되는데 이는 훈연하기 위하여 나무나 연료를 태울 때 생성된 benzo(α)pyrene이 연기와 함께 식품에 흡착오염되는 것으로 알려져 있다.

가스나 숯불로 구운 고기에서 최고 10㎍/kg 가량의 benzopyrene이 검출되고 있다. 이 경우의 다환방향족 탄화수소의 기원은 가열된 고기에서 발생되는 지방이 탄화되면서 열분해되어 다환방향족 화합물을 생성되며, 여기에 연기와 함께 휘발되어 고기를 오염시키는 것이다. 따라서 지방분이 많은 고기에서 다환방향족 화합물의 생성량이 많게 된다. 프라이팬 위에서 고기를 요리하면 다환방향족 탄화수소에 의한 오염을 막을 수 있다.

2) 열분해된 단백질에서의 변이원 물질

구운 생선이나 육류의 탄화 부분에서 히스티딘 요구 살모넬라균을 사용하여 강력한 변이원 물질이 함유하고 되어 있는 것을 발견하였다. 그 중에서도 트립토판은 열분해에 의하여 다른 대부분의 아미노산보다 현저히 높은 변이성을 나타내고 있다. 트립토판 이외에도 L-glutamic acid, lysine, phenylalanine 성분도 변이원성 열분해물이 생성되는 것으로 알려져 있다. 특히 마른 오징어를 직화에서 가열할 때 변이원성물질인 glutamic acid pyrolsate(Glu-p-2)가 다량 생성된다.

3) 보통 가열조리에 따른 변이원 물질

단백질이나 아미노산에서 생성된 열분해 생성물은 250℃ 이상의 온도에서 가열하여 생성된 것이다. 저온의 가열 조리 시에도 여러 가지 변이원 물질이 발견되고 있다.

쇠고기 수프를 100℃에서 끓여도 돌연변이를 유발시키는 물질이 형성되고, 또 쇠고기국 중의 변이원성 물질은 68℃에서도 생성된다는 보고도 있다. 생선을 190℃에서 튀기거나 햄버거를 불에 데워 표면온도가 130℃가 넘지 않아도 변이원 물질이 발견된다.

4) 가열조리에 의하여 생성된 N-nitroso화합물

1970년대에도 조리에 따른 발암물질 생성 여부에 대한 연구가 활발히 진행되어 발암원인물질의 생성기전이 밝혀지게 되었다. 베이컨을 프라이팬에서 강한 불로 조리할 때, 꽤 많은 양의 발암성 N-nitrosopyrrolidine 및 N-nitrosodimethylamine이 생성되는 것을 발견되어 미국과 같이 베이컨을 다량 소비하는 나라에서 큰 사회문제가 되었다.

N-nitrosopyrrolidine의 생성 경로에는 돼지고기 중의 proline이 아질산염과 반응하여 nitroso화로 nitrosoproline으로 되며, 이것이 고온에서 탈탄산되어 N-nitrosopyrrolidine으로 되는 경로와 proline이 탈탄산되어 pyrrolidine이 되며, 이것이 nitroso화되어 N-nitrosopyrrolidine이 되는 경로가 있다.

우리나라에서는 어패개류의 염장품이나 건제품이 많이 소비되고 있고 가스레인지에서 가열조리하는 것이 보통이다. 어개류 염제품을 가스로 가열하면 상당량의 N- dimethylamine과 미량의 N-nitrosopyrrolidine이 생성된다고 알려져 있다. 특히 말린 오징어를 보통 먹는 정도로 가열하면 N-dimethylamine의 생성량은 최고 313㎍/kg까지 되며 동시에 미량의 N-nitrosopyrrolidine도 검출된다.

N-dimethylamine은 해산 어개류에 늘 존재하는 성분인 trimethylamine oxide (TMAO)가 전구 물질이 되며 오징어에 특히 많이 함유되어 있어 밝혀졌다. 그래서 말린 오징어를 가열하면 TMAO에서 dimethylamine이 생성되고 2급 아민이 가스의 연소에 의하여 생긴 NOx(질소산화물)와 반응하여 N-dimethylamine을 생성한다고 한다.

건어물 식품은 가능한 전기난로에서 가열하거나 알루미늄호일로 싸고 가스레인지에서 가열하면 N-dimethylamine의 생성을 상당히 방지할 수 있다.

연구문제

1. 식생활의 변천과 암의 발생과는 어떤 관련이 있다고 생각하는가?
2. 천연에 존재하는 발암물질과 제조가공 과정에서 혼입되거나 생성되는 발암물질 중 어느 것이 중점적으로 관리되어야 할 대상인가?
3. 조리과정에서 발암성 물질을 생성시키기 쉬운 식품 성분은 무엇인가?
4. 발암물질의 생성과 조리 온도와의 관계를 설명하라.

§3-9 식품의 감별 및 선택

식품을 감식하여 평가하여 양질의 식품만을 구입하는 것은 위생적인 측면 이외에도 조리가공의 효과를 극대화시키는 데 극히 중요하다.

식품의 품질을 검사하는 방법으로는 물리적 방법, 화학적 방법, 세균학적인 방법에 의한 따르는 것이 객관성이 있고 신뢰도를 높이는 갖는 장점이 있으나 검사에 따른 시설, 인력, 비용, 시간이 필요하기 때문에 개인이나 소규모 취급하는 업소에서는 실시하기가 어렵다. 또 실제 검사를 실시하였다 해도 개인별 기호도와 적합한 품질로 판단하기는 어렵다.

따라서 개인 간의 차이가 있고 재현성이 적음에도 관능적인 방법인 오감(五感)에 의하여 평가하는 것이 현실적인 방법이다. 물론 많은 경험과 반복에 의하여 신뢰도를 높여나갈 필요성이 강조된다.

- 시각 : 외관을 보면 그 식품에 대한 수많은 정보를 얻을 수 있다. 신선도, 색깔, 광택, 크기, 모양을 보고 또 성분을 추정할 수 있다.
- 후각 : 식품의 냄새는 식품마다 대략 고유한 냄새를 지니고 있어 숙성도, 신선도를 판단할 수 있고 부패, 변질 여부도 알 수 있다.
- 미각 : 맛은 성분과 직접 관련 있기 때문에 맛의 상태에 따라 성분의 변화를 알 수 있다. 신선도, 숙성도를 판단하는데 기준이 된다.
- 촉각 : 식품을 선택할 때 만져보고 두드려 보아 판단하여 탄력, 단단한 정도, 점도, 조직감 등을 개략적으로 알 수 있으며 과일 등에서는 숙성도 판단의 기준으로 많이 응용한다.

1. 과실류

1) 사과

단단하고 고유의 밝은 빛깔을 가지며 손가락으로 퉁겨 보아 소리가 맑은 것이 좋다. 너무 단단하거나 신맛이 많으면 미숙성도와 관련이 있다. 문제가 있는 것으로 생각할 수 있다. 과숙한 것은 조직이 연하고 쉽게 변질이 일어난다. 껍질에 상처가 난 것은 세포 중 polyphenol oxidase가 용출되어 갈변을 촉진시키기 때문에 상처 유무와 함께 부패된 부분이 있는가를 살펴보아야 한다.

사과는 저장 중 냄새를 흡수하는 성질이 있기 때문에 감자, 양파, 기름 등과 따로 보관해야 하며 사과향기는 유제품에 의하여 흡수될 수 있다.

사과는 생산된 계절에 따라 품질이 다르다. 더운 계절에 생산된 것은 감미와 산미가 있으나 조직이 연하여 쉽게 품질이 나빠지기 쉽다. 기온이 낮은 계절에 생산된 것은 저장성이 높으나 품질은 상대적으로 떨어진다.

2) 바나나

크고 단단한 것이 좋다. 먹을 때 부드러운 단맛이 있어야 하며 떫거나 다른 맛이 있어서는 안 된다. 바나나는 껍질의 외관이 여러 정보를 준다. 껍질의 작은 갈색점은 무관하나 흑색점이 있을 때는 즉시 먹어야 한다. 반점 아래 밑의 부드러운 부분은 썩은 것으로 의심할 수 있다. 젖빛 노란색 껍질은 하루 이틀 지나면 적절하게 숙성된다. 대부분 노랗고 한쪽 끝이 녹색이면 2~3일 숙성시킨 후 먹는 것이 좋다.

과숙한 것은 껍질이 갈색으로 변하고 터진 것이 많다. 회황색(grayish yellow) 껍질은 냉해를 받은 것으로 판단한다.

완숙한 것은 냉장고에 저장하고 완숙하지 않은 것은 실온에서 수일 방치하면 ethylene 가스가 방출되어 전분을 당으로 변화시켜 숙성된다. 숙성 중에 있는 것은 색깔이 진하지 않고 끝이 녹색으로 냄새가 거의 없고 수렴성이 강하다. 이것은 실온에서 5~6일 두어야 숙성된다.

3) 키위

숙성된 것은 밤색을 띠고 솜털이 많다. 또 너무 단단한 것은 미숙한 것이며, 너무 무른 것은 과숙한 것으로 판단한다. 신맛이나 떫은맛이 있는 것은 미숙한 것으로 본다.

4) 레몬

단단하고 무거운 것이 좋다. 무거울수록 과즙이 풍부하다. 껍질은 부드럽고 얇고 선명해야만 좋다. 밝은 황색이 짙은 것이 옅은 것보다 향이 좋으며 껍질이 시들지 않아야 한다.

5) 배

크고 단단한 것이 좋다. 수확을 하면 pectic enzyme이 활성화되어 세포벽의 pectin을 용해시켜 과육을 연화시킨다. 배는 안에서 밖으로 익어가기 때문에 표면이 무를 때까지 숙성시켜서는 안 된다. 가장 좋은 배를 얻는 것은 약간 미숙한 것을 수확하여 저장실이나 판매대에서 숙성하도록 하는 것이다. 너무 물러지거나 시들고 상처 있는 것은 품질을 악화시키는 요인들이다.

6) 파인애플

큰 것이 좋으며 과실 끝에 붙어 있는 잎은 싱싱하고 녹색을 띠는 것이 좋다. 크기에 맞게 무거운 느낌을 갖게 하는 것이 과즙이 많고 완숙된 향을 갖는다. 또 손가락으로 옆을 두드렸을 때 단단하고 속이 찬 둔탁음이 들려야 한다. 껍질은 숙성될수록 녹색에서 황금색을 갖게 되나 품종에 따라서 익은 후에도 녹색을 상당량 유지하는 것이 있다.

실온에 두거나 냉장고에 보관하여도 무관하며 저장 방법이 과실의 단맛에 영향을 주지 않는다. 대부분의 과실이나 채소는 수확 후 전분을 당으로 바꾸기 때문에 더 달게 되지만 파인애플은 전분을 갖지 않고 당을 잎에서 얻기 때문에 수확 후 당 함량의 변화는 없다.

7) 메론

꽃이 붙어 있던 꼭지를 조사하면 줄기에서 완숙한 것을 수확했는지 알 수 있다. 꼭지 자국이 선명하고 움푹 들어가 있으면 꼭지는 완숙한 것으로부터 떨어져 나갔다고 판단한다. 완숙한 것은 짙은 향기가 있으며 향기가 강할수록 달다.

보관은 실온에서 수일간 둘 수 있다. 메론은 당으로 전환될 전분을 저장하지 않기 때문에 수확 이후 감미가 증가되지 않는다. 단지 효소의 작용으로 세포벽의 pectin이 용해되어 물러지게 된다. 세포벽이 효소에 의하여 용해되면 메론은 단맛과 방향성 화학물질을 방출하게 된다. 냉장시키면 자연적 변질을 지연시키는 효과가 있다.

8) 복숭아

품종에 따라 다양한 색채를 띠고 있어, 색으로 숙성도를 판단하기 어렵다. 양질의 복숭아를 선택하기 위해서는 냄새와 촉감에 주의를 기울여야 한다.

잘 익은 복숭아는 온화하고 짙은 향기를 가지며 과육은 약간 부드러운 듯하면서도 단단한 느낌을 주며, 단단하고 푸른 것은 덜 익은 것이다. 복숭아는 불용성 펙틴을 가용성 펙틴으로 바꿔주는 숙성효소가 있기 때문에 숙성 시에는 조직감이 달라질 뿐 아니라 쓴맛을 주는 페놀(phenol)의 농도를 낮게 해준다. 복숭아는 늦은 계절에 수확한 복숭아는 감미가 높게 된다. 일단 수확이 되면 효소의 작용은 완전히 멈추게 되며 숙성되지 않고 시들게 된다.

9) 감

빛깔이 밝고 상처가 없고 매끄러운 껍질을 가지고 있으면서 단단하고 풍만해 보여야 한다. 과육을 싸고 있는 꼭지받이는 단단히 과육에 붙어 있어야 한다.

실온에 두면 숙성되어 물러지기 때문에 냉장시키면 보관성이 증가된다. 떫은맛의 수렴성이 큰 것은 사과와 함께 비닐용기에 넣어두면 수렴성이 감소된다. 사과는 ethylene 가스를 방출하기 때문에 감의 숙성을 도와주며 감미가 높아진다.

2. 채소류 및 감자류

1) 콩나물

신선하고 시들지 않아야 한다. 끝은 부드러우며 잔뿌리가 적고 뿌리 끝이 길지 않아야 한다. 티끌이나 부스러기가 없는 것이 좋다. 탄력이 없이 굽어진 것은 부패의 의심이 가며 너무 무른 것은 습기를 잃고 비타민 C가 손실된 것으로 판단한다.

2) 브로콜리(broccoli)

줄기, 잎, 통꽃은 신선하고 단단하며 밝은 색깔을 띤다. 통꽃 봉오리는 단단하고 안으로 뭉쳐져 있어야 한다. 보통 녹색이나 어떤 품종은 보라색으로 착색된 것도 있다. 줄기가 막대처럼 단단한 것은 좋지 않으며 통꽃이 열리고 황색으로 변한 것도 좋은 품질은 아니다.

녹색의 chlorophyll이 엷어지고 황색이 나타나면 꽃봉오리는 꽃이 피게 되며 이때는 상품가치가 떨어진다. 비닐용기에 넣어 냉장고에 넣어두면 0℃에서 약 2주 동안 비타민 C 함량을 유지할 수 있다.

3) 콜리플라워(cauliflower)

깨끗하고 무겁고 단단하며 꼭 달라붙은 유백색 덩어리이어야 하며 크기는 품질과 관계가 없다. 잎은 신선하고 푸른 것이 좋다. 갈색 반점이 있거나 통꽃에 부서진 부분이 있는 것은 좋은 품질이 아니다.

4) 당근

단단하고 밝은 등황색을 띠어야 하며 단맛을 갖는 것이 좋다. 시들고 주름이 있는 것은 피해야 하며 색감이 엷은 것도 양질은 아니다. 껍질에 갈색 반점이 생긴 것도 좋지 않다.

절단 시 심이 없고 절단면의 색깔이 고른 것이 좋다.

저장 중 공기를 순환시키면 당근에 쓴맛을 주는 terpenoid의 생성을 억제한다. 당근 근처에 ethylene가스를 생성하는 사과와 같은 과실을 함께 저장하면 숙성되어 terpenoid 생성을 촉진하기 때문에 함께 저장하지 않도록 한다.

5) 셀러리(celery)

줄기는 굵고, 곧고, 연하며 옅은 녹색을 띠는 것이 좋다. 시들고 황색을 띤 것은 좋은 품질이 될 수 없다. 셀러리는 너무 크거나 작지 않고 신선하며 녹색의 푸른 잎이 있는 것이 좋다. 상처가 있거나 부패한 것은 셀러리 세포 중에 furocoumarin(psoralens)이란 화학물질이 있는데 이것은 세포가 파괴되어 빛에 노출되면 발암성 및 돌연변이성 물질이 될 수 있다.

6) 오이

껍질이 짙은 녹색이고, 모양이 좋고 중간 정도의 크기에 광택이 나지 않는 것이 좋다. 광택이 나는 것은 수송, 저장 중 수분 손실을 막기 위하여 왁스 처리한 것으로 생각할 수 있다. 오이는 굽지 않고 가시가 돋아 있는 것이 신선도가 높다. 자른 꼭지가 깨끗하여야 하며 오이 속에는 성숙한 씨가 없어야 한다. 시들고 물렁물렁한 것도 좋은 상품이 되지 못한다.

지나치게 숙성되면 녹색이 옅어지고 황녹색을 띠게 된다. 냉장고에 저장하고 가능한 한 빨리 사용한다. 오이는 당으로 전환될 전분이 없기 때문에 수확 후에는 단맛의 변화가 없다.

7) 가지

단단하고 탄력이 있으며 윤기가 있는 것이 좋다. 색깔은 보라색 혹은 검은 보라색으로 크기에 맞는 무게를 느끼게 하여야 한다. 흠이 없고 시들거나 물렁거리지 않아야 한다. 시든 것은 신맛이 있고 상처 난 것은 속이 검게 된다.

취급 중 상처를 내게 되면 손상된 세포에서 polyphenol oxidase의 활성화로 가지 속의 phenols를 산화시켜 검게 만드는 결과를 초래한다.

8) 상추

밝은 색깔로 잎은 신선하고 좌우대칭형이 좋다. 시들었든가 누런 잎이 있거나 검은 점, 황색 점 등이 있을 경우에는 오래되었거나 저장상 문제가 있었던 것으로 이미 좋은 품질을 기대할 수 없다.

저장은 비닐용기나 종이에 싸서 냉장고에 넣어둔다. 냉장 상태의 온도 범위에서는 온도가 낮을수록 더 오래 보존할 수 있다. 대부분의 상추는 0℃에서 3주 정도 신선도를 유지할 수 있다. 만일 3~4℃ 온도가 올라가면 일주일 내에 시들게 된다.

잎에 약간의 갈색이나 검은 반점이 생겼다고 버릴 필요는 없다. 이것은 자연적인 산화과정이며 품질에는 영향을 주지 않는다.

그러나 상추가 끈끈하게 느껴지거나 밝은 적색, 암적색, 흑색의 반점이 클 때는 버려야 한다. 끈끈하게 느껴지는 것은 세균의 분해 산물에 의한 것이며 검은 점이 있을 때는 곰팡이가 증식하고 있다는 의미이다.

상추를 사과, 배, 메론, 바나나와 함께 보관하면 ethylene 가스의 방출로 인하여 상추가 자연 숙성되어 갈색 반점을 생기게 하는 원인이 된다.

9) 무

단단하고 모양이 좋아야 한다. 껍질은 깨끗하고 맑고 상처가 없는 것이 좋다. 잔뿌리가 적고 벌레 먹지 않은 것이 상품이다. 절단 시 바람이 들지 않고 검은 심이 박혀 있지 않아야 한다. 구입 시 피해야 할 것은 모양이 일그러지고 물렁물렁하고 가볍고, 시들고 건조한 것, 또 부드러운 반점을 가졌으면 썩은 부위가 있기 쉬우므로 피해야 한다.

10) 시금치

신선하고 짙은 녹색 잎을 가진 것이 중요하다. 잎이 누렇게 변했거나 벌레가 먹은 것은 피해야 한다. 잎은 넓어야 좋고 꽃대가 있는 것은 좋지 않다.

11) 토마토

부드럽고 둥근 것, 묵직하고 과육이 단단한 것이 바람직하다. 바로 사용하려면 껍질이 등적색을 띤 것을 선택하고 수일 후에 쓸 예정이면 황색을 띤 것을 선택한다. 상처가 있는 것, 터진 것, 짓무른 것, 꼭지 주위에 곰팡이가 붙어 있는 것은 피해야 한다. 곰팡이는 mycotoxin을 생산하므로 주의를 해야 한다.

12) 파

신선하며 잎이 부드러운 것이 좋고 누런 잎이 생기거나 마른 것은 좋지 않다. 또 꽃대가 피어서는 안 된다.

13) 도라지(가공품)

껍질이 깨끗이 벗겨지고 쪼갠 상태가 균일한 것이 좋다. 쉰내가 나지 않고 신선한 향을 가져야 하며 색깔은 흰색이지만 아황산염류와 같은 표백제를 사용하지 않아야 한다.

14) 미나리

신선하고 잎이 시들지 않아야 한다. 줄기가 부드럽고 연하여 쉽게 끊어질 수 있어야 한다. 이물질이나 다른 식물이 섞여 있지 않은가 살펴보아야 한다.

15) 감자

상처나 벌레가 먹은 데가 없고 단단해야 한다. 껍질이 벗겨진 감자는 미숙한 감자를 잘못 보관했을 때 나타난다. 시들지 않고 흠이 없는 것이 좋은 감자의 조건이며, 싹이 나거나 햇빛에 녹색으로 변한 감자는 독성이 있기 때문에 조리에 이용해서는 안 된다.

곰팡이가 보이는 감자는 독성이 있기 때문에 피해야 한다. 감자는 빨리 사용해야 하며 보관하고자 할 때는 어둡고 건조한 곳에 보관하여 싹이 나거나 곰팡이가 발생되는 것을 방지하여야 한다.

보관 온도는 너무 차지 않고 서늘하면 좋다. 10℃ 이하의 온도에서는 전분이 당으로 전환되는 것을 촉진한다. 만일 잘못하여 얼렸을 때는 내부에 검은 줄이 생긴다. 습기는 곰팡이 발생을 촉진하기 때문에 저장하기 전에 씻지 않는 것이 좋다.

16) 고구마

단단하고 골이 많지 않고 모양이 좋은 것을 선택한다. 중심부가 두텁고 끝이 가는 것이 좋은 모양이다. 묵직하고 껍질의 색깔이 고르고 상처나 곰팡이의 부착이 없는 것이 좋다. 곰팡이 난 고구마는 간에 독성을 갖는 ipomeamarone이 생성되며 보통 조리하면 파괴시킬 수 없다.

고구마는 상처가 나지 않도록 취급한다. 상처가 나면 세포가 파괴되어 polyphenol oxidase가 유리되어 phenol을 산화시켜 고구마를 검게 만든다. 고구마는 13~16℃의 냉암소에 저장하며, 온도가 더 낮아지면 세포가 손상을 입어 상처난 것처럼 효소가 유리되어 고구마가 검게 된다.

17) 버섯(양송이)

부드럽고 탄력이 있어야 하며 크림색을 띤다. 갓은 단단히 오무려져 있고 주름은 감추어져 있어야 한다. 오래되면 검게 되고 수분을 잃어 시들게 된다. 갓이 벗어지면 옅은 분홍색이나 황갈색의 주름이 나타나며, 검게 되면 오래된 것으로 판단한다. 숙성된 것은 어린 것보다 양이 많으나 저장 수명이 짧다. 수확 후 4일쯤 지나면 당류와 전분의 반가량은 chitin으로 변한다. 자루부분은 굵고 단단하고 탄력이 있어야 한다.

버섯 사이에 공기가 순환될 수 있는 용기에 냉장 저장한다. 그것은 버섯에 습기가 차는 것을 방지해야 하며, 습해진 버섯은 빨리 변질된다. 버섯은 플라스틱 용기에 저장하여서는 안 된다.

18) 아스파라거스

밝은 녹색의 줄기를 가지고 있으며 끝부분은 자색을 띠고 단단히 닫혀 있어야 한다. 줄기는 단단해야 하며 봉오리가 열려져 있거나 시들어 있어서는 안 된다.

아스파라거스는 냉장고에 보관하며 가능한 흡수성을 지닌 종이 타월로 흰 줄기 부분을 감싸준다. 이것이 품질을 결정해주는 중요한 부분이기 때문이다.

19) 배추류

배추는 크기에 맞게 무게를 느끼게 해야 한다. 잎은 단단히 오무려져 있고 줄기에 단단히 붙어 있어야 한다. 잎이 시들어 있거나 상처가 있어서는 안 된다. 상처가 나면 잎에 존재하는 비타민 C 파괴 촉진 효소인 ascorbic acid oxidase가 활성화된다.

서늘하고 어두운 장소에 저장하며, 저온 저장과 함께 건조 방지를 하면 비타민 C의 대부분은 수개월간에 유지할 수 있다.

20) 마늘

마늘은 묵직하고 단단하고 알이 고른 것이 좋고 껍질이 단단히 붙어 있어야 좋다. 껍질이 마늘알과 떨어져 있거나 줄기가 마늘통에 비해 작으면 마늘이 시들거나 안에서 썩고 있다는 의심을 할 수 있다.

마늘은 차고, 어둡고 바람이 잘 통하는 곳에 보관하여 싹이 나는 것을 방지하여야 한다. 마늘이 싹이 나면 diallyl disulfide가 싹을 키우는 데 소비된다. 이 diallyl disulfide는 마늘 고유의 향미를 주는 것이기 때문에 싹이 나면 독특한 향미가 감소된다.

21) 양파

양파는 15℃ 이하의 냉암소와 공기 유통이 잘되도록 보관하며, 하므로 건조가 잘되도록 유지하여 싹이 나는 것을 방지한다. 적절히 저장하면 양파는 3~4주간은 신선하게 유지할 수 있다. 양파는 단단하고 무거우며 표피가 매끄럽고 건조 상태를 유지해야 하며 검은 곰팡이가 피어 있어서는 안 된다.

22) 딸기

밝은 적색으로 받침은 신선한 녹색을 띠는 것이 좋다. 과육의 색깔이 옅은 것은 미숙한 것이며 어두운 붉은색과 물기가 있는 반점은 과숙한 것으로 본다. 받침이 갈변된 것은 오래된 것이며 과육의 크기는 작은 것이 큰 것보다 풍미가 좋다.

받침을 떼지 않고 냉장고에 넣어둔다. 받침을 제거하면 딸기의 과육세포가 파괴되어 ascorbic acid oxidase가 활성화되어 비타민 C가 파괴된다. 딸기는 차게 보관해야 밝은 적색을 유지할 수 있다.

3. 곡류 및 두류

1) 쌀

잘 건조되어 있고 광택이 나고 투명하게 보이는 것이 좋다. 곰팡이 냄새나 곤충의 침입이 없어야 한다. 고유의 색택 이외에 황색, 청색, 흑색 등을 띠지 않아야 하며 모래, 쥐똥, 싸래기 등 이물이 섞여 있어서는 안 된다.

저장 용기는 공기와 수분이 스며들지 않게 단단히 포장된 것을 택한다. 포장이 좋지 못하면 쌀에 있는 지방이 산패되기 때문에 맛을 나쁘게 하고 이상 취를 갖게 된다.

백미는 건조한 냉암소에서 공기를 차단하고 보관하면 1년쯤 신선하게 품질을 유지할 수 있으나 현미는 지방분이 많아 수개월밖에 정상 품질을 유지할 수 없다.

2) 콩

껍질이 매끄럽고 크기가 고르며 색깔이 일정해야 한다. 곤충에 침입받은 흔적이 적고 돌이나 찌그러짐이 없는 것이 좋은 것이다.

콩은 냉암소에서 공기나 수분으로부터 보호받을 수 있는 용기에 넣어 보관한다. 이는 열, 빛, 곤충으로부터 보호받을 수 있는 용기라야 한다.

3) 두부

가능한 한 깨끗한 물에 담겨져 포장되고 냉장 저장된 것이 좋다. 포장된 것은 제조일을 확인한다. 표면이 깨끗하고 유백색을 띠어야 하며 쉰내가 나지 않는가를 확인한다.

두부는 수분과 단백질 함량이 높아 변질되기 쉽고 미생물이 증식하는 데 좋은 배지(培地) 역할을 하게 된다. 표면이 크림상 백색이 아니고 황색이나 녹색, 청색 등의 반점을 보인다면 이미 곰팡이가 증식하고 있다고 판단한다.

4. 어육류 및 난(卵)류

1) 쇠고기

쇠고기는 밝고 앵두 빛 적색을 띠고 있어야 하며 어두운 색을 띠는 것은 상당히 오래된 고기이다. 엷은 자줏빛은 장기간 공기 중에 방치한 것으로 변패의 징후로 보일 때도 있다. 갈색이나 녹색으로 변한 쇠고기는 받아들여서는 안 된다. 쇠고기는 절단면에서 변질이 일어난다.

냉동 쇠고기의 표면이 하얗게 된 것은 쇠고기를 너무 빨리 냉동시켜 탈수된 것을 나타낸다. 지방은 노란색을 띠어서는 안 되며 이상한 냄새 여부도 검사한다.

2) 돼지고기

돼지고기의 지방 부분은 희고 단단해야 하며 살 부분은 탄력이 있고 선홍색을 띠는 것이 좋다. 살 부분이 어두운 색으로 변하든가 바깥 부분이 탈색되고 냄새가 날 때는 변질된 증거이다. 쇠고기와 같이 돼지고기의 변질도 절단면에서 먼저 일어난다. 뼈끝이 보이면 붉은 색이어야 하며 흰색을 띠어서는 안 된다. 돼지고기는 뼈 근처의 안쪽에서 변패가 쉽게 일어난다는 보고도 있다. 뼈 근처의 살에 칼을 살짝 찔러보고 칼끝의 냄새를 맡아보면 확인할 수 있다. 시큼한 냄새가 나면 변패된 것이다. 점액이 있고 끈적거리거나 암회색을 띠거나 특이한 냄새가 없어야 한다. 육즙이 나와 있는 것이 포장에 보이면 수분이 빠져나온 것이므로 육질이 거칠고 맛이 없다.

3) 소시지

소시지는 끈적끈적한 점질물이나 곰팡이가 없어야 한다.

탈색, 변색은 중요 관심사이다. 갈색, 녹색, 자주색 반점은 미생물의 침입을 나타내며 검은색, 흰색, 녹색 반점은 곰팡이에 의해서도 생성된다. 검사는 냄새로 판단할 수 있다. 신내가 나는 것은 반품의 근거가 된다.

4) 가금육

신선하고 상처나 흠이 없어야 한다. 가슴뼈를 눌러보아 탄력이 있고 쉽게 구부러지면 어린 것으로 이는 지방이 적고 육질이 부드럽다. 껍질이 건조하거나 색깔이 변한 것, 이상한 냄새가 나는 것, 껍질이 보라색이나 녹색을 띤 것, 날개 끝이 검게 된 것은 피해야 한다.

목이나 항문 주위가 녹색으로 변색된 것은 신선하지 않거나 도살 후 혈액을 적절히 제거하지 않았거나 취급이 적절하지 못함을 나타낸다. 날개 밑이나 관절 부근이 점질물에 의하여 끈적거리는 것도 변질의 다른 표시이다.

가금육은 4℃ 이하에서 수송되어야 하며 -2℃ 이하의 온도에서 수송되면 저장 기간을 상당히 연장시킬 수 있을 것이다.

세균이 많이 증식하면 가금육의 껍질 부분에 있는 단백질이나 다른 물질이 점질성 다당류(mucopolysaccharides)로 변화되어 끈적끈적한 막을 형성하게 된다. 세균은 함황아미노산인 메치오닌과 씨스틴을 mercaptan과 같은 냄새가 심한 함황 물질로 별질되어 특이한 불쾌 취를 만든다.

비닐 포장용기 내에서 세균이 증식하면 포장을 열었을 때 나쁜 냄새가 나는 원인이 된다. 신선치 않은 가금육을 사용하거나 냉동 저장해서는 안 된다.

잘 포장된 신선한 가금육은 4℃에서 하루 이틀은 좋은 상태를 유지할 수 있으며 장기 저장하고자 하면 냉동시켜야 한다.

5) 패류

패류는 껍질 속에 들어있어 것은 살아 있기 때문에 뚜껑을 꼭 닫고 있거나 건드리면 꽉 움츠러들어야 한다. 이매패(二枚貝)에서 껍질을 벌리면 닫히지 않는 것, 권패(卷貝)류는 물속에서도 계속 뚜껑을 닫고 있는 것은 죽은 것이다.

껍질을 제거한 것은 살이 통통하고 빛나고 신선한 향을 가져야 한다. 포장된 것은 분리된 육즙이 적어야 한다.

패류는 육지에 가까운 연안에서 생산되기 때문에 생육환경이 미생물이나 산업폐기물에 의하여 오염될 가능성이 크다. 따라서 패류는 청정수역에서 생산되고 채취된 것을 구입하는 것이 좋다.

모든 패류는 냉장시키고 신속히 사용해야 한다. 패류가 죽으면 극히 썩기 쉬우므로 살아 있는 것을 확인한 후 구입하고 보관 중인 것도 수시로 살아 있는지 확인해야 한다. 일반적으로 보관 조건이 좋으면 살아있는 조개는 약 2주일, 굴은 5일, 가리비는 하루 이틀 정도 신선도를 유지할 수 있으나 홍합은 구입 당일 사용해야 한다.

6) 어류

피부는 광택이 나고 비늘이 떨어져 나가지 않아야 한다. 아가미는 붉고 습해야 한다. 눈은 깨끗하고 속으로 들어가지 않아야 한다. 어육을 가볍게 눌렀을 때 탄력을 느껴야 하며 끈적끈적한 점액이 있어서는 안 된다.

냄새는 신선한 고유 취 이외에 다른 냄새가 없어야 한다.

변질된 어류는 다음과 같은 특징을 보인다. 아가미는 회색, 회녹색을 띠고 건조하며 눈은 뿌옇게 선명치 못하며, 주변이 적색을 띠고 움푹 들어갔고 육질은 부드럽고 탄력이 없어 손으로 누르면 그대로 자국이 남는다. 만일 암모니아 냄새가 나면 변질 상태가 많이 진행된 것이다.

7) 계란

껍질이 거친 것이 신선한 것이며 매끄럽고 광택이 있는 것은 오래된 것이다. 햇빛이나 전등에 비춰보면 신선한 것은 밝게 보이나 오래된 것은 어둡게 보인다. 신선한 알은 둥근 쪽에 기실(氣室)이 있기 때문에 혀끝을 대면 온감이 있고 뾰쪽한 쪽에는 냉감을 준다. 껍질에 금이 가거나 더러운 것은 살모넬라균에 오염될 위험성이 높다. 계란껍질을 깨보았을 때 흰자가 노른자에 달렸고, 노른자가 탄력 있고 높이가 높고 쉽게 터지지 않으면 좋은 것으로 받아들인다. 품질이 특히 좋다면 흰자가 퍼지지 않고 스스로 설 수 있을 것이다. 또 냄새를 맡아보아 신선한 계란 이외의 다른 냄새가 있어서는 안 된다.

대체로 계란의 품질은 노른자의 크기와 흰자의 농후도에 의하여 영향을 받는다. 품질이 좋을수록 노른자와 흰자의 농후도가 높은 것이다. 이것은 깨뜨려 보았을 때 높게 더 좁게 퍼지는 것을 의미한다.

계란껍질의 색깔은 암탉의 품종에 따라 달라지는 것이며, 계란의 영양학적 가치와 관련 있는 것은 아니다.

냉장고의 계란보관소에 저장하면 깨어지는 것을 방지할 뿐만 아니라 냄새 흡수를 막을 수 있다. 저장하기 전에 결코 계란을 씻어서는 안 된다. 물은 계란껍질의 보호막을 제거하여 다공성으로 만들며 유해 미생물이 침입하는 기회를 제공한다.

만약 껍질이 닭똥 등으로 더럽혀져 있어 다른 식품들에 살모넬라균 등이 오염될 우려가 있을 때는 세정을 한다. 그러나 세정란은 실온에서 방치해서는 안 되며 즉시 냉장시설에서 보관해야 한다.

신선한 알일수록 흰자는 우윳빛이나 구름 같은 색을 띠나 오래되면 CO_2를 잃게 되어 투명성이 증가된다. 오래된 계란은 CO_2와 수분을 잃게 되어 기실은 크게 증가하여 결국 일정농도의 소금물에서 뜨게 된다. 또 흰자는 묽어지고 수양성이 높아지며 노른자는 노른자막이 약하게 되어 넓게 퍼지게 된다.

8) 통조림

변질된 통조림으로부터 일어난 질병은 매우 위험하기 때문에 모든 제품에 대하여 철저히 검사하여야 한다. 정상 제품으로 받아들일 수 없는 외적인 상태는 다음과 같다.

- 아래나 위쪽의 팽창 : 캔의 한쪽이나 양쪽 끝이 바깥쪽으로 부푼 것은 캔 안에서 미생물 증식이나 화학반응이 일어난 결과이다. 이런 캔은 손가락으로 눌렀을 때 튀어나오거나 나오지 않거나 폐기시켜야 한다. 또 한쪽을 눌렀을 때 다른 쪽이 나오는 경우도 있는데 이것도 쓸 수 없는 제품이다.
- 봉한 부분이 터져서 내용물이 나오는 것도 버려야 한다.
- 캔의 위쪽이나 옆의 봉한 부분이 부실하여 터진 모양을 보이는 것
- 녹이 많이 난 것은 버려야 한다. 너무 오래된 것은 내용물이 오염될 우려가 있다. 녹은 작은 구멍을 만들어 놓기 쉽다.
- 캔의 봉한 쪽이 찌그러지든가 정상적인 방법으로 열 수 없도록 찌그러진 것은 봉한 부분이 터져 있을 가능성이 있다.

외부가 손상되지 않는 것도 내용물이 오염될 수 있다. 이상한 냄새, 색, 거품이 있는 것, 우윳빛 액체를 갖는 것은 식용에 부적합한 것이다. 이런 것들은 그 품질 평가를 위하여 맛을 보아서는 안 된다. 보투리누스에 의한 식중독은 그 독성이 강하여 소량으로도 치사시킬 수 있다.

또 상표나 제조일, 제조회사 등 표시 사항은 확인하고 완정한 것을 택하는 것이 좋다.

9) 꿀

꿀은 완전 밀봉된 용기에 담겨져 있어야 한다. 꿀은 천연물이기 때문에 여러 가지 색을 가지고 있으며 투명도도 다르다. 밝고 어두운 것은 밀원식물의 종류에 따라 다르며, 색깔이 꿀의 영양적 가치에 영향을 주는 것은 아니다. 채밀 후 탁하고 진하게 보이지만 상품화시킬 때는 여과 과정을 거치기 때문에 투명도가 높다.

꿀은 수분을 흡수하거나 공기 중의 미생물이 들어갈 수 있기 때문에 저장 시 꼭 밀폐시켜야 한다.

꿀은 미생물의 생육에 좋은 조건이 되지 못한다. 그러나 꿀이 수분을 흡수하든가, 당이 결정화되어 아래쪽에 석출하게 되면 위층에 수분함량이 상대적으로 높아져 미생물의 생육이 가능한 조건이 된다.

냉장저장은 세균이나 곰팡이의 증식을 억제하거나 지연시킬 수 있지만, 꿀이 미생물로부터 안전하다고 할 수 없다.

연구문제

1. 식품의 물질과 위생과는 어떤 관계가 있는가?
2. 과실류 중 수확 후 호흡이 왕성해져 숙성 과정을 거치는 추숙(追熟, after ripening)성 과실과 그렇지 않은 과실을 분류하라.
3. 녹색 채소류가 상처 났을 경우 일어나는 품질의 변화는?
4. 신선치 못한 계란은 어떻게 구분할 수 있는가?
5. 안전한 식품으로 받아들일 수 없는 통조림이란?

§3-10 물의 위생관리

1. 음용수의 수질기준

1) 수질기준

우리나라 수질에 관한 규정은 '수도법'과 세부 기준과 시험법을 규정한 '음용수의 수질기준 등에 관한 규칙'에서 상세히 규정하고 있다. 물에서 유래될 수 있는 유해성분은 너무나 다양하고 많기 때문에 중요한 사항만을 규정하고 있다.

음용수의 수질기준은 4분야로 나누어 규정하고 있다.

① 미생물에 관한 기준 : 일반세균, 대장균군
② 건강상 유해한 영향을 끼치는 무기물질에 관한 기준 : 납, 불소, 비소, 세레늄, 수은, 시안, 6가크롬, 암모니아성 질소, 질산성질소, 카드뮴
③ 건강상 유해한 영향을 주는 물질에 관한 기준 : 페놀, 총 트리할로메탄 및 클로로화합물, 다이아지온, 파라티온, 말라티온, 페나트로치온, 유기용매류
④ 심미적 요소에 영향을 주는 물질에 관한 기준 : 경도, 과망간산 칼륨 소비량, 냄새와 맛, 색도, 세제, 수소이온농도, 아연, 구리, 염소이온, 증발잔류물, 철 및 망간, 탁도, 황산이온, 알루미늄

위와 같은 기준을 설정하여 검사토록 하고 있으나 실제 최종 수질의 변화에 대하여 쉽게 확인할 수 있는 항목은 극히 적다. 정수장에서 수질기준에 적합한 물을 공급한다고 하여도 급수관이나 저장용 탱크 등이 비위생적으로 관리되고 있으면 좋은 물을 공급받을 수 없다. 최근에 대단위 아파트에 설치되어 있는 저수탱크의 관리상의 문제가 되기도 하였다.

급수관의 노후로 누수율이 높고 일시적 단수에 따른 감압으로 관외의 흙 등 이물질이 수도전을 통하여 나오든가 급수시설의 산화방지시설 불량으로 녹물이 나오는 경우가 발생되고 있다.

2) 수질기준의 의의

(1) 건강장해를 가져오는 것

병원성 미생물 : 병원성 미생물을 직접 검사 항목으로 지정하고 있지는 않지만 일반 세균이나 대장균군을 검사하는 것은 이질, 콜레라, 장티푸스, 파라티푸스와 같은 수인성 전염병을 일으키는 미생물의 존재를 추정하는 데 이용되고 있다.

납(鉛) : 음료수 중에는 극미량밖에 함유되어 있지 않지만 때로는 수도관을 통하여 납이 용출되어 들어오든가 공장폐수 중에서 수원을 오염시키기도 한다. 납은 축적성이 있어 만성 중독을 일으킨다.

불소 : 불소는 지질에 따라 천연수 중에 많이 함유되어 있는 경우가 있다. 광산이나 공장의 폐수 중에도 배출된다. 수중에 0.5~0.6ppm 정도 함유되어 있으면 충치예방에 유효하지만 1ppm 이상 함유하면 반상치(斑狀齒)가 된다.

비소(砒素) : 비소는 천연수 중에도 존재하며 특히 해수 중에는 다량 존재하나 공장폐수, 광산폐수, 살충제 등에 의하여 혼입되는 경우가 많다. 비소의 독성은 대단히 강력할 뿐 아니라 축적성도 있어 만성중독을 일으키기 쉽다.

시안(cyan) : 시안은 도금공장의 폐수 중에서 배출되는 경우가 많으며 독성이 높다.

6가크롬, 수은, 카드뮴 : 천연적으로 존재하는 경우보다 공장폐수나 농약 등으로 배출되는 경우가 많다. 대부분 직업성 질환, 환경오염에 따른 심각한 건강장애를 일으킨다.

질산성질소(NO_3-N) : 유아에 청색증(cyanosis)을 일으키게 하는 methemoglobinia는 음료수 중에 함유된 질산성질소나 아질산성질소가 원인이 된다. 이러한 질소화합물은 분뇨 등에 들어있는 유기질소화합물이 땅속의 세균에 의하여 산화되어 질산성질소로 변한다. 그러나 최근에는 밭에 뿌린 암모니아 비료가 산화되어 질산성질소가 되어 지하에 침투하든가 지표수를 오염시키는 경우도 많다.

페놀류(phenols) : 페놀은 주로 공장폐수에서 발생되지만 때로는 수도관 공사에 사용된 페놀계 접착제 또는 물탱크 내면의 phenol계 도료에서도 용출될 수 있다. 페놀은 극히 미량만 존재하여도 불쾌한 냄새를 갖는다. 더구나 염소 처리하면 염소와 결합하여 chlorophenol이 되어 강한 자극 취를 띠며 phenol보다 10배나 더 강한 냄새를 갖는다. 1991년 낙동강을 상수원으로 하는 경상남북도 지역에서 공장의 페놀 유출로 큰 사회문제가 되었다.

트리할로메탄(trihalomethane, THM) : 트리할로메탄은 보통 수도수 중에는 함유되지 않지만 수도의 원수 중에 humin질이 있는 경우 염소 처리에 따라 생성된다. 트리할로메탄은 발암성이 있는 것으로 알려져 있다.

(2) 수질에 나쁜 영향을 주는 것

아연(亞鉛) : 아연 도금관에서 용출되거나 공장, 광산폐수에서 유래한다. 아연을 다량 함유한 물은 백탁(白濁)이 되고 수렴성을 지닌 맛을 띠나 독성은 낮다.

구리(銅) : 동은 동관에서 용출되거나 공장폐수, 살충제 등에서 혼입된다. 0.5~1.0ppm 이상 용존하면 흰색 천이나 의류, 기물 등이 청색으로 물들고, 1.5ppm 이상 함유한 물은 금속 맛을 갖게 된다. 독성이 낮고 축적성도 없다.

철 및 망간 : 철은 지하수나 공장폐수, 광산폐수에 오염된 지표수 중에 널리 존재한다. 물 중에 다량 존재하면 물이 붉게 되는 원인이 되고 흰색 천이나 의류를 누렇게 만든다. 철이 0.3ppm 이상 용존 하면 황갈색을 띠고 0.4ppm 이상 되면 금속 맛을 갖게 된다. 망간은 천연수 중에 널리 존재하고 물을 이 검은색으로 띄게 하는 원인이 된다.

(3) 관능적 수질기준

수질기준 중 색, 맛, 냄새 등에 대한 관능평가를 이해하면 수질 판단에 도움이 된다.

냄새 : 냄새는 오수의 혼입, 플랑크톤의 번식, 토양, 염소 처리 등에 기인하며, 수중에 살고 있는 미생물 혹은 대형 식물에 의하여 다양한 냄새를 갖게 된다. 규조류, 원생동물, 남조류, 녹조류는 그 종류에 따라 방향취, 청초취(靑草臭), 어취(魚臭)를 내며 이들은 사후에도 독특한 냄새를 갖게 한다.

공장폐수 중에 존재하는 미량의 phenol, cyclohexylamine 등은 강한 취기를 발생케

하기도 한다.

맛 : 물의 이상한 맛은 지질(地質)이나 해수에 의한 경우도 있지만 플랑크톤의 번식, 하수, 공장폐수 등의 혼입에 의한 경우가 많다. 생물에 의하여 생기는 맛은 냄새와 깊은 관계가 있지만 무기질에 의한 경우는 냄새와 관계가 없다. 무기염이 다량 존재하면 불쾌한 맛을 주는 경우가 많다. 즉, Cl이온은 짠맛을 주고 Fe은 극히 미량만 있어도 쇳내와 금속맛을 주어 식욕을 떨어뜨리고 황산염은 쓴맛을 준다.

색도(色度) : 물의 색은 용해성 물질이나 교질성 물질에 의한 색과 부유성 물질에 의한 색으로 나눌 수 있다. 일반적으로 착색은 세균의 오염과는 관계가 적지만 쓰레기 매립과 주변의 지하수의 색은 세균 오염과 관계가 있다고 보아야 한다. Cu, Fe, Cr 등의 중금속 이온, 혹은 착색유기약품에 의한 물의 착색은 주로 공장폐수에 기인한다고 볼 수 있다. Fe, Mn, Zn 등과 같은 화합물의 부유에 의한 착색 혹은 백탁(白濁)은 토양, 공장폐수 혹은 배수관에 원인이 있다. 분뇨나 하수의 혼입에 의한 색도의 변화는 착색의 원인을 철저히 규명하여 처리하여야 한다.

탁도(濁度) : 물이 탁해지는 원인물질로는 무기, 유기성의 부유물, 미생물 및 진흙 등이 있다. 비올 때 지하수, 지표수의 탁도가 증가하는 주된 원인은 토사 흙에 의한 것이지만 동시에 하수, 공장폐수, 축사, 변소 등에서의 오물이 원인이 되는 경우도 있다. 상수도에서의 탁도는 정수작업의 기준을 나타내고 급수전에서의 탁도는 급배수시설의 이상 여부를 나타내는 지표로 쓰일 수 있다.

2. 물과 전염병

물로 전파될 수 있는 전염병을 수인성 전염병이라 하며 이질, 콜레라, 장티푸스, 파라티푸스가 대표적인 것이며, 그 외에도 급성회백수염(소아마비), 유행성간염도 물에 의하여 전파된다.

1) 수인성 전염병의 특징

① 발생 양상이 폭발적이다. 즉 수도수, 지하수, 샘물 등에 많은 병원체가 오염되면 그 물을 마시거나 사용한 사람이 감염되어 단시간에 다수의 환자가 발생하고 그 후 차츰 감소한다.
② 급수 지역과 환자 발생 지역이 일치한다.
③ 병원체에 대한 저항의 차이를 제외하고는 전반적으로 발병한다.
④ 병원균의 농도가 낮으면 잠복기가 음식물 전염에 비하여 길어지는 경향이 있고 치명률도 낮다.
⑤ 환자에게 검출된 병원체의 형이 모두 동일하다.

⑥ 소독하면 질병은 급격히 줄어든다.

2) 물의 오염과 소독

수도의 수원으로 쓰이는 종류에는 하천수, 호수, 지하수, 빗물 등이 있고 지하수를 수원으로 하는 소규모의 간이 상수도가 있다. 정호(井戶)는 지하수를 수원으로 하고 있으며 그 깊이에 따라 천정호(淺井戶)와 심정호(深井戶)로 구분된다.

천정호는 개인용 또는 소규모 정호의 수원으로서, 심정호는 대규모 정호의 수원으로서 이용되고 있다. 천정호는 지면에서 30m 까지의 낮은 지하수를 취수하기 때문에 지표로부터 오염을 받기 쉽다. 이에 비하여 심정호는 함수층(不透水層의 하층에 있는 지하수)에서 취수하기 때문에 천정호에 비하여 표면수의 오염에 따른 오염의 위험성이 적다.

그러나 심정호에도 정호 및 그 주위 구조가 불완전하면 분뇨나 가정하수 등이 지상에서 정호에 침투하여 소화기계 전염병균을 전파시킬 수 있다. 오수(汚水)가 정호에 침투하는 것을 방지하기 위해서는 정호 부근의 지표면을 콘크리트로 덮고 주위 지면이 적당한 기울기를 갖도록 만들어 빗물이나 오수의 침투를 막아주어야 한다.

지하수나 지표수를 불문하고 음료수는 늘 전염병균에 의하여 오염될 우려가 있기 때문에 반드시 살균할 필요가 있다. 특히 식품 관계시설에서 사용하는 물은 상수도를 이용하든가 이를 이용할 수 없는 경우에 다른 음용에 적합한 물을 사용할 수 있지만 언제나 살균된 것을 사용치 않으면 안 된다.

음료수의 염소살균은 일반적으로 액체 염소, 차아염소산나트륨 등으로 행한다. 염소 주입량은 급수전에서 0.2ppm 이상 유지하도록 하지 않으면 안 된다. 또 음용수 중 잔류염소량이 규정량에 적합한지 항상 확인하여야 한다.

연구문제

1. 도시 급수시설에서 원수(原水)로부터 가정수도전까지 상수가 오염될 수 있는 기회는 매우 많다. 취수－정수－송수－급수의 과정에서 각각의 오염 기회를 기술하라.
2. 관능적 수질기준 중 냄새, 맛, 색으로 추정할 수 있는 오염물질은?
3. 도시 상수원은 지표수를 쓰는 경우가 많아 오염 문제가 많이 일어나고 있다. 그러면 지하수는 안전하다고 믿어도 좋은가?
4. 음용수의 수질기준을 볼 때 이상적인 음용수의 조건을 제시하여 보라.

IV

시설과 기구·기물의 위생관리

4-1 건물의 내부 구조

4-2 설비 및 비품

4-3 용기· 포장의 위생관리

4-4 조리시설의 위생관리

제4장

시설과 기구, 기물의 위생관리

부적절하게 설계 제작된 식품 취급 시설에서 제반 위생규정을 지킨다는 것은 많은 시간과 노력을 허비하고도 실제 얻어지는 결과는 미미할 뿐이다.

식품 취급 시설은 훌륭한 위생 상태를 확보하는 지름길이다.

식품을 취급하고 저장하는 시설을 설치하고자 할 때는 위생적인 관점에서 계획을 사전에 충분히 검토하여야 한다. 위생적인 시설에 관계된 요구사항이 많을 수 있으나 가장 중요한 사항은 청소 용이성이다. 쉽게 청소할 수 있으며 흙이나 먼지, 곤충, 미생물 등이 부착되거나 침입하기 어렵게 만들어야만 청결을 유지하기 쉽다.

시설을 위생적으로 유지하기 위한 또 하나의 요인은 기구·기물의 배치이다. 기구의 적절한 배치는 작업의 편이성 이외에도 일관된 청결 작업의 흐름을 원활히 하고 발생된 쓰레기의 처리도 용이하게 한다.

또 기구를 청결하고 위생적으로 유지하기 위하여는 어떤 재질의 기구를 어떤 모양으로 만들어야 하는가? 세척하기 쉽고 청결감을 주는 디자인은 어떤 것인가를 검토하여야 한다. 위생적인 디자인이 시설 계획 단계에서부터 검토되어야 하며, 설치된 후에는 교체나 수리가 쉽지 않기 때문에 충분한 시간을 갖고 시설 계획을 면밀히 검토해야 한다.

§4-1 건물의 내부구조

바닥, 벽, 천정의 재질은 외관과 함께 청결과 유지 보수가 용이하도록 선택되어야 한다. 주름이 많은 두꺼운 커튼은 접객장의 분위기를 중후하고 아름답게 하겠지만 먼지가 많이 쌓이고, 청소에 어려움을 주게 된다. 실제 처음의 시설 설치 시 재질의 선택은 거의 외관과 비용에 따라 선택되고 있다. 관리자는 실내 내장 재질 선택에서 다음 사항에 유의하여야 한다.

- 예상되는 마모에 내구성이 견딜 수 있는가?
- 표면은 매끄러워 오물이 낄 만한 틈은 없는가?
- 필요하면 도장할 수 있는가?
- 오랫동안 편리하게 쓸 수 있는가? 그렇지 않으면 빈번히 손질을 해야 할 것이다.

1. 바닥

마룻바닥의 재질 선택은 가격에 의하여 결정되지만 재질의 특성에 따라 구분하면 우선적으로 탄력성을 들 수 있다. 탄력성은 충격에 반발하는 성질을 말하는데 탄력성이 좋은 재질로는 아스팔트, 리노륨, 플라스틱 등이 있으며 탄력성이 나쁜 것은 콘크리트, 대리석, 자연석 타일, 테라초(대리석 부스러기를 다른 응착재를 섞어 굳힌 뒤에 표면을 갈아서 대리석과 같이 만든 돌) 등이 있다.

식품 취급 시설 관리자가 고려해야 할 더 중요한 사항은 재질의 흡수력 혹은 투과력이다. 흡수력이 좋은 바닥은 액체를 흡수했을 때 바닥이 손상되고 미생물의 살균이 거의 불가능하기 때문이다. 모든 식품 취급, 저장 시설에는 흡수력이 적은 재질을 사용하여야 한다. 또한 재질은 부드럽고 안락하고 소리가 적게 나고, 유지관리가 쉬워야 한다. 젖었을 때도 미끄럽지 않아야 하며 오염된 기름을 쉽게 제거할 수 있어야 하며, 오랫동안 변색이나 부식, 균열이 없이 정상 상태를 유지해야만 한다.

특히 주방에는 일반적인 요구 사항 이외에도 미끄럽지 않아야 하며, 바닥은 대리석, 테라초, 자연석 타일, 아스팔트 타일과 같이 흡수력이 없고 청소가 용이하여야 한다.

바닥은 재질뿐만 아니라 상태도 중요하다. 바닥은 가능한 고르고 균일하며 적당한 경사를 주어 배수가 잘 되는 구조로 되어 있어야 하는데, 적당한 경사는 하수구를 향하여 구배가 1 ~4/100cm를 표준으로 하는 것이 좋다. 또한 작업장, 세척실, 변소 등은 원칙적으로 그림과 같이 바닥과 벽의 모서리가 약 7cm 직경으로 둥글게 되어 있어야 하며, 이러한 목적으로 판매되는 타일도 있다.

바닥과 벽의 모서리에 수도관, 라지에터, 파이프 등이 배관되어 있으면 먼지나 오물이 쌓여 청소하기 어렵고, 곤충의 서식지 또는 쥐의 통로가 되기도 한다. 따라서 배관은 벽이나 지하 천장에 매설되도록 설치하여야 하며 부득이한 경우에는 바닥에서 30cm 정도 높여서 부착 덮개를 하여야 한다. 배수구는 바닥과 평행되게 하여 15cm 정도 떨어진 곳에 깊이는 최소 15cm, 내경은 최소 10cm 정도로 한다. 실내 배수구와 실외 배수구가 교차하는 곳에서는 방서 및 방취의 목적으로 방서시설을 설치하여야 한다.

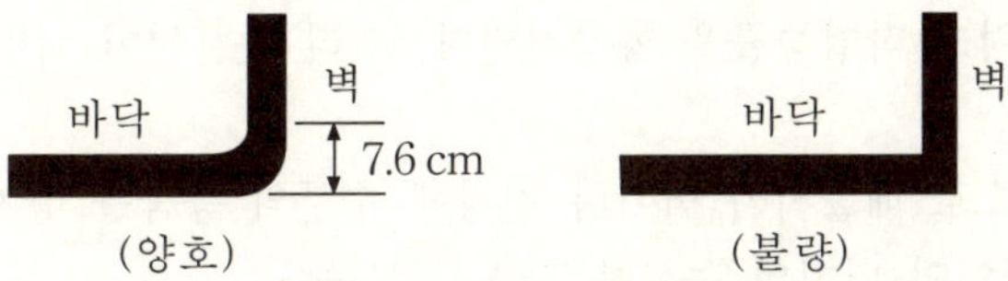

그림 4-1 작업장, 세척실, 변소 등의 모서리

2. 벽과 천장

벽은 내수성 자재로 설비된 바닥 위에 벽을 세우고, 바닥에서 1m 정도는 가랑은 타일이나 시멘트와 같은 내수성 불침투성 재료로 시설한다. 또한 쥐의 침입을 막는 것은 물론 물, 열 및 부식에 견디는 성질도 지니고 있어야 한다. 벽과 바닥의 접속 부분은 둥글게 하여 청소하기 쉽고 식품 찌꺼기나 오물이 끼는 것을 방지하여야 한다.

벽의 색깔은 밝게 도장하여 실내를 밝고 쾌적한 환경을 조성하여 더러워지면 쉽게 눈에 띄므로 늘 청결히 하도록 하여야 한다.

천장은 표면이 고르고 매끈하게 하여 청소하기 쉽고 쥐, 벌레 및 공중 낙하세균이 들어올 수 없도록 홈과 균열이 없어야 한다. 특히 천장의 수증기가 응축하여 식품에 떨어지지 않도록 방지시설을 하여야 하며, 천장의 복잡한 시설물이 노출되어 먼지가 쌓이지 않도록 하여야 한다.

천장의 색은 밝은 색으로 도색하여 실내 환경을 밝게 쾌적하게 유지하여야 한다. 외관을 지나치게 강조하여 실내장식을 복잡하게 설치하면 청결 유지에 큰 어려움을 갖게 된다.

천장의 높이는 작업 환경에 영향을 주기 때문에 최저 2.4m 이상의 높이가 바람직하며, 천장이 높을수록 실내의 온·습도 관리 측면에서 유리하다.

3. 조명

식품 취급 시설의 밝고 따뜻한 조명은 작업능률을 향상시키고 재해를 예방시킨다. 조명이 불충분하면 더러운 부분을 감추고자 하는 의도로 생각할 수도 있다. 대부분의 식품 취급 시설은 자연 채광보다 인공 조명에 의존하기 때문에 조명의 중요성이 강조된다. 광원의 밝기는 객실은 30~60룩스, 조리실은 50~100룩스가 적당하며, 광원의 방향은 명암의 차가 크지 않고 눈부심이 적어야 한다.

4. 환기와 통풍

식품 취급 시설의 환기는 다음과 같은 기능을 가지고 있다.

① 인화성 물질이 많아 화재가 일어날 가능성 감소시켜 준다.

② 열기를 배출시켜 작업능률을 향상시킨다. 조리 종사원이 작업 중 쾌적감을 느끼게 한다.
③ 수증기를 밖으로 배출시켜 벽이나 천장에 수분의 응축을 방지한다.
④ 식품 취급 지역의 먼지의 농도를 감소시켜 준다.
⑤ 연기나 유독가스를 배출한다.
⑥ 냄새나 습기를 제거한다.
⑦ 오염물질을 제거하므로 식품의 오염을 방지한다.

식품 접객 시설에서의 환기는 설비된 기구 장치로부터 배기가스를 제거시킨다. 창문이나 문을 통한 환기는 불충분하고 부적합한 경우가 많으므로 조리하거나 튀기거나 굽는 장소 및 식기 세척 시설 지역에 기계적 환기 장치를 설치하여야 한다.

배기후드는 조리시설, 스팀테이블 또 각종 세척시설 등에 빈번히 많이 사용되고 있다. 후드여과기나 유지분리기는 쉽게 떼어서 청소할 수 있어야 한다.

환기는 일정 시간 내에 공기순환이 이루어져야 하므로 세척시설의 것보다 조리시설의 환기장치가 공기순환이 빨라야 한다.

많은 공기가 배기후드를 통하여 배출되기 때문에 항상 신선한 공기가 들어오도록 하여야 한다. 배출된 공기는 바로 들어오든가 외부인에게 피해를 주는 일이 없어야 한다. (조리시설의 환기설비는 제4장 제4절에서 상술)

5. 배관 및 하수설비

하수관 시설의 파손은 지하수나 손상된 수도관을 통하여 음용수를 오염시킬 수 있으며 결국은 장티푸스, 콜레라, 이질, 간염과 같은 수인성 전염병의 원인이 된다. 이러한 시설의 파손은 모든 시설을 위생적으로 관리하고자 하여도 그 효과를 얻기가 힘들다.

음용수의 안전성에 중대한 위험은 위와 같이 하수로부터의 오염이며, 특히 감압 역류에 의한 상수도 오염이다. 세척 작업 시 물이 튀는 것을 방지하기 위하여 수도꼭지에 호스를 연결했을 때 역류가 일어나며, 또 화초에 물을 주거나 세차 시 호스 끝이 땅이나 양동이 물속에 있을 때도 갑작스런 감압에 의하여 상수도관이 오염될 수 있다.

역류 현상을 방지할 수 있는 좋은 방법은 공간을 두는 것이다. 상수도 수도꼭지와 세척조의 최고 수위 사이에 공간을 두어 오염원을 상수도로부터 떼어 놓는 것이다. 그 공간은 최소한 수도꼭지 직경의 2배 이상은 되어야 한다.

6. 급수설비

도시 상수에 대한 위생적인 안정성 문제가 사회 문제화되면서 식품 취급 시설에서도 안전한 물의 공급에 관심을 갖게 되었다. 물의 공급이 불충분하여 수압이 약할 때는 위생적인 세척시설을 효율적으로 운용하기 어렵다. 따라서 관리자는 식기자동세척기와 같은 일정 수압을 요구하는 설비에 사용 시에는 일정 수압을 얻기 위해 보다 많은 노력을 하여야 한다.

업소는 자가 지하수를 개발하여 사용하거나 지하수를 상수의 보조수단으로 쓸 때에는 그 수질의 안전성을 위하여 확보를 위하여 정기적으로 공인기관에서 수질평가 검사를 받아야 한다. 만일 생수 제품을 공급받아 사용하면 정기적으로 수질검사 성적을 요구 청구해야만 하며, 허가된 업소 여부 및 용기의 손상 여부를 확인하여야 한다. 경우에 따라서는 납품된 생수에 대한 검사 의뢰를 스스로 하여 업체로부터 제출된 검사성적의 신뢰도를 점검하여야 한다.

온수 공급시설은 수량과 수온을 충분히 확보할 수 있도록 설비되어야 있어야 한다. 온수는 세척의 효율성을 높여주고 살균력을 가지고 있기 때문에 충분한 용량을 확보하여야 한다. (조리시설의 급수설비는 제4장 제4절에서 상술)

7. 화장실과 수세시설

화장실의 제반시설을 편리하고 위생적으로 유지, 관리하는 것은 식품 취급 업소의 의무이다. 규칙적으로 청소하고 살균작업을 실시하는 것은 위생성을 유지하는데 절대적인 것이다. 모든 시설은 청결하고, 냄새가 없고, 고장난 부분은 즉시 수리되어야 하며 불필요한 기구를 방치하고 창고처럼 이용하여서는 안 된다. 시설에 문제가 있어 정상적으로 운용치 못할 때는 즉시 사용 중지시키고 수리하여야 한다.

화장실의 내수성 바닥이나 벽은 단단하고 평활하며 항상 청결을 유지하여야 한다. 탈취제나 방향제는 청결 상태에서 이루어져야 하며 탈취를 위한 배기장치는 정상적으로 유지관리되어야 한다.

수세시설은 깨끗하고 위생적으로 관리하고, 화장실에 가깝게 있는 것이 좋다. 세제나 비누를 준비하여야 하며, 수세 후 건조 장치는 종이 수건이나 전기 건조기, 1회용 수건 장치를 사용한다. 수건은 다수인이 공동으로 사용토록 해서는 안 된다. (조리시설의 변소와 수세설비는 제4장 제4절에서 상술)

8. 쓰레기 처리시설

주방 쓰레기는 쥐나 해충을 모이게 하며 다른 식품과 기구, 장치를 오염시키기 때문에 중요한 시설물이다. 쓰레기 처리에 따른 몇 가지 지켜야 할 중요한 점은 다음과 같다.

① 쓰레기통은 새지 않고, 흡수성이 없으며, 청소하기 쉽고, 곤충이나 쥐가 침범치 못하도록 내구성이 있어야 한다. 이러한 재질의 용기는 금속이나 플라스틱이 좋다. 플라스틱(PE) 봉지나 내수성을 지닌 봉지를 용기 안에 부착하여 사용하는 것이 좋으며 뚜껑은 반드시 꼭 맞는 것을 사용한다. 용기를 쓰지 않을 때는 늘 닫혀 있어야 한다. 용기의 수는 평상시 발생하는 쓰레기를 수용하는데 넉넉해야 한다.

② 쓰레기는 쓰레기통 이외의 다른 곳에 쌓아두어서는 안 된다.

③ 쓰레기는 가능한 한 자주 처리하여 쥐나 곤충이 침입하거나 냄새가 나지 않도록 한다.

④ 쓰레기를 일정한 장소에 보관할 쓰레기 저장 지역은 충분히 크고 청결하게 유지해야 하고 쥐, 곤충의 침입을 방지하도록 해야 한다.

⑤ 쓰레기통은 내·외부를 자주 청소 및 소독을 하여 냄새가 나거나 쥐나 곤충의 접근을 막도록 하여야 한다.

연구문제

1. 식품 취급 시설을 만들고자 하는 영업주나 관리자는 건물 내부 디자인 시 어떤 요구를 하여야 하나?
2. 영업장의 분위기를 위하여 설치된 요철이 심한 실내 장식물이 많을 때는 식품위생 측면에서 볼 때 어떻게 생각하는가?
3. 주방용 쓰레기통을 선택 시 조건을 제시하라.

§4-2 설비 및 비품

설비나 비품을 구입 시에 위생적으로 적합한 것을 선택할 수 있는 기준이 설정되어 있으면 위생성 확보에 통일성을 가질 수 있다. 미국 위생협회(The National Sanitation Foundation)에서는 다음과 같은 몇 가지 표준화를 위한 기준을 설정하고 있다.

① 장비는 효율적으로 작업을 수행하는 데 필요한 최소한의 부품만을 갖도록 한다.
② 장비는 분해하고 청소하기가 쉬워야 한다. 식품이 접촉하는 부분은 기구를 사용하지 않고도 쉽게 청소할 수 있어야 한다.
③ 모든 장비의 재질은 독성이 없고 식품의 색깔, 냄새, 맛에 영향이 크지 않아야 한다. 또 재질은 흡착력이 없어야 하고 식품 성분이나 세제 등과 반응을 하지 않아야 한다.
④ 식품에 접촉될 수 있는 내부의 모서리나 뾰쪽한 부분은 둥글게 만들어야 한다. 외부의 모서리는 완전히 접합시켜 틈이 없게 만들어야 하고 둥글게 처리하여야 한다.
⑤ 모든 표면은 매끈해야 하며 패인 곳, 벌어진 틈, 뽀족하게 내민 곳이 없어야 하며 큰 못이나 볼트가 연결된 부분도 돌출되지 않는 것이 좋다.
⑥ 식품과 접촉하는 면을 도금했을 때 도금 재질은 외부의 충격이나 기구의 접촉에 의해 벗겨지지 않아야 한다.
⑦ 폐기물이나 액성 폐기물은 쉽게 제거할 수 있어야 한다.
⑧ 청소하기 어려운 부분은 더러워지지 않도록 보호시설을 하여야 한다.
⑨ 장비는 비위생적이거나 위생적 처리가 어려운 것은 안 된다. 내부 청소가 어려워 청소를 기피하게 하는 핑계가 될 수 있기 때문이다.

1. 식기세척기(Dishwasher)

자동세척기는 탱크 내부의 접합 부위나 용접 부위는 표면을 매끄럽게 만들어야 오물이 끼는 것을 피할 수 있다. 세척기에 사용되는 파이프는 최대한 간단하고 짧게 만들어야 열 손실도 예방하고 청소도 용이하다.

기계의 본체는 바닥으로부터 15cm 이상 높아야 그 밑을 청소하는데 용이하다. 세척기를 만드는데 사용하는 재질은 세제 사용 등에 대하여 내구성이 있어야 하며 해충이 쉽게 침입치 못하도록 하여야 한다. 식기가 직접 접촉하는 부분은 매끄럽고, 부식 방지성이 있으며, 흡착성이 없고 독성이 없는 재질로 만들어져야 한다.

식기세척기는 적절하게 운용되고 효율적으로 사용하면 주방기구로부터 오물이나 세균을 효율적으로 제거할 수 있다. 위생적이고 대량 처리하는 데 효율성이 높기 때문에 점차 식기세척기의 보급이 확대되고 있다. 식기세척기는 온수형과 소독제 사용형의 2가지로 나눌 수 있다.

식기세척기를 구입할 때에는 용량과 그 규모는 물론 주의 깊게 고려해야 할 점은 다음과 같다. 세척기가 세척과 철저한 소독이 이루어지게 하려면 아래 요구를 충족시켜야 한다.

- 급수량이 충분해야 한다.
- 세척 과정이 이루어지는 구역은 작업의 효율성을 높이고 다른 오염원으로부터 다시 2차 오염이 이루어지지 않도록 배치와 작업 과정을 효율적으로 관리하여야 한다.
- 세척기를 작동하고 관리하는 사람은 세제의 사용법, 소독제의 사용법에 대하여 알고 있어야 한다.
- 재오염되지 않는 저장시설에 보관되어야 한다.
- 정기적인 검사를 실시하여 기계가 정상적으로 운용되고 있는지를 확인해야 한다. (종류 및 운용 방법은 제6장 제4절에서 상술)

2. 냉장시설

냉장은 식품의 세균 증식을 억제하고 지연시킬 수 있으나 이미 변질된 것을 되돌려 놓을 수는 없다. 변질되기 쉬운 식품은 단기간 저장이 가능하다. 식품 취급 시설에서 사용하는 냉장시설은 walk-in type과 reach-in type으로 나눌 수 있다.

reach-in형은 업무용으로도 많이 사용되고 있으며 내용적이 약 0.4~3m^3이고 여러 개의 문이 있으며 저장물을 넣고 꺼낼 때 팔을 뻗으면 닿을 수 있는 깊이이다. walk-in형은 내용적이 3m^3 이상으로 사람이 직접 냉장고 안으로 들어가 저장물을 꺼내고 넣는 형이다.

1) 냉장시설의 선택

업무용은 가정용에 비하여 고내(庫內)가 넓고 문의 개폐 빈도도 높으며, 저장물의 출입도 많기 때문에 냉각 성능, 냉각 속도 등이 우수한 것을 요한다. 또 위생적인 면이 충분히 고려된 구조이어야 하며 설치 조건이나 사용 조건에 따라 내구성이 있는 것이어야 한다. 냉장 냉동시설의 선택에는 아래와 같은 점이 고려되어야 한다.

① 재질은 stainless steel이나 알루미늄으로 만드는 것이 가장 좋다.
② 문은 빈번한 사용에 견딜 만큼 튼튼하고 힘을 주지 않아도 가볍게 열고 닫을 수 있어야 한다.
③ walk-in형은 내부에 들어갔을 때 문이 잠기지 않아야 하며, 또 안에서 열 수 있는 장치를 한다(외부 잠금장치 포함).
④ 고내에 응축된 물방울이나 서리로 인해 생기는 물을 제거하는 배수시설을 갖추어야 한다.
⑤ walk-in형은 내부의 내용물이 밖에서 대략 알 수 있도록 유리창이 부착되어야 한다.

⑥ 청소하기 용이한 구조로 되어 있어야 하며 모서리나 끝부분은 둥글게 처리한다.
⑦ reach-in형은 바닥으로부터 15cm 이상 띄울 수 있도록 다리나 바퀴가 설치되어야 한다.
⑧ 냉동·냉장시설은 최저 도달 온도가 빨리 도달할 수 있는 성능이어야 한다.

2) 냉장고의 설치 장소와 설치 방법

① 작업 동선을 고려하되, 될 수 있으면 주방의 열을 발생하는 조리기구와 일정 간격을 두어 평평하고 단단한 바닥 위에 수평으로 설치한다.
② 냉장고에서 발생한 열은 방열기를 통해 방출되지만, 방열효과를 방해하지 않도록 뒷면을 벽에서 10~30cm 이상 사이를 두어 통풍을 좋게 한다.
③ 가능한 한 습기가 적은 장소에 설치한다.
④ 먼지가 많고 불결한 장소나 사람의 통행이 많은 통로에 설치하지 않도록 한다.

3) 냉장고에 식품을 넣는 방법

① 식품은 고내의 냉기의 순환을 방해하지 않도록 가능한 간격을 띄워 넣고, 공기주머니(air pocket)화 되지 않도록 한다. 식품의 용적은 전체 용적의 50~60%가 좋다.
② 식품의 종류가 많고 문의 개폐 빈도가 많은 경우 온도가 올라가기 때문에 내부를 구분하여 각각의 문을 만드는 형식을 택하거나, 생선이나 육류와 같이 비브리오나 살모넬라균에 의하여 오염될 가능성이 높은 식품과 조리된 식품은 별도 보관하여 세균의 교차오염을 막는다.
③ 식품은 반드시 밀봉 용기에 넣든가 플라스틱 필름으로 포장하여 보관함으로써 식품 교차오염이나 건조를 막는다.
④ 조리 후의 더운 식품을 그대로 넣으면 고내 온도가 상승하고 수증기가 냉각기에 부착하여 냉각 효과를 떨어뜨리기 때문에 반드시 예비 냉각한 후에 넣는다.
⑤ 선입선출(先入先出)의 원칙을 세워 먼저 넣는 것은 먼저 쓸 수 있도록 입고일자를 기재한 후 넣고 꺼내기 쉽게 한다.

4) 온도와 습도관리

① 일반적으로 저장 온도는 저장 식품의 종류, 저장 기간에 따라 다르다. reach-in형에서는 단기간 저장을 주로 하고 walk-in형에서는 24~42시간 저장에 사용한다. 냉장고의 냉각방식은 자연 대류식과 강제 대류식이 있으나 상업용은 대부분 용량이 크기 때문에 강제 대류식을 사용하고 있다.
② 문의 개폐에 따른 온도 상승이 크기 때문에 문의 개폐 빈도를 가능한 적게 하고, 식품의 출입은 신속히 행한다. 실온 18℃인 경우 10초 동안 문을 열고 있으면 냉장온도

가 5℃ 상승하고 실온이 30℃인 경우는 10℃ 이상 상승하며, 원래의 냉장 온도에 도달하는 데는 15~20분이 소요된다.

③ 온도계는 보기 쉬운 곳인 설치하되 냉장고 내의 중단(中段)과 보관 식품의 출입이 가장 많은 곳의 온도를 측정하며, 온도 설정은 3~5℃ 이하가 되도록 조절한다. 쉽게 읽을 수 있고 정밀도 1℃ 정도의 온도계를 비치한다.

냉장고 내의 저장식품의 적절한 온도 영역별과 적절한 상대습도 영역은 다음과 같다.

- 어류 : -1℃~+1℃ (상대습도 75~85%)
- 육류 및 가금류 : 0℃ ~2℃ (75~85%)
- 알류 유제품 : 3℃~5℃ (75~85%)
- 과실류 및 채소류 : 5℃~7℃ (85~95%)

5) 냉장고의 청결 유지

냉장고는 손잡이, 문의 내면, 냉장고 안쪽 벽면, 계란 케이스, 선반 등에서 대장균이 검출된 예가 많다. 대장균이 검출되는 업소는 조리장이 불결하고 냉장고 내의 식품관리도 양호하지 않다는 것을 말한다. 냉장고를 청소하려면 찬물 혹은 더운물을 뿌리거나, 주방용 세제를 사용하거나, 차아염소산나트륨(락스)으로 청소 소독한다. 앞의 2가지 방법은 세균을 1/3~1/5로 감소시키는데 비하여 마지막 방법은 세균을 1/10 가량으로 감소시킨다. 청소는 주 1회 행하며 기름이나 잘 닦여지지 않는 물질은 세제를 사용하여 더운물로 닦고 차아염소산나트륨으로 소독하는 것이 효과적인 방법이다.

특이 취를 나타내는 물질은 저장 식품의 종류, 사용 조건에 따라 다르지만 수십 종류 이상의 물질이 관여한다. 특이 취는 주로 '멜캅탄'(mercaptane)계 화합물과 결합한 중성 물질(예를 들어 thioacetal류)과 아민(amine)류나 초산과 같은 산이 공존하여 특이한 불쾌 취를 발생시킨다.

그러므로 탈취제를 사용하여 식품에서 발산하는 황화수소(H_2S)나 mercaptane과 같은 저분자 황화합물을 흡착 제거시키는 것이 필요하다.

3. 심온냉장(deep chilling)

심온(深溫)냉장이란 최근 냉장고에서 새로이 소개되는 개념이다. 이는 식품의 품질에 손상 없이 일정 기간 동안 안전하게 식품을 저장하는데 이용될 수 있다. 심온냉장은 보통의 냉동이나 냉장과는 온도 영역이 다르다. 식품의 저장에는 -4℃에서 0℃ 사이의 온도에서 세균의 중식을 수일간 억제시키는 방법이다. 이 온도는 일반적 정상 냉장 온도보다는 낮고 냉동 온도보다는 높은 것이다.

가금류, 육류, 해산물 또 몇몇 단백질성 식품은 이 온도 대에서 빙결정(氷結晶)이나 품질의 악화가 일어나지 않는다. 이 방법은 식품을 신선한 상태에서 수명을 연장시키는 법으로 영업용으로 사용 가능하다. 용량이 커지면 고내 전체 온도를 원하는 만큼 유지시키기가 어렵기 때문에 강제 송풍 방식을 택해야 한다. 심온냉장도 일반 냉장이나 냉동에서와 마찬가지로 제반 위생 조건을 충족시켜야 한다.

4. 냉동저장

냉동장치는 식품의 품질을 유지하는데 절대적 안전시설은 아니다. 훌륭한 요리를 만들거나 식품 구매 시 번거로움을 줄이려고 일시에 다량 구매 저장하여 편리성을 주목적으로 사용하는 것은 좋지 못하다.

오랫동안 냉동 저장하는 것은 오염과 변질의 기회가 그만큼 증가하는 것이다.

냉동은 식품의 조리 특성이나 품질의 저하 원인이 된다.

특히 돼지고기, 가금육, 지방이 많은 생선, 햄버거는 냉동 중 품질이 떨어지는 대표적 식품들이다. 즉, 냉동고는 냉각을 위한 것이 아니고, -18℃ 이하로 냉동식품을 냉동 보관키 위한 것이다.

1) 냉동시설 관리방법

냉동시설과 냉동식품을 효율적으로 취급하기 위하여는 아래 지침을 준수해야 한다.

① 냉동시설은 -18℃ 이하를 유지해야 하며 -23℃에서 -18℃ 사이의 온도가 유지될 것을 권장하고 있다.

육류의 품질에서 -18℃에서 보다 -9℃에서 수 배나 빨리 변질된다는 것으로 알려져 있다.

해동될 때마다 손상을 입게 되며 재차 냉동으로 손상된 것이 회복되지 않는다. 자동 성에 제거 냉동기는 하루에 한 번 이상 가온 상태로 되기 때문에 부분적으로 해동이 일어날 수 있으므로 주의하여야 한다.

② 냉동을 필요로 하는 제품은 배달 즉시 바로 냉동고에 넣어야 하며, 꺼낼 때는 즉시 사용할 양만큼만 꺼내야 한다. 냉동식품을 꺼내서 즉시 사용하게 되면 그다지 주의를 필요로 하지 않지만 즉시 사용치 않을 때는 냉장시켜 두고 실온에 방치하는 일이 없어야 한다.

③ 냉동식품 저장고는 선입선출의 원칙이 지켜지도록 각 제품에 입고 일자를 반드시 기록하여 출납을 쉽게 하여야 한다.

④ reach-in형 냉동고는 효율성을 유지하기 위하여 자주 성에를 제거하여야 한다. 자동 성에 제거 냉동고는 성에 제거 시 고온 상태로 하는 경우가 많아 주기적으로 온도를 점검한다.

⑤ 영업시설의 냉동고는 쉽게 볼 수 있는 온도계를 설치하고 온도 점검 기록을 할 수 있도록 기록부를 비치한다.
⑥ 냉동시설에 넣어둔 식품은 찬 공기의 흐름을 막지 않도록 효율적으로 배치하여야 한다.

2) 냉동기의 선택

청소가 용이하고 용량은 필요한 만큼 커야 하며, 특히 온도 조절이 잘되는 냉동고를 선택하여야 한다. 구입 시 유의점은

① 쉽게 청소할 수 있는 재질로 되어 있으며 접합 부위의 마무리가 잘되어 있어야 한다.
② 모서리는 둥글고 매끈하게 만들어져야 한다.
③ 내, 외부의 재질은 녹이 나지 않고 튼튼한 재질로 만들어져야 한다.
④ 냉동고 내의 수분 응축이 일어나지 않도록 적절한 열 차단 장치를 갖추어야 한다.
⑤ 문은 잘 맞고 쉽게 열리도록 만들어져야 한다.
⑥ 조명은 음식물을 구별할 수 있도록 설치되어 있어야 한다.
⑦ 선반은 쉽게 떼고 조작할 수 있어야 하고 쉽게 청결성을 유지할 수 있는 구조여야 한다.
⑧ 냉각기(compressor)는 충분한 용량을 가져야 한다.

3) 냉동고의 운용

냉동 저장해야 하는 식품은 수분을 차단할 수 있는 용기에 넣거나 포장으로 포장해야 한다. 이것은 향의 손실, 탈색, 탈수, 냄새의 흡착 등을 예방해 준다.

가능한 냉동식품은 원포장 상태로 저장하는 것이 좋으며 만일 그렇지 못할 경우에는 적절히 재포장하여야 한다.

식품 취급자들은 냉동고 문을 열 때 꼭 필요한 경우에만 문을 열도록 하고, 한 번 열 때에는 한꺼번에 필요한 여러 제품을 꺼내도록 한다.

5. 장비의 배치 및 설치

식품 취급 시설에서 장비의 설치는 경제성과 효율성에 기초를 두며, 설비의 배치에 대하여는 위생성을 충분히 고려하여야 한다. 특히 주방의 설비는 작업의 흐름을 고려하여 빠르고, 손쉽게 작업할 수 있도록 배치한다. 장비는 청소하기 쉽고 구석구석까지 쉽게 손이 닿을 수 있도록 배치되어야 한다. 장비 배치가 적절치 못하여 좁은 공간이나 틈이 생기면 청소하기 어려울 뿐 아니라 쥐나 해충의 서식처가 될 수도 있다. 예를 들어 식품 처리 시설은 계단 밑쪽에 놓아서는 안 된다. 또 식품 처리 시설과 폐기물 처리시설과는 될 수 있는 한 멀리 떨어져 있어야 한다.

저장시설은 식품수송 차량으로부터 하역하기 쉽도록 가까운 곳에 설치하여 하며, 변질

되기 쉬운 식품은 외부 환경에 노출되는 시간을 줄여야 한다. 장비를 배치하는데 고려해야 할 몇 가지 사항은 다음과 같다.

① 작업 과정은 적절한 순서로 진행되어야 하며 작업 동선이 엇갈리는 일이 있어서는 안 된다.
② 작업 과정을 신속하고 매끄럽게 진행되도록 배치하여야 한다.
③ 처리 과정에서 처리되지 않은 물건이나 식품이 쌓이지 않도록 한다.
④ 작업자와 물건의 이동 거리는 최소화시킨다.
⑤ 물건이나 기구는 가능한 한 취급을 적게 하도록 하며 안정한 곳에 놓여져야 한다.
⑥ 공간이나 장비의 효율성을 극대화시킨다.
⑦ 품질관리는 모든 중요 작업 과정에서 면밀히 검토되고 점검되어야 한다.
⑧ 생산에 대한 비용이 최소화되도록 노력을 추구한다.

대부분의 경우 위생적 측면에서 장비를 배치한다는 것은 계획적으로 이루어져야 한다. 장비 배치의 그 첫째 목표는 청소하기 쉽고 해충이 숨을 곳이나 서식처가 되지 않도록 하는 것이다.

사용 빈도가 비교적 높고 한 사람의 힘으로 움직일 수 있는 장비는 벽이나 바닥 청소가 용이하도록 배치되어야 한다. 움직일 수 없는 장비는 벽에 꼭 붙여 틈이 없이 하든가 이웃 다른 장비와 붙여서 놓아야 하며, 그렇지 않으면 벽에서 아주 충분한 거리를 두고 설치하여 청소를 용이하게 하여야 한다. 벽으로부터의 거리나 장비와 장비 사이의 거리는 장비의 크기나 청소해야 할 면적의 크기에 따라 다르다.

움직이지 않는 장비를 바닥에서 띄울 때는 최소 15cm 이상되어야 하며, 바닥에 꼭 붙일 때는 공간이 생기지 않도록 배치하여야 한다. 장비를 바닥이나 벽에 붙일 때 사용하는 접착제 밀폐제는 독성이 없어야 한다.

연구문제

1. 주방용 장비를 구입하고자 한다. 필요한 위생상의 조건을 제시하라.
2. 냉장고의 이용 중 식품의 변패와 오염을 효율적으로 감소시키는 방법을 기술하라
3. 심온냉장은 일반 냉장과 어떻게 다른가?
4. 냉동시설은 미생물의 증식을 억제하는 데 아주 효과적이지만 식품의 품질을 보장하는 것은 아니다. 저온에서도 품질을 보장할 수 없는 이유는?
5. 주방에 새로운 장비를 구입하여 설치하고자 한다. 설치 시 위생적인 고려 사항을 제시하라.

§4-3 용기·포장의 위생관리

식품공업의 발달과 함께 간편 지향적인 식생활의 환경 변화는 식품을 단위 포장화를 촉진시키고 포장의 종류를 아주 다양하게 발전시켜 왔다. 용기 포장은 일반 적으로 천연재료와 인공 합성재료가 있으나, 이들이 식품과 접촉할 때 원재료에 함유된 각종 독성물질이 식품을 오염시켜 식품위생상 문제가 되는 수가 많다.

1. 용기·포장의 의의

우리나라 식품위생법 제2조에 의하면 기구, 용기·포장을 다음과 같이 정의하고 있다.

- 기구 : 음식기와 식품 또는 첨가물의 채취, 제조, 가공, 조리, 저장, 운반, 진열, 수수, 또는 섭취에 사용되는 것으로서 식품 또는 첨가물에 직접 접촉되는 기계 기구 기타의 물건
- 용기·포장 : 식품 또는 식품첨가물을 넣거나 싸는 물건으로서 식품 또는 식품첨가물을 수수(授受)할 때 함께 인도되는 물건
- 용기·포장에는 각각의 크고 작은 목적이나 기능 사양이 부여되어 있지만 현대의 용기 포장의 역할은 다음과 같이 세 가지로 요약할 수 있다. 즉 내용물의 보호, 취급의 편리성, 판매의 촉진 수단이 주요 목적이다.

표 4-1 용기·포장 재료의 종류

재 질	종 류
종이류	판지(골판지원지, 백판지) 양지(Kraft paper, rolled paper, glassine paper) 가공지(황산지, 파라핀지) 셀로판(보통셀로판, 방습셀로판)
합성수지	polyethylene (PE) polypropylene (PP) polystyrene (PS) polyvinylchloride (PVC) polyvinylidene chloride (PVDC)
목 제	나무상자, 합판상자, 나무통
금속제	금속관(양철, tinplate) 알루미늄관 알루미늄박(합성수지도포 혹은 laminate가중)
유리제	보통유리, 착색유리
도자기	도기, 자기, 옹기
가식필름	oblate film, amylose film

표 4-2 주요 용기·포장 재료의 위생적인 주요 항목

재질	위생 문제가 되는 주요 항목
금속제	유해중금속(납, 안티몬, 카드뮴, 구리)
도자기	유해중그속(납, 카드뮴, 비소)
유리	납, 비소, 유리알칼리
종이	PCB, 형광증백제, 불량 wax
합성수지	첨가제, 미반응 물질(포름알데히드, monomer)

2. 용기·식품 포장의 종류

용기·포장, 기구의 종류는 여러 관점에서 다양하게 나눌 수 있다. 포장에서 보면 포장 목적이나 포장 방법에 따라 나누기도 하지만 여기에서는 재질의 위생성 문제가 제기되기 때문에 재질에 따라 분류한다. (표 4-1 참조)

보통 용기에는 병이나 캔이 있고, 포장으로는 식품을 포장하는 종이나 폴리에틸렌 과 같은 것이 있다. 한편 기구는 칼이나 도마, 행주 등 조리에 사용하는 도구류나 식기를 말한다. 재질에 따른 위생적인 문제점은 아래의 표 4-2와 같다.

이와 같이 용기 포장은 그 재질에 따라 따른 문제점은 많으나 가장 사용 빈도가 높은 plastics, 도자기, 금속제 용기순으로 나타난다.

3. 합성수지(plastics)

1) 플라스틱의 특성

플라스틱은 라틴어의 plasticus, 그리스어의 plastikos에 어원을 두고 있으며 영어의 plastic은 원래 가소성(可塑性)을 가진 물질을 말하는 넓은 의미로 쓰인다. 현재 일반적으로 사용되고 있는 플라스틱은 "열이나 압력을 가하면 자유롭게 변형되고, 열이나 압력을 제거해도 그대로 형태를 유지하는 성질을 가진 것으로 합성섬유, 합성고무 이외의 고분자 합성물질"이라고 정의될 수 있다.

플라스틱은 가볍고 질기고, 녹이 나지 않고, 썩지 않고, 여러 형태로 만들 수 있고, 착색이 용이하고, 전기가 통하지 않는 장점이 있는 반면 열이나 빛에 약하고, 표면이 부드러워 흠이 잘 생기며, 재생 처리나 폐기물 처리에 어려운 것이 단점이다.

2) 플라스틱의 종류

플라스틱은 약 60여 종이 되지만 통상 사용되는 것은 20종 정도이다. 이를 성질에 따라 열가소성과 열경화성 플라스틱으로 나눌 수 있다.

또 플라스틱은 합성 고분자 물질이지만 저분자 물질을 기본으로 합성하는데, 단량체(monomer)의 중합체를 polymer라 부른다. Plastic을 그 성질과 구성 단량체에 의하여 구분되는데 나누어 보면 표 4-3, 4-4와 같다.

표 4-3 주요한 플라스틱과 단량체

분 류	플라스틱	원료단량체
열경화성 수지	페놀수지 요소수지 메라민수지 폴리에스텔수지 에폭시수지	페놀,포름알데히드 요소,포름알데히드 메라민, 포름알데히드 무수마레인산,무수프탈산,글리콜류 비스페놀, 에피크로르히드린
열가소성 수지	PVC PVDC PE PP PS AS수지 ABS 수지	염화비닐 염화비닐리덴, 염화비닐 에틸렌 프로필렌 스틸렌 스틸렌,아크릴로니트릴 아크릴로 니트릴, 부타디엔, 스틸렌

표 4-4 각종 플라스틱 필름의 이화학적 특성

종 류	기호	비중	방습성	방수성	기체차단성	내유성	강도
폴리에칠렌(저밀도)	LDPE	0.91	○	◎	×	△	△
폴리에칠렌(고밀도)	HDPE	0.96	○	◎	×	○	○
폴리프로필렌(무연신)	CPP	0.91	○	◎	×	△	○
폴리스치렌	PS	1.05	△	○	×	△	○
폴리염화비닐(경질)	PVC	1.4	○	◎	○	○	○
폴리염화비닐렌덴	PVDC	1.6~1.7	◎	◎	◎	◎	○
셀로판(보통)	PT	1.4~1.5	×	×~○	×~○	◎	○
폴리에스텔	PET	1.4	◎	○	○	◎	◎
폴리 아마이드(나이론)	N	1.1~1.2	△	○	○	◎	◎
폴리비닐알콜(비닐론)	PVA	1.3	×	◎	◎	◎	○
폴리카보네이트	PC	1.2	△	△	△	○	◎
알루미늄박/폴리에칠렌	Al/PE		◎	◎	◎	◎	○

◎ : 우수, ○: 양호, △ : 보통, × : 불량

3) 합성수지의 유해성

합성수지에 의한 유해성은 미반응 물질인 단량체(monomer)와 첨가제가 에 의한 것으로 나눌 수 있다. 단량체의 독성은 표 4-5와 같다.

성형된 플라스틱 중에는 다량의 단량체가 잔존하는 경우는 많지 않다. 또 플라스틱 용기 포장을 직접 먹는 일은 거의 없고 용기 포장에서 식품 중에 미량의 단량체가 침투되어 이 단량체가 인체에 들어오게 된다.

식품올 가열 조리할 경우 단량체는 비교적 비점이 낮은 물질이 많아(염화비닐 : -13.9℃, 부타디엔 : -4.5℃, 염화비닐렌덴 :31.7℃, 아크릴로니트릴 : 77.3℃) 가열 후에는 감소하는 경우가 일반적이다.

플라스틱은 단량체를 중합시켜 얻어진 polymer이지만, 단지 중합에 의하여 성형되는 것이 아니고 많은 첨가제를 필요로 한다. 플라스틱 첨가제의 안전성 평가는 단량체와 첨가제가 식품 중에 침투되어 인체에 미치는 영향과 관련이 있다.

현재까지 사회 문제가 되었던 것이나 동물 실험에서 유해성이 있다고 생각되는 것을 표 4-6에 나타내었다. 그 외에도 유화제(乳化劑), 정전기 방지제(靜電氣 防止劑), 착색료, 점착제(粘着劑), 용제(溶劑), 활제(滑劑), 자외선 흡수제 등이 있다.

표 4-5 주요한 단량체의 독성

단량체명	독 성
포름알데히드	점막자극, 토혈, 호흡곤란
페놀	피부염, 식욕부진
염화비닐	의식상실, 간혈관육종
아크릴로니트릴	중추신경마취작용, 급성죽도전신작용, 최기성
부타디엔	돌연변이 유발
스틸렌	피부자극, 점막자극, 중추신경계 작용

표 4-6 안전성에 문제가 있는 첨가제

종류	화 합 물	물 질 명
안 정 제 (PVC용)	알킬주석	디부틸주석 화합물 트리에틸렌주석 화합물
산화방지제	페놀류	BHA, BHT
가 소 제	프탈산에스텔 아디핀산에스텔 인산에스텔	DBP, DOP DOA TCP

플라스틱이 우리의 생활을 편리하고 더욱 발전시킨 것은 의심의 여지가 없으나 플라스틱의 유해성과 관련하여 단량제, 첨가제에 대한 급, 만성 독성 연구가 더 이루어져야 하며 환경오염을 최소화시키는 첨가제의 개발이 요구된다.

4. 도자기(陶磁器)

도자기는 옛날부터 널리 사용한 식품용 용기이다.

도자기는 만드는 원료와 소성 온도(燒成溫度)에 따라 분류하는데, 도기는 1200~1300℃에서 소성하며 자기는 1300~1450℃에서 소성한다.

일반적으로 도자기는 그 모양, 색채, 촉감 등이 독특하고 내열성, 내약품성 등이 우수하며, 강고(强固)하고 강성(剛性)이 커서 변형이나 수축 변질되지 않는 장점이 있다. 그러나 용기로써 밀봉성이 떨어지고 충격에 약하여 깨지기가 쉬우며, 무게가 무겁고, 기체 투과성, 투습성이 있다. 또 자동생산 체계에 의하여 대량생산할 수 없는 결점이 있다.

도자기의 위생 문제는 주로 납, 카드뮴의 용출에 있다. 산에 접촉하면 유약(釉藥)이나 용기로부터 중금속이 용출될 수 있는데, 이는 소성 온도가 적절치 못할 때 그 원인이 될 수 있다.

일반적으로 쓰이고 있는 도자기에 사용되는 유약은 칼리장석, 석회석, 규석을 주성분으로 한 마그네시아, 탈크, 바륨, 아연화 등을 배합하고 여기에 연단(鉛丹)이나 붕사를 가하여 융해점을 낮춘다.

채색 안료는 표 4-7과 같으며 소성 온도가 충분치 못하면 불용성의 규산염을 형성치 못하여 용출되기 쉽다.

표 4-7 채색 안료의 색과 관련 성분

색	성분
백색	Sn, Sb, Bi, 산화아연, Zr, 아비산, 산화알루미늄
적색	Fe, Cr, Cu, Au, Cd
녹색	Cu, Cr, 중크롬산칼륨
청색	Co, Cu
황색	Fe, Sb, U, 초산크롬
자색	Mn, Ni
갈색	Fe, Mn, Ni, Cr
흑색	U, Fe, Co, Ir, Mn, Co

5. 금속제 용기

금속제 용기의 장점은 단기간에 부패나 변질을 일으키기 쉬운 식품을 대량으로 완전하게 보존할 수 있다는 것이다. 이 금속 공관은 관 몸체(can body)와 뚜껑 및 밑바닥으로 되어 있는 three piece can과 몸체와 밑바닥이 일체가 되어 있고 뚜껑만 2중 밀봉법으로 접합하는 two piece can이 있다.

이러한 양철관(tinplate can)은 내면에 도료를 칠하지 않은 백관(白罐, plain can)과 도장을 한 도장관(塗裝罐, enamelled can, lacqured can)이 있다.

내면을 부식시키는 원인은 내용물에 의하여 영향을 받는다. 통조림된 식품의 종류와 조미 방법에 의하여 문제가 된다. 동일 식품 중에서도 생산지, 성숙 발육의 정도, 채취의 시기 등에 따라서 내면 부식이 다르게 나타난다. 식품 중에 질산염이나 수산염을 함유한 것도 부식을 촉진시킨다.

금속제 용기, 기구, 포장에서 위생상 문제가 되는 것은 용출된 중금속의 양적 문제이다. 납, 안티몬, 카드뮴, 구리 등은 내부 도장이 벗겨지든가 도장이 안 된 관의 사용, 재질이 불량하여 유해 중금속을 함유하고 있을 때 산성식품에 의하여 용출될 수 있다.

내면이 합성수지로 도장할 때는 합성수지제 기준에 맞도록 도장되어 있어야 한다.

연구문제

1. 식품 포장 용기 중 가장 많이 쓰이는 재질은 무엇이며 이것은 식품위생상 어떤 문제점이 있나?
2. 도자기의 채색 성분은 어떤 성분이며, 이들을 함유한 유약은 그 성분도 중요하지만 소성 과정이 더 중요하다. 그 이유를 설명하라.

§4-4 조리시설의 위생관리

안전하고 위생적으로 식품을 제조, 판매하기 위하여 시설의 생산 능력에 맞게 적절한 양을 생산하고, 철저하게 위생관리된 시설에서 교육을 받는 종업원에 의하여 식품을 조리 가공하는 것이다. 자칫 이익 추구에 치우치다보면 무리하게 주문을 받기 때문에 식중독 사고를 일으키기도 한다. 업무량의 폭주 시 업무에 익숙지 않은 사람을 보충하거나, 냉각 설비가 부족할 경우 조리된 식품의 관리가 정상적으로 이루어 지지 않기 때문에 식중독 사고가 많이 발생할 수 있다.

미생물의 오염은 조리식품의 가공 공정이 명확히 분리되어 있지 않고 원재료의 전처리, 조리실의 부적합한 그릇에 담는 단계가 동일 장소에서 이루어지기 때문에 2차 오염이 될 수 있다.

특히 계절성이 강한 식품을 조리할 때, 시설의 생산능력이 주문량에 미치지 못하여 일관된 관리를 실시할 수 없다. 따라서 각 조리시설에 맞는 생산을 하는 것이 위생적인 식품 제조의 기본이다.

1. 조리시설의 화장실과 수세설비

1) 수세설비를 설치할 때 필요한 조건

식품 취급 시설의 위생관리는 "씻는 것에서 시작하여 손 씻는 것으로 끝난다."라고 할 정도로 작업자의 수세는 중요하다.

이렇게 중요한 수세설비를 어떻게 설치하면 작업자가 능률적으로 이용할 수 있을 것인가?

식품 취급 시설의 각 작업장의 출입구에 반드시 설치하여야 하는 수세설비가 비좁고, 수도전의 수효가 충분치 못한 경우가 많다. 일반적으로 한 사람이 비누액으로 씻어내고 소독액으로 소독 후 종이타월이나 전기건조기로 건조하는 과정은 1~2분 가량이 걸린다. 따라서 작업자 4인당 1개 정도의 수도전이 있으면 능률적으로 손을 씻을 수 있을 것이다.

급수전은 손을 직접 접촉하지 않고 조작할 수 있는 족답식(足踏式), 완식(腕式), 자동식(自動式), 전자감응식이 좋으며 시설의 출입구, 오염 작업구역, 비 오염 작업구역에 설치한다. 수세 장소가 불편한 데 설치되어 있으면 결국 손씻기를 태만하게 된다.

또 출입구 주변에 설치할 때는 그 주변에 불필요한 기구를 놓아두지 않아야 한다. 수세장의 주변에는 손 씻을 때 물방울이 비산하기 때문에 조리가공 등에 사용되는 기구, 반제품, 원료 등을 놓아두지 않도록 한다. 수세장에는 비누액, 손톱솔, 종이건조기 혹은 전기건조기, 소독액 등을 항상 비치한다.

손 씻을 때 사용되는 온수는 더운물을 쓸 수 있도록 준비하는 것이 좋다. 더운물은 잘 떨어지지 않는 오물을 제거하는데 효과가 있다. 또 손에 바르는 크림도 준비해 두어 손이 거칠어지는 것을 방지한다. 손이 거칠어지기 쉬운 사람은 위생 고무장갑을 쓰도록 하고 경우에 따라서는 작업부서를 바꾸는 것도 고려한다. 식품에 직접 접촉하는 작업을 행하는 종사자의 손 소독에는 에틸알코올이 많이 사용되며, 미생물을 제거하는 장점이 있다.

2) 수세의 순서 및 방법

추운 계절에 5℃ 이하의 수돗물에 손을 수세하는 작업장이 많은데 이것은 오염물질을 씻어내기 어려운 문제도 있으나 물이 차면 손 씻기를 생략하거나 일부 과정을 생략하거나 대강 씻는 일이 많게 된다. 따라서 손 씻는 것을 기분 좋게 느낄 만큼 수온이 높은 것이 좋다.

기름을 사용하는 작업장은 온수 시설은 필수적이다. 최근에는 손 씻기 · 건조 · 알코올분무의 일련의 과정을 시스템화시키는 곳도 있다. 가능한 일련의 수세 동작이 자연스럽게 이루어지도록 종사자의 위생교육과 습관화를 위한 작업환경을 만들어야 한다.

수세 장소는 손을 깨끗이 할 뿐 아니라 모발 등의 이물이 작업복에 붙어 있지 않는가를 서로 확인한다. 거울을 보고 위생복의 이물을 검사하고, 더욱 바람직한 것은 air shower를 설치하는 것이다.

수세의 순서는 먼저 모자를 바르게 쓰고, 복장을 단정하게 한 후, 이물 부착 여부를 확인한다. 그 다음 수세를 하고 종이 타월 등으로 건조시킨 후 소독액을 분무하여 소독한 후 작업장으로 들어간다.

잘 정비되고 정결한 수세장은 그 작업장 종업원의 위생에 대한 의식을 높이는데 유효하다. 수세장은 또 경영자가 작업장의 안전성과 위생에 대하여 어떤 태도와 생각을 가지고 있는가를 단적으로 나타내는 곳이라 하겠다.

3) 화장실의 수세설비

화장실의 바닥은 오물이 비산되어 많은 대장균이나 잡균이 오염되어 있다. 따라서 화장실 전용의 신발을 사용치 않으면 안 된다.

작업용 신발을 화장실까지 사용하면 신발 바닥에 오물이 붙어 작업장의 바닥을 오염시키게 된다. 바닥이 오염되면 작업실 전체로 오염이 확산된다.

화장실에 들어갈 때는 위생복을 갈아입고 들어가는 것이 좋다. 특히 비 오염 지역에서 작업하는 경우와 오염 지역의 의복은 달라야 하며, 각 개인마다 2가지의 옷을 비치하고 색도 달리하여 관리하기가 쉬워야 한다. 작업 지역의 위생 특성에 맞지 않는 옷을 무심코 입고 다닌다든가 성가시고 귀찮게 여기는 사람이 있다면 서로 주의를 요구하여야 한다.

용변 후 수세시설은 작업장 출입 시의 수세시설과 동일하게 시설한다. 시설의 효율적인 이용은 업소 전체의 위생 문제에 얼마나 크게 영향을 줄 것인가를 종사원에게 정기적으로 교육하여야 한다.

2. 조리시설의 급수설비

조리시설의 급수는 그곳에서 조리 가공되는 모든 식품에 직접 혹은 간접으로 영향을 주기 때문에 매우 중요한 시설이다. 급수설비의 불량이나 소독이 철저하지 못하면 대형 식중독 사고로 이어진다.

최근에 아파트와 같은 집단 주택단지나 대형빌딩의 옥상에 설치되어 있는 저수탱크에 대한 관리가 문제점으로 지적되고 있다. 원수의 수질과 개선을 위하여 국가적인 노력을 하고 있으나 옥상과 지하의 저수탱크의 청결 문제는 실제 무관심하게 지나치고 있다.

우리나라 수도법에는 저수탱크를 연 2회 이상 청소하도록 의무화하고 있다. 그러나 탱크 자체뿐 아니라 일류관(溢流管, overflow tube)이나 맨홀의 설치관리 상태가 나빠 우수가 들어가기 쉽고, 방충시설이 없어서 곤충이나 다른 이물이 쉽게 들어갈 수 있게 방치되어 있는 경우가 많다. 또 탱크 내 세균이나 유기물, 녹물이 함유되어 있는 경우도 많다.

식품 취급 시설에서 사용되는 물은 대개 수도수와 자가 지하수를 함께 쓰는 경우가 많다. 이러한 물이 식품에 직접 혹은 간접으로 접촉한다면 적절한 소독 시설을 설치하고 운영하여야 한다.

특히 지하수를 이용하고자 하는 식품 취급 시설은 지하수의 수질기준에 적합한지를 수시로 검사해야 한다.

3. 조리시설의 환기설비

1) 조리장 환경으로부터 미생물 오염

조리시설 내에서는 원재료의 처리, 가열조리나 방냉, 냉각을 행하고 또 다양한 조리 작업으로 인하여 사람들의 움직임이 많아져 먼지와 냄새를 발생시킨다. 이러한 물리적, 화학적 주변환경의 변화는 작업환경의 공기를 오염시키게 된다.

오염된 환경 속에서 조리가공된 식품은 미생물에 의하여 2차 오염을 받게 되어 환기장치가 필수적이다. 작업장의 환경을 개선하는 가장 간단한 방법이 시설 내의 오염된 공기를 외기와 교환하는 일, 즉 환기시설이다. 그러나 외부에서 들어온 공기가 반드시 위생적인 것이 아니므로 부유 미생물이나 먼지를 제거한 정화 공기를 이용하여 환기할 필요가 있다. 여러 가지 공기 청정화 시스템이 개발되어 있지만 부유 미생물이나 먼지는 air filter, 전기 집진장치 등으로 제거하고 덕트(duct)를 통하여 실내로 들여보내는 것이 일반적인 방법이다.

조리시설 내의 환기는 작업을 편하고 쾌적한 환경에서 하도록 하기위한 필요 조건이다. 또 먼지의 발생에 따른 부유 미생물의 낙하에 의한 대책도 중요하고 미생물에 의한 2차 오염으로 인한 세균의 증식 방지 및 식중독균을 포함한 위해물질의 혼입을 방지하여야 한다.

환기는 또 실내온도 및 습도의 조절에도 중요한 장치이며 환기가 부적절할 경우 천정이나 벽에 곰팡이가 발생하는 것도 흔히 볼 수 있다.

2) 흡입 및 배기장치

대부분의 조리시설에서는 미립체가 비산하고, 굽는데 따른 발연, 삶고 가열 과정 중에 생성되는데 따른 수증기 발생 등 여러 형태로 공기오염을 일으킨다. 이 때문에 흡기와 배기구를 적절히 설치하여 환기하고 청정 공기를 유입시켜야 한다.

외기 환경이 열악하면 환기장치에 흡기구와 동시와 배기장치를 설치한다. 흡기구에는 반드시 필터를 설치하여 정화된 공기가 필터에서 먼지를 제거하고 유입되도록 한다.

강제적인 배기설비는 증기, 연기, 악취 등이 작업환경을 열악하게 하므로 발생 장소에 후드를 설치한다.

특히 튀김식품을 조리하는 조리장에서는 후드에 기름이 부착되어 그 효율이 저하되며 미생물의 서식처가 되므로 유지방지 필터를 설치하든가 떼어내기 쉽게 만들고, 수산화나트륨 등으로 세정하여도 부식되지 않는 금속의 재질을 사용한다. 오염물이 축적되기 어렵고 또한 세정하기 쉬운 구조로 한다.

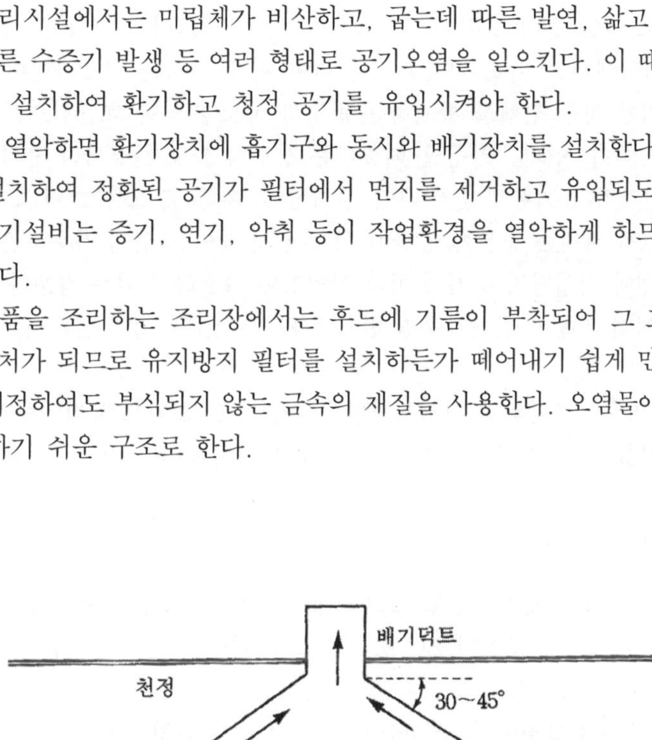

그림 4-2 후드(hood)식 국소환기장치

후드의 흡인 속력은 0.25~0.5m /sec, 전체의 환기량은 20~40m^3/hr로 하는 것이 일반적이다. 시설 내 온도는 25℃ 이하, 습도 60% 전후로 조절하는 것이 이상적이지만 여름철에 있어서는 온도 25~30℃, 습도 50~70%로 조절하여 사용한다.

삶고, 끓이고, 튀기는 등의 시설에는 실내의 온도, 습도가 상승하기 쉬워 작업환경이 악화된다. 천정이나 벽의 표면에 습기가 높아지고, 경우에 따라서는 결로(結露) 현상이 일어나 오염물질이 비산하거나 곰팡이와 함께 부착 증식함으로써 그 부근이 검게 변색된다.

튀김이나 굽고 찌는 등의 요리에서는 연기나 증기가 실내에 가득 차 환경이 나빠지게 된다. 이런 작업장에서는 비닐 커튼을 설치하여 피해 지역을 극소화한다.

환기장치에 의한 경우 전체를 환기하는 방법과 국소 지역을 효율적으로 환기하는 방법이 있다. 전자는 증기, 연기, 열 등을 배출하는 경우에 쓰고 가열처리 장치의 상부에 설치한다. 국소 환기장치의 기본적인 형태인 천개형(天蓋型) 후드는 그림 4-2와 같다.

조리시설을 설계 시에는 충분한 공간이 확보된 것 같아도 실제 가동하는 단계에서는 작업 내용의 다양성과 작업량의 증가에 따라 작업장이 협소하게 되는 경우가 많다. 가열하거나 냉각하거나 작업 과정이 번거로우면 번거로울수록 실내환경이 악화되는 것은 일반적인 경향이다.

이런 경우 환기가 불충분하면 비위생적인 식품을 만들게 되므로 작업환경의 보전이라는 측면에서 조리시설 중의 환기시설은 극히 중요한 의미를 갖는다.

4. 조리기구의 세정과 소독

조리기구의 그 범위는 꽤 넓다. 칼, 도마, 용기, 냄비와 같은 일반적인 것과 취반기, 오븐, 튀김장치 등 비교적 전문화한 것, 또 특수 조리기구가 있으며, 각각의 세정이나 살균 방법에 대한 특성은 다르다.

세정, 살균에 대하여 재질이나 구조면에서의 특성을 파악하여 이에 대한 세정 및 살균방법을 확립하여야 한다.

1) 조리기구의 미생물 오염

조리기구를 오염시키는 미생물은 직접 사람의 건강에 위해를 주는 경구전염병균이나 식중독, 다른 하나는 식품의 품질을 나쁘게 변화시킴으로써 영양이나 미각을 악화시키고 부패에 따른 간접적 건강장해를 가져다주는 변패균이나 부패균이 있다.

경구전염병균에 관한 지표균으로서 일반적으로 대장균군을 사용하고 있다. 대장균군의 오염은 사람이나 온혈동물의 분변에서 유래하는 균으로 조리기구에서 이 균이 검출되는 것은 세정, 소독이 불충분하거나 또는 불결하게 취급했다는 증거로 볼 수 있다.

한편 대장균군 이외의 변패균이나 부패균 등이 조리기구를 오염되어 그것이 식품을 오염시켜 식품의 품질을 나쁘게 한다.

조리기구에 대한 대장균군을 검사한 한 조사 보고에서 도마, 주걱, 소쿠리의 오염률이 50% 이상이나 되는 것은 내수성이 떨어지는 기구들이며, 내수성이 있는 금속제용기나 합성수지제는 비교적 오염률이 낮다. 따라서 나무와 같은 흡수율이 높은 기구의 위생관리가 특히 중요하다.

2) 조리기구의 미생물 증식

미생물의 증식에 필요한 3가지 조건은 수분의 존재, 적절한 온도, 영양물질의 존재로 대표될 수 있으며 이들 중 어느 것 하나가 적절치 못하면 미생물은 증식하기 어렵다.

그렇지만 통상의 조리장은 3가지 조건을 모두 만족시키고 있기 때문에 미생물의 생존이나 증식에 극히 좋은 환경을 갖추고 있다.

미생물의 생육을 억제시키기 위해서는 많은 방법이 있으나 대부분 3가지 요인을 관리하고 제어하는 법이다.

(1) 수분의 제거

건조는 미생물의 생육을 억제시킬 수 있다. 미생물 오염에 심한 도마는 흡습성과 미생물의 생육에 적합한 수분함량을 유지하고 있기 때문이다. 도마를 사용하는 경우 표면을 평활(平滑)하게 깎은 새로운 것을 여러 개 준비하여 사용하지 않을 때는 충분히 건조시켜 놓아야 한다.

이 점에서는 플라스틱제 도마 쪽이 유리하다고 하겠다. 그 외의 조리기구도 될 수 있으면 건조시켜 보존하는 것이 좋다.

(2) 저온보존

미생물 생육의 최적 범위 이외의 저온에서 보존하면 미생물의 생육을 억제시킬 수 있다. 그러나 제어 효과가 큰 0℃~10℃ 범위로 모든 조리기구를 보관하는 것은 현실적으로 어렵다.

(3) 영양성분의 제거

조리기구의 사용에 각종 식품의 잔재물인 찌꺼기는 미생물이 아주 좋아하는 영양성분들이다. 이들을 제거하게 되면 수분과 온도관리가 철저하지 않아도 미생물의 증식을 막을 수 있다. 따라서 세정은 조리기구의 위생적 상태를 유지하는데 가장 간편하고 효율이 높은 수단이 된다.

3) 조리기구의 세정

조리기구의 세정에는 맑은 물이나 세제가 쓰이고 있다. 기름기가 많이 부착된 찌꺼기를 함유한 기구는 맑은 물만으로는 충분한 세정 효과를 얻을 수 없으므로 합성세제를 이용하면 효과를 얻을 수 있다.

그러나 조리과정 중 열을 받아 탄화(炭化)된 것과 같은 단단한 찌꺼기는 세제를 이용하여도 제거하기 어렵다. 그대로 방치하면 미생물의 서식처로 이용되기 쉬우므로 cleanser나 nylon wool, steel wool 등을 써서 연마 제거한다.

깨끗한 물이나 세제 수용액으로 사용할 경우 스펀지 등을 사용하면 효과를 높일 수 있다. 이러한 세정작업을 하여도 잔류하는 미생물을 완전히 없앨 수는 없다.

사용하는 수돗물이나 지하수 중에도 일반 세균이 생존할 수 있다. 그러나 오염물질을 완전히 제거하면 잔류 미생물의 증식은 일어나지 않는다.

세라믹, 유리, 금속과 같이 평활한 경질 표면을 가진 기구는 단지 세정만으로도 충분한 효과를 얻을 수 있다.

그러나 목재와 같은 연질로써 흡습성이 크고, 표면이 거칠게 되어 있는 조리기구의 경우는 세정에 따른 미생물이나 영양 물질의 제거율이 낮기 때문에 이들 기구에서 세균의 증식을 억제시키는 데는 세정 후 충분히 수분을 제거하고 건조 상태로 만들 필요가 있다.

위와 같은 세정과 건조에 따른 위생 상태의 유지는 일상의 관리수단으로서 이용되고 있지만 만능 방법은 아니다.

조리기구가 유해 미생물에 의하여 오염될 우려가 있는 경우 살균조작에 의하여 목적 미생물을 제거하지 않으면 안 된다.

4) 조리기구의 살균

살균은 가열 등의 물리적 살균력과 살균제를 이용한 화학적 살균력이 있다. 가열은 조리기구의 가장 적합한 방법이다. 끓이거나 80℃ 이상의 열탕을 이용하는 간편하고 안전성이 높은 방법이다. 80~100℃의 고온수로 처리하여도 내열성의 아포세균을 사멸시킬 수는 없지만 병원균을 포함한 일반 무아포세균, 곰팡이, 효모 등은 완전히 사멸시킬 수가 있다.

예를 들어 칼이나 국자 등은 열탕 중에서 2~3분 살균한다. 도마나 큰 기구는 열탕 중에 넣기 어렵기 때문에 열탕을 표면에 부어 표면 온도가 85℃ 이상이 되도록 2~3분간 유지함으로써 살균할 수 있다.

살균제는 그 종류가 많지만 식품에 직접 접촉하는 조리기구의 살균에는 식품첨가물로 허가되어 있는 차아염소산나트륨류(락스)나 에틸알코올 등을 쓰는 것이 무난하다. 차아염소산염은 유효 염소 농도 150~200ppm의 수용액 중에 수 분간 침지하거나 이 수용액으로 대상물의 표면에 분무하여 병원균을 사멸 시킬 수 있다. 그러나 철제기구와 금속재료를 부식시키기 쉽고, 염소취가 잔류하는 문제가 있으므로 사용 후 맑은 물로 충분히 씻어낼 필요가 있다.

에틸알코올은 극히 안전한 살균제이지만 60~85% 정도의 고농도 수용액을 쓰지 않으면 효과가 없다. 이와 같은 살균제는 깨끗한 조리기구 표면이 아니면 효과가 없다.

5. 도마의 위생

도마는 세균의 오염원으로서 가장 큰 비중을 차지하며 직접적 식중독 사고의 발생에 크게 영향을 준다. 도마의 효과적인 세정, 살균 방법, 재질에 따른 특성은 다음과 같다.

1) 도마의 재질과 특성

목제 도마판은 노송나무, 후박나무, 은행나무 등이 사용되고 있지만 서구에서는 흡착력이 적고 단단한 단풍나무를 쓰기도 한다.

목제 제품은 물과 함께 세균이나 식품의 액즙이 침투하여 세균 증식의 좋은 장소를 제공한다. 아무리 청결히 하여도 목질의 틈과 속은 균의 서식처가 되고 있다. 일본의 대부분의 지방에서는 조례로 생선회 도마로써 목제 도마의 사용을 금지하고 있다.

최근 목제 도마판 대신에 합성수지제, 합성고무제 도마판이 많이 사용되고 있다. 표면에 상처가 생기면 오물을 제거하기가 어렵기 때문에 적당한 시기에 새로운 표면이 나오도록 도마판을 여러 층으로 제작하는 방법도 강구되어야 한다.

합성수지제 도마판은 목제보다 반드시 더 위생적인가에 대한 비교 검토도 이루어졌다. 합성 도마판은 음식 잔재물이 재질 중에 스며들지 않기 때문에 재질 내에 세균의 서식처가 만들어지지 않는다.

그러나 사용 직후 표면의 오염 상태나 표면에 오염되어 있는 세균의 수를 보면 목제와 합성수지제 도마 사이에 유의한 차이를 보이지는 않는다. 이것은 사용 후 세제를 사용하여 깨끗이 관리하면 똑같이 청결을 유지할 수 있다.

한편 목제 도마판 쪽이 더 오염되어 있다는 연구 결과도 있으나 이는 재질 중으로 침투한 세균이 오염물질과 함께 표면 쪽으로 나오기 때문으로 생각된다. 이를 방지하는 위해 열탕소독을 한 후 신속히 건조해야 한다.

합성수지제 도마판에 때때로 붉은색 반점이 생기는 경우가 있다. 이것은 어떤 세균에 의해 생산한 색소에 의하여 물들은 것이기 때문에 세제 등에 의해서는 제거하기가 어렵다. 이 경우에는 일광소독을 하는 것이 가장 좋다.

합성수지제 도마가 나무도마보다 청결 유지에 유리하다고는 하나 과신해서는 안 되며 취급이나 손질은 나무와 똑같은 주의가 필요하다.

2) 도마의 세정과 소독

도마판의 세정 · 소독방법은 그림 4-3과 같이 중성세제를 사용하여 온탕에서 수세미로 잘 닦은 후 수세하는 방법과 중성세제 대신 크린저(cleanser)를 이용하여 닦는 방법이 있고 수세 후 200ppm 농도의 차아염소산나트륨 용액에 5분간 담는 방법 등 여러 가지 방법을 선택할 수 있다.

살균 효과가 가장 큰 것은 세정 후 열탕증기소독하는 방법(5~6분 이상)이다. 이외에 효과가 있는 것은 세정과 위의 방법으로 소독하고 사용 직전 재차 소독하는 방법이 있다.

주의할 점은 어떠한 방법으로 세정·살균하여도 습한 곳에 그대로 방치하면 잔존 세균이 시간의 경과와 함께 재차 증식하여 세정·살균 효과를 무력화시키므로 건조 상태를 유지하도록 하는 것이 매우 중요하다.

도마는 어류용, 식육용, 채소용 등 각각 전용의 것을 사용하는 것이 좋고, 조리된 것과 날 것을 동일한 도마를 사용하여 교차 오염되는 일이 없도록 하여야 한다.

식품에 부착되어 있는 세균은 식품의 종류나 가공법 등에 따라 각각의 고유한 미생물상을 갖고 있다. 육류에서 육류로 부착하는 경우는 어느 정도 문제가 되지 않지만 식품의 종류가 다를 때 예상치 못한 미생물의 오염으로 처리의 기회를 잃기 쉽다. 도마는 모양, 색, 크기에 따라 확실히 구별하여 쓰는 것이 좋다. 도마판의 표면 오염 상태는 도마판의 재질보다 세정과 소독을 얼마나 정성껏 실시했느냐에 더 크게 영향을 받는다.

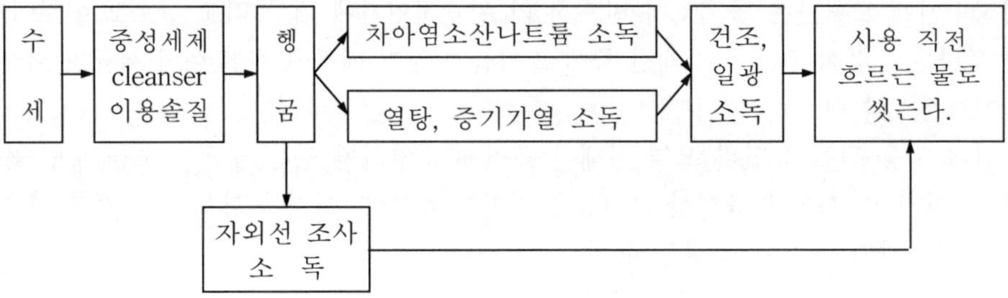

그림 4-3 도마판의 세정과 소독

6. 행주의 위생

행주는 옛날부터 그 가정의 위생 수준을 나타내는 척도이다. 각 가정의 행주의 위생상태를 조사해 보면 많은 세균과 대장균도 검출되고 있어 재오염원인 경우가 많다. 이를 방지하기 위하여 세정, 살균, 소독, 건조의 중요성이 강조되고 있으나 식중독 원인균의 매개 가능성은 늘 존재한다.

1) 행주의 조건과 재질

가정용으로 사용하는 행주의 재질은 일반적으로 약 30cm의 사각 모양의 표백된 목면이 보편적이다.

레이온, 마 등의 혼방(混紡)과 사용 목적에 따라 타월 등도 사용되고 있다. 즉 수분을 잘 흡수하고 식기 등을 행주질하기에 적합한 재질의 것이 사용되고 있다. 이외에 조리할 때 사용하는 행주는 거의가 표백 목면이 많이 사용하고 있다. 예를 들어 채소나 생선 의 물기를 제거할 때 많이 쓰이고 있다.

표백 목면이 사용되고 있는 것은 수분 흡수력이 강하며, 세탁하면 오물을 제거하기 쉽고, 빠르게 건조되는 등 행주가 갖추어야 할 특성을 모두 갖추고 있기 때문이다. 물기나 오물의 흡착력이 강한 성질은 세균의 서식처가 되기 쉽다는 약점을 지니고 있다.

2) 행주의 세균오염과 소독

사용 중인 행주의 세균오염에 대한 일본의 조사에서 일반 세균 수는 $10^4 \sim 10^8/cm^2$, 대장균군은 $10^4 \sim 10^6/cm^2$ 정도로 보고되었으며, 우리나라도 비슷하리라 생각된다.

행주에 부착된 포도상구균의 제균(除菌) 효과는 수세만으로도 상당수의 균을 제거할 수 있지만 실제의 생활에 이용될 만한 균의 사멸을 가져올 수 없기 때문에 소독의 과정을 거쳐야 한다. 살균효과는 건조, 열탕소독, 차아염소산나트륨 소독의 순으로 효과가 큰 것으로 알려져 있다(표 4-8 참조).

행주의 가열살균과 그 후 처리과정을 정리하면

세정 : 중성세제를 써서 세탁한다.

↓

행굼 : 철저히 행군다.

↓

열탕소독 : 끓는 물속에서 30분 (즉시 사용할 경우도 많기 때문에 이때는 끓는 물을 버리고 장갑을 끼고 물을 짜서 사용한다. 건조할 시간이 없을 때에는 더운물 버린 용기에 랩 등으로 씌워서 냉장고에 넣어두고 쓴다.)

↓

건조 : 자외선건조, 건조, 풍건

차아염소산나트륨으로 처리할 때는 표시한 농도에 맞도록 희석 배수와 처리 시간을 준수하여야 한다.

표 4-8 각종 처리에 따른 행주의 미생물 오염 제거 효과

처리구분		대장균균	일반생균수	처리 조건
건조	초기세균오염량	2.0×10^5	8.0×10^6	가정용 행주를 중성세제로 세정한 것
	실내건조	2.0×10^3	3.0×10^5	온도 23℃, 습도 60% 실내 20시간
	옥외건조	0	1.0×10^3	11월 맑은 날 오전 10시~오후 3시
열탕소독	초기세균 오염량	2.0×10^7	2.0×10^8	가정용 행주를 중성세제로 세정한 것
	50℃, 10분간	3.0×10^2	1.0×10^6	
	100℃, 10분간	0	1.0×10^3	
표백	초기세균오염량	3.0×10^6	5.0×10^7	가정용 행주를 중성세제로 세정한 것
	표백제 0.25%	1.0×10^3	4.0×10^3	치아염소산나트륨, 10분간 담근다.
	표백제 0.5%	0	0	치아염소산나트륨, 10분간 담근다.

3) 행주로 인한 2차 오염 방지

행주가 젖은 상태로 계속 사용되면 아주 작은 음식찌꺼기도 세균의 좋은 발육원이 되고, 특히 이취가 나는 행주는 무수히 많은 세균이 부착되어 있다.

이것은 사용 중에 부착된 세균이 시간이 경과하면서 증가하여 사람의 손가락이나 식기 등에 재오염을 일으킨다. 이를 방지하기 위해서는 늘 세정 후 건조시킨 행주를 사용하는 것이 중요하다.

식기나 조리기구 등에도 종류나 사용 목적에 따라 특징적인 오염물질이나 세균이 서식하고 있기 때문에 행주에 의한 교차오염을 일으키는 원인이 된다. 이것을 목적별로 색을 구분하여 두는 것이 좋다.

이취가 있는 행주는 세정 시에 적절한 표백 탈취제를 사용하여 이취를 없애도록 한다.

행주는 '한 번 사용하여 물에 적시면 세균의 창고와 같다'고 할 정도로 세균오염도가 높기 때문에 교차오염의 도구로 보아야 한다. 그러므로 늘 새롭고 청결한 행주를 사용할 수 있도록 하기 위하여 충분한 양을 준비하고, 목적에 따라 색깔을 달리하여 목적 이외는 사용치 않도록 하고, 사용 후에는 반드시 열탕 소독을 실시하고 건조해 두어야 한다.

특히 이취가 있는 것은 세균이 오염된 것으로 생각하고 표백 살균과 염소액으로 소독을 행한다.

7. 집중 조리장 및 커미서리 시스템의 위생관리

최근 외식산업의 급성장으로 각종 음식점이나 햄버거 등을 판매하는 패스트 푸드(fast food)점의 체인화가 이루어져 다점포 경영 및 택배(宅配)와 같은 새로운 유통 형태가 자리를 잡아가고 있다. 이들 업소에서 취급하는 조리 완제품이나 식재료의 공급 산업체에서는 집중 조리장(central kitchen)이나 가공조리 공장을 설치하고 있다.

집중 조리장의 조리 공정은 우선 식재료나 원료의 무게를 재고 분류한 후 전처리 단계로 넘어간다. 전처리 단계에서는 해동, 세절, 침지, 브랜칭, 용해, 불가식 부분의 제거 등의 과정을 거친 후 소분하게 된다.

다음 조리 공정은 열처리 과정으로 대부분의 조리 가공 핵심이 되며 조리행위가 이루어져 제품의 살균을 할 수 있는 과정이다. 조리 가공된 식품은 필요한 크기로 포장하며, 이때 포장의 방법 등은 식품의 보존 특성에 적합한 포장을 실시하게 된다.

그 다음 저장 보존의 단계는 식품의 특성에 맞게 상온, 냉장, 냉동 저장한 후 각 사업소로 발송한다. 이때 수송 시의 온도는 기 저장 조건과 동일한 조건에서 운송하여야 한다.

집중 조리장은 동질성을 갖는 식품의 대량생산에 따른 품질의 우수성, 관리 측면에서, 경영 측면에서, 소비자 인식 측면에서 많은 장점을 가지고 있으나 대량생산 체제에서 위생적인 문제가 발생하면 그 파급되는 영향이 크기 때문에 제조, 가공, 조리, 유통에서 각각의 과정이 매우 중요하다.

커미서리(commissary)라는 용어의 어원은 미국에서 유래된 것으로 개척지나 광산, 목재 벌채장에서 생활용품을 배급하는 장소에서 유래된 것이다. 그러나 일반적으로 사용되는 뜻은 식재료 및 그와 관련된 물건을 집중적으로 사들여 보관, 배송, 판매 등 일관된 시스템 기능을 하는 곳으로 사용되고 있었다(표 4-9 참조).

1) 집중 조리장의 기능과 설비

집중 조리장이라고 하여도 양식, 한식, 일식 등 업종별, 업태별(패스트 푸드점, 커피숍, family restaurant 등)로 다르며 그에 따라 내용과 기능(공정과 작업)에 따라 다르게 된다. 일반적으로 집중 조리장은 아래 그림과 같은 공정의 기계화, 자동화를 기반으로 이루어 인력을 최대한 절약한 시설이다.

표 4-9 Central kitchen/Commissary System의 구분

시 설 구 분	시설의 분류		
검수장, 원재료 등의 보관장, 전처리장 조리가공장, 칭량포장장, 분류반출장 제품보관장, 운반기구비품보관장	조리가공 시 설	집중 조리장 · 커미서리	집중조리장 · 커미서리 시스템
제품등의 운반 · 보관시설	작 업 장		
갱의실, 휴게실, 변소, 시험검사실 사무실	부대시설		
조리장, 급식장, 보관장	작 업 장	조리급식 시 설	
갱의실, 변소	부대시설		
처리가공장, 보관장, 매장	작 업 장	판매시설	
갱의실, 변소	부대시설		

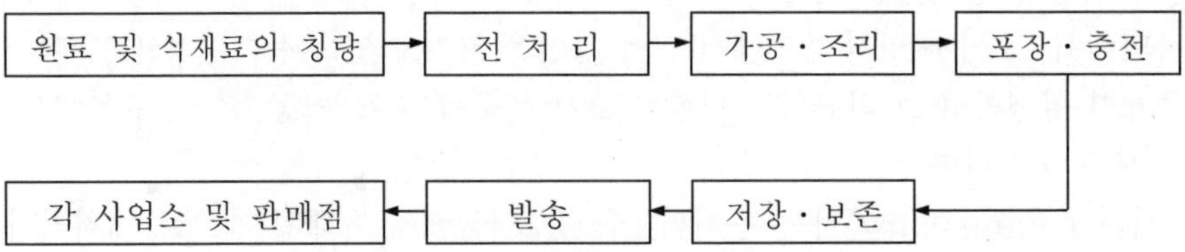

그림 4-4 집중조리장에서의 가공조리 공정

이 집중 조리 형태는 각 사업소나 음식점, 식품 판매점에 있어서 상품 내용이나 섭식 방법에 따라 다르지만 전처리를 필요로 하지 않는 재료, 반 가공조리품, 재가열 섭취용 조리품으로 분류하여 각각의 특성에 따른 보존 수송방식(냉동, 냉장, 상온 등)을 택한다.

집중 조리장은 조리장이란 뜻보다는 집중화된 식품 생산 시설(centralized food production facilities)라고 볼 수 있어 오히려 식품공장으로서의 기능을 갖는다.

생산시설에서 생산된 식품은 생산공정의 혁신과 운송수단의 발달로 최종 소비 단계인 판매업소까지 일관된 체제를 갖추게 되었다. 이러한 제도를 커미서리 시스템(commissary system)이라고 하며 점차 보급이 확대되어 가고 있다.

2) 위생관리의 요점

Family restaurant 등의 음식점을 대상으로 한 집중 조리장은 적온 섭식을 전제로 점포에서 재가열 처리를 하며 품목에 따라 냉동 · 냉장 시스템을 요구하며, 무침류나 냉채

류 처럼 저온 보관・수송하는 일이 많다. 이에 비하여 커미서리에서는 대부분 냉장 보관・수송・판매가 원칙으로 되어 있기 때문에 집중 조리장에 비하여 작업 공정이 비교적 단순하지만 판매에서 진열될 때까지는 수송의 시간으로 인한 경과로 인하여 품질의 손상을 일으키므로 철저한 위생관리가 요구된다.

최근 소비자의 취향은 자연식품, 생식품, 건강식품을 선호하기로 관심이 커지고 있기 때문에 이에 맞추어 식품의 가공, 조리 공정의 시스템화 보존・수송 및 섭취 판매 방식에 있어서 위생적으로 일관된 관리제도가 필요하다.

이를 위하여 체계적이고 독립적 위생관리 체제를 확립하여 위생관리 지침서를 만들고 검사체제를 강화할 필요가 있다. 원재료의 구입에서 최종 소비자의 입에 들어갈 때까지 전 과정을 조직적으로 관리하기 위하여 다음에 주의하여야 한다.

① 선도가 좋고 식중독균 등의 오염물이 부착되지 않은 원료의 확보
② 전처리에서 조리가공 공정까지 미생물 오염 여부 검사
③ 용기의 포장 보관 수송과정에 있어서 자체적 위생 기준 준수
④ 판매장에 있어서 시설설비 등이 위생 상태 유지 등을 바르게 하여 적절한 위생 상태를 유지할 수 있도록 한다.

연구문제

1. 위생적으로 설치된 조리장의 수세시설의 특징을 써라.
2. 식품의 위생 문제는 대부분 주방에서 시작되고 그중에도 조리자가 가장 큰 요인이 된다. 조리자의 작업환경을 최대한 쾌적하게 해주는 것은 식품위생 측면뿐만 아니라 종업원 복지라는 측면에서도 바람직하다.
   조리자의 쾌적한 작업환경을 설명하라.
3. 합성수지제 도마가 목제 도마보다 더 위생적이라고 주장하는 경우가 많은데 그 이유는?
4. 목제 도마를 쓰고 있다면 어떠한 세정 방법으로 위생적인 상태를 유지할 수 있는가?
5. 행주는 어떤 재질과 특성을 갖는 것이 좋은가?
6. 면류체인점, 보쌈, 족발 등 특성화된 식품을 판매하는 family restaurant은 central kitchen system을 채택하고 있는 경우가 많다.
   식품 공급이 체인화되었을 때 위생상의 문제점이 발생하면 대형인 반면 위생관리가 집중적으로 실시될 수 있는 장점도 있다. 어떻게 위생관리하는 것이 좋은가?

V
조리 가공 과정에서의 위생관리

5-1 가열조리와 미생물

5-2 조리 후 식품의 2차 오염

5-3 조리 후 섭취 시까지의 관리

5-4 시간 · 온도 허용한계

5-5 주요 식품의 위생관리

제5장

조리 가공 과정에서의 위생관리

§5-1 가열조리와 미생물

1. 식품의 가열조리 조건

식품은 고온에서 가열하면 할수록 미생물은 사멸하게 되어 위생적인 면에서 바람직한 것이지만, 식품의 품질이 저하되는 단점이 있다. 고온으로 가열하면 색깔, 향미, 조직, 영양가 등의 변화가 일어난다.

이러한 변화는 아미노카보닐반응, 탄수화물의 캐러멜화 반응, 각종의 산화 반응 등에 따라 갈변화 반응이 일어난다. 향미면에서 보면 식품 본래의 향미를 잃고 이미, 이취를 발생시키며, 조직면에서는 겔화력, 흡수력, 점조력(粘調力) 등을 잃게 된다. 영양 면에서도 비타민의 손실, 아미노산의 파괴 등이 일어난다.

그래서 각 식품은 식품의 원래 특성을 살리고 상품 가치를 잃지 않는 범위 내에서 많이 살균시킬 수 있는 상한온도를 살균 조건(온도 시간)으로 설정한다.

가열에 따른 미생물의 사멸 속도는 온도가 10℃ 상승하면 2~3배 증가되지만 세균의 아포의 사멸 속도는 10℃ 상승할 때 10배에 달하는 것도 있다.

이를 충분히 고려하여 살균 조건을 설정하는 것이 중요하다.

식품위생상 문제가 되는 미생물의 내열성은 표 5-1과 같다. 각각의 미생물을 90% 사멸시키는데 요하는 조건은 동일한 온도에서 시간 경과에 따라 균수의 수는 $1/10$, $1/10^2$, $1/10^3$…과 같이 대수 법칙에 따라 직선적으로 사멸하게 된다. 이 조건은 습열 조건에서 미생물이 받는 실질 온도×시간 조건으로서 멸균기 안의 조건이 아니라는 것을 잊지 말아야 한다.

표 5-1 주요한 미생물의 내열성(D값*)

미생물	가열배지	온도(℃)	시간(分)
Bacillus subtilis 아포	인산염완충액	121.1	0.44~0.54
B. congulans 아포	인산염완충액	110	6.1
B. congulans 아포	〃 (pH7)	121.1	3.3
B. congulans 아포	토마토주스 (pH4.5)	121.1	0.33
Clostridium sporogenes 아포	인산완충액	121.1	2.6
〃	(pH7.0)		
〃	〃 (pH7.2)	121.1	3.3
C. botulinum A형 아포	인산완충액 (pH 7.0)	110	1.4~2.8
〃 B형 아포	〃	110	1.2
〃 E형 아포	계육	82.2	0.49~0.74
C. perfringens A형 아포	인산완충액	115.6	0.60~0.81
Staphylococcus aureus	식염수	60	0.79
〃	육제품	60	4.9~8.2
Streptococcus faecalis	식염수	60	4.93
Escherichia coli	〃	60	0.27
Salmonella senftenberg	육제품	60	9.2~13.3
Pseudomonas aeruginosa	식염수	55	1.0
Moraxella acinetobacter	우육쇄육	70	6.6
Aspergillus niger	식염수	55	1.0
A. parasiticus , 分生子	인산완충액	60	20~35초
A. flavus, 分生子	인산완충액	60	7.7~588초
Candida albicans	식염수	50	15.3
Saccharomyces cerevisiae	인산완충액 (pH 4.5)	60	0.11~0.32

D값 : 일정 온도에서 미생물을 90% 사멸시키는데 요하는 가열 시간(分)

2. 미생물의 내열성에 영향을 주는 요인

표 5-1은 실험적 가열 멸균 조건을 제시한 것이다. 보통은 아포형성간균인 *Bacillus*속 혹은 *Clostridium* 속 균의 살균을 목적으로 설정되었다. 실제 적용하는 조건은 표와 같이

단순하지 않고 미생물균 자체와 주변 환경의 제요인에 따라 살균 효과가 현저히 달라진다.

살균기 내의 온도, 시간 기준 이외에 영향을 주는 요인들은 다음과 같다.

① 미생물 증식 시 배지 조성(영양소) : 보통 영양소가 풍부한 배지에서는 세균아포의 내열성이 크다.

② 미생물 증식 시 발육 온도 : 아포, 영양세포 모두 발육 온도가 높으면 내열성도 크다.

③ 미생물 증식 시의 생육 pH : 중성의 경우, 즉 최적 pH 범위에서 내열성이 크다.

④ 미생물 증식 시의 배양 일수 시간(균의 연령) : 아포, 영양세포 모두 배양 시간이 오래 경과될수록 내열성이 크다.

⑤ 미생물의 세포 농도(균수) : 균의 농도가 높을수록 내열성이 크다.

⑥ 집락 수 〔미생물균괴(菌塊)〕 유무 : 집락이 많을수록 내열성도 크다.

⑦ 가열 활성(heat activation) : 가온에 따라 세균아포의 발아가 유도되는 현상으로 가열 후 증식이 촉진된다.

⑧ 주위 환경의 수분 습도 : 수분이 많은 습열 상태에서는 살균 효과가 크고 건열일 때는 효과가 현저히 떨어진다.

⑨ 식품의 pH : 중성에서 내열성이 가장 크고, 알칼리성이나 산성 측에서는 떨어진다.

⑩ 당류 : 당류가 존재하면 내열성이 증가한다.

3. 가열조리 식품의 세균 생존

식품의 가열 온도를 서서히 올리면 *Pseudomonas, Acoinetobacter* 등의 저온 수계 간균(水系桿菌,低溫細菌), 대장균(大腸菌) 등의 장내세균, 젖산구균 간균(*Lactobacill-s, Streptococcus*), Catalase 양성의 구균(*Micrococcus, Staphylococcus*), 아포 형성 간균 (*Bacillus, Clostridium*)의 순으로 사멸한다.

일반적으로 식육제품에서는 젖산균을 완전히 살균할 수 없기 때문에 보존성이 떨어지지만, 어육연제품에서는 이들 균의 살균이 가능하기 때문에 보존성이 좋아진다 .

연구문제

1. 식품의 가열살균에서 살균 조건은 온도와 시간의 관계에 의하여 결정된다. 그것은 무슨 이유인가?

2. 미생물의 내열성에 영향을 주는 요인을 어떻게 관리하면 효과적으로 관리할 수 있는가?

§5-2 조리 후 식품의 2차 오염

조리된 음식물은 어떤 미생물에 어느 정도 오염되어 있는가? 또 이러한 미생물은 어디에서 오염되었는가? 포장식품은 포장 전 후 가열했는가, 가열 후 포장 했는가에 따라 다른 오염 양상을 보인다. 또 미생물은 가공저장의 방법, 저장 온도, 식품의 수분함량 등에 따라 다양한 미생물에 의해 오염된다.

1. 가열 전 포장된 조리식품의 2차 오염

가열 전 포장된 조리식품은 포장에 따라 보통 가열 후 2차 오염이 방지되며 조리 가열에 따라 살균 효과가 아주 좋다. 그러므로 위생적으로 안전성이 높은 식품을 생산할 수 있다.

즉, 이러한 식품에는 생균 수가 적고 가열 온도와 시간, 원재료 중에 함유된 내열성 아포생성균의 1차적 오염량이 주요한 위생 문제가 된다.

각종 자동화기기에 의한 pin hole, 봉함 불량한 것, 기계에 의하여 상처 자국, 유지식품에서 발생하기 쉬운 접합 불량 등이 문제가 된다. 또 가열 후 냉각 시에 냉각수, 공기 흡인과 함께 미생물이 포장 내 침입하는 일이 있다.

그 외 유통, 판매 시에도 pin hole이 생길 가능성이 있으며 한 번 pin hole이 생기면 식품에 쉽게 2차 오염되어 부패와 식중독 등의 원인이 된다. 그래서 포장은 식품 및 가공기자재의 특성을 잘 파악하여 생산뿐만 아니라 유통, 판매, 소비의 마지막 단계까지 종합적으로 관리체계를 갖추는 것이 좋다. 또 언제 발생할지 모르며 극히 발생 빈도가 적은 문제를 신속히 발견하기 위해서는 종합관리제도(Total check system)를 수립하여 시행하는 것이 대단히 중요하다.

2. 가열 후 포장된 조리식품의 2차 오염

가열 후 포장된 조리식품은 가열 조작에 따라 극히 적지만, 포장까지는 수많은 미생물의 침입을 받기 때문에 가열 전 포장된 식품에 비하여 미생물 오염도가 높은 것이 보통이다.

위생관리 요점은 가열 전 포장식품과는 달리 가열 후 포장될 때까지의 2차 오염을 방지하기 위해 세심한 주의와 관리가 집중되어야 한다. 가열 직후에서 포장될 때까지의 공정은 아주 짧지만 그 사이 포장 재료, 공기, 사용 기기, 용기, 사람의 접촉 등이 식품을 2차 오염을 일으킨다.

여기에 직접 오염원이 존재하면 하나하나에 대하여 수많은 간접적 오염원에 대한 대책도 함께 고려하여야 한다. 예를 들어 직접 오염원인 공기는 공장 내 실내공기, 창의 개폐, 필터를 중심으로 한 공장 내의 환기시스템 등 많은 요인과 밀접한 관계에 있다.

직접 오염원과 간접 오염원에서 최종적 식품의 오염까지 상호관계는 작업장 내의 종사자와 기계 사이의 동선을 검사함으로써 파악할 수 있다. 사람과 기계의 움직임이 나 작동에 따라서 식품을 오염시키고 오염을 확대시키게 된다.

오염 경로는 공장 안에서 작업자와 물건의 움직임을 모두 조사하고 직접 오염원에 연결된 간접 오염원을 파악하여 오염 경로에 대한 그림으로 도식화한다. 직접 오염원으로부터 부채꼴 모양으로 펼쳐져 있는 간접 오염원을 하나하나 면밀히 조사하여 오염 경로를 파악하고, 이를 차단하기 위한 대책을 세워야 한다.

3. 2차 오염 방지법

이상 포장식품의 2차 오염에 대하여 기술했지만 식품에는 그 외에도 미포장 상태 그대로 판매하거나 포장이 어려운 식품도 많다. 여기에서는 조리 후 식품 전반의 2차 오염이 발생하기 쉽다.

1) 오염원 대책

① 기계, 기구, 용기의 세정 및 살균
② 작업장 전반의 세정, 살균, 특히 후미진 곳에 존재하는 미생물 서식 기회 제거
③ 종사자의 청결 및 건강 유지
④ 사용하고 있는 기구, 용기, 필터 등의 조기 교환
⑤ 나무, 천, 종이 등으로 만든 기구나 작업대는 금속제로 교환
⑥ 청소하기 쉬운 환경으로서 될 수 있으면 온탕샤워기를 설치하여 미생물을 유기물과 함께 하수에 흘려보낸다.
⑦ 불필요한 장비는 정리 정돈한다. 쓰지 않는 물건은 작업장 내로 들여놓지 않는다.
⑧ 포장재료, 원재료 등을 위생적으로 보관

2) 오염 경로 대책

① 작업 과정을 면밀히 검토하여 쓸데없는 작업을 생략하여 간소화시킨다.
② 취급 공정별 매뉴얼을 세부적으로 작성 비치한다. 작업 내용이 벗어나지 않도록 한다.
③ 종사자의 위생교육을 정기적으로 실시한다.
④ 종사자의 불필요한 작업 행동을 규제하고 항상 위생적인 습관을 생활화하게 한다.

연구문제

1. 가열 전 포장식품과 가열 후 포장식품 사이에는 위생관리 요점이 다르다. 그 차이를 설명하라.
2. 조리 후 2차 오염을 예방하기 위한 방법은 무엇인가?

§5-3 조리 후 섭취 시까지의 관리

1. 조리된 식품의 보관

조리된 식품은 직접 사람의 입으로 들어가는 것이기 때문에 이물, 곤충, 미생물 등이 혼입되거나 오염되면 바로 체내에서 식품위생상의 문제를 일으킨다.

가열 후의 식품의 보관은 이물, 쥐, 곤충, 미생물 등이 혼입되지 않도록 적절한 보관실에 넣어두는 것과 동시에 미생물의 증식을 최소한으로 하기 위하여 가열 후 신속히 냉각시키고 증식 억제에 적당한 온도와 습도에서 보관하며, 될 수 있는 한 빨리 섭취하는 것이 아주 중요하다. 식중독 사고 중 다수는 남겨진 남은 식품의 섭취로 인하여 발생되고 있다.

식품 취급 업소에서 식품의 보관은 이러한 주의나 일반적 원칙을 보통은 잘 지키고 있지만 대량생산하거나 긴급을 요하는 작업에서는 주의나 원칙이 잘 지켜지지 않는 경우가 많다.

2. 조리된 식품의 온도관리

식품에 오염된 균은 생육조건이 나빠지면 증식이 억제되고 사멸하기도 하지만, 보통 많은 식품에서는 증식이 활발하게 진행된다. 그래서 조리 직후부터 섭취까지의 기간에 미생물의 증식이 일어나지 않도록 또 증식 속도를 지연시키고자 하는 노력이 중요하다. 증식을 억제하는 가장 좋은 방법은 보관 온도를 조절하여 미생물의 증식 속도를 억제하는 것이다.

오염 미생물에는 2종류가 있다. 하나는 가열조리에 사멸치 않는 열에 대한 내성을 가진 1차 오염균과 또 하나는 가열조리 후 오염된 2차 오염균이 있다.

1차 오염균에 대한 온도관리는 방냉을 충분히 하고 가열조리 후 식품 중심부 온도를 신속히 온도를 저하시킨다.

2차 오염에 대하여는 방냉 후 섭취 시까지 보관 중의 온도를 식품이 실용상 지장을 받지 않는 범위에서 될 수 있는 가능한 낮게 보존하는 일이다. 온도를 어느 정도 낮게 보존하는 것이 좋을 것인가는 미생물의 증식의 특성 및 발육 최적 온도와 증식 최저, 최고 영역을 파악하여야 한다.

온장식품에서는 고온균을 대상으로 하는 것이 원칙이며, 식품의 부패, 변패를 초래하는 2차 오염균은 저온균을 대상으로 조사한다. 식중독균 혹은 가열 후 잔존하는 1차 오염균은 중온균 혹은 고온균이 주된 원인균이다. 단지 그중 식중독 원인균인 *Yersinia*나 우유에서 문제가 되는 저온 발육성 내열성 아포형성균(*Bacillus*) 등의 예외가 되는 균주도 있다. 대략 중온균의 발육을 억제하여 식중독 발생을 방지하기 위해서는 10℃ 이하에서 보존하고, 저온균의 증식을 억제시켜 식품의 보존기간을 연장시키고자 하는 경우에는 5℃ 이하로 식품을 보존하는 것이 좋다.

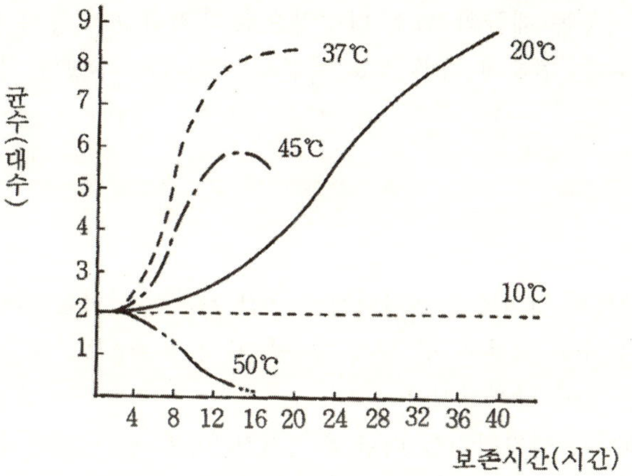

그림 5-1 중온균의 온도별 증식 곡선

그림 5-1은 중온균의 증식 곡선을 나타낸 것으로써 10℃ 이하가 되면 일반 식중독균은 증식하지 못하는 것을 알 수 있다. 크기와 형태에 따라 식품의 중심 온도와 주변 온도에 차이가 있을 수 있기 때문에 어느 장소에서 오염의 원인이 되는지는 중요한 요소가 된다.

냉장고에 있어서 실내 온도는 중온균에 대하여는 7℃ 이하, 저온 세균에 대하여는 3℃ 이하로 유지하여야 한다.

3. 조리 후 섭취할 때까지의 보관 시간

가열 조리 후 미생물의 수는 극히 적게 존재하며, 2차 오염을 일으킨다 해도 보통 위생관리된 정상적인 작업장에서는 그다지 문제가 발생되지 않는다.

가열 직후의 식품은 부패, 변패를 일으키지 않을 뿐만 아니라 식중독의 원인이 되지 않지만, 시간이 경과하면 그림에서와 같이 급격한 증가로 식품의 부패와 변패 혹은 식중독을 일으킨다.

식중독세균 중 장염비브리오균은 특히 증식 속도가 빨라 조리 후 4시간 정도 지나면 식중독을 일으킬 만한 균 수에 도달한다. 조리한 식품은 가능한 빨리 소비하는 것이 좋으며 특히 가정, 급식장 등에서는 4시간 이내에 섭취하도록 해야 한다.

또 식육 가공품에서는 중온균, 특히 식중독세균의 증식을 억제하기 위하여 생산 공장에서의 보관, 운반, 판매의 전 과정이 10℃ 이하에서 유지하여야 한다.

온도와 시간의 관리는 다음과 같은 개략적인 관리 한계를 정해두어야 한다.

1g당 생균 수는

- 10^3 이하 : 전염병 병원체의 최소 발병으로 추정하고 전염병 발생 방지 한계량
- 10^5 이하 : 식중독 세균의 최소 발병량으로 추정하고 식중독 발생 방지 한계량
- 10^7 이하 : 부패, 변패에 따른 식품 성분의 변화에서 추정된 가식성의 한계 세균량

연구문제

사례 연구 : 서울에서 파리까지 앵커리지를 중간 기착지로 하는 전세 비행기에서 발생한 사례로 가정한다. 다수의 승객과 한 명의 승무원이 설사, 구토, 위경련, 오심(惡心)을 나타내는 급성 위장질환이 발생하였다.

아침식사는 비행기가 앵커리지를 떠난 후 5시간 30분 후에 제공되었다. 196명의 승객은 아침식사를 마친 후 거의 2시간쯤 되어서 증상이 나타나기 시작했다. 아침식사는 오믈렛, 햄슬라이스, 요구르트, 빵, 버터, 치즈로 되어 있었다. 햄을 먹은 한 승무원을 제외하고는 다른 승무원은 모두 건강하였다.

아침식사는 앵커리지에 있는 급식회사에서 만들어진 것으로 3명의 조리사가 햄과 오믈렛을 준비하였다. 햄은 이틀 전 밤에 조리하여 냉장시켰다. 다음날 오믈렛을 만들어 한 조리사가 그 위에 햄 슬라이스를 얹었다. 처음 만들어진 것은 모든 오믈렛이 다 만들어질 때까지 6시간 동안 실온에 방치되었었다. 다른 식품을 준비하는 동안 이것들은 14시간 동안 100℃ 정도의 온도를 유지하는 방에 넣어 두었다.

다음날 아침 7시30분에 아침식사를 위하여 비행기에 실었다. 이 식품들은 승객들에게 가열하여 공급하기 전까지 기내 취사실에서 실온에 두었다. 햄으로 인한 식중독 사고는 화농 상처가 있는 조리사가 햄을 취급하였기 때문이었다.

- 왜 이런 사고가 발생하였는지 문제가 될 수 있는 부분들을 지적하라.

§5-4 시간-온도 허용한계(Time-Temperature Tolerance, T - TT)

식품의 저장은 낮은 온도에서는 품질 유지 상태가 오래 가고 높은 온도에서는 짧게 된다. 결국 시간(time), 온도(temperature)와 품질 허용도 내성(tolerance) 의 3자 간에는 일정한 관계가 있는데, 이것을 수학적 숫자상으로 처리하고자 시도한 방법이 T.T.T.의 개념이다. 이것은 실제로 식품에 따라 그 식품의 온도별 저장한계를 조사한 표(T.T.T.표) 혹은 그림을 만들어 이를 기초로 하여 온도별로 하루당 품질 저하량을 구하고 유통저장 과정 중에 있는 식품의 품질을 추정하여 저장한계를 알기 위한 방법이다.

원래 저온 유통체계(cold chain system)에서 냉동식품의 품질관리에 이용된 것으로서 어떤 식품의 저장온도가 낮아지면 보존 가능 기간은 대수적으로 연장된다는 사실에 근거하고 있다.

1. 식품의 변질과 온도

미생물의 증식은 저온에서는 거의 억제된다. 또 식품의 화학적 변질도 저온에서는 상당히 지연되는 것이 확실하다. 그리나 식품의 종류에 따라서는 어떤 온도 이하의 저온이 되면 품질의 변화가 와서 바람직하지 못한 현상이 일어난다.

예를 들어 채소나 과실 중 어느 것은 일정 온도 이하가 되면 추숙(追熟)과 숙성의 억제나 조직의 경화 등 소위 저온장해가 일어나고 품질이 나빠지게 된다. 그래서 식품의 보관온도는 낮으면 낮을수록 좋을 것이라는 판단은 옳지 않으며, 식품의 종류나 성질을 고려하여 적절한 보존 조건을 결정하지 않으면 안 된다.

2. 식품의 품질보존 온도와 시간

T.T.T.는 본래 저온 유통체계에서 시작되었지만 지금은 많은 식품에 응용되고 있다. 그러나 식품별로 품질 허용도(tolerance)를 얼마로 할 것이며, 무엇으로 지표를 삼을 것인가는 매우 복잡한 문제이다. 어떤 식품에서는 비타민 C와 같은 영양소의 함량을 기준으로 할 수도 있으며, 또 효소나 미생물에 의한 품질의 변화를 실험적으로 혹은 관능적으로 판단할 수도 있을 것이다.

아래의 그림 5-2는 다랑어 토막에 대하여 여러 온도에서 보존하였을 때 가식한계와 초기 부패의 관계를 나타낸 것이다. 여기에서 지표도는 미생물의 수가 되며, 미생물의 수가 대수적으로 증가되는 것은 보존기간이 지수적으로 감소된다는 것을 뜻한다.

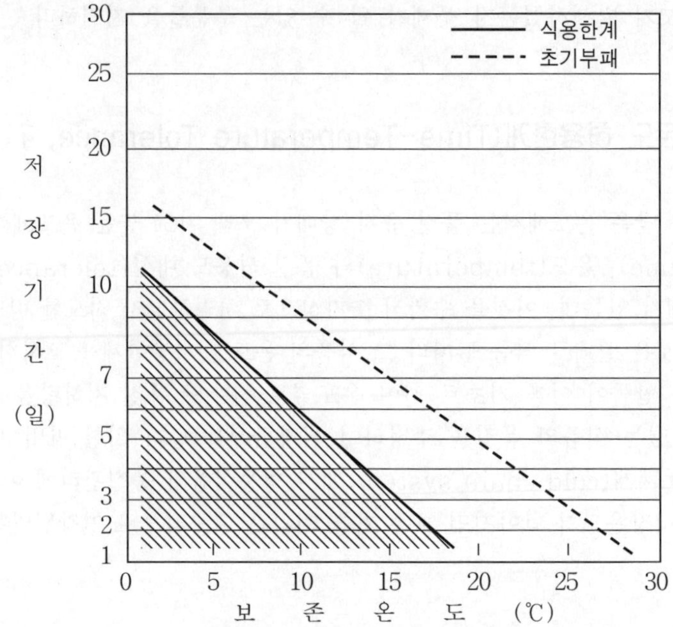

그림 5-2 다랑어의 저장온도와 저장 가능 일수

그림과 같이 보존온도가 낮아지면 보존 기간이 대수적으로 증가되기 때문에 보존 기간을 증가시키는 데는 온도관리가 얼마나 중요한가를 알 수 있다. 그림 5-3에서 설정한 온도와 저장 기간의 상관관계를 나타낸 결과이지만, 실험적으로 단시간 내에 온도 영향을 알아보고자 한 것이며 실제는 훨씬 복잡한 내용을 갖고 있다.

실제 문제에서 어류에는 내장이 있는 그대로 전체를 저장하는 경우와, 내장을 제거하고 어육만을 저장하는 경우는 다른 경향을 보인다. 또 어종, 어류의 크기, 초기 오염균 수나 균 종류 등에 따라 품질보존 기간에도 차이가 있다.

냉동식품은 일반적으로 동결 상태에서 장기간의 보존성을 지니고 있다. 그러나 유통 과정에서 취급 부주의로 품온(品溫)이 상승하거나 변화가 크면 현저하게 품질이 저하된다. 미국에서는 냉동식품의 장거리, 장기간 유통에 따른 냉동식품의 품질 저하에 대한 연구가 이루어졌는데 대략 아래와 같은 결과로 집약될 수 있다.

- 개개의 냉동식품에 대하여 각각 저장 온도와 품질 악화를 일으키는데 요하는 시간과는 일정한 관계가 있다.
- 온도를 낮게 유지하면 품질의 안정성은 지수적으로 증대된다. 실제적으로 -18℃ 이하를 보존 목표로 한다(이 연구 결과에 따라 -18℃가 냉동식품의 보존 온도로 국제

적 표준인 것처럼 통용되고 있다.)

- 품질의 손실을 일으키는 시간과 온도의 영향은 전체 저장 기간에 걸쳐 축적되며 비가역적이다. 또 그 시간과 온도의 순서는 축적된 품질 손실의 총량에 영향을 주지 않는다.

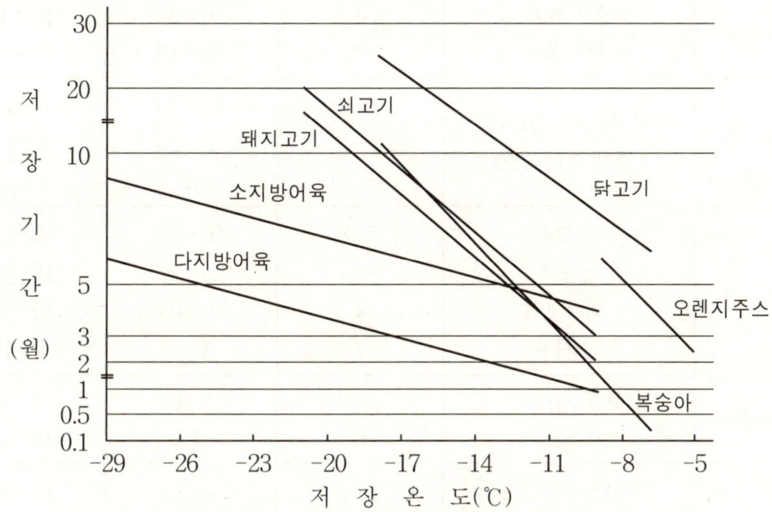

그림 5-3 여러 온도에서 냉동식품의 품질보존 기간

3. 식품별 T.T.T.

냉동식품에서 많이 권장되는 방법으로 냉동온도별 저장 기간을 보면 그림 5-3과 같다. 한 예로써 복숭아를 -7℃에서 보존하면 6일 정도가 품질 유지 기간이나 -18℃ 에서는 10개월 이상 보존이 가능하여 온도 감소 비율에 비하면 증가 비율이 매우 높게 나타난다. 그러나 육류는 저장 온도를 낮추어도 복숭아와 같이 저장 기간의 증가는 보이지 않는다. 이것은 육류의 지방함량과 전처리 상태에 의하여도 영향을 받는다.

미국에서 10년 이상 냉동식품의 보존 온도에 대한 연구 결과를 표 5-2와 같이 발췌하였다.

표 5-2 각종 보존 온도에서 냉동식품의 T.T.T.

품 목		품질유지기간(월)		
		-12℃	-18℃	-23℃
어 류	지방이 많은 것	4	6~8	10~12
	지방이 적은 것	6	10~12	14~16
과 실	살구 복숭아(슬라이스)	6~8	18~24	24
	딸기(슬라이스)	6~8	18~24	24
		8~10	18	24
육 류	쇠고기	6~8	16~18	18~24
	양고기	5~7	14~16	16~18
	돼지고기	4	8~10	12~15
	소시지	2	4~6	8~10
갑각류	왕새우(대하)	3~4	8~10	10~12
	새우(생)	6	12	16~18
채소류	아스파라거스	4~6	8~12	16~18
	브로콜리	6~8	14~16	24이상
	커리후라워	6~8	14~16	24이상
	당근	12	24	36이상
	호박	12	24	36이상
	시금치	6~8	14~16	24이상

연구문제

1. T.T.T.의 개념은 무엇이며 왜 식품에 따라 다른 양상을 보이게 되는지 설명하라.
2. 식품을 T.T.T.에 의하여 관리할 때 식품군별 품질 지표를 무엇으로 할 것인가를 정리하여라.

§5-5 주요 식품의 위생관리

1. 식육의 위생관리

1) 미생물 오염

식육이나 조육(鳥肉)은 그 환경으로부터 수많은 미생물의 오염에 노출되어 있다. 그러나 가공품은 적극적인 살균과정이나 제균과정(除菌過程)을 거치기 때문에 제조 생산단계에서의 세균오염보다 유통단계에서의 오염이 더 문제가 된다. 그러므로 가공 전, 조리 전의 미생물 생육은 보존 초기에서 보존 말기까지 다양한 종류와 특징이 나타난다.

식육은 특별한 미생물이 증식하는 것이 아니고 일반적인 식품에서 볼 수 있는 거의 모든 세균이 오염될 수 있다.

식품위생상 부패, 변패면에서 *Pseudomonas*, *Acinetobacter*, *Flavobacterium* 등의 수계간균(水系稈菌, 저온 세균)이, 식중독 세균인 *Salmonella*, *Staphylococcus aureus*, *Campylobacter* 등이 특히 중요하며, 이들 세균의 오염이나 증식을 방지하기 위한 노력이 필요하다.

(1) 생산지에서의 오염

최초의 미생물 오염은 생산지에서 이루어지며 생산지에서 오염된 미생물은 도살, 해체, 유통, 판매의 과정을 거쳐 소비자에게 직접 전달될 뿐만 아니라 도축장, 판매점 등을 오염시키며 다른 식육이나 조육에까지 오염을 확대시킨다. 생산지에서의 오염은 식품위생상 특히 중요한 미생물은 동물에 감염증을 일으키는 살모넬라, 포도상구균, 캠피로박터 등의 병원균이 있다. 또 수계간균도 저장 수명에 중요한 역할을 한다.

이들의 세균은 축사 혹은 사료를 매개로 오염되기 때문에 동물에 관련된 모든 오염원에 주의를 기울여야 한다. 특히 사료는 외국에서 수입된 경우가 많기 때문에 병원균에 의한 오염 여부를 확인하고, 살균에 세심한 주의가 필요하다. 또 축사는 청소, 살균을 철저히 하여 부패, 변패세균, 식중독세균 등이 상재하지 않도록 노력하여야 한다.

(2) 도축장에서의 오염

가축의 근육은 병원미생물이나 부패미생물에 오염되어 있지 않기 때문에 식육의 위생상태를 유지하기 위해서는 도살, 해체 시에 미생물 오염을 가능한 한 방지해야 한다. 병원미생물의 방제는 동물의 내장이 손상되지 않도록 다루어야 하며 소화관을 터지지 않도록 주의하고 체표 오염균이 근육으로 오염되지 않도록 체표의 처리하여야 한다.

또 부패, 변패미생물의 오염을 중심으로 습한 바닥에서 오염된 물이 튀어오르는 것을 방지하거나 벽면과 접촉을 피하는 등 도살체와 습윤한 기물, 환경과의 직접 혹은 간접 접촉을 피하도록 해야 한다. 특히 가금류의 도살 해체 작업은 작업대(台) 위에서 행하기 때문에 내장과 근육의 접촉이 쉽게 일어난다.

그래서 작업대를 해체 부위에 따라 크게 나누어 상호 오염이 일어나지 않도록 유의한다. 또 작업대의 세정, 살균도 간접적인 상호 오염을 방지하는 데 의미가 있다.

(3) 판매점에서의 오염

판매점에서의 오염에서 특히 중요한 것은 육류 상호 간 직접 혹은 간접적인 오염을 피하는 것이다. 일반적으로 육류는 그 종류에 따라 미생물의 오염에 따른 균 수, 균 종이 다르며 동일종의 것에서도 개체에 따라 다르다.

두 개의 육류가 접촉하면 미생물이 많은 쪽에서 오염이 적은 쪽으로 미생물의 이행이 이루어진다. 그 오염량은 균 수의 차이가 클수록 현저하다.

또 육류 간의 접촉뿐만 아니라 사람의 손이나, 사용 기구・용기를 매개로 간접적인 오염을 일으킨다. 그래서 작업자의 동선에 주목하고 판매점 내에서 물건의 이동에 세심한 주의를 기울일 필요가 있다.

2) 미생물 증식

식육・조육에는 미생물이 성장하기 좋은 영양소가 풍부하고 정균(靜菌)작용을 나타내는 물질이 함유되어 있지 않기 때문에 오염 미생물은 온・습도 조건이 적절하면 급격하게 증식하여 식중독이나 부패・변패를 일으킨다. 도살・해체 직후의 신선한 육류에는 보통 생균 수가 $10^4/cm^2$ 정도이지만 시간이 경과하여 판매점에서 소매될 때쯤이면 이르면 $10^6 \sim 10^7/cm^2$ 정도로 증가하게 된다.

미생물의 증식에 영향을 주는 가장 중요한 요인은 온도관리이다. 병원균의 대부분이 속하는 중온균은 7℃ 이하, 주요 변패・부패 원인균이 속한 수계 미생물간균은 2~3℃ 이하로 보존해야만 병원균, 부패・변패 미생물의 증식을 억제하거나 현저히 지연시킬 수 있다.

육류를 작게 자르면 증식이 쉬운 표면이 증가하고 액즙이 침출하기 때문에 미생물의 증식을 촉진시키는 결과가 된다. 또 포장재로 밀봉하면 포장 내에서 수분이 과포화되기 쉬워 부패가 촉진된다. 그러므로 육류는 가능한 한 저온에서 보관하고 필요할 때까지 지나치게 세분하지 않으며, 고깃덩어리 표면이 필요 이상 습윤화되지 않도록 관리하여야 한다.

식육・조육은 살아 있는 조직이기 때문에 많은 미생물의 오염을 받기 쉽다. 더구나 가공조작을 거치지 않은 상태로 유통되므로 오염균을 효과적으로 살균이나 제균을 할 수 없다. 그래서 가능한 오염 경로를 차단하고, 접촉하는 기물을 세정하고 살균하는 등의 노력에 의존하는 수밖에 없다.

2. 우유 및 유제품의 위생관리

1) 우유 및 유제품의 품질과 미생물

자연계에서는 병원미생물을 포함하여 다종다양한 미생물이 상존하고 있다. 유 및 유제품은 주원료로 하고 있는 생유로부터 가공, 유통의 모든 과정에서 오염, 증식 가능성이 상존하고 있다는 것을 염두에 두고 대책을 세워야 한다. 미생물 때문에 일어나는 우유 및 유제품은 수분과 영양물질이 풍부하게 존재하고 있어 미생물의 오염이 가장 손쉽게 발생된다. 이를 방제하는 기술은 유업에 있어서 중요한 기본 기술이다.

유제품은 각각의 제품에 따른 고유한 물리적 성상, 성분 조성, 수분함량, 산도 및 산화 환원전위 등을 지니고 있다. 이러한 성질에 따라 각 유제품은 미생물의 종류 및 증식 형태가 다르며 발생되는 유해물질도 다양하게 나타난다. 문제점을 일으키기 쉬운 유제품은 그 유제품 중에 오염된 미생물의 상태를 잘 알아 그 문제점을 방지하는 것이 중요한 일이다.

주요한 유제품 중 문제가 되는 원인 미생물과 식품위생상 주목할 만한 미생물은 표 5-3과 같다.

우유 및 유제품에 관여하는 유해 미생물을 방제하기 위하여 다음의 중요한 2가지 사항을 들 수 있다.

① 원료유 및 제품 중의 유해 미생물의 오염 실태를 파악하고 이들 유해 미생물의 오염 또는 잔류가 없도록 가공처리를 행한다.
② 어떤 미생물이 제품 중에 오염되어 잔류할지라도 제품 중에서 증식할 수 없도록 방법을 강구한다.

표 5-3 주요 유제품과 미생물

유제품	증식하기 쉬운 미생물	식품위생상 문제 미생물
우유 · 가공유 · 유음료	저온세균, 대장균군, 세레우스균	대장균군, 포도상구균 세레우스균
멸균우유	내열성세균포자, 각종 2차오염균	
가당연유	효모, 포도상구균	
버 터	곰팡이, 저온세균	대장균군
치 즈	곰팡이, 포도상구균	포도상구균
분 유		대장균군, 포도상구균
발효유, 유산균 음료	곰팡이, 효모	

2) 우유 및 유제품의 잔류 오염 물질

우유 및 유제품에 잔류할 수 있는 물질은 사료에서 아플라톡신, 농약, PCB, 제초제, 중금속 등이 있으며, 가장 큰 매개체가 된다. 또 의약품은 경구나 주사로 투여함으로써 항생제나 기타 약품 성분이 검출된다.

우유 중에 혼입된 오염 잔류 물질을 제거한다는 것은 극히 어렵고 또 비경제적이며, 비현실적인 방법이다. 그러므로 우유 중에 오염 잔류 물질의 혼입을 막는 것이 최상책이다. 이를 위한 대책은 몇몇 개인이나 기관에 의하여 이루어지는 것이 아니라 관련된 개인, 단체, 기관, 정부 등 모든 사람의 노력에 의해서만 가능한 것이다.

일반적으로 우체(牛體)는 오염 잔류 물질을 생유 속으로 이행하는 것을 방어하는 기능을 가지고 있다. 예를 들면 사료 중의 aflatoxin B_1은 생유 중에 약 1%만이 대사산물인 aflatoxin M_1형으로 이행된다. 또 카드뮴은 경구 섭취량의 약 0.02%가 유 중에 이행되는 데 지나지 않으며, 납의 경우는 약 1% 정도만 이행된다.

이와 같이 사료 중의 유해물질은 대부분 우체에서 제거되거나 남아 있어 우유 중으로 이행하는 것은 적은 양에 지나지 않는다.

잔류 물질의 농도에 따라서 어떻게 이행될 것인가, 오염 물질의 종류에 따라 어떻게 달라질 것인가 등에 대한 정확한 정보가 밝혀져 있지 않기 때문에 청결한 우유나 유제품을 얻기 위하여 오염을 막는 방법을 강구하여야 한다.

3) 유제품의 미생물 대책

(1) 우유, 가공유, 유음료

액상 유제품은 10℃ 이하에서 보존 유통하는 것이 필수 조건이다. 10℃ 이하로 보존 유통하면 세균 때문에 일어날 수 있는 품질의 악화는 상당히 예방할 수 있다. 보존성은 *Pseudomonas* 속을 기준으로 저온성 그람음성간균군의 오염량에 의하여 크게 영향을 받는다.

이 때문에 액상 유제품에서는 제조 직후의 저온성 그람음성간균군의 오염을 가급적 빨리 파악하며, 제조 직후에 저온에서 1주간 정도 보존할 때의 세균적 품질을 추정하는 일이 세균적 품질 확보를 위하여 매우 중요하다.

저온성 그람음성간균군은 내열성, 내 약제성을 가진 것도 적지 않기 때문에 액상 유제품 중에 오염을 완전히 차단한다는 것은 쉬운 일이 아니다.

(2) 요구르트

요구르트는 장기간 젖산균의 배양에 따른 산도 과다, 효모 오염 증식에 따른 가스 생성, 젖산균의 증식 저하에 따른 여러 문제가 발생된다. 요구르트는 산성 식품으로 일반의 오염

세균은 생존 증식하지 않지만 곰팡이, 효모 등의 진균이 요구르트 중에 증식하여 외관이나 향미를 나쁘게 한다. 과육을 첨가한 과실 요구르트에서 더 일어나기 쉽다.

(3) 치즈

치즈의 종류 중 프로세스 치즈는 각종 natural cheese를 세절 혼합하고 유화제를 가하여 가열 용융시켜 성형시킨 것이기 때문에 풍미가 온화하고 보존성도 양호하여 시판 치즈의 대부분을 차지하고 있다.

프로세스 치즈는 가열처리를 하기 때문에 대부분의 미생물은 사멸하지만, 일부의 내열성포자 형성균이 잔존한다. 특히 *Clostridium* 속 포자세균이 잔존하여 보존 중에 증식하여 가스 팽창의 원인이 된다.

프로세스 치즈는 가열에 의하여 원료의 살균이 행하며 염의 첨가에 따라 염농도가 높아지기 때문에 보존 중에 있어서 미생물 문제는 natural cheese보다 발생되기 어렵지만 용기가 불완전하여 외기와 접촉하면 표면에 곰팡이가 생육하거나 진드기가 기생하기도 한다. 또 *Staphylococcus* 속이 표면에서 증식하여 황색 집락을 형성하여 풍미를 나쁘게 하기도 한다.

치즈의 위생적 품질 확보에는 세균인 *Clostridium* 속 아포의 잔존, 곰팡이와 *Staphylococcus*속 균의 오염방지, 용기의 기밀성에 대하여 주의를 하여야 한다.

3. 계란의 위생관리

1) 계란과 미생물

생란은 내·외각막에 의하여 내용물이 보호되며 그 표면은 얇은 막인 큐티클(cuticle)층으로 덮여 있어 세균의 침입을 방지하는 역할을 하고 있다. 그러나 계란은 병아리가 알 속에서 생육할 때 호흡하기 위한 기공이 무수히 있어 물로 씻거나 선도가 떨어지면 큐티클이 벗겨져 세균이 침입하기 쉽게 되나 간단히 증식하는 것은 아니다.

난백 중에는 lysozyme이라고 하는 효소와 conalbumin, avidin, ovomucoid 등의 특이한 항미생물 작용을 갖는 단백질이 존재하여 침입한 세균의 증식을 저지한다. 또 세균이 증식하기 쉬운 난황은 난백이 3중의 층상 구조로 난황을 둘러싸고 있기 때문에 쉽게 난황까지 세균이 침입하기는 어려운 구조로 되어 있다.

더구나 난백은 pH가 8.0~9.6으로 알칼리성을 띠고 있고, 세균이 이용하기 쉬운 형태의 비단백태 질소화합물이 아주 적게 함유되어 있으며, riboflavin이 단백질과 결합된 형으로 존재하여 알 속에서는 세균이 생육하기에 좋은 환경이 되지 못한다.

2) 세정란과 무세정란

최근에는 계란을 세정하여 출하하는 경우가 많아지면서 옛날처럼 닭똥이 묻어있는 계란을 점차 보기 어렵게 됐다. 표면이 불결하면 세균이 난각 내로 침입할 위험성이 높을 뿐만 아니라 다른 알을 오염시키는 결과가 되기 때문에 세란하는 것이 좋다. 그러나 세란은 하는 것과 세란하지 않는 것은 각각 일장일단이 있다.

알을 씻었을 경우와 안 씻어서 보존할 때의 유균율을 보면 세정란보다 무 세정란이 보존성이 높다. 세정 작업은 외부로부터 내부로 세균의 침입을 쉽게 하는 것이 분명하다. 온도에 따른 보존성은 저온 상태에서 보존성이 높아서 무균란은 1개월 이상 품질을 유지할 수 있는 것으로 알려졌다.

유균란 중에는 세정 시 손상을 받아 세균이 침입하거나 눈에 보이지 않는 정도의 잔금이 생겨 그곳으로 균이 침입하거나 산란 전에 내부에 세균이 침입한 것이 아닌가 하고 생각된다. 계란에 증식한 균종은 대개 그람음성간균으로 난각 표면에 부착되어 있던 균이 침입하고 lysozyme에 억제 받지 않는 성질을 가진 균만이 증식하고 있는 것이다.

3) 계란 중의 병원균

계란과 생물적으로 인연이 관계있는 병원균은 닭의 전염병을 일으키고 사람에게 식중독을 일으키기도 하는 살모넬라이다. 닭 자신이 *Salmonella*를 보균하고 있기도 하고 때로는 난소 안이나 수란관에 *Salmonella*가 보균되어 있으면 난각이 형성되기 전에 난황에 *Salmonella*가 침입할 우려가 있기 때문에 난각 표면이 오염되지 않아도 이 균이 검출되는 일이 있다. 그러나 대부분은 난각 표면에 오염되어 있던 균이 침입한 것이다.

살모넬라가 식중독균이라고 하여도 10^3/g 정도로는 식중독을 일으키지 않으며, 대량의 균을 식품과 함께 섭취하면 발병하는 것이다. 경구 유입된 오염균 양이 식중독을 발병시킬 수 없는 작은 양이라도 무시할 수 없는 것은 적절한 조건하에서는 급격히 증식하여 식중독 사고를 일으키며, 실제로 다른 식품을 오염시킴으로 집단급식소에서 식중독 사고를 야기시킨다.

4. 생선회의 위생관리

1) 원료 생선의 식품위생상의 문제점

(1) 생선회 원료에서 유래되는 문제점

생선회의 원료는 신선한 것을 사용하는 것이 제일 중요하다는 것은 특별히 강조할 필요도 없을 정도이지만, 신선도만으로 해결할 수 없는 것들이 있다. 당초부터 유독어개류로 알려져 있는 것은 별도로 하고도 통상 식용으로 하고 있는 어개류 중에는 복어와 같은 난소, 정소, 간장, 장, 껍질 등에 한정된 장소에 독소(tetrodotoxin)를 함유하고 있는 것이 있기 때문이다.

복어의 tetrodotoxin은 반드시 복어에만 존재하는 것은 아니며 숭어, 조개, 게와 같은 다른 어개류에서도 발견되는 경우도 있다.

일정 시기가 되면 유독물질이 증가되는 형의 것도 있다. 가리비의 마비성 패독(paralytic shellfish poisoning, PSP)은 체내에서 합성하는 것이 아니고 먹이로써 섭취한 일부의 와편모 조류(渦鞭毛藻類)가 생산하는 독소를 축적하기 때문이다. 어류의 일부는 지질로서 다량의 acylglycerine을 근육 내에 함유하고 있어 섭취하면 설사를 일으키는 경우가 있다. 또 꼬치고기과의 일부 어류는 근육 중에 wax ester를 다량으로 함유하고 있어 섭취하면 설사를 일으키는 경우가 있으며, 심해성의 일부 어패류는 축적성 중금속, 특히 유기수은이 축적되는 어개류로 알려져 있다.

(2) 조리 환경에서 유래하는 문제점

최근 수년 사이에 우리나라 식중독 중 비브리오가 차지하는 비중이 높아지고 있는데 이는 생선을 생선회나 초밥과 같이 생으로 섭취하는 식습관에 기인한 것으로 쉽게 감소시키기가 힘들다.

비브리오균이 생선에 감염되는 것은 어류의 신선도와는 별개의 문제이며 신선도만을 강조하는 것도 문제이다. 또 가열처리 후 섭취하는 경우에도 칼, 도마, 행주 등을 통하여 2차 오염이 이루어진다.

다른 수인성전염병인 장티푸스, 콜레라, 파라티푸스, 이질도 어패류를 매체로 전파될 수 있으며, 수입식품이나 하절기에 잡힌 어류에서 콜레라균이 검출되는 경우도 있다.

2) 조리가공 과정에서의 문제점

(1) 조리가공

비 동결 어류를 생식용으로 쓸 때는 선도가 양호하고 오염이 되지 않은 것을 선택하는 것이 중요하다. 어체의 표면은 깨끗한 흐르는 물로 씻어 혈액, 점액 등의 오물을 제거한다. 머리와 내장을 제거하고 오물을 제거한다. 해체육은 미리 청결한 기구기재를 써서 조리한다.

신선한 어개류를 동결한 것은 비 동결 어류 처리와 같이 취급하여 조리가공한다. 동결어의 해동은 일반적으로 깨끗한 흐르는 물로 씻고 행하지만 그때 어체가 직접 물에 접촉하지 않도록 플라스틱 주머니에 넣어 행한다. 해동의 정도는 동결품의 중심부가 아직 동결된 정도의 반해동으로 한다. 해동품은 품질의 저하가 빠르기 때문에 필요량만을 해동하고 또 조리가공은 신속히 행한다.

유독한 복어는 복어취급 조리사면허를 가진 사람이 있는 업소에 한하여 조리하게 하며 다른 장소에서는 조리 판매치 않도록 한다. 패류 등은 수산청에서 유독 오염지대가 아니라고 판단하는 지역에서 채취한 것 이외는 식용으로 하여서는 안 된다.

생식용 어개류의 오염을 방지하고 위생적으로 조리가공하기 위하여 늘 청결한 상태에서 작업할 수 있도록 환경을 만들 필요가 있다. 2차 오염을 방지하기 위하여 작업장의 환경을 외부와 차단하고 출입구나 창의 정비 점검, 작업장 공기의 청결 또는 살균, 수질과 용수량의 점검, 배수시설의 점검, 종업원의 건강관리, 조리용 기구의 청결화 등을 확보하여야 한다.

(2) 온도관리

생선 어개류는 부패하기 대단히 쉬워 식품위생상 문제가 되는 일이 많다. 이를 방지하기 위하여 어획에서 소비까지 일관된 온도관리가 요구된다.

저온하에서 균의 발육뿐만 아니라 초기 부패산물로 알려진 trimethylamine(TMA)의 생성에 관한 조사에서도 0~-2℃의 저온하에서도 균 수의 증가와 TMA의 생성이 인정된다고 한다.

이런 결과는 생선회용 신선 어개류를 깨끗이 씻은 후 선도 유지를 위하여 적절한 저온에서 일정 기간까지만 보존하는 것이 필수 조건이다. 또 세균에 의하여 일어나는 부패는 통상 -10℃ 이하의 저온으로 하면 방지된다.

효소작용이나 기타 물리화학적 작용을 방지하기 위하여서는 -20℃ 이하에서 저장하여 한다. 이런 온도 관리는 어개류 단백질의 변질, 변성 등을 억제하여야 하며, 부패방지와 품질유지를 위하여 적절한 온도관리가 이루어져야 한다.

생선회용 어개류 중에서 온도에 민감한 것은 참치이다. 참치회는 고급품으로 취급되고 있지만 그 중요한 열쇠는 신선도 외에 지방함량과 상태, 미려한 홍적색의 육색이다. 이중 육색은 단순히 저온에서 저장하므로 확보될 수 있는 것이 아니기 때문에 주의를 요한다.

참치의 저장온도와 육색과의 관계에 대해 연구한 보고에 따르면 내부 육에서는 0℃보다 -6℃ 쪽이 오히려 갈색색소를 가진 methaemoglobin의 생성량이 많고, 0℃~-3℃ 사이에서는 내부 육, 표면 육 모두 저온 쪽에서 갈변의 정도가 현저히 증가하였다. 그래서 생선회용의 참치는 단기간 저장의 경우에는 0~4℃에서 빙장 또는 저온 저장한다.

장기간 저장은 -40℃의 심온동결로 한다. 동결품은 한 번 해동한 후 재차 동결하면 품질이 현저히 떨어지므로 미리 작게 나누어 동결하고 해동품은 전량 소비하는 것이 좋다. 또 참치의 해동 시 변색을 최소화하기 위하여 일반 동결어의 해동 온도(0~4℃의 흐르는 물)보다 높은 온도(예를 들어 20℃)의 물에서 단시간 내에 반 해동한다.

5. 샐러드(salad)류의 위생관리

샐러드류는 우선 원재료의 열 살균이 곤란하고 더구나 조리・가공 공정 이후에도 어떠한 살균작업을 실시할 수 없어 식품위생상 대책을 수립하기 어렵다. 그 때문에 샐러드류는 극히 보존성이 떨어지고 식중독균이나 식품위생상의 지표세균의 오염이나 증식도 일어나기 쉽다.

이들 식품의 위생 대책은 원료로부터 균을 제거하고 다음으로 위생적 조리 및 가공설비 등이 요구되며, 조리·가공 장소의 환경, 기구, 종사원 수지의 청정화 실시, 또 합리적인 설비의 배치를 필요로 한다. 적절한 매뉴얼에 따라 조리·가공 공정 및 포장공정의 관리를 실시하고 제품의 저온 보존과 신속한 유통 단계를 밟도록 할 필요가 있다.

1) 샐러드류의 위생 상태

샐러드가 세균성 식중독의 주요한 원인 식품이 되는 것은 일본의 예를 보아도 알 수 있다. 일본에서는 세균성 식중독 원인 식품 중 샐러드가 10위를 차지하고 있다. 이에 관여하는 원인 세균은 포도상구균, 살모넬라, 병원성대장균 등으로 알려져 있다.

샐러드의 원재료로써는 상추, 양배추, 당근, 오이, 양파 등의 채소류, 매쉬드 포테이토, 계란, 마카로니, 마요네즈 등이 쓰이고 있어 원료 채소류에 대한 브랜칭이 실시된 경우를 제외하면 가공 공정 이후 가열은 할 수가 없다.

샐러드를 만들기 위하여 준비한 재료 중 채소류에서는 생균이 거의 모든 식품에서 발견되고 있으며 대장균군도 발견되는 경우도 많다. 원료에 대한 제균작업이 불충분하면 샐러드의 위생을 확보하기 어렵다.

2) 원재료의 제균 대책(除菌對策)

원료의 제균은 우선 세정에 의하여 어느 정도 효과를 기대할 수 있으며, 세정제로 자당지방산 에스텔테르 제제가 어느 정도 세균 수 감소에 유효하다. 세정 시에 초음파 세정을 병용하면 특히 효과가 좋다. 화학적인 제균 방법으로서는 염소처리에 의한 방법이 있는데 200ppm의 염소 용액에 30분간 처리하면 10^4/g의 양배추의 생균 수를 10/g 이하로 감소시킬 수 있다. 그러나 이 농도의 염소에서는 염소 취가 강하게 남아 실제적으로 사용하기 어려운 결점이 있다.

일반적으로 염소처리에 있어서는 염소 용액의 pH를 산성 쪽에 유지시키고 자당지방산 에스테르텔이나 중합 인산염을 배합하여 세정 효과와 병용하면 단독으로 쓸 때보다 효과가 우수하고 안정된 세정 효과를 얻을 수 있다. 그 밖에 산성물질인 식초, 구연산, 젖산 등을 사용하기도 한다.

6. 도시락의 위생관리

각종 회의나 야외 행사에 많이 이용하는 도시락은 그 간편성으로 보편화되어 있다. 그러나 도시락은 다양한 식품을 동일 용기 내에 넣어 판매하며 제조업체가 영세하기 때문에 식중독 사고를 많이 발생시킨다. 많은 양의 도시락을 제조하려면 많은 시간이 소요되고 조리, 포장 후 수송, 섭취 시까지 상당한 시간이 경과되므로 미생물이 증식하여 집단 식중독 사고를 일으키기 쉽다.

1) 시설 · 설비

식품의 제조의 공정 흐름에 따라 각 장소의 구분을 정하여 두고, 제조장에 있어서는 미생물에 의한 오염을 방지하기 위하여 오염 작업 구역, 비 오염 작업 구역을 지정해 둔다. 필요하면 그 사이에 칸막이를 하는 것도 바람직하다.

배수구에는 쥐, 곤충류의 침입 및 쓰레기의 유출을 방지하기 위하여 내산성, 내열성 재료로 만든 뚜껑이 있는 통을 설치하는 것도 바람직하다. 또 제조장에는 증기, 열기, 매연 등을 외부로 배출시키도록 환기장치와 후드를 설치하고, 튀김처리를 행하는 장소에서는 기름이 튀어나가는 것을 방지하기 위하여 필터를 만들어둔다.

비 오염 작업 구역에서는 청정한 공기가 충분히 공급되도록 공기청정기를 설치하지 않으면 안 된다.

2) 식품의 취급

원재료를 검수할 때는 품질, 특히 신선도를 확인해야 하며 판정을 위하여는 식품별 선도 판정기준을 만들어 적용시켜야 한다. 두꺼운 달걀부침에 있어서는 가열 후 2시간 이내의 것을 사용하여야 하며 방냉시킨 것을 확인하지 않으면 안 된다.

이들의 원료를 보존할 때는 식품에 따라 적정한 저온에서 위생적으로 처리해야 하며 동결되지 않은 신선한 어개류 및 식육은 매일 필요한 양만을 구입하고 각각 전용의 보관장을 사용하여 상호 오염되지 않도록 주의한다.

생식용 채소나 과실을 사용할 때는 충분히 세정한 후 차아염소산나트륨(유리잔류염소 100ppm 이상)에 약 10분간 침지한 후 흐르는 물에 씻어 살균을 행한다.

도시락은 주식과 부식은 각각 다른 그릇에 담도록 하고, 부득이 동일 용기에 담을 때는 주식을 미리 방냉하지 않으면 안 된다. 또 6월에서 10월까지는 샐러드, 달걀부침, 햄이나 소시지 조각 등은 부식으로 하지 않는 것이 좋다.

제품 출하 때 계란부침, 튀김 등의 가열 식품은 생균 수 10^5/g 이하, 대장균 음성, 포도상구균 음성이어야 하며, 샐러드 등의 비가열의 식품은 생균 수 10^6/g 이하이어야 하며, 보존온도는 10℃ 이하 또는 65℃ 이상의 것이 바람직하다. 조리 후 섭식까지의 시간은 4시간 이내로 하면 거의 식중독이 일어나지 않기 때문에 시간을 고려하여 제조, 판매하도록 한다.

3) 영업자 및 종사자

영업자 또는 최고책임자는 그 밑에 각각의 시설 또는 부분별로 식품위생 책임자를 선임하고 위생관리 체계를 확립하여야 한다. 만약 식중독이 발생하였을 때는 신속히 관할보건소에 통보하고 그 지시를 받아야 한다. 영업자는 종사자의 채용 시 건강진단을 행하고 채용 후에도 정기적으로 건강진단을 행한다.

화농증, 경구전염병 및 그 의심이 있는 자는 식품의 제조에 종사하지 못하도록 규정하고 있다. 종사자는 수지의 세정, 소독을 행하고 청결한 위생복을 착용하며, 위생모, 마스크를 착용하여야 한다.

연구문제

1. 식육의 생산 과정에서 오염될 수 있는 기회는 매우 많다. 오염원에 따른 미생물의 특징을 써라.
2. 도시락의 위생관리상 특수성을 쓰고, 당신이 관리자라면 어떤 부분에 중점을 두고 관리할 것인가에 대해서 써라.

VI

위생관리 대책

6-1 HACCP 관리제도
6-2 쥐 및 해충의 관리
6-3 청결과 위생
6-4 세정과 위생
6-5 소독과 살균
6-6 식품 가공시설의 폐수와 폐기물 처리
6-7 안전사고 예방과 응급조치

제6장
위생관리 대책

§6-1 HACCP 관리제도

1. HACCP이란?

HACCP란 'Hazard Analysis and Critical Control Point'의 머리글자를 취한 것으로서 우리나라 식품위생법에서는 '위해요소 중점관리기준'으로 규정하고 있다.

HACCP은 식품의 안정성을 확보하기 위하여 식품의 생산부터 제조, 가공, 보존, 유통 단계를 거쳐 최종 소비에 이르기까지에 관계되는 모든 단계에 있어서 그 대상이 되는 식품의 모든 건강위해를 사전에 예측하고 예측된 건강위해에 대하여 그 대상 식품에 미치는 위해의 가능성을 특별히 지정해 둠으로써, 과학적인 근거에 따라 그 예측된 건강위해를 예방하기 위한 관리 방법을 미리 결정할 수 있고 , 또한 그 관리 방법이 적절한지 여부를 감시함으로써 적절하게 관리할 수 있다는 것이다. 이 밖에도 적절한 관리가 될 수 없다고 예측할 수 있는 위해를 사전에 찾아내어 그에 대응할 수 있는 개선 조치를 미리 설정해 두는데 있다. 그리고 감시 결과나 개선 조치 방법을 기록하고 보관하는 일련의 시스템을 말한다.

궁극적으로 식품의 안전성, 건전성 및 좋은 품질을 확보하기 위한 과학적인 방법으로 알려져 세계 각국의 주목을 받고 있으며 그 보급이 확대되고 있는 중이다.

2. HACCP의 역사 및 도입

이 제도는 1960년대 미국의 우주 개발계획의 일환으로 우주식의 개발을 담당하였던

Pillsbury사의 H. Bauman 박사 등이 미항공우주국(NASA)과 미육군 Natick연구소가 공동으로 개발한 것으로서 1971년 미국식품보호위원회에서 그 구상이 처음 공표됨으로써 계기가 되었다. 처음에는 우주인들의 음식 중 해산물과 주스류에 적용하기 시작하여 점차 확대하여 일반인들의 안전성 확보 수단으로 발전하게 되었다.

우리나라에서도 1995년 12월 식품위생법의 일부를 개정하여 '식품위해요소 중점관리기준'이란 조항을 신설하여 최신 위생관리 기법을 도입하기에 이르렀다. 이 규정은 축산물, 수산물 및 일반 식품에 공통으로 적용하여야 하기 때문에 관련 부처에서 법의 개정이 이루어짐으로 보급이 확대되었으나 강제 규정으로 정하지는 아니하였다. 현재 위해요소 중점관리기준이 마련되어 HACCP시스템이 적용되고 있는 업종은 어육가공품, 냉동수산식품, 빙과류, 집단급식소 등으로 확대 적용하고 있으며 타 업종에도 확대 적용될 것으로 보인다.

3. HACCP의 필요성

HACCP은 새로운 병원체가 식품의 안전성을 위협하면서 도입의 필요성이 요구되었다. O157:H7과 같은 병원성대장균이 급격히 대규모로 발생하고 *Salmonella*속의 식중독균 중에도 변이주가 나타나는 등 전통적인 식중독균 외에도 식품의 안전성을 위협하는 세균이나 바이러스가 나타나고 있기 때문이다.

또 식품산업의 규모가 대형화하고 가공식품의 종류의 다양성이 폭발적으로 증가하고 있고, 수입식품의 종류나 양적인 증가가 식품의 안전성에 대한 획기적인 대처 방안을 필요로 하는 시기에 적합한 대안으로 HACCP이 제시되었다.

앞으로 식품을 수출할 때는 HACCP에 의하여 관리가 되지 않으면 수출이 불가능할 뿐더러 국제사회에서 안전하다고 인정을 받을 수 없다. 이는 수입식품에도 동일하게 적용되어 HACCP 관리로 생산되어 수입된 식품은 국내시장에서 국내산보다 경쟁력이 클 것으로 생각된다. 소비자들은 국제적으로 공인받은 수입식품이 시장에 나올 경우 기존 위생관리법에 의하여 최종 제품의 안전성만 확보한 국내산보다 선호도가 높을 것은 예견할 수 있는 일이다.

4. HACCP 도입의 이점

가. 식품의 안전성이 확보될 수 있다. 위해 분석을 하기 때문에 기존의 제조 방법을 수정하고 중점적으로 관리할 곳을 종업원이 명확히 파악할 수 있으므로 보다 안전한 식품의 제조가 가능하며 식품의 안전성이 확보될 수 있다.

나. 경쟁력이 강화될 수 있다. 식품으로 인한 각종 위해 사건을 방지하기 위하여 영업자는 보다 안전한 원재료를 구입하게 된다. 따라서 HACCP를 도입하여 생산한 안전한 식품은 그렇지 못한 식품에 비해 경쟁력이 강한 상품이 될 수 있다. 또한 불량품 발생률도 낮아 사고로 인한 손해배상이나 불량품 회수의 위험성이 적어지기 때문에 경제적으로 유리하다.

다. 조직 전체의 의식이 일체화될 수 있다. 경영자, 현장 책임자, 작업 종사자가 일체가 되어 대처하기 때문에 조직 전체의 제품에 대한 이해는 물론 위생 지식의 향상이 기대된다.

라. 경험이 과학으로 뒷받침될 수 있다. 지금까지 특정의 기술자가 경험적으로 익혀온 기술을 과학적으로 뒷받침하여 알기 쉬운 지침서를 작성함으로써 경험이 부족한 사람이라도 품질향상이나 식중독 등의 위해 방지에 높은 의식을 갖게 된다.

마. 안전성이 지속될 수 있다. 아무리 안전한 시스템을 작성하더라도 시간이 경과함에 따라 안전에 대한 의식이 서서히 바뀌어 당초의 것과 거리가 생길 수 있다. 그러나 HACCP시스템에서는 계획대로 실행되는지 여부를 과학적인 수단으로 정기적인 파악이 가능하며 또한 필요에 따라 시스템을 변경할 수 있어 지속적인 위생 수준의 향상과 안전성을 확보할 수 있다.

표 6-1 기존의 위생검사제도와 HACCP시스템의 다른 점

	기존의 방법	HACCP시스템
관리 범위	최종 제품	원료에서 최종 제품까지
관리 방법	특정된 부분 관리	모든 단계 관리
관리 담당	위생관리인, 실험실	전 직원이 함께 관리
문제점 발생 원인 조사	원인 구명이 어렵다.	문제 단계를 쉽게 알 수 있다.
제품검사 관리	시간과 비용이 크다.	즉시 단계별 관리로 비용 절약
위생성의 확보 단계	문제 발생 후 대처	사전 대처로 문제점 최소화
안전성 확보 수준	특정 요소만 관리로 안전성 미흡	전수 관리로 최고의 안전성 확보

5. HACCP시스템의 도입 지원 프로그램

HACCP시스템은 위해 발생을 방지하기 위하여 중요한 공정을 중요 관리점으로 설정하여 중점관리하게 된다. 그러나 중요 관리점을 효율적으로 관리하기 위하여 기본적인 제조 생산 환경의 관리가 선행되어야 한다. 하드웨어적인 관리가 완전히 준비되어 있지 않으면 소프트웨어라고 할 수 있는 HACCP시스템은 실행에 차질을 가져오기 쉽다. 그래서 일반적 위생관리 프로그램은 HACCP시스템의 전제 조건으로 시설설비의 위생관리, 기계기구의 보수 점검, 종업원의 위생교육, 제품 회수 등의 위생관리가 그 선행 조건의 대상이 된다.

특히 일반적인 위생관리 프로그램으로 관리해야 하는 주된 항목은 다음과 같다.

1) 시설・설비의 위생관리

시설・설비의 위생관리란 건물이나 그 주변을 항상 청결하게 유지하는 것으로 시설의 주위는 정기적으로 청소하고 점검하여 깨끗하게 한다. 시설・설비(천정 및 내벽, 조명설비, 환기 및 공조설비 등)는 정기적으로 청소하고 점검하여 깨끗하게 유지한다.

2) 종업원의 위생교육

식품의 안전성을 확보하기 위하여 제조가공을 담당하는 현장의 종업원을 교육・훈련시킬 필요가 있다. 교육・훈련은 계획을 세워 교육방법이나 대상 등을 명시하므로 체계적인 방법으로 구체화한다.

3) 시설・설비, 기계・기구의 보수 점검

기계・기구는 항시 최적의 상태를 유지할 수 있도록 관리되어야 한다. 기계・기구의 파손이나 고장 유무, 작업 전후로 세척 및 살균 상태를 확인하고 점검한다.

4) 종업원의 위생관리

종업원의 건강이 영업소의 건강이라고 할 수 있으므로 종업원의 건강은 철저히 관리 유지되어야 한다. 정기적으로 건강검진을 받고 작업 중에도 복장이나 습관을 위생적으로 유지할 수 있도록 교육을 하고 점검을 하여야 한다.

5) 식품 등의 위생적 취급

식품 원료 구입 시 그 식품의 생산 유통과정을 위생적으로 관리하도록 점검이 필요하다. 원재료 식품은 생산자와 유통 저장하는 사람이 누구인지 분명히 알 수 있어야 하며, 필요하면 식품에 대한 정보를 추적할 수 있어야 한다.

식품위해요소 중점관리기준 규정에 명시된 식품 업종별 세부 규정이 명시되어 있으나 식품제조업소와 단체급식업소의 일반 위생관리 기준의 점검 항목은 아래 표와 같다.

표 6-2 일반 위생관리 기준

기준 항목	식품제조가공업소세부관리항목	단체급식업소 세부 관리항목
영업장관리	작업장, 건물바닥, 벽, 천장, 배수 및 배관, 출입구, 통로, 창, 채광 및 조명, 부대시설(화장실, 탈의실 휴게실 등)	작업장, 건물바닥, 벽, 천장, 배수 및 배관, 출입구, 창, 채광 및 조명, 부대시설(화장실, 탈의실, 휴게실 등)
위생관리	작업환경관리(동선계획 및 공정간 오염방지, 온도 습도관리, 환기시설관리, 방충방서관리), 개인위생관리, 폐기물관리, 세척 및 소독	작업환경관리(동선계획 및 공정간 오염방지, 온도 습도관리, 환기시설관리, 방충방서관리), 개인위생관리, 작업위생관리(교차오염의 방지, 전처리, 조리, 완제품관리, 배식, 검식, 보존식), 폐기물관리, 세척 및 소독
제조시설 설비관리	제조시설 및 기계기구류 등 설비관리,	조리장비
냉장 냉동 시설설비관리		
용수관리		
보관운송관리	구입 및 입고, 협력업체 관리, 운송, 보관	
검사관리	제품검사, 시설 설비, 기구 등 검사	
회수프로그램 관리		

6. HACCP의 적용 과정

HACCP시스템을 적용하기 위하여 도입 단계를 12단계로 FAO/WHO에서 제시하였다. 1단계부터 5단계까지는 예비 단계이며 6단계부터 12단계까지는 실제 적용 단계로 구성되어 있다. 이와 같은 절차와 원칙을 단계별로 정리하여 제시한 것은 종업원으로 하여금 보다 합리적인 시스템을 활용한 위생관리를 실천하게 제도화한 것으로 효율성을 높이기 위하여 작성된 것이다. 이는 업소의 형편에 따라 융통성있게 운영되어야 하며 적용에 장해가 되어서는 안 된다.

표 6-3 HACCP의 적용 순서

1 단계		HACCP팀의 구성, 조직
2단계		제품에 대한 정보, 기술
3단계		사용법의 의도 확인
4단계		제조(조리) 과정도, 시설도면, 표준 작업매뉴얼 작성
5단계		제조(조리) 과정의 현장 확인
6단계	원칙1	잠재된 위해요소를 찾아 분석하고 관리 방법 결정(HA)
7단계	원칙2	중요 관리점의 설정(CCP)
8단계	원칙3	각 중요 관리점의 한계기준 설정
9단계	원칙4	각 중요 관리점의 모니터링 방법의 설정
10단계	원칙5	한계기준을 초과할 때 시정 방법의 설정
11단계	원칙6	검증 과정의 수립
12단계	원칙7	기록 보관 및 문서화 과정 수립

7. HACCP의 준비 및 실시 단계

1) HACCP팀의 구성

HACCP의 실제적인 성공은 경영자의 참여와 의지가 우선이다. 조직의 편성은 경영자의 의지를 직접 실행할 수 있는 권한과 책임을 가진 사람이 팀장이 되어야 한다. 그 팀원으로는 각 공정의 책임자가 포함되어야 하며 그들은 회사의 제품에 대한 정확한 지식과 기술을 갖고 있는 사람들이어야 한다. 팀원에 의하여 HACCP계획이 수립되고 실행되기 때문에 HACCP에 대한 지식을 충분히 가지고 있지 않으면 안 된다. 만약 HACCP에 대한 지식이 부족 시에는 외부에서 전문가들의 도움을 받는 것이 좋다.

2) 제품에 대한 정보의 기술

HACCP에서 말하는 제품에 대한 기술은 제품의 안전성에 관계되는 사항을 기재하는 것을 말한다. 소비자가 제품을 구입하고자 할 때 먼저 그 식품의 성분이나 유효기간 등의 표시 사항을 확인하게 된다. 이때 소비자가 이 식품이 안전한가에 대한 정보는 기재된 내용에 의하여 판단하게 되니까 그 제품의 사용 방법, 용도, 소비 계층을 분명히 기록함으로써 소비나 사용상의 안전성을 확보할 수 있는 지침이 된다. 제품설명에 포함되어야 하는 내용은 제품의 특성, 제품의 보존 방법, 저장 조건, 조리법. 개봉 후 취급법 등이 구체적으로 기재하여야 한다.

3) 사용법의 의도 확인

최종 제품의 주요 사용자나 소비자, 민감한 집단(노약자, 임산부, 유아, 특이체질자 등)을 고려하여 대상 고객을 확실하게 식별하고 또한 통상적으로 사용하는 형태를 파악하는 것이 사용상 식별하도록 의도하는 내용이다.

4) 제조(조리) 공정도의 작성

공정도는 공정에 따른 작업 내용을 전체적이면서도 개별적으로 파악하기 위하여 작성한다. 이들 문서는 작업구역 내의 각 시설이나 공정의 흐름에 따라 어느 부분이 그 식품의 안전성과 위생관리에 중요한 곳인지를 분석하는데 있다. 제조 공정도에는 제조가공 또는 조리에 사용하는 기계·기구의 성능, 공정별 작업 내용, 작업 소요시간 및 작업 담당자의 직명이 기재되어 있어야 한다. 또 제품의 이동 경로, 기계기구의 배치, 종업원의 배치 및 동선을 기재하고 작업장 내의 청결 기준도 표시하여야 한다.

5) 작성된 공정도의 현장 확인

작성된 공정도는 이론적으로 가장 안정하고 위생적인 제품을 생산할 수 있는 표준서가 되어야 한다. 그러나 작성된 내용이 실제 실행하는데 안전성에 문제점을 발생시키거나 작업자가 작업 효율이 떨어지고 번거롭게 생각하면 집행 과정에서 소홀히 하기 쉬우므로 현장 종업원의 의견을 듣고 수정하므로 가치 있는 문서가 될 수 있다.

6) 위해요소의 분석(원칙 1)

위해분석이란 원재료 및 제조공정에서 일어날 수 있는 잠재적 위해에 대하여 그 위해발생 가능성이나 위해 정도를 밝혀냄으로써 각각의 위해에 대한 관리방법을 명확히 하는데 있다.

위해의 요소로는 다음과 같이 3가지로 분류하는 것이 일반적이다.

- 생물학적 위해요소 : 세균, 바이러스, 곰팡이, 원충류, 기생충, 효모 등이 원인이 될 수 있으나 식중독 원인 세균들이 그 대상이며 이들이 생육·증식하는 조건들을 조절하므로 관리할 수 있다.
- 화학적 위해요소 : 동식물 속에 천연으로 존재하는 독성물질이나 생산과정에서 의도적으로 사용되거나 또는 비의도적으로 혼입되는 중금속, 농약, 항생물질, 식품첨가물 등으로 위해 발생량이 중요한 관리점이라고 할 수 있다.
- 물리적 위해요소 : 플라스틱, 금속, 유리, 돌, 나뭇조각과 같은 물질로 질병이나 상해의 원인이 될 수 있는 물질을 말한다.

위해분석 시에는 모든 작업 공정별로 위해 발생 가능성이 있는 원재료, 공정, 원인 물질, 발생 요인, 방지 조치 등을 정리하고 위해의 중요성, 빈도, 인체에 끼치는 영향 등을 수집, 정리한다.

잠재적 위해 가능성이 있는 식품으로는 자연적으로 오염된 식품, 과거 식중독 사건과 관련이 있는 식품들, 대량급식을 위한 조리·가공단계, 조리·가공 과정이 복잡한 식품, 조리, 방냉, 재가열 과정이 자주 반복되는 식품, 한번 조리·가공한 것을 다음 급식에 사용하는 경우 등이 있다.

7) 중요 관리점의 설정(원칙 2)

중요 관리점이란 식품의 안전성을 위협하는 위해요소를 예방 또는 제거하거나 완전히 제거되기 어려운 경우에는 허용수준 이하로 최소화시킬 수 있는 시점과 단계 또는 절차를 말한다.

중요 관리점은 한 곳 이상이어야 하나 너무 많아서 업무에 지장을 주거나 중요 관리점을 간과하여 편리성을 강조하면 실제 이 제도의 도입 목적이 손상을 받게 된다.

중요 관리점은 식품이 제조, 조리·가공 단계에서 오염되거나 오염된 것이 살아서 증식할 수 있는 단계인가를 확인하여야 한다. 또 이런 단계에서 오염물질을 교정하고, 제거하고, 안전 수준으로 줄일 수 있는가를 확인하고 측정 및 감시 방법을 수립할 수 있는가의 수용이 필요하다.

표 6-4 결정 판정도(Decision Tree)

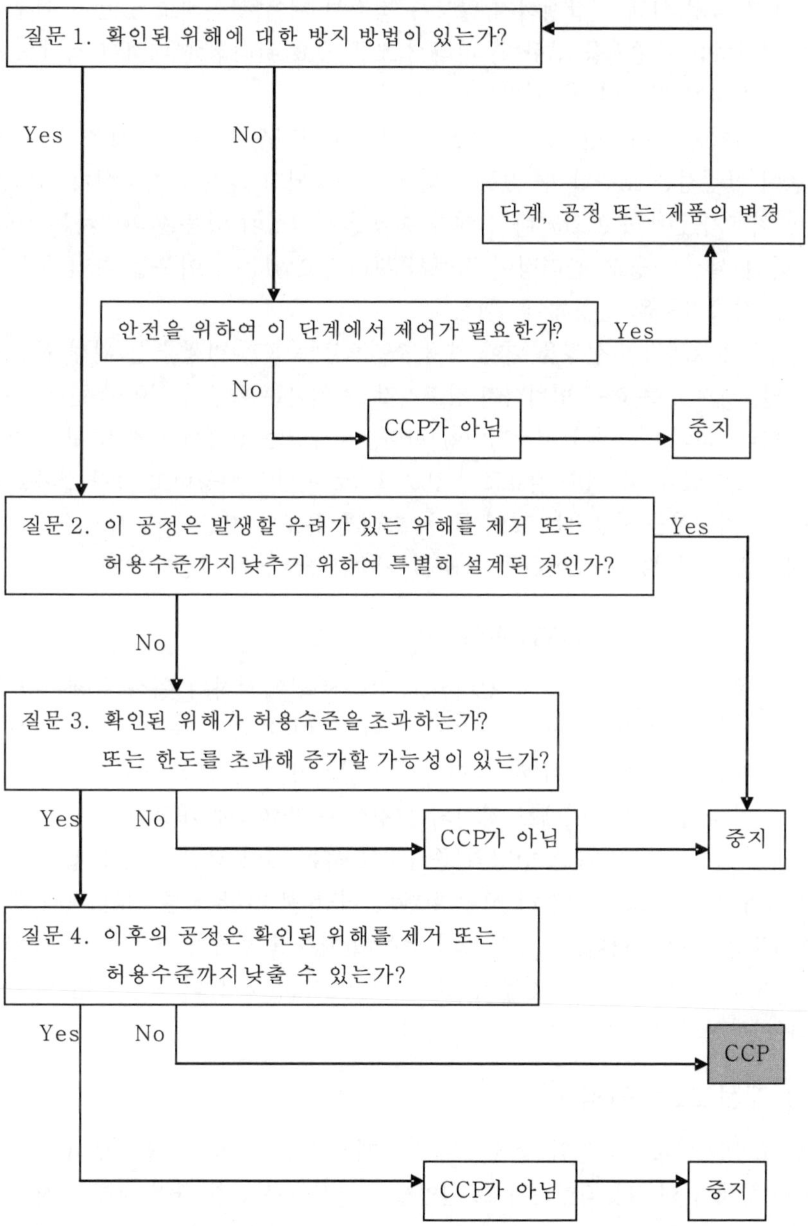

8) 중요 관리점의 한계기준 설정(원칙3)

한계기준이란 허용하느냐 허용하지 않느냐의 구분 기준이다. 그래서 한계기준은 중요 관리점에서 특정 위해가 발생하지 않도록 적절히 제어 관리되고 있는지 여부를 판정하기 위하여 설정하는 기준치를 말한다. 따라서 모든 중요 관리점에 대하여 적어도 하나의 관리 기준을 설정하지 않으면 안 된다.

만일 한계기준을 이탈한 경우는 원료가 제품의 안전성에 나쁜 영향을 줄 수 있거나 아니면 제품이 안전성을 보증할 수 있는 조건으로 제조되지 않았을 가능성이 있다. 즉, 소비자에 대한 위해가 존재하고 있거나 위해가 증폭될 위험성이 있음을 의미하는 것이다. 따라서 한계기준의 설정은 중요 관리점이 적절히 관리되고 있는지 여부를 확인하기 위하여 가장 합리적인 한계기준을 설정해야 한다.

한계기준의 효과적인 설정을 위한 첫째 조건으로는 표적 미생물 등 위해 원인 물질을 확실하게 사멸, 제거 또는 허용 범위까지 감소시킬 수 있다는 확증이 있어야 한다. 가장 과학적인 근거에 따라 입증된 수치가 제시되어야 한다. 둘째로는 현장에서 즉시 판단 가능한 기준을 설정할 필요가 있다. 즉, 판단지표로서 관능적으로 판단이 가능하고 즉시 결과를 공정에 적용할 수 있는 기준치를 사용하는 것이 좋다. 그래서 온도와 시간에 대한 기준이 가장 적절하고 특정 제품에 대하여는 수소이온농도(pH)나 수분활성도를 사용할 수도 있다.

9) 감시(모니터링) 방법(원칙 4)

감시란 중요 관리점이 적절히 관리되고 있는지를 판정하기 위하여 계획된 일련의 관찰 또는 측정, 시험·검사를 수행하는 것을 말한다. 이와 같은 관찰, 측정, 시험·검사는 단시간에 정확한 결과가 나와야 하며 연속적인 감시가 가능해야 한다. 자동 기록 장치를 이용하는 것이 바람직하나 이때도 장치의 고장이나 정확성에 대하여 주기적 점검이 필요하다. 감시를 하는 사람은 제조 현장의 종사자로 하는 것이 감시 장치에 접근이 쉽기 때문에 효율적이며 감시 빈도를 적절히 하여 한계에 이탈 시 가장 빠른 시간 내에 개선조치를 취할 수 있도록 하여야 한다. 감시 빈도가 너무 벌어지면 문제 발생 시 즉시 대처하지 못하여 많은 제품을 폐기해야 하는 경우가 있을 수 있고, 빈도가 너무 잦으면 업무를 번거롭게 생각하여 성실한 감시를 기대하기 어렵다.

10) 개선 조치(원칙 5)

개선 조치란 중요 관리점의 감시 결과가 한계기준을 벗어났을 때 시행되는 조치를 말한다. 즉, 관리 상태가 왜 잘못되었는지 그 원인을 조사하여 적절한 관리 상태로 시정하는 일이 우선이다. 이때 제품의 생산을 즉시 중단하고 제품의 위해 여부를 판단하고 제품이나 반제품을 재작업 공정으로 보낼 것인지 용도를 전환시킬 것인지 폐기시킬 것인지를 결정해야 한다.

11) 검증 방법의 수립(원칙 6)

HACCP 시스템이 효과적이고 정상적으로 운용되기 위하여 정기적인 검증이 필요하다. 검증의 주 내용은 중요 관리점, 한계기준, 모니터링 방법 및 시정 조치가 실제로 이행되는가에 대한 타당성 검증이다. 검증 사항으로는 모니터링 측정 장비의 검정, 모니터링의 적정성을 현장 확인하거나 모니터링의 결과, 개선 조치 등의 기록을 확인한다. 또 원재료, 반제품, 최종 제품의 시험검사 방법 및 결과의 확인과 그 대응 방법의 검증을 한다. 소비자로부터 고발이나 민원이 있을 때 그 내용과 처리 절차에 대한 검증도 실시한다. 최종적으로 HACCP시스템 전반에 걸쳐 재검토를 하고 그 검정 결과를 기록으로 남긴다.

12) 문서화 및 기록 유지(원칙 7)

HACCP 시스템의 적용에는 효율적이고 정확힌 기록 유지가 필수적이며 모든 절차를 업무의 특성과 규모에 적절한 내용으로 문서화하여야한다. 문서화된 HACCP 계획은 HACCP 이행에 대한 대외적으로 약속하는 표시가 되며 대내적으로는 HACCP에 대한 경영진의 의지의 표현이며 식품 안전성의 실현 방법이다.

중요한 문서로는 지금까지 11단계에 포함된 모든 내용, 즉 HACCP 계획, HACCP 원문서, 확인 자료, 검증 절차, 작업지시서, SSOP, 각종 양식 등이다.

연구문제

1. 식품공장에서 Critical Control Point가 되는 것은 어떤 것들이 있는가?
2. HACCP 관리제도에서 식품위생에 결정적인 영향을 주는 요소는 무엇인가?

§6-2 쥐 및 해충의 관리

아주 오랜 옛날부터 인류는 파리로부터 괴로움을 받아왔고, 파리의 피해로부터 벗어나기 위하여 여러 수단을 강구하고 있으며, 쥐나 바퀴도 오래전부터 인간을 괴롭혀 왔다.

따라서 인간은 이들을 구제하기 위하여 여러 방법을 강구해 왔는데, 어떤 동물은 그들을 구제하기 위한 인간의 노력에 저항을 하여 약제에 내성을 갖든가 생활습관의 변화를 가져오기도 했다.

식품 취급 시설의 관리자는 이러한 쥐 및 해충의 습성이나 약점을 잘 알아서 시설이나 식품을 곤충, 쥐 또 다른 해충으로부터 보호해야 한다. 대부분의 쥐 및 해충은 질병의 원인이 되는 미생물을 전파하며, 식품을 망가뜨려 가식성을 떨어뜨리고 가치를 저하시켜 경제적 손실을 초래한다.

실제로 쥐는 엄청난 양의 곡물을 먹어치우고 오염물질을 식품에 전파시켜 질병을 유발시키기도 한다.

본 장에서는 가장 보편적인 쥐 및 해충의 생활습성이나 피해, 구제 방법 등을 논의하기로 한다.

1. 쥐

1) 쥐의 종류

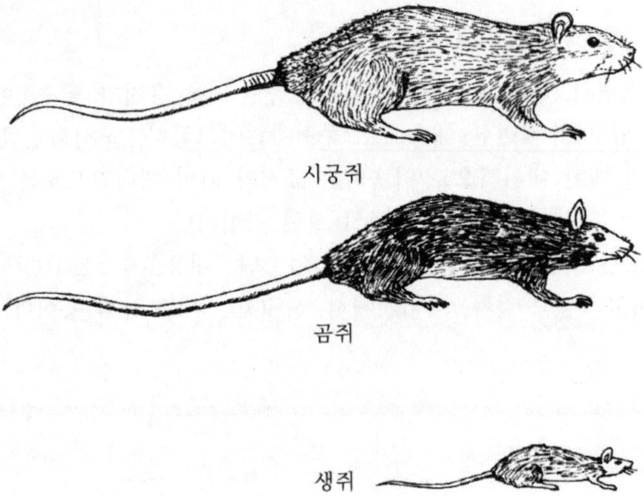

그림 6-1 쥐의 모양

(1) 시궁쥐(집쥐, norway rat, sewer rat)

세계적으로 널리 분포되어 있는 대표적인 가주성(家住性) 쥐다. 그 이름에서와 같이 물을 좋아하는 성질을 가지고 있기 때문에 물을 많이 취급하는 식품 처리 시설에서는 시궁쥐에 대한 관리 대책이 중요하다. 성질은 영악하고 사나워서 곰쥐와 대조적이다.

시궁쥐는 마루 밑, 담장 밑, 하수구벽 등에 구멍을 파고 살며 수영을 잘하는 특성이 있다(표 6-2 참조).

(2) 곰쥐(지붕쥐, roof rat)

시궁쥐와 같이 세계적으로 분포되어 있으며 천장 속이나 벽 속에 많이 살고 있다. 성질은 극히 겁이 많고 신경질적이며 경계심이 많아 쥐약을 놓아도 쉽게 먹지 않는다.

동작이 빠르고 오르내리기를 잘하며, 시궁쥐보다 날쌔게 보인다(표 6-3 참조).

표 6-5 가주성 쥐의 특성

종 류	시 궁 쥐	곰 쥐	생 쥐
수 명	약 3년	약 3년	1~1.5년
번식가능기간	생후 3개월~2년	생후 3개월~2년	생후 5주~
임 신 기 간	20~21일	20~21일	17~20일
연간분만횟수	5~6회	5~6회	6~10회
1 회 분 만 수	약 9마리	약 6마리	약 6마리
체 중	300~400g	150~200g	약 20g

표 6-6 시궁쥐와 곰쥐의 구분

	코	눈	귀	몸	꼬리
시궁쥐	둔 하 다	작다	작다	두툼하다	몸통보다 짧다
곰 쥐	뾰족하다	크다	크다	가 늘 다	몸통보다 길다

표 6-7 쥐의 일생

유아기(乳兒期)	유수기(幼獸期)	성수기(成獸期)	노수기(老獸期)
0	15~30일	50~90일	2년
출생	눈뜸, 보행, 이유, 섭식 활동	생식 개시	생식 정지

(3) 생쥐(mouse)

소형의 종류로 미국이나 유럽에서는 아주 널리 분포되어 있으나 우리나라나 일본에서는 분포 비율이 적다. 야생이지만 교외에 공장이나 건물이 있을 경우 침입하기도 한다.

2) 쥐의 습성

쥐는 생후 약 3주가 지나면 이유하고 1~2개월(생쥐)이 지나면 증식이 가능하다. 그 후 임신 기간 17일 이상 지나면 출산을 하게 된다. 실제로 기하급수적인 수효의 증가를 가져올 것으로 예상되지만 자연계에서는 많은 환경 저항이 있어 번식이 억제된다.

쥐는 낮에는 어두운 곳에 숨어 있다가 밤이 되면 활발히 움직인다. 곰쥐는 천정 속 등에 종이, 천조각, 솜 등을 모아 집을 만들어 산다. 시궁쥐는 땅밑으로 굴을 뚫고 살지만 야외에 폐목이 쌓여 있는 틈이나 그 밑의 땅에 굴을 파고 사는 것을 제일 좋아한다.

극히 잡식성이나 그중에도 곡류나 감자류와 같은 식물성 식품을 좋아한다.

3) 쥐의 서식 흔적

쥐의 습성이 야간 활동성이기 때문에 눈에 보이지 않아도 존재를 확인할 수 있다. 다음과 같은 흔적은 쥐가 출몰했는지의 여부, 또 언제 출몰했는지에 대한 정보를 제공한다.

(1) 쥐똥

쥐똥의 존재는 쥐가 있었다는 가장 확실한 표시이다.

쥐똥은 길이가 13~19mm이며 직경이 6mm 정도이나 생쥐의 똥은 훨씬 작아 길이가 3mm 정도밖에 되지 않는다.

만약 쥐똥이 검고 반짝이며 점도가 있으면 최근에 그곳에 나타났다는 것을 뜻한다. 오래된 쥐똥은 갈색이며 막대기로 건드리면 쉽게 떨어져 나간다.

(2) 접촉 흔적

쥐는 보금자리와 먹이 사이를 거의 동일한 통로를 통하여 다닌다. 쥐의 체표로부터 더러운 것이나 기름기 흔적이 마루나 벽 쪽에 보이게 된다. 쥐는 돌아다닐 때 수직면에 접촉하면서 다니는 것을 좋아한다. 그래서 다닌 흔적이 벽, 계단, 지붕, 서까래, 천장 모퉁이, 파이프 안쪽 면에 나타나게 된다.

(3) 쏜 자국

쥐는 먹이를 얻고자 하거나 먹이가 있는 장소로 가기 위하여, 또 이빨을 짧게 하려고 무엇인가를 갉아야 한다. 쥐의 앞니는 매우 강하여 납관이나 단단하지 않은 건축물, 자루, 나무, 종이상자를 갉아낸다. 만약 쏜 자국이 최근에 있었다면 이빨자국을 쉽게 볼 수 있을 것이다.

(4) 발자국

쥐 발자국은 먼지가 있는 면에서는 쉽게 볼 수 있다. 의심스러운 곳이 있으면 분필가루 등을 뿌려 놓으면 쥐가 다닌 길을 분명히 알 수 있다.

(5) 쥐굴

쥐는 건물 내로 들어오기 위하여 땅속으로 파고들어 오려 한다. 건물 외부를 조사해 보면 쥐굴을 찾아낼 수 있다. 쥐굴을 막기 전에 안쪽에 있을 쥐를 없애야 하며, 쥐굴은 보통 5~6개가 연결되어 있어 굴을 막는 것은 효과를 보기 어렵다.

4) 쥐에 의한 피해

쥐는 곡물을 먹어버리든가 건물이나 가구를 갉아 망가뜨리기 때문에 경제적으로도 큰 피해를 준다. 또 쥐는 하수나 쓰레기 더미에서 생활하는 경우가 많기 때문에 극히 불결한 동물이다. 쥐가 식품과 접촉하면 털이나 쥐똥 등을 식품에 혼입시켜 불결감이나 혐오감을 주는 정신적 피해 외에도 전염병균이나 기생충을 전파할 수 있기 때문에 구제가 더욱 중요하다.

(1) 살모넬라식중독

쥐의 살모넬라균이 똥이나 오줌을 통해 배설되어 식품 내에서 증식하고 이것을 먹은 사람이 발증을 하게 된다.

(2) 렙토스피라증

쥐의 렙토스피라균은 요를 통해 배설되어 사람의 피부에 접촉하여 감염되며, 출혈성황달을 일으키기도 한다. 때로는 오염된 식품에서 경구적으로 감염되는 일도 있다.

(3) 서교증

1. 병원균은 나선균의 일종으로 쥐에 물려 발증하는 열성 질환(熱性疾患)이다.

이외에도 페스트, 쓰스가무시병, 발진열 등쥐에 의하여 이루어지는 전염병이 있다. 또한 쥐는 선모충, 왜소조충, 일본 주혈 흡충과 같은 기생충을 사람에게 옮기는 데도 중요한 역할을 한다.

5) 쥐의 구제법(驅除法)

(1) 환경적 대책

- **서식 장소를 없앤다** : 시궁쥐는 배수구, 폐기물 처리 시설 주변, 지면 위의 퇴적물 밑의 땅속에 서식처를 만든다. 곰쥐는 주로 천정, 파이프 가운데 등에 종이, 헝겊조각, 짚 등을 모아 집을 만든다. 따라서 하수도 배수구에는 차단망을 만들어 쥐의 침입을 차단하고, 바닥은 콘크리트로 하고 정해진 장소 이외에는 쓰레기나 다른 물건을 퇴적시켜 놓지 않는다.
- **통로를 막는다** : 쥐가 통로로 이용하고 있는 것은 하수구, 배수구, 맨홀, 바닥, 벽, 천정, 창문, 통기구, 연돌, 문, 창틈, 냉온방기 연결 부위 등이다.
- **먹이를 차단한다** : 식품이나 제조과정에서 나온 폐기물과 같은 쥐의 먹이를 방치해서는 안 된다. 또한 식품은 조리가공 전후에 방치해서는 안 되며, 폐기물통은 꼭 닫을 수 있는 용기를 쓴다.

(2) 살서제에 의한 구제

쥐는 경계심이 크고 아무것이나 먹지 않기 때문에 기호성이 높은 것을 구제의 미끼로 하여야 한다. 살서제의 종류에는 축적성이 있는 것과 속효성이 있는 것이 있다. 축적성이 있는 것은 wafarin, coumarin제 등이 있으며, 미량씩만 섭취하여도 4~5일 이상 계속 섭취하면 매우 높은 효과를 얻을 수 있다. 사람에 대하여 비교적 안전성이 높고 쥐에 대해선 혈액항응고제로써 작용한다. 속효성이 있으며 급성독성을 나타내는 것은 fratol, 인화아연, norbromide 등이 있다.

1회의 섭취로 빠르게 치사시킬 수 있는 속효성이 있지만 기피성을 나타내는 것도 있다.

살서제의 배치 요령은 쥐가 출몰하는 장소에 배치하되 식품, 제품, 원료 등에 혼입될 우려가 있는 장소나 수분이 많은 장소는 피한다. 또 회수하기 쉬운 장소에 놓 고 쥐는 경계심이 많기 때문에 먹기 쉽도록 해야 한다. 충분한 양을 배치하고, 없어지면 곧 보충하여 먹어 없어지지 않을 때까지 계속 배치한다. 축적성이 있는 쥐약은 반드시 4일 이상 연일 계속하여 먹도록 배치하여야 한다.

쥐의 사체는 될 수 있는 한 빨리 찾아낼 수 있도록 하며 특히 여름철에 시선이 닿지 않는 곳에서 부패되는 일이 없도록 한다.

(3) 살서제의 분말처리법

현재 쓰고 있는 살서제는 식품과 섞어서 살서 효과를 얻도록 되어 있다. 접촉독을 갖고 있는 살충제와는 본질적으로 다르다.

쥐는 경계심이 크고, 좋아하는 것과 싫어하는 것이 있기 때문에 간단한 독이(毒餌)는 먹지 않는 경우가 많으므로 산분(散粉) 방법을 고려한다.

쥐는 몸이 오염되면 혀로 핥아 털을 다듬는다. 이런 습성을 이용하여 쥐의 통로에 분제(粉劑)를 뿌려 놓고 쥐가 그 위를 다니면서 몸에 가루가 묻도록 한다. 그러면 쥐는 살서제를 핥아먹게 될 것이다.

축적 독성을 가지고 있는 살서제를 쥐의 통로가 되는 곳에 5~10cm 폭으로 1m 가량에 5~10g을 기준으로 뿌린다. 그러나 가루약은 비산되기 쉽기 때문에 식품에 오염될 우려가 있는 장소에서는 사용하기 어렵다.

(4) 트랩(trap)에 의한 구제법

트랩에 의한 방법은 압살식, 생포식(새장식), 점착식으로 나눌 수 있다. 트랩에 의한 방법은 효과적인 방법은 아니나 일반적으로 안전한 방법이다. 트랩은 쥐가 다니는 통로에 미끼와 함께 올바른 각도로 놓아야 하며 벽 쪽에 설치하는 것이 좋다.

트랩의 미끼로는 다양한 식품을 사용할 수 있으며 신선한 육류, 애완동물 먹이, 땅콩버터 등은 만족할 만한 효과를 얻을 수 있는 미끼용 식품이다. 트랩은 매일 점검해야 하며 미끼는 신선한 상태를 유지시켜야 한다.

쥐는 인간의 냄새에 익숙해 있기 때문에 트랩이나 먹이에 인간의 냄새가 묻어 있으면 쥐가 트랩에 접근하는 데 장애를 줄 것이다.

점착성 트랩은 약제를 쓰지 않기 때문에 식품 취급 시설 내에 설치하여도 좋다. 이 트랩은 압살식과 같이 쥐가 다니는 통로를 잘 파악한 후 설치해야 하며, 쥐가 잡혔을 때는 즉시 처리토록 한다.

2. 바퀴(cockroach)

바퀴는 분류학적으로 바퀴목에 속하며 전 세계에 약 3,500종이 있다. 원래 열대나 아열대가 원산지로 대부분의 종류는 위와 같은 지대의 삼림에서 생활하고 있으며, 인간의 주거에 서식하고 있는 종류는 1%에 지나지 않는다.

바퀴가 우리나라에 전파된 것은 다른 해충에 비하여 극히 짧은 1970년 이후로 생각된다. 서구에서는 19세기부터 바퀴를 박멸키 위해 많은 노력을 하였으나 실제로 큰 효과를 거두지 못하고 살충제에 대한 저항성만 증가시켜 완전 박멸을 더욱 어렵게 하였다.

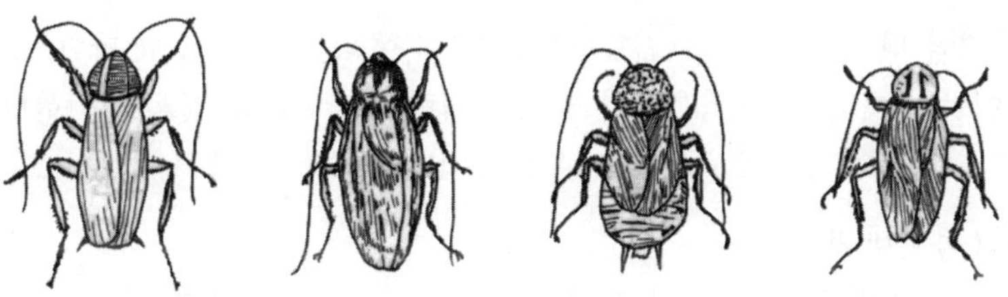

그림 6-2 바퀴의 모양

근년에 생활수준이 향상되고 도시에 빌딩의 건축이 증가되면서 바퀴의 수도 두드러지게 증가하고 있다. 온도 환경의 변화에 따라 월동 장소가 확보되기 때문이다. 사람이 거주하기에 적합한 환경은 바퀴에게도 적합한 환경을 제공한다.

이런 이유로 바퀴에게는 유효한 환경 대책이란 효과를 거두기가 극히 어렵다. 살충제에 의한 방법이 주로 사용되었지만 바퀴 습성과 살충제의 특성을 잘 이해하고 사용하여야 한다. 약제에 대한 내성이 커지고 또 바퀴의 급격한 증식은 구제의 효과를 얻는데 큰 장해요인으로 나타났다.

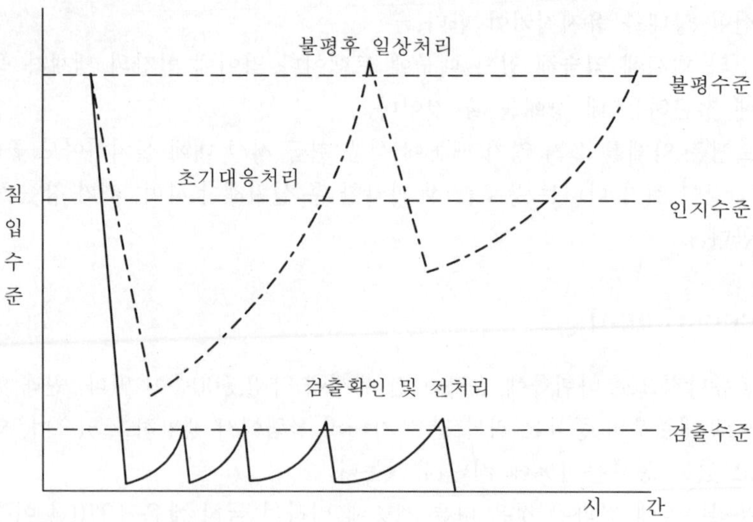

그림 6-3 바퀴의 구제 및 수준별 관리

1) 바퀴의 종류

바퀴는 약 3억 년 전의 석탄기(石炭紀)에 출현하여 진화하지 않고 남아 있는 원시곤충에 속한다. 이는 바퀴가 환경 적응성이 좋고 번식력이 강하다는 것을 의미한다. 바퀴의 종류는 많으나 가주성인 것으로 우리나라에서는 4가지 종류가 주로 발견되고 있다.

(1) 바퀴(독일바퀴)

전 세계적으로 가장 널리 분포하고 있으며 우리나라에서도 쉽게 볼 수 있는 종류이다. 동아프리카 원산으로 추위에 약하지만 난방시설의 보급 확대로 생존에 적합한 건물이 증가되면서 겨울을 나는 데 어려움이 없어졌다. 감자, 양파, 음료류를 좋아하며 스토브, 냉장고 등의 틈에 기거하고 다른 종류보다 물을 더 마신다. 마루에서 천장까지의 실내 범위에서 서식하며 음식점, 호텔, 병원, 식품공장에 많이 살고 있다.

성충은 체장이 약 1.5cm로 작은 편이며 황갈색으로 흉부 등쪽에 2개의 검은 줄이 있다. 성충은 알주머니를 끝에 달고 있으며 약 22일간의 난기간(卵期間)을 거쳐 유충이 되며 알주머니에 있는 알 수는 30~35개 정도이다. 부화된 유충은 약 60일 후 성충이 되며 성충은 1개월이 지나면서 산란을 시작하는데, 4~5회의 산란을 한다. 성충의 수명은 수컷이 약 3개월, 암컷이 약 5개월이다.

(2) 이질바퀴(미국바퀴)

가주성인 것 중에서 가장 큰 것으로 다갈색의 광택이 나며 성충 체장은 3.0~4.3cm이다. 최근에 증가 폭이 큰 것으로서 아파트의 주방, 병원식당, 백화점의 식품매장, 정화조, 하수도 등에 많다. 지하역(地下域)에서 사는 경향이 있으며 다소 개방된 장소, 습한 장소를 좋아하며 수명은 1~2년 정도이다.

(3) 집바퀴(일본바퀴)

성충의 몸길이는 3.0~3.5cm 정도로 흑갈색을 띠고 암컷은 날개가 짧아 복부의 중앙부까지밖에 닿지 않는다. 수컷은 날개가 길어 검정바퀴와 비슷하지만 흉부 등쪽에 약간 울퉁불퉁한 것이 있고 광택이 있어 구별이 가능하다. 일본의 재래종으로 옥외성도 있어 옥외에서는 동계 휴면을 한다. 이 종은 빌딩이나 파이프 주변, 마루면 높이 정도에서 잘 발견되며, 특이한 냄새를 가지고 있다(수명은 약 2년).

(4) 먹바퀴(검정바퀴)

성충의 체장은 3.0~4.0cm로 몸 전체가 광택이 있는 흑갈색으로 날개는 암수 모두 배보다 길다. 주택이나 아파트에 많이 살고 있고 유충기 중간에는 적갈색을 띤다. 알주머니 하나에 약 20개의 알을 가지고 있으며 40~60일 후 부화되어 약 6개월의 유충기를 거쳐 성충이 되며 수명은 약 200일 정도이다.

2) 바퀴의 습성

(1) 야간 활동성

주간이나 사람의 기척이 있을 때는 어두운 곳에 숨어 있다. 초저녁에 활동이 가장 활발하며 하루 중 최활성기이다.

(2) 숨는 장소

주간에 숨어 있는 장소는 거의 정해져 있어서 따뜻하고 어둡고 먹이나 물이 근처에 있는 장소이다. 즉 가스레인지 밑, 냉장고 뒤쪽, 라디오, 텔레비전의 속, 식기건조기, 보온밥통 등이 그 예이다.

(3) 통로

물건의 구석, 모서리, 테두리 위에서 다니는 습성이 있고 벽 끝에서 약 5cm 쪽의 부분을 통로로 하는 경우가 많다.

(4) 잡식성

사람이 식용으로 하고 있는 모든 식품을 먹는데 특히 전분질, 감미가 있는 식품을 좋아하며 먹이가 부족할 때는 종이, 벽지, 인분 등도 먹는다.

(5) 기타

다른 곤충에 비하여 생육일수가 길고 번데기 시기를 거치지 않는 불완전 변태를 하며, 유충과 성충의 습성이 거의 같다. 또 군거성이 있어 집단으로 살고 있으며 집단을 이루기 위해 소화관 벽에서 집합 페로몬(Pheromone)이 똥과 함께 섞여 배출된다.

바퀴가 있는지를 확인하는 가장 간단한 방법은 어두운 식품 저장실 등에 갑자기 전깃불을 밝혔을 때 바퀴가 다니고 있는가를 보는 것이다. 또, 바퀴가 발산하는 강한 기름 냄새 등이 바퀴 흔적의 표시가 되기도 한다. 바퀴 똥은 작지만 바퀴가 있는 곳은 어디에나 있기 때문에 확대경 등으로 확인해 볼 수도 있다.

3) 바퀴에 의한 피해

바퀴는 배설물이나 오물에 모여 들어 병원균이나 오물을 묻혀 식품에 옮긴다. 다니는 곳에 제한이 없기 때문에 불결하고 혐오감을 주며 독특한 악취를 발한다. 또한 바퀴 때문에 정신적 고통을 호소하는 사람도 많으며, 바퀴똥에 의한 알레르기 반응이 어린아이에게 발생하기도 한다. 사람의 배설물이나 오물을 묻혀 다니기 때문에 살모넬라균, 이질, 장티푸스, 콜레라, 소아마비 등의 전염병을 전파한다.

4) 바퀴의 구제법

(1) 잔류 분무

바퀴는 야간에 행동하고 주간에는 어두운 곳에 숨어 있기 때문에 바퀴의 통로가 될 만한 곳이나 숨어 있을 만한 곳에 미리 살충제를 뿌려두고 그 위를 바퀴가 기어가면 살충 효과를 얻도록 하는 방법이다. 단시간 접촉 효과가 큰 유기인제의 유제를 바퀴가 숨을 만한 장소나 통로에 뿌려둔다. 약품은 식품이나 기구에 묻지 않도록 하며, 약제의 유효 농도를 잘 준수해야 한다.

(2) 훈연 · 훈증

방을 밀폐시키고 훈연제나 가열 증살제를 그 실내에서 발연한다. 또 실외로 새는 것을 막기 위하여 창, 문, 환기구를 닫고 필요하다면 틈을 종이로 발라 밀폐시킨다.

식품, 기구 등이 직접 연기에 접촉되지 않도록 미리 밀폐하거나 덮어 놓는 등 적절한 조취를 취한다. 발연 후 2~3시간 밀폐 상태를 유지해야 하며, 대량 사용 시는 주변에서 화재로 오인할 수 있으므로 적절한 조치를 취해 놓아야 한다. 약제의 효과는 직접 접촉 효과만을 기대할 수 있으며 잔류 효과를 기대할 수 없다.

(3) 점착 트랩

점착 트랩(glue trap)도 경우에 따라서는 효과가 있다. 효과를 높이기 위하여 다수를 사용하고 또 설치 위치 선택에 주의를 하여야 한다. 바퀴가 많이 다니는 곳, 먹이와 물이 가까운 곳의 벽 쪽에 설치한다.

3. 파리

파리는 식품과 끊을 수 없는 관계에 있다. 식품의 냄새에 끌려 식품에 모여들어 불결감을 주고 때로는 병원체를 운반하여 전염병의 원인을 제공하기도 한다. 파리는 그 발생 환경에 의하여 크게 영향을 받기 때문에 발생 환경을 어떻게 관리하느냐 하는 것이 성충대책보다 좋은 방법이다.

1) 파리의 종류

파리는 수천 종이나 되지만 그중에서 위생상 관계가 있는 것은 10종 정도이며, 그중에도 인간의 주거환경에서 생활을 함께 하며 우리나라에서 위생상 중요한 것은 다음과 같이 몇 종이 있다.

(1) 집파리

우리나라는 물론이고 세계적으로 널리 분포되어 있는 흑색의 소형 파리이다. 성충은 흉부 배면에 4개의 흑색 종선을 가지고 있으며 주로 옥내에서 활동한다. 주방 쓰레기, 축사, 변소, 폐기물 매립지, 방치된 음식물 등에서 많이 볼 수 있다.

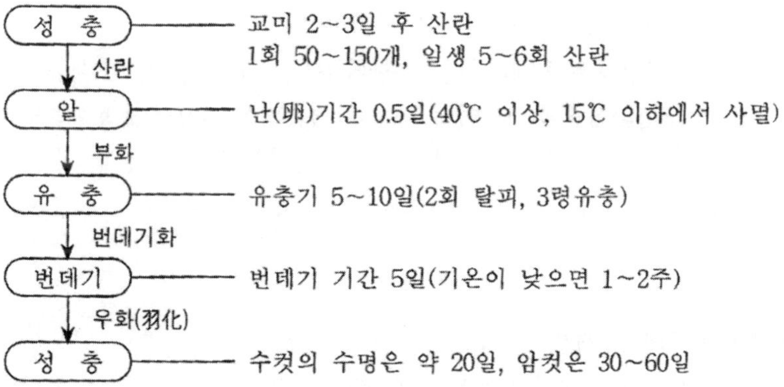

그림 6-4 집파리의 일생

(2) 검정파리

검정파리과에는 청·녹·자색 등 금속 광택을 내는 파리와 금속 광택을 내지 않는 종류로 구분할 수 있는데, 우리나라에서 위생상 주로 문제가 되는 것은 금속성 광택 파리이다.

그중에도 가장 흔한 것은 큰 검정파리로 주로 옥외에서 활동하고 동물의 시체에 기생하는 경우가 많다. 하절기에는 산으로 이동하여 인가와 떨어진 곳에서 생활한다.

(3) 쉬파리

쉬파리과는 중형 내지 대형의 회색 파리로 종에 따라 크기의 차이가 크다. 유충의 서식 장소는 대체로 동물의 시체, 동물의 분변, 사람의 변 등이나 생조직에 기생하는 것도 있다. 변소에서 주로 발생하며 유충은 검정파리과와 흡사하다.

2) 파리의 습성

집파리는 잡식성으로 여러 종류의 먹이를 섭취하고 있는데, 구기(口器)의 형태상 액체 혹은 반액체 상태의 먹이만 먹는다. 집파리는 소화작용이 빨라 거의 5분 간격으로 분을 배출하며, 먹이의 섭취도 왕성해진다. 주간 활동성이며 야간에는 실내 구석이나 천정 등에서 휴식을 갖는다. 집파리는 성충으로 월동하며, 완전한 동면이 아니고 실내온도가 높아지면 정상적인 활동을 한다.

3) 파리에 의한 피해

파리는 쓰레기 더미나 분뇨 등에서 발생하고 생활하기 때문에 극히 불결하다.

이들이 옮겨주는 병원균의 기계적 전파가 위생상 큰 문제점이며, 또 식품에 붙어 있을 경우 불쾌감, 불결감 등은 업소에 대한 소비자의 청결 인식을 무너뜨리고 제조된 식품의 가치를 떨어뜨려 업체의 운영상의 문제를 야기한다.

파리가 전파하는 전염병은 콜레라, 이질, 장티푸스, 파라티푸스, 소아마비 등과 같은 소화기계 전염병, 살모넬라식중독, 또 여러 가지 기생충병을 일으키게 한다. 파리 유충이 때로는 인체에 기생하는 일도 있는데 우발적으로 기생하는 경우로 장관 내, 귓속, 요관(尿管) 속에서 발견될 수 있다.

4) 파리의 구제

(1) 관리면에서의 발생원 대책

파리의 주요 발생원은 쓰레기나 분뇨이다. 분뇨는 하수 처리, 정화조 처리의 보급이 확대되면서 도시 지역에서는 중요성이 감소되고 있으나 농어촌 지역에서는 아직도 중요 발생원이며, 쓰레기는 도시·농촌의 구별 없이 중요 발생원이다. 쓰레기에는 주방 쓰레기, 식품공장의 원료 잔재, 공정 중간 생산물의 잔재 등 식품성 폐기물이 발생원이 된다.

- **폐기물처리** : 식품 폐기물은 전용의 밀폐 용기나 주머니에 버리고 속히 수집하거나 소각 등의 위생적 처리를 행한다. 폐기물은 그 이동, 보관에 있어서 오래 두지 않는 것이 중요하다. 폐기물 처리는 매일하는 것이 좋지만 길어도 3일 이내에는 수집하여 처리한다.

- **변소** : 변소에서는 쉬파리나 검정파리가 발생하기 때문에 정화조식으로 수세화하든가 방충망, 덮개 등을 설치하여 파리가 접근치 못하도록 시설해야 한다.
- **부지 내 청소** : 부지 내에 풀더미 등이 있으면 쓰레기나 동물의 사체가 감추어져 있어 발생원이 되기 때문에 청결히 관리해야 한다. 초지나 수목은 파리 이외에도 많은 곤충의 발생 장소, 서식 장소가 되어 해충 관리에서 간과할 수 없는 대상이다.

(2) 약제에 의한 구제

유기인제 유제(乳劑)를 뿌리는 방법이 효과적이지만 잔류성을 기대하기 어렵기 때문에 하절기에는 발생원에 대하여 1주 간격으로 살포해야 한다.

옥내로 침입한 성충에 대하여 살충약제를 쓸 수가 있다. 실내에 있는 소수의 파리는 피레스린제제인 에어졸이 유효하다. 그러나 식품이나 용기에 오염되지 않도록 사용하여야 한다.

훈연의 방법은 일시에 모든 파리를 죽일 수 있는 방법으로 밀폐를 잘해야 하며 식기나 용기가 접촉하지 않도록 조치를 취해야 한다.

전기 살충기는 4,000~7,000V의 고전압과 형광등을 조합시킨 것으로 형광등으로 유인된 파리가 고전압에 접촉하여 죽는 것이다. 이 기구는 유인 살충 효과도 높이고 사람의 접촉을 피하기 위하여 1.8m 이상의 높은 곳에 설치하여야 한다.

4. 진드기

1) 진드기의 형태 및 분류

진드기는 곤충과 마찬가지로 절족동물에 속하지만 분류학적으로는 거미에 가까운 거미강(綱)에 속한다. 몸집이 아주 작아서 실제 모습을 잘 알고 있는 사람이 많지 않으며, 거미나 곤충의 새끼를 진드기로 오인하는 경우도 있다.

진드기의 종류는 1만 종 이상 알려져 있으나 주로 무기문아목(無氣門亞目)의 가루진드기류가 가장 대표적인 것이며, 그 외에 먼지 진드기류가 있다.

가루진드기류 중 가장 흔한 것이 긴털가루진드기로 0.3~0.5mm의 유백색~황백색의 진드기로 하절기 장마 때 많이 발생하고 피해도 크다. 곡류, 과자류, 유제품 등에서 주로 발견된다.

(1) 수중다리가루진드기

수중다리가루진드기는 몸길이가 0.4~0.6mm인 유백색의 진드기로 저장식품이나 종자 등에 많이 발생하며 식품에 이취를 발생시켜 식품 가치를 저하시킨다.

(2) 설탕진드기

설탕진드기는 0.4mm 정도의 몸 크기를 가지고 있으며 유백색으로 설탕과 된장, 건조과일 등에서 발견된다. 또한 인체 진드기증을 일으키는 원인이 되기도 한다.

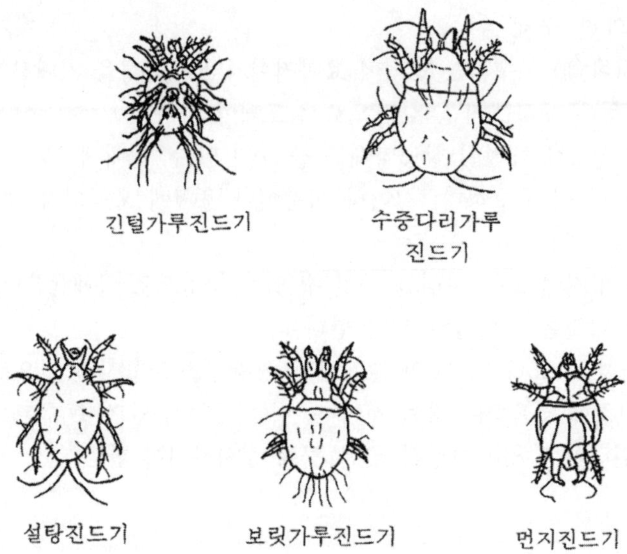

그림 6-5 대표적인 식품 증식 진드기

(3) 보릿가루진드기

보릿가루진드기는 체장 0.4~0.6mm의 타원형, 유백색 진드기로 곡류나 건어물 등에서 발견된다.

(4) 먼지진드기

먼지진드기는 전기문아목(前氣門亞目)에 속하는 아주 작은 진드기로 몸길이가 0.1mm 정도이기 때문에 쉽게 눈에 띄지 않는다. 곡류 중에 많이 발생하며 인체 진드기증의 원인이 되기도 한다(그림 6-5 참조).

2) 진드기의 발육 및 생활사

식품에 증식하는 진드기는 원칙적으로 자유생활형이지만 몇몇 종은 동식물에 기생하기도 한다. 진드기는 일생 중 몇 번을 탈피 변태를 하지만 환경과 종에 따라 크게 달라진다.

약충(若蟲, hypopus)은 증식할 때 단백질성 먹이가 부족하면 내성형 발육기를 거치는데 그때는 형태나 생리가 다른 시기와 현저히 다르다.

진드기의 발육은 알→유충→약충→성충의 단계를 거치는 것이 일반적이지만 약충기를 거치지 않는 것도 있다. 진드기는 변온동물이기 때문에 알에서 성충이 되기까지 성장에 소요되는 일수는 환경 온도에 좌우되고 일정치 않지만 조건이 좋으면(온도 25℃, 습도 75~85%) 10일 가량 소요된다.

성장 속도는 온도가 높아지면 거의 온도 상승과 비례적으로 빨라지지만 동일 온도에서는 습도가 높은 쪽이 성장 속도가 빠르다. 식품 중에 증식하는 진드기 중 가루 진드기류의 지적번식 조건은 다음과 같다.

온도 조건 : 25~28℃
수분 조건 : 상대 습도 75~85%
먹이 중 수분 15~20%
영양 조건 : 단백질과 탄수화물은 필수지만 요구량은 종류에 따라 다르다. 지방이 있으면 더 좋다.

3) 진드기가 발생하기 쉬운 식품

앞에서 밝힌 것과 같이 진드기의 번식에는 적당한 온도, 습도, 영양소가 필요하기 때문에 이들 조건이 만족되면 자연히 많은 진드기가 발생하게 된다. 단지 진드기의 종류에 따라 발생하는 진드기의 종류나 번식 방법이 결정된다.

식품에 따라서는 정상적인 상품에서 적당한 수분을 함유하고 또 냄새를 발산시키는 것, 즉 건과실, 된장, 염장어패류, 건어물, 치즈 등과 같은 것에는 진드기가 모여들게 된다.

본래 건조한 상품에도 보관 조건이나 포장 상태가 불량하면 흡수하게 되어 곰팡이가 생기고 진드기 발생을 초래한다.

이상과 같이 식품 중에는 근본적으로 진드기가 좋아하는 식품으로 밀봉 포장되어 있지 않고 오래 방치한 식품은 진드기 침입을 초래한다.

4) 식품 중 진드기 확인

식품에 해를 주는 진드기는 극히 작고 유백색으로 눈에 두드러지지 않아 육안으로 보기 어렵기 때문에 주의하여 관찰하지 않으면 안 된다.

고밀도로 증식한 경우에는 식품의 표면에 가루를 뿌린 것과 같이 보이고 분말식품의 표면에 곰실곰실 움직이거나 용기의 벽면에 작은 백색 가루가 움직이는 것을 볼 수 있다. 한편 얼핏 보면 진드기의 흔적이 전혀 없어 보이는 것도 검출실험을 실시하면 진드기가 검출되는 일이 있기 때문에 육안으로 확인치 못했다고 진드기가 없다고 단정할 수는 없다.

5) 진드기에 의한 피해

진드기가 식품에 발생하면 식품을 손상시켜 식용에 부적합하며 진드기 발생 식품에는 곰팡이가 함께 발생하기 쉽다. 진드기가 식품과 함께 인체에 침입하면 죽지 않고 기생하여 피해를 줄 수 있다.

가루진드기와 먼지진드기류는 인체 내에서 진드기증을 일으키는데 오줌, 분변, 객담 등에서도 검출된다. 특히 설사나 복통이 따르기도 하며 혈뇨환자의 소변 중에도 있다. 호흡기계 진드기증(폐진드기증)에서는 급성기관지천식이나 폐렴의 증세를 나타내는 환자의 객담에서 검출되는 경우도 있다.

6) 진드기의 구제

진드기는 건조 상태에서는 증식할 수 없고 20℃ 이상의 온도와 13% 이상의 수분이 있는 식품에서만 발생한다. 식품 중에 진드기가 발생하거나 침입하는 것을 방지하려면

첫째, 식품을 적당한 용기에 넣고 밀봉한다.

둘째, 수분함량이 10% 이하가 되게 식품을 충분히 건조시킨 후 흡습치 않게 보관한다.
셋째, 60℃ 이상의 가열이나 냉동으로 사멸하고 0℃의 저온으로 유지하면 증식이 억제되므로 가열, 냉동, 저온 보존 등의 방법을 이용한다.

넷째, 약제에 의한 방제는 그 이용이 극히 제한되어 있지만 잔류성이 적은 것으로 훈증한다.

5. 방서 · 방충 대책

식품 관련 시설에서 방충 방서시설은 쥐나 곤충의 침입과 발생을 방지하는 것으로서 중요하다. 그 기본은 방충·방서 시설을 정비하고 방충·방서망을 설치하며, 틈을 막아 해충이나 쥐의 침입을 막는 것이다. 또 식품을 쥐의 먹이로 방치하지 않도록 하고 폐기물 중에서 파리의 먹이가 될 것은 잘 관리하여야 한다.

1) 식품에 동물의 혼입 방지

식품에는 여러 종류의 곤충의 생체나 사체 혹은 쥐털 등이 원재료를 통하여 시설 내로 들어오는 경우가 있다. 그 대책으로는 다음 사항에 유의한다.

① 원료의 보관 장소는 원재료에서 발생한 충이 제조 중에 있는 제품에 혼입되지 않도록 제조장과의 사이에 벽을 두어 격리시킨다.

② 원료 보관소는 외부에서 곤충이 침입하지 않도록 밀폐시킨다.

③ 원료 보관장은 정기적으로 살충, 살서 작업을 한다.

④ 원료의 검사를 반입 시에 설시하고 곤충이 발생한 것은 속히 처분한다.

□ 곡류, 두류의 갑충(甲虫)이나 나방류의 유충이 발생한 것은 전체적으로 발생했을 우려가 있기 때문에 폐기, 반품 혹은 살충작업을 고려한다.

□ 채소류에는 잎 뒷면에 충란이나 곤충 혹은 유충이 붙어 있기 쉬우므로 충분히 세정하고 조사하여야 한다.

□ 골판지 등의 포장재로 포장한 식품에도 여러 해충이 침입하기 쉽다. 포장지를 식품취급소에 들여 놓지 말고 포장재에 곤충이 부착했을 때는 살충 처리한다.

□ 반입 원료는 직접 제조장으로 들여보내지 말고 보관창고에 일단 넣어둔다.

□ 식품이나 원료 등에 가루진드기류가 육안으로도 확인할 수 있을 정도면 폐기 처분한다. 또 진드기 발생에 따라 식품의 변질이 있으면 즉시 폐기한다. 진드기 발생이 적을 경우에는 가열, 건조에 의하여 멸살하고 이용한다.

2) 시설 내에 곤충의 침입 방지 대책

시설 내에 침입하는 동물에는 다음과 같은 종류가 있다.

□ 야간등에 이끌려 들어오는 곤충

□ 식품의 냄새에 이끌려 들어오는 곤충

□ 월동하기 위하여 따뜻한 실내로 들어오는 곤충

□ 사람이나 물건에 붙어 들어오는 곤충

□ 우발적으로 들어오는 곤충

□ 그 외 먹이를 구하기 위하여 옥내로 들어오는 쥐

공장 내에서 포획되는 곤충의 대부분은 외부에서 침입한 것으로 그중에도 날라 들어온 것이 60~70%를 점하고 있고, 그 다음으로 배수구를 통해 들어온 것이 많다.

침입하는 장소로는 출입구, 창, 환기구, 배수구, 벽과 천장의 접합부, 외장재의 간격, 배기구, 흡기구 등이다. 침입 가능한 간격은 1mm 이상이면 가능하다고 판단하는 것이 좋다. 이들의 방지 대책을 위하여 아래 사항을 참고하기 바란다.

① 시설의 출입구에는 사람이나 물건의 출입 시 곤충이 침입치 않도록 장치한다.

② 운반 차량으로 원료를 반입하거나 제품을 출하할 때 출입구를 개방해야 하므로 곤충의 침입이 쉬워진다. 그러므로 일단 원료나 제품은 보관장을 거쳐 반입이나 출고를 하도록 한다.

③ 출입구의 문은 자동식 혹은 스프링식 등으로 상시 닫혀져 있는 상태로 두어야 한다.

④ 문에는 공기커텐(air curtain)이 유효하지만 실내가 음압이 되어 다른 곳으로 곤충이 끌려들어 올 수도 있고, 풍속이 약하면 큰 것은 그대로 침입할 수 있는 위험이 있다.

⑤ 창, 흡·배기구 등 외부에 개방되어 있는 곳은 방충망을 설치한다. 눈금의 크기는 보통 망충망에서는 16메슈(눈금크기 1.24mm)이며, 이보다 더 작으면 방충 효과는 크지만 환기에 문제가 생긴다.

표 6-8 식품관련 시설의 방서 구조

시설명	세부 시설 내용		권장 기준(cm)
기초	기초벽	지중에 들어간 벽의 길이 건물 벽의 두께	60 이상 30 이상
	마루밑 환기구	금속망이나 격자의 눈금크기	0.8 이하
바닥	바닥면	바닥 콘크리트의 두께	10 이상
측벽	이중벽	이중벽과 기초벽의 접합부의 차단재 설치	
문		문틀에 밀착시킨다. 자동개폐장치를 설치한다. 문의 외면에서 문턱 끝까지의 거리	 15 이상
창	1층	창의 하단에서 지상까지의 거리 창의 하단을 돌출시킨다. 창의 금속망의 눈금	90 이상 25 이상 0.8 이하
	2층 이상	나뭇가지, 전선, 이웃건물 등이 있는 경우 창과의 거리(격자설치)	250 이상
	천창	금속망을 설치한다. 눈금은	0.8 이하
흡·배기구		자동개폐셔터 설치 금속망, 격자설치, 눈금은	 0.8 이하
피뢰침	지중에 연결된 도선은 나팔상의 관을 설치, 최대면의 직경의 크기		30 이상
수세변기	수세변기 trap에서 하수도로 배수관의 수직부의 길이는		90 이상
하수도	하수도에 관계된 철망의 눈금은		0.8 이하
설비등(관)	급배수관, 가스관, 전선 등이 벽, 천장, 바닥을 관통하는 접합점에 금속 밀폐장치를 한다.		
진열대	대와 바닥과의 거리		90 이상
기구, 설치물	냉장고, 격납고, locker, 선반 등은 벽면에 밀착		

3) 시설 내에 쥐의 침입 방지 대책

쥐의 침입에 대하여 가장 중요한 장소는 배수구이다.

반드시 그릴(grill)을 만들도록 한다. 그 간격은 8mm 이하로 한다. 이 폭은 새끼 생쥐도 통과할 수 없는 크기이다.

① 시궁쥐는 거의 땅속에 굴을 만들어 생활하는 것이 많기 때문에 외벽 쪽의 지표면에서 지하로 70cm 이상 방서 구조물을 만든다.
② 바닥의 콘크리트 두께는 10cm 이상으로 한다.
③ 하수도의 금속격자(grill) 등의 방서망은 그 간격이 0.8cm 이상이 되어서는 안 된다.
④ 챙을 30cm 이상 경사지게 설치하면 쥐가 되돌아가는 효과가 있다.
⑤ 냉장고, 라카(locker)는 벽면에 밀착시켜 쥐의 통로가 되는 것을 막는다(표 6-5 참조).

연구문제

1. 쥐는 인간에게 어떤 피해를 주는가? 이 피해를 감소시키는 방법을 기술하라.
2. 최근 도시에서 바퀴의 수적 증가는 두드러진다. 왜 급격히 증가하고 있으며 주로 발견되는 바퀴의 종류는 무엇인가?
3. 쥐 및 해충 구제의 가장 효율적인 방법은 무엇이며 구체적인 대책을 기술하라.

§6-3 청결과 위생

청결(cleaning)과 위생(sanitizing)은 같은 뜻을 갖지 않으며 명백히 구분되어야 하는 작업 과정이다. 청결 작업은 한 표면으로부터 관련 없는 물질이나 물건을 제거하는 것이며, 위생작업은 질병의 원인이 되는 세균의 수를 안전한 수준으로 감소시키는 것이다. 즉 작업 과정에 사용되는 물질과 과정에 차이가 있다.

그러나 식품위생에서 목표로 하는 것은 두 가지를 동시에 만족시키는 것이다.

이는 계획적으로 이루어져야 하며 바쁘거나 업무량의 폭주 시에도 빼놓아서는 안 되는 작업 과정이다.

청결 작업은 세제 성분이 충분한 압력으로 더러워진 표면에 접촉할 때 일어날 수 있는 과정으로 오물이 떨어져나갈 수 있도록 충분한 시간이 주어져야 한다.

1. 청결 작업에 영향을 주는 요인

1) 오물의 종류와 상태

오물의 종류가 단백성인가 지용성인가, 산성인가 알칼리성인가, 또 오물이 붙어 있는 상태가 제거하기 쉬운 것인가의 여부에 따라 작업 내용을 달리할 수 있다.

2) 물의 종류

물은 깨끗한 것을 써야 한다. 깨끗지 않은 물로 작업이 이루어지면 식품 접촉 표면이 위생적이라 할 수 없다. 또 물의 경도(硬度)에 따라 영향을 크게 받는다. 금속성 물질의 용해도가 높은 물은 세제와 작용하여 용기의 표변에 단단한 막을 형성하는 원인이 된다. 최근에는 경수에도 세척력이 뛰어난 세제가 상품화되어 있다.

3) 수온

일반적으로 수온이 높으면 높을수록 세제와 오물과의 화학반응이 더 빨리 일어나 청결 효과를 더 크게 얻을 수 있다.

작업자를 위하여 수온은 최소 24℃, 최대 43℃ 정도의 범위에 있어야 하고 더운물을 사용하는 기계에서 예비 세척 물의 온도는 29℃~43℃, 행굼물의 온도는 60℃~70℃ 정도가 되어야 좋다.

4) 표면

청결히 해야 할 표면이 단단한가 부드러운가에 따라 영향을 받는다. 표면의 손상 가능성 때문에 표면에 따라 세제의 종류가 선택되어야 한다.

5) 세제의 종류

비누는 어떤 조건하에서는 유막을 남길 수도 있고 연마제가 들어 있는 세제는 표면에 상처를 줄 수도 있다. 어떤 세제는 단지 특별한 목적으로만 사용되고 있다. 약알칼리 세제는 도장된 벽을 씻는 데 사용될 수 있고 강알칼리성 세제는 고온 식기세척기에 사용될 수 있다.

6) 닦는 힘

많은 청결 작업에서 문질러 닦는 행위는 솔이나 다른 세척기구와 기구와의 마찰에 의하여 이루어진다. 문지르는 것은 단지 더러운 표면으로부터 오물을 제거하기 위한 것이며 문지르는 힘은 분명히 결과에 영향을 준다.

다른 세척기계에서도 적절한 수압을 이용하여 세척 효과를 얻는 것이기 때문에 기계적 힘을 이용하는 것은 동일하다.

7) 처리 시간

다른 조건이 동일하다면 청결 작업의 효과는 오물과 세제와의 접촉 시간에 영향을 받아 증가하게 된다.

2. 청결 작업의 계획

1) 필요한 시설의 조사

관리자로서 청결 작업을 계획하기 위하여 시작해야 할 한 방법은 시설의모든 장소를 철저히 확인하는 것이다. 이때 필기구를 준비하여 각 지역, 바닥, 장비 등 청결을 필요로 하는 장소를 기록한다. 관찰해야 할 장소는 쓰레기 저장소로부터 현관에 놓여 있는 화분까지 빼놓지 말아야 한다.

시설을 점검할 때는 새로운 관점에서 볼 수 있도록 노력해야 한다. 대부분의 시설물들이 관리자나 종사원의 눈에 익어 문제점을 알지 못하고 간과되는 경우가 많다.

또 소홀히 하기 쉬운 곳이 화장실이다. 대부분의 고객은 그 업소의 청결 상태를 화장실에서 판단코자 하는 경우가 많다. 화장실의 수세시설이 비위생적이면 병원미생물의 오염 전파체로서 위험성이 크다.

화장실을 조사할 때는 바닥, 벽, 수세시설의 거울, 싱크대, 비누, 대변기, 소변기, 칸막이, 휴지통 등을 세심하게 관찰해야 한다. 이런 부분은 모두 청결하게 관리되고 있어야 하며 휴지, 비누 등이 떨어지지 않도록 적기에 보급하여야 한다. 화장실은 아무리 깨끗해도 깨끗한 법은 없다는 마음으로 청결의 필요성을 크게 강조하여야 한다.

청결 작업이 필요하다고 생각되는 시설물에 대한 조사가 완료되면 각 청결 작업에 필요한 시간을 추정 산출하여 몇 사람의 인력이 필요한지를 결정한다.

각 시설에 대한 청결 작업은 동일한 방법이 아니라 그 시설의 특성이나 오물의 특성에 따라 다르다는 것을 염두에 두어야 한다. 바닥의 먼지는 매일 제거해야 하며 1주일에 한 번은 철저한 청결 작업이 이루어져야 하고, 수선을 필요로 하는 부분이 있으면 즉시 수리토록 한다.

외부에 대한 청결 작업에도 유의해야 하는데, 폐기물 저장소, 주차장 등의 청결도 잊지 말아야 한다.

청결 작업이 끝나면 청결 상태를 다시 검사해야 하는데, 습관적으로 이루어진 정기적인 업무로만 이해하고 있을 때는 효과를 거두기 어렵다. 또 청결 작업의 효율성 등에 대하여 관리자는 다시 돌아볼 수 있는 기회를 갖도록 한다.

2) 청결 작업용 기구의 준비

청결 작업의 효율성을 높이기 위해서는 적절한 위생 작업용 기구를 준비해야 한다. 금속 글개, 고무장갑, 청소복, 빗자루, 젖은 걸레, 먼지 걸레, 양동이, 쓰레받기 등과 함께 세제와 소독제가 준비되어야 한다.

솔은 천연섬유, 나일론, 플라스틱 등이 있으며 그 모양은 작업자의 기호에 따라 결정한다. 솔의 지지대가 나무로 된 것도 있으나 흡습성이 커서 그 자체를 청결히 유지하는데 어려움을 겪는다.

솔의 털은 잘 박혀 있고 강하고 유연성이 있는 것이어야 하며 흡습성이 없고 화학물질에 대하여 내성이 있어야 한다.

쇠로된 솔은 청소해야 할 표면을 마모시키고 상처를 주어 새로운 미생물의 서식처가 될 수 있다. 기구 창고는 밝고 잘 분류하여 보관할 수 있도록 정리되어야 하며, 습하지 않게 하여 미생물에 오염되기 쉬운 청결용 기구에서 새로운 오염 매체로써 작용치 않도록 하여야 한다.

3) 청결 작업 절차

(1) 무엇을 청결히 할 것인가?

청결 작업의 대상으로 한 장소에 대한 계획을 수립할 때 그 장소에서 청결을 요하는 부분(벽, 바닥, 작업대 등)별로 나누어 세분된 계획을 세운다.

(2) 누가 청결 작업을 할 것인가?

청결 작업은 업무의 양에 따라 관리자가 결정해주어야 하며, 여가시간을 이용하는 것이 아니라 작업의 한 과정으로서 이해되어야 한다. 작업자를 괴롭힌다는 인식을 주는 청결 작업은 종업원들의 불만 요인이 될 뿐이며 청결 작업이 정상적으로 이루어질 수 없다.

(3) 청결 작업은 언제 할 것인가?

매일 업무가 종료된 후에 실시하는 것과 주별, 월별, 분기별로 정기적으로 실시되는 것과, 영업 중에 고객이 이용 후에 실시하는 비정기적인 것이 있다. 영업 중에 하는 청결 작업은 다른 고객을 위하여 실시되어야 하나, 이웃에 있는 고객에게 불편을 주든가 분위기가 산만해지지 않도록 해야 한다. 진행 중인 청결 작업을 보고 있는 다른 고객은 스스로 청결성을 판단하게 된다.

늦게 끝나는 연회 등으로 늦은 시간까지 작업하고 청결 작업을 해야 하는 데는 불평도 있을 수 있으나 그날의 청결 작업은 절대로 미루어서는 안 된다.

(4) 어떻게 청결히 할 것인가?

청결 작업을 하는데는 그 과정이나 절차를 서면으로 정리해 두는 것이 좋다. 숙련된 사람은 잘 숙지하고 실시할 것이나 숙련되지 않은 자를 위한 교육용으로도 이용될 수 있도록 하여야 한다. 여기에는 사용기구뿐 아니라 기계의 조작 상태를 정상 상태로 유지해 놓도록 작동 요령까지도 알려준다.

연구문제

1. 청결한 것이 반드시 위생적인 것은 아니다. 이 둘 사이에는 어떤 차이점이 있는가?
2. 청결 작업에 영향을 주는 요인을 들고 그것에 대해 설명하라.

§6-4 세정(洗淨)과 위생

1. 세정의 목적과 세제

식품공장에서 세정의 중요성은 아무리 강조해도 지나치지 않다. 원료의 세정에서 공장의 설비기기의 세정, 종업원 수지의 세정에 이르기까지 위생적인 제품을 만드는데 기본적인 조작이다.

1) 식품 제조업소의 세정 목적

가정에서 행해지고 있는 일반 세정과 제조공장에서 생산 중에 행하는 각종 세정을 한마디로 구분하여 말할 수는 없다. 식품 제조공장에서 행하는 세정의 목적은 제품의 감각적인 가치의 증가나 순도의 향상을 목적으로 하여 재료의 세정이 행하여지는 경우도 있고 기능의 유지 향상을 위하여 설비기기의 세정이 행하여지는 경우도 있다. 그러나 식품 제조공장에서도 세정은 위생적인 제품을 얻기 위한 것이 최대의 목적이다.

2) 위생적인 식품

식품의 위생성을 해치는 주요한 요인이 되는 것은 다음과 같다.

□ 기생충의 부착
□ 농약과 같은 화학약품의 부착

□ 방사능을 포함한 먼지의 부착
□ 유해미생물의 부착

분변을 비료로 쓸 때는 채소에 붙어 있는 기생충란의 문제가 세정의 큰 목적이었으나 화학비료로 전환되어 가면서 오히려 농약의 세정에 큰 비중을 두게 되었다. 농약은 세정만으로도 상당한 효과를 거두고 있으나 농약이 잔류될 가능성은 여전히 남아 있다.

그러나 이중에서 유해미생물의 혼입에 따른 질병의 발생이나 품질의 악화는 아직도 식품위생상 최대의 문제이다.

3) 유해 미생물의 제거에 있어서 세정의 의의

(1) 미생물 절대 수의 감소

세정 조작만으로 대상물에 부착된 미생물 수를 완전히 없애는 것은 불가능하다.

손을 씻는 것이 위생성 확보에 유효한 것이지만 수돗물로 깨끗이 씻는다 해도 그 80% 정도밖에 제거가 어렵고 비누와 스펀지를 함께 써도 상당수의 미생물은 잔존하게 된다. 공장의 설비나 기계에 있어서도 동일하다. 잔존하는 미생물은 시간이 경과하면 재차 급격히 대수적으로 증가할 가능성이 있다.

그러나 미생물이 식품에 영향을 주는 밀도는 한계가 있어 늘 그 한계밀도 이하로 억제하면 실질적인 제어 효과를 얻게 된다.

이 때문에 세정을 주기적으로 실시하여 위험한계 이하로 늘 유지하도록 하여야 한다.

(2) 영양원의 제거

미생물의 영양이 되는 물질을 제거하는 일은 미생물 제어의 유효한 수단의 하나이다. 설비기기와 같은 단단한 표면을 가진 것은 세정에 따라 미생물의 대부분과 함께 그 영양이 되는 유기성 오염물질도 동시에 제거된다. 금속이나 유리, 세라믹과 같은 경질 표면에는 소수의 미생물이 잔류하여도 필요한 영양성분이 없다면 크게 증식하지 않는다. 가정이나 조리장에 있어서 식기의 세정은 이와 같은 미생물 제어의 목적으로 행하여지는 좋은 예이다.

(3) 살균 효과의 증강

물리적 또는 화학적으로 보아도 살균의 전처리로서 세정의 역할은 대단히 크다.

예를 들어 염소계 살균제는 강력한 살균제이지만 화학적 산소요구량(COD)이 큰 각종 유기성 오물이 공존하면 이들을 산화시키기 위하여 약제의 소독력이 많이 소모된다.

오염물질이 소독 대상 물체의 표면을 덮고 있으면 소독제가 직접 접촉하여 소독력이 작용하는데 장해를 줄 것이다. 또 살균력을 갖게 되기까지에는 많은 시간이 필요하고 장시간 소독에 따른 소독력의 감소 때문에 높은 농도의 소독제가 필요하다. 이는 경제적으로도 손실이 될 뿐 아니라 식품 재료의 품질에도 영향을 줄 수 있다.

4) 세정제의 종류

(1) 물

물은 위생상 해가 없기 때문에 식품이나 식품 공장의 설비, 기기의 세정에 가장 널리 쓰이고 있다. 그러나 단단히 붙은 오염물이나 유성(油性)오염물에 대하여는 충분한 세정력을 갖지 못하고 있다. 그래서 물만을 쓸 경우에는 열, 교반에 따른 유동 마찰, 압력 분사와 같은 물리적 에너지를 최대한 이용하여 효과를 높일 필요가 있다.

(2) 계면활성제 수용액

계면활성제 수용액은 유성(油性) 오염물, 기타 여러 종류의 오염물질에 저농도로도 유효하다. 활성제 자체의 독성은 그렇게 크지 않지만 세정체에 흡착되어 잔류하기 쉬운 특성을 가지고 있다. 잔류가 적어도 이것이 인체 내에 축적되면 건강에 유해하기 때문에 흡착 잔류를 최소화시킬 수 있는 방법을 강구해야 한다.

- **음이온계** : 비누나 합성 세정제의 상당수가 여기에 속한다. 세정력이 강하고 기포성이 크며 흡착 잔류하기 쉬운 것이 많다.
- **비이온계** : 폴리옥시에틸렌(polyoxy ethylene)계의 것이 많이 쓰이고 있다. 세정력이 양호하고 기포성은 비교적 크지 않다.
- **양성계(兩性系)** : 살균력과 세정력을 함께 가지고 있는 것으로서 세정력이 약하기 때문에 세정의 목적으로만은 이용되지 않는다.
- **알칼리 수용액** : 적당한 조성을 가진 알칼리 수용액은 가격도 싸고 독성도 비교적 약하며, 탈지 세정력이 크기 때문에 설비기기의 세정에 쓰인다.

2. 세정 방식과 바른 세정법

1) 세정 방식의 분류

(1) 건식세정(乾式洗淨)

물이나 다른 액체를 이용치 않고 실시하는 세정 작업으로 대기 중에서 그대로 세정하는 방식이다. 예를 들어 사과의 표면에서 이물을 제거하고자 할 때는 마른천으로 닦아내는 것과 같은 방식으로 의외로 일상생활에 많이 쓰이고 있다.

손쉽게 행할 수 있고 별도의 건조 과정이 필요 없는 등의 이점이 있지만 이것만으로 충분히 청정한 상태를 얻기는 어렵다.

(2) 습식세정(濕式洗淨)

물이나 다른 액체를 가지고 행하는 세정법으로 이 작업은 씻고 행구고 건조하는 3개의 과정을 거친다.

또 습식세정은 물이나 세정액을 세정 대상물에 접촉하는 방법에 따라 침지(浸漬), 분사 등의 방법이 있다.

① 침지세정(浸漬洗淨)

침지세정은 비교적 작은 물건에 적용하는 것으로 세액(洗液)이 가득찬 통속에 씻을 것을 집어넣는다. 대상물의 속에 세정액이 가득 차도록 하여 그 내면을 닦는 것을 침지세정이라 한다. 침지세정의 주역은 세정액이지만 세정을 행하는데 다음과 같은 조건을 고려하여야 한다.

- **세액의 농도** : 세액의 농도는 진할수록 좋은 것은 아니고 반드시 일정 사용 농도를 지켜야 한다. 저농도에서는 세정 효과가 떨어지며, 농도가 필요 이상으로 높아지면 작업시간이 길어지고 환경을 오염시키고 불필요한 경비를 더 들게 할 뿐 아니라 세정 대상물에 세정제가 잔존할 가능성도 높다.
- **세액의 사용 빈도** : 세액의 활성도는 사용과 함께 감소되고 노화된다. 세액을 바꾸지 않고 계속 사용하면 세정력이 떨어질 뿐만 아니라 세정 대상물에 역오염을 일으킬 수도 있다.
- **세액과 세정체 표면비** : 세정을 잘하려고 하면 세액과 세정체 간의 일정한 비율, 즉 세액 세정체 표면비가 적절해야 한다. 적은 세액에 많은 세정체를 침지시키고자 하면 좋은 세정을 하기가 어렵다.
- **온도** : 가열에 따라 세정체가 나쁜 영향을 받지 않는 경우에는 될 수 있는 한 높은 온도(살균 효과도 얻을 수 있다)에서 세정 효과가 향상된다. 또 식품 관련 물체의 세정에는 25~60℃ 정도의 중온에서 세정하는 경우가 많은데, 세정 효과는 높지만 세정이 철저치 못하면 미생물의 증식을 촉진하는 온도 영역임을 주의하여야 한다.

침지세정의 효과를 지배하는 것은 세정액의 세정력뿐만 아니라 교반과 솔질과 같은 마찰, 기타 물리적 힘에도 영향을 받는다.

습식세정은 3개의 과정을 거치는데, 행굼 과정은 세척 과정과 함께 중요한 과정이다. 충분한 행굼 과정을 거치지 않으면 세정이 행하여 졌다고 할 수 없다. 세척 1회에 대하여 행굼은 적어도 2~3회가 필요하다.

② 분사세정(噴射洗淨)

분사세정은 침지세정이 어려운 모양을 한 세정체를 세정하는데 쓰이지만 작은 세정체에 대하여도 효과가 있다.

고압으로 세정액을 가는 노즐에서 분사시켜 그 세액이 대상물의 표면을 부딪칠 때 그

충격력과 함께 세정력을 갖게 하는 것이다.

고압으로 하면 물이 강한 충격력을 갖기 때문에 연약한 세정체는 손상을 받을 우려가 있다. 공장의 바닥이나 벽, 설비, 기기 등의 경질 표면에는 30~50kg/cm^2 정도의 고압이, 또 연약한 식품 재료에는 10kg/cm^2 이하의 저압이 이용되고 있다.

고압으로 분산되는 세정액은 그 대상체의 표면 상태에 따라 노즐의 모양을 달리할 수 있다. 일반적으로 쓰이고 있는 것은 원추형으로 세액이 분사되는 것이며, 노즐이 납작하여 부채 모양으로 분사되는 것은 평판상 대상물에, 가늘고 봉 모양의 노즐은 좁은 틈의 세정에, 공 모양으로 사방으로 분사되는 것은 용기의 내부를 세정하는데 적합하다.

또 분사에는 방향성이 있기 때문에 고정식 노즐의 경우에는 세정체 자체를 회전시키는 회전드럼 속에 넣어서 분사 세정시키는 경우가 있다. 또 세정체를 컨베이어 벨트식으로 이동시키면서 그 상부에서 분사시키는 시스템도 개발되어 있다.

3. 설비 · 기기의 세정

식품가공에 있어서 제품의 오염 경로를 보면 가공 환경에서 2차 오염에 의한 경우가 많다. 그래서 미생물 오염이 적은 제품을 만드는 데는 원자재의 관리와 함께 환경 설비기기 모두 청결하여야 한다. 여기에서 환경 설비기기라고 하는 것은 가공 현장의 대기, 천정, 벽, 바닥 등도 포함된 제조 설비 및 기계 · 기구 모두를 포함하는 것이다.

이들의 청정화에는 세정과 살균이 주로 실행되지만, 특히 세정은 미생물의 제어를 위하여 가장 일상적으로 실시되는 수단이다.

1) 설비기기에 의한 2차 오염

제품을 오염시키는 미생물은 원재료에서 들어오는 경우만 있는 것은 아니다.

공장에 출입하는 소동물(小動物)이나 종업원, 외부에서 들어오는 대기나 용수(用水)도 미생물을 운반할 수 있다.

원료에 있어서 식품 원료나 그 잔재는 미생물에 대하여 최고의 영양원이며, 더구나 많은 경우 공장 내의 실온 습도에 따라 미생물의 증식에 적합한 환경이 된다. 그래서 가공 현장에 들어온 미생물은 적합한 환경에 힘입어 급속히 증식하여 간다. 특히 식품 재료나 잔재가 부착된 설비기기의 표면은 짧은 시간 내에 심한 오염 구역을 형성한다.

2) 설비 · 기기의 적정 세정 조건

설비 · 기기에 부착된 식품 재료나 찌꺼기 중에서 미생물의 증식은 극히 빠르므로 이것을 효과적으로 제어하는 데는 빈번한 세정밖에는 없다. 그 경우 대상물은 간편하고 세정하는 데 편리한 특성을 가지고 있는 것이 좋다. 지나치게 복잡한 부분이 노출되어 있든가 분해가 불가능하다면 적정한 세정이 이루어질 수 없다.

철망, 콘크리트, 슬레이트, 목재 등은 청결 유지에 좋은 재질은 되지 못하며, 평활한 표면을 가지 스테인리스스틸, 세라믹, 에폭시수지 등과 같은 재질은 좋은 것이라고 할 수 있다.

구조적 특성도 기기의 접합부에 오물이 끼기 쉽거나 오물을 제거하기 어려운 구조이어서는 안 된다. 접합 부분은 직각이나 예각(銳角)으로 처리하지 말고 둔각(鈍角)이나 등근 모양으로 처리해야 한다. 분해가 어렵다든가 조립에 특별한 기능이 필요하다면 잦은 청결 작업을 기대할 수 없다.

표 6-9 설비 · 기기의 세정 특성과 좋은 조건

세정 특성	좋은 세정 조건
재 질	충분한 내수성, 내열성이 있는 것 경도(硬度)가 높은 것 표면이 매끄럽고 녹이 나지 않는 것 산, 알칼리 기타 약품에 내성이 있는 것
구 조	오염물이 부착 · 잔류하기 어려운 구조 세정에 대하여 사각(死角)이 없는 구조 분해 조립이 쉬운 구조
배 치	세정조작을 위한 여유 공간이 있다. 오염물이 머물러 있기 어렵게 배치한다.

배치는 이웃 기기와의 사이에 충분한 공간을 두거나 바닥에서 15cm 이상 공간을 둠으로써 청결 작업이 용이하도록 해야 하며 벽 쪽은 아주 밀착시켜 오물이나 곤충의 통로나 서식처가 되지 않도록 해야 한다. 공간이 충분할 때는 벽에서 충분한 공간을 두어 세정 작업 시 불편함이 없도록 한다.

3) 설비 · 기기의 세정 방법

설비기기의 세정은 물이나 계면활성제 수용액을 이용하여 분사 세정하는 것이 좋다. 깨끗한 물로 세정하는 것이 가장 간편한 방법이지만 유성 오염물에 대하여는 효과가 적다.

그러나 강한 분사세정을 하면 유성 오염물질도 어느 정도는 제거가 가능하다. 이 경우 고압분사 세정장치의 압력은 30~50kg/cm^2 정도가 좋다. 뜨거운 물을 쓰면 세정 효과와 함께 살균 효과도 거둘 수 있으나 실제로는 수온이 쉽게 내려가기 때문에 살균보다는 세정에 중점을 두어야 한다.

계면활성제 수용액은 유성 오염물질의 제거 능력이 우수하지만 계면활성제를 이용한 분사세정은 특히 저기포성의 것을 사용할 필요가 있다.

4. 채소류의 세정

각종 식품 중에서도 채소류의 세정은 가장 중요한 것 중의 하나이다. 채소류는 농약이나 기생충에 의하여 오염되기 쉽고 미생물 중에서도 제일 제어하기 어려운 토양세균에 의하여 오염되는 일이 많다. 채소류를 생식하는 경우 위생상 유해한 농약이나 미생물 혹은 기생충란 등을 제거하는 것이 절대적으로 필요하다. 또는 채소류를 가공하여 잼이나 주스 등을 제조할 때 그 품질을 지배하는 중요한 요소의 하나가 미생물 오염이다.

1) 채소류의 오염

토양균의 오염량은 일반적으로는 땅속의 근채류에 가장 많고 다음으로 지면에 접하여 수확된 엽채류에 많다.

지상의 일정한 높이에서 수확된 오이, 가지, 콩 등은 비교적 토양세균의 오염이 적고 효모류, 곰팡이류에 의한 오염이 많은 경향이 있다.

잎이 여러 겹으로 되어 있는 엽채류에서는 외측의 잎을 제거하는 데 따라서 오염이 적게 되므로 중심부의 잎은 거의 미생물 오염이 없는 것을 얻을 수 있다.

양파와 같은 근채류도 외측의 한두 겹만 벗겨버리면 무균 상태의 재료를 얻을 수 있다. 그렇기 때문에 원료 자체의 오염 상태보다도 원료 처리 과정에서 재오염을 방지토록 하여야 한다.

채소류의 생균 오염 상황은 대략 g당 $10^4 \sim 10^6$마리 가량의 분포를 보이나 생산지의 토양 상태에 따라 크게 달라진다.

대장균군도 g당 $10^2 \sim 10^4$ 정도의 오염량을 보이며 채소류에서 검출된 대장균군은 주로 *Enterobacter aerogenes*이다. 이 균은 토양세균의 일부로 생채소에서 검출되었어도 이것이 바로 온혈동물의 분변 오염과 관계가 있다고 판단하여서는 안 된다. 그런 까닭에 일반적으로 생채소류에서 *Enterobacter aerogenes*을 지표로 하는 것보다는 *E. coli*를 오염 지표로 하는 것이 바른 방법이 될 것이다.

일본에서 실시된 채소류 내외부의 미생물 부착 상황을 조사한 내용은 표 6-10과 같다.

표 6-10 일부 채소류의 세균 부착 실태

(g당)

품 명	일반 세균 수	대장균군 수
양배추 외측부터 1매	1.3×10^4	3.9×10^3
양배추 외측부터 2매	3.9×10^3	6.3×10
양배추 외측부터 3매	6.0×10^2	1.0×10
양배추 중심부	1.2×10	0
오이 외측	2.8×10^5	1.4×10^3
오이 중심부	0	0
양파 외측 1매	6.9×10^3	1.1×10^2
양파 외측 2매	1.4×10^2	0
양파 외측 3매	0	0
양파 중심부	0	0

2) 생식용 채소의 세정

저장, 유통 기술의 발달과 함께 식생활에서 채소류를 생식하는 습관이 점점 늘어나고 있다.

깨끗한 물로 정성껏 씻으면 어느 정도 미생물을 제거할 수 있지만, 늘어나는 농약의 사용에 따라 묻어 있는 농약을 제거하기가 쉽지 않아 사회문제가 되고 있다.

그 때문에 계면활성제를 쓴 세제, 즉 주방용 합성세제는 농약이나 기생충란을 제거하는 데 현저한 효과를 나타내고 있다.

이 세제는 채소류를 생식하는 데 있어 위생적인 측면에서 크게 공헌하였다. 그 후 알킬벤젠계 등의 계면활성제에 대한 독성 문제가 사회적으로 널리 주목을 받게 되었다. 정상적인 세정에 사용하는 정도의 세제가 잔류하는 것은 안전성에 크게 문제가 되지 않는 것으로 알려져 있으나 현저히 높은 농도의 세제 수용액에서 장기간 침지 세정하는 것은 피하는 것이 좋다.

5. 어개류의 세정

어개류는 쇠고기나 돼지고기에 비하면 많은 미생물에 널리 노출되어 있고, 또 오염된 미생물이 급속히 증식한다. 그래서 경구전염병이나 식중독균에 의한 사고 빈도도 높은 편이다. 이는 최근의 식중독 발생 상황에서 비브리오균에 의한 식중독이 최고의 발생률을 보이는 것을 보아도 어개류의 미생물 관리가 중요한 것을 알 수 있다.

또 이와 같이 병원성세균의 오염 이외에도 일반 세균에 의하여 식미가 저하되고 영양상의 손실을 초래하는 경우도 많다. 그래서 단백질 급원으로 보급량이 점차 증가되고 있는 어개류에 대한 미생물 제어가 극히 중요하다.

1) 어개류의 오염 미생물

어개류에 오염되기 쉬운 미생물은 육상 농산물이나, 축산물의 미생물과는 크게 다르다. 그리고 어개류 중에도 그것이 생육하는 수역, 즉 담수역과 해수역, 앞바다와 먼바다, 얕은 바다와 깊은 바다, 난류역과 한류역에 따라 다르다. 비교적 공통적인 특징은 아래와 같다.

(1) 저온성

물속에 살고 있는 관계로 비교적 저온성의 세균이 많다. 특히 냉온 수역에서 채취된 어류의 오염 세균은 냉온에도 증식할 수 있기 때문에 주의를 할 필요가 있다. 5℃ 정도의 저온에서도 잘 증식할 수 있는 세균이 많고, 반대로 30℃ 이상의 온도에서는 비교적 증식이 느리기 때문에 냉장고와 같은 저온 저장시설에 보관하여도 생선류의 선도 유지는 어렵다.

(2) 호염성(好鹽性)

육상의 세균류는 염분 농도가 일정 수준 이상이 되면 증식이 억제되지만 해양세균은 오히려 염분을 좋아하고 일정 농도의 염분이 있어야만 증식할 수 있는 균이다. 보통 해산어류에서 분리된 균 중 60% 이상이 호염균으로 알려져 있다.

비브리오균 중에는 식중독을 일으키는 장염비브리오균이 존재하는 경우가 있기 때문에 특히 주의를 요한다. 이 균이 생육하기에 적절한 온도는 37℃로 대부분의 저온성 세균과는 다르며, 3% 전후의 염분 농도를 가장 좋아한다.

이런 점에서 미생물에 의해 품질이 악화되는 것을 막는 데는 될 수 있는 한 빨리 세정을 행하여 미생물을 제거할 필요가 있다.

(3) 주요한 부패균

어류의 부패에 가장 관계가 있는 것은 *Pseudomonas*나 *Flavobacterium*과 같은 저온성 세균이라고 알려져 있지만 타 세균도 관여한다.

2) 부패의 경로

건강한 어류의 근육이나 체액은 본래 무균 상태이지만 피부, 아가미, 내장 등 외계에 노출된 부분에는 많은 세균이 살고 있다.

어개류가 죽으면 즉시 체내 효소가 작용하여 경직(硬直)과 해경(解硬)의 과정이 시작된다. 경직이 끝나고 해경이 시작되는 시기에는 세균들이 혈관을 통하여 혹은 직접 근육이나 체액 중에 침입하여 증식하고 이어서 부패가 시작된다. 어류의 육질은 유연하고, 수분이 많기 때문에 일단 세균이 육질 중에 증식하기 시작하면 아주 짧은 시간 내에 부패에 이르게 한다. 물론 이때 고기의 크기, 어획법, 고기의 종류 등에 따라 부패의 과정에 이르는 시각은 다르다.

3) 취급 중 미생물 오염

어류의 미생물 오염은 수중에 상존하고 있는 미생물상(micro flora)과 일치하는 것이 일반적이지만 사후 취급 과정에서 기구나 용기에 의하여 2차 오염을 일으킬 수도 있다. 왜냐하면 어획 후 유통되기까지 오염된 미생물이 원래 수중 미생물 이외에 육상 유래 미생물도 적지 않기 때문이다.

육지에서 멀리 떨어진 바다에서 고기를 잡았을 경우, 어획 후 선상에 올려놓았을 때 갑판에서 있던 미생물에 의해서 2차 오염을 받게 된다. 그러나 갑판에서 2차 오염을 받지 않을 정도로 청결하게 유지하였다면 다음의 처리 과정으로 신속히 진행되어야 한다. 그 후 고기는 동결 혹은 고기 상자에 담겨 쇄빙(碎氷)과 함께 선창에 저장하게 된다. 이때 고기는 상자에서 2차 오염을 받을 기회가 있게 된다. 동결 중에 미생물의 증식은 정지하고 냉장을 시키면 미생물의 증식은 완만하지만 계속하게 된다.

고기가 육상에 올라오고 또 매장에 나갈 때까지 육상 미생물에 오염될 기회가 매우 많으며, 실제 소비자의 구매에 이르기까지의 과정은 신선도 유지에 많은 문제점이 있는 것을 알 수 있다.

4) 세정 방법

신선한 어류의 세정은 육상으로 옮기는 단계부터 시작된다. 어육은 육질이 연약하기 때문에 계면활성제에 의한 세정은 육질의 변질을 초래하거나 잔류하는 경우가 많으므로 특별한 경우 외에는 쓸 수 없다.

깨끗한 물 또는 해수에 의한 세정만 이용되고 있으며 바람직한 것은 깨끗한 바닷물을 퍼 올려 자외선으로 살균하고 사용하는 것이다.

냉장시킨 대형 어체의 경우는 신속히 개복하여 아가미나 내장을 완전히 제거하여야 한다. 이때 내장에 연결되어 붙은 육질부의 혈관도 함께 제거하여야 한다. 이 조작이 불완전하면 자칫 미생물의 오염이 확대되는 결과를 초래한다.

냉동시킨 어체를 해동 처리하는 경우도 같은 순서에 의한다. 여기에서 얻어진 어체는 깨끗한 물이나 해수로 세정한다.

대형 어류는 고압분사 방식을 쓰며 소형 어류도 적절한 압력의 분사 또는 침지세정을 행한다. 어체를 손상되지 않도록 하며 세정 효과를 얻기 위하여 기포부 상식세정(氣泡浮上式洗淨) 장치를 사용하여도 좋다.

가공식품의 제조 시 분쇄한 어육을 원료로 쓰는 경우 어체의 대량 처리는 머리나 내장, 복부의 검은 껍질을 제거한 후 세정 콘베이어에 놓아두고 분사세정을 행한다. 최근에는 대량처리에 따른 장치의 모형이 다양하게 개발되어 있다.

어체의 세정을 적절히 행하면 선도 유지에 효과가 아주 크지만 오염 미생물이 어육의 내부에 침입한 후에는 세정 효과를 크게 기대할 수 없다. 될 수 있는 한 선도가 높을 때 내장이나 아가미를 제거한 후 충분한 세정을 행하는 것이 어체 세정의 기본이다.

6. CIP 방식에 의한 세정

식품 생산공장에서의 세정과 청결의 중요성은 앞에서 강조되어 왔으며, 오염물질이 어느 정도 쌓일 때까지 기다렸다가 세정을 행하는 것이 아니고, 오염의 가능성만 있어도 또 정기적인 작업 과정으로 세정 작업을 하기 때문에 빈번히 세정을 행하게 된다.

이와 같이 번거로운 작업 과정을 성력화(省力化)시키고 경제적으로 효율을 높이면서도 신뢰할 수 있는 세정 방식이 필요하게 되었다. 이와 같은 요청에 부응하기 위하여 개발된 방식이 CIP(Cleaning In Place) 방식으로 생산 품목이 단순하고 대량생산하는 공장 수준에서 주로 이용되고 있지만 적용 범위를 넓히기 위한 연구가 계속되어야 할 것이다.

1) CIP 방식

식품의 생산 제조라인의 일부로 구성된 세정 장치에 의하여 필요할 때 수시 자동적으로 세정이 개시되도록 한 기구(system)를 CIP 방식이라 부르며 자동화된 공장라인의 세정에 이용된다.

원래 유업(乳業) 관계 제조업체의 세정 목적으로 개발된 것이지만, 그 우수한 특성이 인정되어 지금은 청량음료, 과즙음료, 발효음료, 기타 액체 식품의 제조 장치의 세정용으로 널리 쓰이고 있다.

2) CIP 장치의 특색

① 제조 장치의 세정 적성 : 식품산업의 설비·기계는 충분한 세정 적성을 가지고 있어야 한다(표 6-11 참조). 특히 그 위생성이 절실히 요구되는 경우에 CIP 방식을 많이 쓴다.

제조라인에 있어서 제품의 통로는 밀폐되어 있으며 그 세정은 적당한 분사장치에서 물 및 세제액 혹은 살균액의 분사로 자동적으로 이루어진다.

배관류에는 일반적으로 오물이나 미생물의 잔류가 쉽기 때문에 그 구조는 위생적이어야 한다. 여기서 위생성이란 다음과 같은 점을 의미한다.

- □ 제품의 안전성이 보증되어 있는 것
- □ 오물의 부착이나 잔류가 적은 것
- □ 세정, 살균 적성을 갖는 것
- □ 분해, 점검이 용이한 것

세정은 물 및 세제의 세정력과 유속에 따라 난류 효과(亂流效果)의 상승력은 증가되며 세정 효과가 증가된다.

② 살균공정을 세정과 함께 행할 수 있다.

③ 조작의 자동화 : 조작은 연속제어(sequence control)에 따라 완전히 자동화되어 있기 때문에 노동력이 극히 절약되고 있다.

3) CIP 장치와 사용법

유업 관계 공장에서 매일 제조 공정의 종료 후에 행해지고 있는 정시 세정을 예로 들어 본다.

(1) 세정

살균의 개시에 있어서는 제조라인을 차단하고 있던 밸브를 열고 제어장치에 입력하며 표 6-8과 같은 순서에 따라 자동적으로 진행된다.

① **수세** : 우선 냉수 또는 온수(50℃)를 제조라인을 통해 보낸다. 틈에 부착되어 있지 않은 오물은 물만으로도 용이하게 떨어져 나오기 때문에 이에 따라 오물의 대부분은 제거된다. 폐수는 폐수처리장으로 보낸다.

② **세제에 의한 세정** : 보통은 60~80℃로 가온한 0.2~1.0%의 강알칼리 세제가 흔히 쓰인다. 수세에서 오물의 대부분은 제거되기 때문에 본 공정에서 세제의 소비량은 아주 적어도 된다. 이것은 회수하여 소모된 것만큼 알칼리를 보충하여 다음에 다시 쓰도록 한다.

③ **중간에 물로 헹굼** : 제조라인의 내부에 부착, 잔류하고 있는 세제를 물로 씻어낸 다음 살균제의 소모를 적게 하는데 목적이 있다.

④ **살균제에 의한 살균** : 유효염소 150~200ppm의 차아염소산나트륨 용액을 써서 살균 조작을 행한다. 이 경우도 일반 오염물이나 미생물의 대부분이 세정공정에서 제거되고 잔존하는 소수의 미생물도 살균액에 쉽게 노출되므로 살균액의 소모가 극히 적다. 사용 후 살균제는 유효염소를 감소시키는 환경에 노출되었으므로 살균액의 농도를 다시 조정하여 다음 사용에 대비한다.

⑤ **최종적으로 물로 헹굼** : 깨끗한 물로 단시간 헹구어 살균제의 잔류가 없도록 한다.

표 6-11 CIP 프로그램 사례

세정·살균공정	① 수세	→	② 세제세정	→	③ 헹굼	→	④ 살균제살균	→	⑤ 헹굼
소요시간(분)	5~10		10~20		3~15		10~20		3~5

이상의 전 공정은 약 1시간 조금 넘게 소요되지만 모두가 자동적으로 행하여지며 약제의 소모도 극히 적다. CIP는 이와 같이 정시세정(定時洗淨)이 기본 목적이나 다른 필요가 있을 때는 수시로 프로그램을 변경하여 간단히 조작 혹은 추가 조작 후에도 실시할 수 있다.

폐수나 알칼리세제, 살균제가 회수되기 때문에 처리가 용이하다. 적당한 CIP program에 따라 행한 세정, 살균의 효과는 인력을 써서 행한 방식보다도 훨씬 더 신뢰성이 있다고 알려져 있다.

CIP 방식은 경제성, 신뢰성, 노동 절약성 등에서 아주 우수한 세정, 살균 방식이라고 할 수 있다. 물론 이 방식을 전면적으로 제도화하여 채용하는 것은 액체 식품을 취급하는 공장에서 자동제어시설 등 우수한 시설을 갖출 때에만 효과가 있다.

7. 식기세정기의 사용

식당이나 집단급식장에서 어떻게 하면 효율적으로 식기의 청결성을 유지할 수 있을까 하는 문제가 아직도 과제로 남아 있다. 여러 종류의 유기성 잔재로 오염된 복잡한 모양의 식기류의 세정을 인력을 적게 쓰면서도 효율이 높게 자동세정을 행하는 것은 결코 용이한 것은 아니다. 특히 식기 세정의 경우 위생적인 관점을 빼 놓고는 성립될 수 없다.

가정용 식기 자동세정기의 보급은 높지 않으나 점차 확대 보급되는 추세를 보이고 있으며, 업소용 자동세정기는 업소의 규모에 따라 보급이 확대되고 있다. 노동력을 구하기 힘들고, 또 인건비가 급속히 상승하면서 자동화에 대한 많은 기대를 갖고 있는 것이 식기 자동세정기의 보급에 박차를 가할 것으로 보인다.

1) 식기류의 재질과 형상

식기류의 자동 세정의 효율화를 가장 크게 지배하는 것은 식기의 재질과 형상이다. 알루미늄이나 플라스틱을 소재로 한 식기류는 가볍고 파손 우려가 적기 때문에 자동화시키는 데 어려움이 없으나 도자기나 법랑제품은 무겁고 파손되기 쉬워 자동화가 어렵다.

그러나 재질보다도 형상이 자동화를 시키는 데 더 영향을 미친다. 양식기와 같이 원형의 평평한 접시나 컵을 주로 한 식기류는 자동세정 시스템에 적합하다.

한편 우리나라의 식기의 모양은 복잡하고 다양한 형상을 하고 있다. 대체로 무겁고 식기의 입구 쪽이 안쪽으로 오므려져 있는 것도 있고 바닥면도 평활치 않고 요철식 장식물이 내외에 장식되어 있는 경우가 있다. 이러한 잡다한 식기류를 동시에 효율적으로 세정한다는 것은 거의 불가능하다.

그래서 자동식기세정을 효율적으로 행하기 위해서는 식기류를 형상에 따라 구분할 필요가 있다. 세정이 용이한 수 종류의 형상을 묶어 세정토록 하는 것이 좋다.

2) 오염물의 종류와 성상

식기류의 주요한 오염물질은 말할 것도 없이 식품 찌꺼기이며 그 주성분은 전분질, 단백질 및 유지 계통의 것이며, 그 외는 수용성의 당류나 염분 등이다.

단백질계 오염물질은 고착성이 있어서 세정이 어려운 오염물이지만 식기류에 붙어 있는 오염물은 부착된 지가 얼마 되지 않는 짧은 시간이기 때문에 적당한 세제를 쓰면 용이하게 제거할 수 있다.

위의 오염물 중에서 가장 문제가 되고 있는 것은 전분질의 밥풀이다. 밥알은 점착력이 좋고 강하게 붙어 있기 때문에 제거하기가 어렵다. 우리나라와 같이 미곡 위주 식생활을 하는 사회에서는 자동식기세정기가 널리 보급되기 힘든 원인 중의 하나라고 생각된다.

3) 세제

자동식기세정기의 보급이 늘어가고 있다고 해도 아직 대부분의 가정이나 업소에서는 수세방식의 세정이 행해지고 있다.

수세의 경우 세제에는 세정력이 강한 것 이외에 세제에 의하여 손이 거칠어지지 않도록 하는 것이 요구된다. 직업으로 식기 세정에 종사하는 사람에게 손이 거칠어지거나 염증이 생기는 등 문제점이 나타나고 있다. 세제로써는 탈지세정력이 강한 계면활성제로서 알킬벤젠계, 고급알코올계의 음이온활성제나 노닐 페놀계의 비이온활성제가 주성분이 되지만 손이 거칠어지거나 염증 발생을 막기 위한 성분이 배합되도록 고려하고 있다. 이러한 배려에 의하여 세제가 만들어졌더라도 손이 거칠어짐과 염증을 완전히 방지할 수는 없기 때문에 불편하더라도 고무장갑을 끼고 세정 작업을 하는 것이 좋다. 수세의 경우는 스펀지나 행주 등으로 마찰시키면 밥알이 붙어 있는 것도 제거할 수 있을 것이다.

자동식기세정기의 경우는 가격이 비싸고, 발포성이 강한 계면활성제 계통의 세제 대신에 가격이 싼 강알칼리제를 주로 한 세제를 쓰는 일이 많다. 이러한 세제는 맨손으로 취급할 수는 없지만 전자동세정기의 경우에는 문제가 되지 않는다.

이 알칼리는 단백질계의 오염물을 해리하거나 유성 오염물질을 유화 분산하는 힘도 강하다. 그러나 밥알과 같은 전분질의 점착성 오염물의 제거에 대하여는 특별한 효과를 보이지 않는다. 그래서 브러시나 고압분사와 같은 물리적인 에너지를 병용할 필요가 있다.

더구나 이들 알칼리세제의 수용액은 pH가 12.0에 달하기 때문에 가열 효과와 함께 쓰면 살균력도 어느 정도 기대할 수 있다.

4) 자동식기세정기의 종류

식기세정기는 그 크기, 모양, 기능에 따라 아주 다양하다. 그러나 기본적으로는 2가지 형태로 나눌 수 있다. 세척 후 마지막 소독 과정에서 어떤 방법을 사용하느냐에 따라 고온수를 사용하는 경우와 화학소독제를 쓰는 경우로 나눈다.

(1) 고온세정기

높은 온도를 가진 물로 살균 작업을 실시하고자 하면 효율을 높이기 위하여 몇 가지 요인이 충족되어야 한다.

첫째, 식기에 분산되는 물은 충분한 수량과 수압을 가져야 오염물질을 제거할 수 있다.

둘째, 고온에서 소독하는 시간이 충분해야 한다.

셋째, 소독용 고온수는 온도가 적어도 80℃ 이상이 되어야 한다.

상당수의 세정기에서는 충분한 온도에 도달치 못하기 때문에 별도의 가열기를 설치하는 경우도 있다. 그러나 고온수를 계속 공급받는 데 문제가 있다고 판단되면 소독제에 의한 소독을 실시하는 세정기를 구입하는 것이 좋다.

고온세정기에는 다음과 같은 형들이 있다.

① **단조식(single tank, stationary-rack type)** : 이 기기는 컨베이어에서 세척 중 이동하거나 그냥 그 자리에 있든 가식기 격자상자(rack)를 한 자리에 고정시키고 상하로부터 세제와 물로 차례대로 세정하고 그 다음에 뜨거운 물이 분사된다.

② **이동식(conveyer type)** : 운반장치 (conveyer)가 세척 행굼 소독을 포함한 여러 경로를 통하여 움직인다.

③ **회전식(carousel or merry-go-round type)** : 운반장치가 있고 다조식(multi tank)으로 운반장치 위에 식기 격자상자가 움직언다. 마지막 헹군 후에 식기를 빼면 식기격자는 다시 기계 속으로 연속적으로 들어간다.

④ **프라이트식(flight type)** : 이 기기는 운반장치 위에 수 개의 조(tank)를 장치하는데, 이 조에는 위로 솟은 막대기 모양의 장치가 많이 있어 여기에 식기를 넣도록 한 것이다. 이 기기는 식기 격자상자를 필요로 하지 않는다.

세척 과정 중의 온도는 60~70℃ 사이가 좋으며 이 온도는 오물이나 유지 성분을 용해시키는 데 필요한 온도이다. 예비 세척 과정이 있는 고온 세정기에서는 30~40℃ 정도가 되면좋다. 이 온도 역시 식품 찌꺼기나 이물질을 제거하는데 적절한 온도의 최저 온도이다.

(2) 소독제 식기 세정기

고온수 공급이 어려우변 소독제를 사용하여야 하는데 소독제 사용이 효과를 얻으려면 적절한 수온을 확보하여야 한다.

적절한 수온은 소독제를 활성화시키는데 도움을 주며 수온은 대략 50~60℃ 정도가 좋다. 소독제의 농도를 정확히 맞추고 소독제의 주입은 자동적으로 이루어져야 한다.

소독제 자동식기 세정기는 두 가지 종류가 있다.

① **단조식(batch -type)** : 이 기기는 고온식과 마찬가지로 세척 경로와 헹굼 경로가 한

조(tank)에 합치되어 있다.

매 작업 경로가 끝나면 기기는 자동적으로 세제와 소독제를 넣어 준다.

② **순환식(door-type recirculating type)** : 이 기기는 단조식과 비슷하나, 주요한 차이점은 이 기기는 순환 경로 사이에 물을 완전히 배수시키지 않고 세정 과정을 거친 물과 깨끗한 물을 섞어서 작업 경로에 따라 재사용한다.

자동세정기의 형태가 무엇이든 간에 다음과 같은 요구 사항을 충족시켜야 한다.

- 온도계는 각조의 수온을 나타내도록 비치되어야 하며 기기로 들어가는 최종 헹구는 물의 수온을 보여주어야 한다.
- 식기 테이블은 씻기 전의 것이나 씻은 깨끗한 것을 취급하는데 불편치 않은 적절한 크기여야 한다.
- 기기에 예비 세척 과정이 설치되어 있지 않으면 세정체는 기기에서 세정 작업을 거치기 전에 음식조각이나 찌꺼기를 긁어내고 물에 담가 제거하여야 한다.
- 구획된 기기에서 세척수가 헹굼탱크에 들어가지 않도록 보호하는 장치가 있어야 한다.
- 이동형 기기에서 각각의 세정 과정에 적절한 처리를 할 만한 시간을 부여하여야 한다.
- 분사에 의하여 세정이나 헹굼 과정을 거칠 때는 적절한 수압을 주어야 효과적이다.
- 모든 세정기기는 적어도 하루 1회씩 청소를 하여 청결 상태를 유지하고 있어야 한다.

5) 자동세정기의 운용

자동식기세정기는 위에서 기술한 것과 같이 운용 방법에 따라 여러 가지 형태로 나눌 수 있으며 식기류의 종류에 따라 시스템을 여러 가지로 구성할 수 있다. 한 처리 예는 다음과 같다.

① 식기류는 적당한 운반 용기에 넣어 컨베이어에 올려놓고 이동시킨다.

② 우선 깨끗한 물로 분사하여 대략의 오염물질을 제거한다.

③ 적당한 세제를 분사하여 잔존하는 오염물을 해리시킨다.

④ 깨끗한 물로 샤워식으로 헹군다.

⑤ 열풍으로 건조시킨다.

깨끗한 물이나 세제 수용액을 고압분사하는 것은 오염물을 제거하는데 극히 유효하지만 설계가 적당치 않으면 물이나 세제 수용액을 효과 없이 사용해 버리기 쉽다. 접시의 세정에는 회전브러시를 함께 쓰는 것도 좋다. 특히 밥알과 같은 점착성이 강한 오염물의 제거에는 효과가 대단히 크다.

린스(rinse)제는 헹구는 물에 0.02~0.1% 정도의 농도로 가하면 식기에서 물 빼기 가 좋고 잔류 반점이 없이 광택이 있는 표면을 얻을 수 있다. 린스제 처방의 한 예는 노닐 페놀계 비이온 계면활성제 50.0%, 히드로옥시초산(또는 구연산) 10.0%, 물 40.0%로 구성된 것이 있다.

대형의 세정기에는 가온장치가 붙어 있어 세액을 적절히 가온시켜 공급한다.

가온(60℃)에 따라 세액의 세정 효과는 현저히 증가하게 된다. 소형의 세정기에는 더욱 온도를 올려 세정체(식기)의 품온을 80℃ 이상으로 올리는 방법을 쓰기도 한다. 이 경우 세정 효과만이 아니고 가열 살균 효과도 얻어지고 거기에 세정체의 건조 효과도 얻을 수 있다.

연구문제

1. 기기나 식품에 부착되어 있는 미생물에 대하여 세정은 어떤 의미를 갖는가?
2. 소규모 영업소에서는 세정을 위하여 특별한 기기나 장치가 설치되어 있지 않은 경우가 많다. 이때 세정의 효과를 높이기 위한 고려 사항은?
3. 상추를 세정하는 데 어떻게 하는 것이 가장 위생적인 세정 방법인가?
4. CIP 방식에 의한 세정법의 제한점은?
5. 급식시설 운영 중 인건비에 대한 비율이 경영수지에 결정적인 역할을 하게 된다. 그래서 노동력을 절약시키는 자동세정기의 보급이 늘어나리라 생각된다. 그러나 우리나라는 식기의 모양이 다양하고 식품의 내용물이 식기에 고착되어 있는 경우가 많아 자동세정기의 이용에 어려움이 있다. 어떤 해결 방법이 있을까?

§6-5 소독과 살균

1. 소독과 소독약

1) 멸균, 살균, 소독

미생물을 멸살하는 행위를 총괄하여 살균이라고 말하고 있다. 그러나 이 말은 엄밀히 학문적 용어로 쓰이기보다는 보통 일반적인 용어로 사용되는 경우가 많다. 세균학에서는 멸균(sterilization)과 소독(disinfection)이라는 말을 구분해서 쓰고 있다.

멸균(滅菌)은 목표로 하는 물체 중에 함유되어 있는 모든 미생물을 멸살 또는 제거하여 완전히 무균 상태로 하는 것을 말한다.

소독(消毒)이라고 하는 것은 대상물 중의 병원미생물만을 멸살 또는 제거하여 감염될 위험성을 제거하는 것으로 통상 비병원균이나 세균아포가 생존하고 있는 일이 많다.

한편 식품가공이나 기술 분야에서는 보존성의 향상을 위한 가열을 살균(殺菌)이라고 말하기도 한다. 예를 들어 통조림의 살균이라고 하면 부패 원인 세균 외에 공중위생상 중요시 되고 있는 보투리누스균 아포의 완전멸살을 목표로 한 가열처리를 뜻한다. 그러나 그 처리를 시행한 식품이 반드시 무균 상태라고 하는 것은 아니며 또 그럴 필요성이 없다고 하는 것은 세계 각국에서 용인되고 있다.

이러한 살균처리를 상업적 살균(commercial sterilization)이라고 하며, 이와 같은 상태의 식품을 상업적 무균성(commercial sterility)이라고 한다.

우리나라 식품위생법의 식품 등의 기준 및 규격에서 "살균이라 함은 세균, 효모, 곰팡이 등 미생물의 영양세포를 사멸시키는 것을 말한다."라고 정의하였고 "멸균은 미생물의 영양세포 및 포자를 사멸시켜 무균 상태로 만드는 것을 말한다."라고 규정하였다.

그러나 개별 식품에서는 대부분 "살균 또는 멸균"으로 정의하여 실제 제조 가공과정의 제균 과정상 특수성을 강조치 않았다.

본서에서는 일반적인 뜻으로 "살균"을 써 의미의 포괄성과 보편성을 갖도록 했으며 학문적 특수성을 강조치 않았다.

2) 소독약

병원미생물이 발견되기 이전에는 질병의 원인 중 하나로 '독(毒)'이 있기 때문이라고 생각하였다. 독을 없애는 것, 즉 소독은 오늘날 말하는 감염 방지의 뜻으로 쓰이고 있다. 이 감염 방지용으로 사용하는 약제를 소독약(disinfectant)이라고 부른다.

표 6-12 주요한 소독약

분 류	유효성분명	농 도
alcohol계	ethanol	76.9~81.4%
	isopropanol	50%, 70%
요오드계	iodine	유효요오드 0.75~1.75%
	iodophors (포비돈요오드계)	
염소계	chlorine	
	차아염소산나트륨	1~10%
	chloroisocyanuric acid	trichloro isocyanuric acid 유효염소 90%
		dichloro isocyanurate-Na 유효염소 62%
과산화물	과산화수소	2.5~3.5%
양이온계면 활성제	benzalkonium chloride	10%
	benzethonium chloride	10%
양성계면 활성제	alkyl polyamino ethyl glycine	5%, 10%
biguanide계	chlorohexidine gluconate	5%, 20%
	poly hexamethylene biguanidine	20%

이상적인 살균제는 다음과 같은 특성을 갖는 것이 좋다.

- 살균력이 균일하고, 광범위하며 신속해야 한다.
- 환경 저항성이 있어야 한다(유기물, 물의 경도, pH의 변화 등에 대하여).
- 독성이나 피부 자극이 없어야 한다.
- 물에 잘 녹아야 한다.
- 이상한 냄새가 나지 않는다.
- 안전성이 있어야 한다.
- 사용하기 편리하다.
- 값이 싸야 한다.
- 청결감에 영향을 주지 않는다.

소독제에는 종류가 많아 대한약전에 등재되어 있는 것 이외에도 많은 종류의 약품이 있다. 각각의 소독제에는 장단점이 있어 한 종류의 약품으로 모든 균을 멸살시킨다든가, 피소독물에 전혀 손상이나 영향을 주지 않는 것은 없다.

2. 각종 소독제의 살균 효과

1)염소 화합물

현재 식품위생법에 등재되어 있는 식품첨가물 중에서 가장 널리 사용되고 있는 것은 차아염소산나트륨(락스)이며 주방용 살균제로 널리 보급되어 있다. 그러나 살균 효과를 과신하거나 잘못된 용도로 쓰거나 또는 사용법을 정확히 알지 못하면 효과를 충분히 얻기 힘들다.

차아염소산나트륨(NaClO)은 분자량 74.45, 무색 또는 담황록색의 액체로 염소의 특이한 냄새가 난다. 식품첨가물로서 사용되고 있는 것은 유효염소 4%를 함유하고 있어야 한다.

차아염소산나트륨은 살균제로서 지정되어 있지만 살균작용 외에 표백 효과도 있기 때문에 여러 목적으로 사용될 수 있으나 식품의 품질을 속이는 데 써서는 안 된다.

차아염소산나트륨은 음료수, 채소, 과실 등의 살균, 소독에 널리 사용되고 있다. 음료수의 소독에는 유효염소 0.3~1.0ppm, 채소, 과실의 소독에는 50~100ppm의 농도로 사용하는 것이 좋다.

그 외에는 식품 조리 가공 기구・용기의 소독, 의료용으로 전염병균에 대한 소독, 국부세정, 가축의 축사에 대한 소독, 탈취, 세탁, 표백, 얼룩 제거 등에도 쓰이고 있으나 사용농도와 유효 살균, 소독 시간은 제조회사에서 각각 규정한 대로 쓰는 것이 좋다. 음료수를 제외하고는 100ppm 내외가 많이 쓰이고 있으며 유효살균 시간은 5~20분 사이가 많다.

차아염소산나트륨의 온도에 따른 살균 효과(석탄산계수 측정법)는 다음 표 6-13과 같다.

염소(Cl_2)가 물에 용해되면 차아염소산과 동일하게 움직인다.

$Cl_2 + H_2O \rightleftharpoons HOCl + HCl$로 변화되고 이어서
(차아염소산)

$HOCl \rightleftharpoons H^+ + OCl^-$로 해리된다. 이 이온화에는 용액의 pH가 크게 영향을 준다. pH 4.0 이하에서는 HOCl은 모두 비해리형으로 존재하며, pH 4.0~7.5에서는 HOCl이 많은 편이며 pH 7.5~9.5에는 OCl^-가 많은 편이고 pH 10 이상에서는 거의 모두 OCl^-로 존재한다(표 6-14 참조).

비해리의 HOCl은 OCl^-에 비하여 살균력이 약 8배 가량 되고 염소의 살균작용은 활성형이 된다. 이와 같이 살균 효과와 pH의 관계가 깊어 산성 쪽에 있을 때 살균 효과가 더

큰 것을 알 수 있다. 이런 현상은 차아염소산나트륨 이외에도 염소가스, 차아염소산칼슘, 유기성 클로라민도 같은 양상을 보인다.

표 6-13 차아염소산나트륨의 살균 효과*

	5℃	10℃	20℃	30℃
대 장 균	5분	2분	1분	30초
포도상구균	5분	5분	5분	1분
셀라시아균	5분	5분	2분	1분
프로테우스균	2분	1분	1분	1분

* 유효염소 200ppm, pH 7.8

표 6-14 차아염소산(HOCl)의 잔존율과 pH

pH	4.0	5.0	6.0	7.0	8.0	9.0	10.0
HOCl의 잔존율(%)	100	99.6	95.8	69.7	18.7	2.2	0.2

염소제의 살균력에 영향을 주는 것은 위의 pH 외에도 반응 온도나 시간, 염소를 소비하는 물질의 존재나 양도 관계가 있다. 특히 단백질, 지방, 전분 등 모든 유기물도 염소와 신속히 반응하고 소비되기 때문에 살균력을 감소시키는 인자로서 작용하는 일이 많다.

그래서 식품공장이나 식품 취급 시설에 있어서 차아염소산나트륨등에서 염소제의 살균 대상은 어개류나 그 가공품, 식육이나 그 가공품 등 식품 그 자체가 대상이 아니고 사용수, 조리기구, 용기 등이 된다. 그래도 용기 기구 등의 소독에 사용할 때는 미리 충분히 세정하여 유기성 오염물질을 제거하지 않으면 확실한 효과를 얻을 수 없다. 또 식품공장 등에서 종업원의 수지의 소독에도 사용된 예가 있었으나 이런 대상물에 대한 소독은 거의 효과를 기대할 수 없다.

지금까지 알려진 장점으로는

- 살균 효과가 빠르고 미생물에 대하여 비선택적 살균 능력이 있다 .
- 기구의 표면에 막을 형성치 않는다.
- 물의 경도에 영향을 적게 받는다.

- 희석된 살균액은 독성이 거의 없다.
- 농도의 측정이 용이하다.
- 액체이기 때문에 계량이 쉽다.
- 가격이 싸다.
- 고농도의 활성 성분을 함유하고 있다 .
- 악취를 제거한다.

염소제는 액체 염소를 비롯하여 발생된 가스를 흡입하면 호흡독을 갖는다고 알려져 있다. 농후한 액은 피부나 점막에 부착하면 본래 산화제이기 때문에 조직에 강한 작용을 하는 일이 있다. 고농도 차아염소산나트륨 용액이 피부에 붙으면 즉시 물로 씻어야 한다. 눈에 들어가면 강한 통증을 느끼기 때문에, 즉시 물로 씻고 붕산수 등으로 씻으면 좋다. 그 외에도 몇 가지 단점으로는

- 특유의 냄새가 있다.
- 흘리거나 엎지르면 얼룩이 지거나 표백된다.
- 한냉기에 동결한다.
- 냉암소에 보관하여야 한다.
- 제품의 알칼리도에 따라 살균 효과가 크게 영향을 받는다.
- 사용 방법이 잘못되면 녹이나 부식의 원인이 된다.
- 유기물이 있으면 살균액의 농도가 떨어진다.
- 철을 함유한 물에 넣을 때 침전이 생기면 사용할 수 없다.

2) 요오드 화합물

요오드 화합물은 염소 화합물보다 침투성이 높고 살균력도 강하다. 미생물의 단백질과 반응하여 단백질을 변성시켜 살균하며, 살균력은 산성에서 강하고 유기물이 존재하면 약해진다. 요오드는 물에 거의 녹지 않으나 요오드칼륨이 존재하면 녹으므로 요오드팅크(iodine tincture)를 만들어서 상처 부위 소독에 사용한다. 상처 부위에 사용 시에는 흉터를 남기거나 치료 시간이 길어지는 단점이 있기 때문에 가벼운 상처에만 사용하도록 권장한다.

살균력이 강하여 포자, 결핵균, 바이러스에도 효과가 있다. 계면활성제와 요오드의 부분적인 결합물인 요오드포름(iodoform)은 항균 범위가 넓고 포자, 결핵균, 바이러스에도 동일한 효과가 있을 뿐 아니라 자극도 적고 유기물 공존에 의한 효력 저하도 적으므로 손이나 조리기구의 소독에 사용한다.

3) 역성비누

역성비누는 염화 벤잘코니움(benzalkonium chloride)처럼 4급 암모늄 유도체(Quaternary ammonium compounds)로 된 일련의 화합물군을 말하는 계면활성제로써 보통 비누와는 달리 해리하여 양(+)전하를 띠므로 역성비누 또는 양성 계면활성제(cationic detergent)라고 한다. 이것은 미생물의 세포막을 손상시키고 단백질을 변성시켜 살균 효과를 낸다. 세정력은 약하나 살균력이 강하고 무미무취이며 경구 독성이 약하며, 피부 자극성과 금속 부식성도 약하므로 식품 취급자의 손 소독에 적합하다. 보통 원액(10%용액)을 200~400배 희석하여 사용한다.

포도상구균과 같은 그람양성균이나 장내세균에 속하는 장티프스균, 이질균, 대장균 등의 그람음성균에는 살균력을 나타낸다. 그러나 녹농균에 대한 살균력이 약하고 결핵균 및 간염바이러스 등에는 살균력이 없으므로 주의하여야 한다. 역성비누의 소독력은 알칼리성에서는 강하지만 일반 비누를 포함하여 음이온계면활성제가 혼입하면 살균력이 격감한다. 또 유기물이 혼입되면 효력이 저하된다. 따라서 역성비누로 소독할 때에는 유기물을 깨끗이 씻어낸 후 사용하여야 하며 40~45℃에서 최고의 효과를 나타내기 때문에 겨울에 사용시에는 가온하는 것이 좋다.

4) 알코올

70%의 에탄올은 피부의 소독제로써 오랫동안 사용되어 왔다. 효소 등 균체 단백질의 변성과 탈수에 의하여 미생물을 살균한다. 50%에서 90% 범위의 에탄올이 같은 살균력을 가지고 있지만 소독 대상물의 다양한 상태를 고려할 때 최적 농도의 에탄올은 60~80% 정도로 생각하고 있다.

일반 세균의 생세포, 결핵균 및 다수의 바이러스에 강한 살균력을 나타내지만 포자와 사상균에는 효과가 적다. 농도가 낮으면 살균력은 현저히 저하하며 50% 이하에서는 거의 효과가 없다. 단백질이 혼입하면 살균력이 감퇴되고 휘발성이 있어 장기간 방치하면 효력의 지속성을 기대하기 어렵다. 다른 살균소독제와 함께 사용하면 효과가 증강될 수 있기 때문에 혼용의 우려를 가질 필요가 없다

표 6-15 일반적으로 사용되는 소독제의 비교

특성	수증기	염소계	요오드계	역성비누	산성음이온계면 활성제
그람양성균	최적	양호	양호	양호	양호
그람음성균	최적	양호	양호	효과가 떨어진다	양호
아포균	양호	양호	효과가 있다	효과가 없다	효과가 있는 것도 있고 없는 것도 있다
부식성	없다	있다	약간 있다	있다	약간 있다
경수의 영향	없다	없다	약간 있다	있다	약간 있다
피부자극	있다	있다	일부인에게 있다	없다	있다
유기물에 의한 영향	없다	매우 크다	약간 있다	있다	약간 있다
기피대상	고온에 민감한 물질	페놀아민류, 경금속류	전분, 은	음이온습윤제, 비누, 목, 포, 셀룰로스	양이온계면활성제, 알칼리세제
용액의 안정성		속히 효력저하	서서히 효력저하	안정	안정
고온용액의 안정성		불안정	매우 안정	안정	안정
잔류성	없다	있다	있다	있다	있다
사용최대허용농도		200ppm	25ppm	200ppm	200-400ppm
가격		아주 싸다	싸다	비싸다	비싸다
중성에서 효력	있다	있다	없다	있다	없다

3. 가열살균과 미생물의 내열성

식품의 가열살균은 식품 중에 존재하는 병원미생물을 멸살하는 것 외에 부패, 변패에 관여하는 유해 미생물의 멸살을 목표로 하고 있다. 그러나 이 경우 살균 대상이 되는 식품의 특성, 요구되는 저장 기간 등을 고려하여 목표로 하는 미생물을 결정하고 동시에 식품의 품질에 악영향을 최소한으로 하도록 살균 방법과 살균 조건을 선택하는 것이 대단히 중요하다.

미생물의 내열성은 식품의 성질, 특히 수분, pH, 단백질, 지질, 당질 등의 영향을 받는다.

1) 아포형성균(芽胞形成菌)

세균은 그 형상에 따라 구균, 간균, 나선균으로 나누며, 세포내부에 아포(spore)를 형성하는 것이 있다.

식품의 가열살균에 문제가 되는 것은 아포형성균으로 이중에는 호기성균인 *Bacillus*와 혐기성의 *Clostridium*이 있다.

2) 세균의 내열성

아포를 형성하지 않는 간균, 구균, 나선균에는 식중독균 중 포도상구균, 살모넬라균, 장염비브리오균 및 식품의 부패 세균인 *Proteus, Psedomonas* 등이 포함되며 통상 60℃에서 30분 혹은 65~70℃의 가열로 수 분~십여 분에 사멸한다.

아포형성균에 있어서도 영양형 세포는 아포균보다 내열성이 훨씬 떨어져 보통 80℃에서 10분 정도 가열하면 충분히 사멸시킬 수 있다.

표 6-16 세균아포의 내열성

균 종	가열온도(℃)	사멸시간(분)
Bacillus 속	100	2~1200
B. cereus	100	0.8~14.2
B. subtilis	121	0.0065
	100	11.3
B. coagulans	121	3.0
Clostridium 속	100	5~800
C. butycum	85	18
C. sporogenes	90	34.2
C. thermosaccharolyticum	132	4.4

세균은 증식의 최적 온도에 따라 저온균(호냉균), 중온균, 고온균으로 나눌 수 있으며, 고온균은 대부분 내열성이 큰 경향을 보인다. 아포는 외부에서의 영향에 대하여 강한 저항

성이 있고, 특히 가열에 대한 저항성이 영양 세포보다 강하다.

혐기성 아포형성 식중독세균인 *C. perfringens* 및 *C. botlinum*의 A, B형 균은 100℃ 이상의 고온이 아니면 살균되지 않고 일반적으로 식품의 부패에 관여하는 세균아포도 내열성이 강하다.

3) 진균류의 내열성

진균에는 곰팡이, 버섯, 효모가 포함되어 있다. 식육이나 어개류 등의 식품에는 곰팡이, 효모에 의한 변질이나 변패가 일어나는 일이 적지만 과실이나 과즙 및 유기산이나 방부제를 첨가한 식품에서는 곰팡이, 효모가 변패 원인균이 되며 산성 식품, 중간 수분 식품, 농축식품, 건조식품에서도 중요한 변패 원인이 된다.

효모는 일반적으로 내열성이 약하여 영양 세포는 50~60℃에서 짧은 시간 내에 사멸한다. 일반적으로 유포자 효모가 무포자 효모보다 내열성이 있고, 특히 *Saccharomyces*속의 것은 내열성이 높은 것으로 알려져 있다. 자낭포자는 영양 세포에 비하여 내열성이 높다.

곰팡이에서도 균자(菌子)보다 포자(胞子) 쪽이 내열성이 크지만 포자의 종류에 따라 큰 차이가 있다. 즉, 무성포자에 있어서 분생자(分生子)는 열에 민감하여 대개 50~60℃에서 단시간에 사멸되지만, 유성포자에 있는 자낭포자는 분생자보다 약 20℃ 가량 고온에도 견디는 것으로 알려져 있다.

4) 미생물의 내열성 표시법

(1) 가열 생잔(生殘)곡선과 D값

일반적으로 미생물의 가열에 따른 사멸 경과를 가열 시간에 대한 생 잔균수 혹은 사멸률(초기 균 수와 일정 시간 경과 후의 생균 수의 비)의 대수치를 그림으로 그리면 그림 6-7과 같이 가열 시간에 따라 역대수직선을 얻을 수 있으며, 이것을 생잔곡선(Survivor curve)이라 부른다.

D값이라 하는 것은 '일정 온도에서 미생물을 가열할 때 그 생잔 수를 1/10로 감소시키기 위하여 필요한 시간(分)'이다.

생잔곡선이 대수 한 과정(1/10)을 거치는 데 필요한 시간을 D값이라 할 수 있다. 가열 살균의 대상이 되는 미생물의 D값을 측정할 때, 일정 수의 미생물을 일정 수까지 감소시키기 위한 가열 소요 시간은 다음과 같이 구할 수 있다.

$$t = D \times (\log a - \log b)$$

t : 가열 시간(分)

D : 생잔 미생물을 1/10로 감소시키기 위한 소요 시간(分)

a : 초기 균 수

b : 생잔 균 수

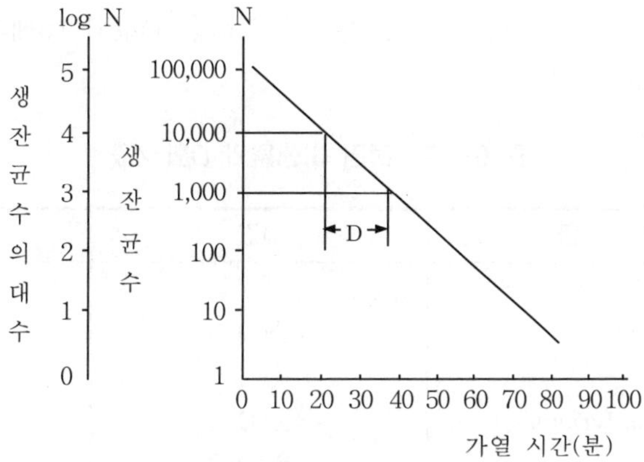

그림 6-6 생잔곡선(Survivor Curve)

(2) 가열 온도 효과와 Z값

가열살균을 행할 때 치사 효과가 있는 온도 범위 내에서, 어떤 온도에서는 신속히, 어떤 온도에서는 완만히 사멸하다. 그래서 D값은 고온에서 작고, 저온에서는 크게 된다.

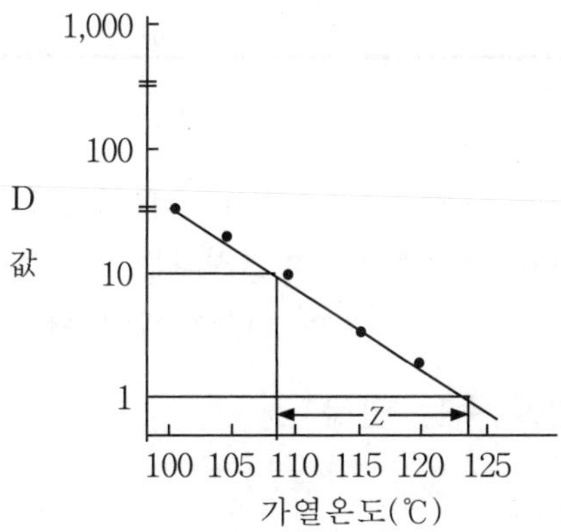

그림 6-7 가열감소 시간곡선(Thermal Reduction Time Curve)

여러 온도에서 D값을 측정하고, 가열 온도와 D값의 관계를 대수(D값을 대수로 취함)로 그리면 그림 6-8과 같이 가열 온도의 증가에 따라 역대수 직선이 얻어지며, 이것을 가열감소 시간곡선(Thermal reduction time curve, TRT)이라 부른다.

TRT의 구배는 미생물의 사멸 속도에 미치는 가열 온도의 영향을 나타내며 구배가 완만하면 가열 온도의 변화가 미생물의 사멸 속도에 끼치는 영향이 작은 것이고 구배가 급하면 영향이 큰 것을 나타내는 것이다.

이와 같이 TRT의 구배를 'Z값'으로 표시하며, Z값은 'D값의 10배의 변화에 대한 온도 변화(°F)'로 정의되고 있다.

표 6-17 여러 미생물의 D와 Z값

미 생 물	D값	Z값
비아포형		
Salmonella sp.	4분(D_{60})	4℃
S. aureus	5분(D_{60})	10℃
V. parahaemolyticus	3분(D_{55})	–
E. coli	5분(D_{60})	–
S. faecalis	10분(D_{60})	–
B. abortus	5분($D_{62.8}$)	–
아포형		
C. botulinum	2분(D_{100})	10℃
C. botulinum : E형	3분(D_{80})	10℃
C. perfringens	2분(D_{100})	10℃
B. cereus	3분(D_{100})	8℃
바이러스		
poliomyelitis	1분(D_{60})	–

이상과 같이 미생물의 내열성은 일정 가열 온도에 있어서 사멸 속도를 나타내는 D값 및 가열 온도 효과를 나타내는 Z값에 의하여 표시되는 것이 보통이다. 이 값으로 미생물에 따라 가열 온도와 시간을 계산하여 살균에 이용할 수 있다.

5) 가열 살균에 영향을 주는 인자

(1) 미생물의 내열성

세균아포가 영양세포에 비하여 내열성이 높지만 같은 아포에서도 내열성은 여러 가지

원인에 따라 다르게 된다. 그 인자는 가열 전, 중, 후에 따라 나눌 수 있으며 그중에는 세포 자체의 내부적 인자와 증식 환경에 의한 인자들로 나눌 수 있다.

(2) 원료 중의 미생물 오염

초기 균수가 많으면 대상 미생물을 완전히 사멸시키는데 요하는 시간이 오래 걸리게 된다.

그 때문에 통조림 등의 제조공정 중 어떤 원인으로 균이 증식하면 살균 시의 초기 균수도 증가하여 가열살균의 안전율이 저하되는 경우가 많다.

(3) pH

미생물의 증식에는 pH가 크게 영향을 주기 때문에 가열살균에도 pH의 영향이 크다. 생존에 가장 적절한 pH에서는 내열성이 증가되는 것이 보통이다.

(4) 수분활성 (water activity, Aw)

수분활성도 미생물의 증식에 크게 영향을 준다.Aw가 저하하는데 따라 증식하는 미생물의 종류가 제한되어 있다. 통조림 식품 등의 가열살균의 목표가 되는 보투리누스균은 Aw가 0.94 미만에서는 증식하지 않기 때문에 당도가 높은 통조림 등에서는 보투리누스 아포를 멸살하는 데 필요한 정도의 가열 온도보다 약간 낮은 온도에서도 살균 효과를 얻을 수 있다.

4. 가열살균의 원리와 방법

가열살균은 식품 보존 기술의 가장 중요한 방법이며 아직도 가장 보편적인 방법이기 때문에 앞으로도 가열살균은 살균 방법으로는 중요한 위치를 지킬 것으로 보인다.

미생물은 어느 한도 이상 가열하면 사멸한다. 그 내열성은 미생물의 종류에 따라 세균에서는 영양세포와 아포와의 차이가 크다.

또 식품 성분이나 환경 조건에 따라 내열성에 영향을 주고, 또 건열이냐 습열이냐에 따라서 저항성의 차이가 크다.

1) 가열살균의 방법과 열원

일반적으로 가열살균은 아래와 같이 나눌 수 있다.

- 열
  - 습열
    - 자비(열탕)
    - 증기
      - 고압증기
      - 상압(유통)증기
  - 건열
  - 화염 (소각, 작열)

또 열원으로서는 종래부터 각종 액체, 고체 연료를 연소시켜 얻어진 열 에너지를 열매체를 통하여 혹은 직화로 가열살균하는 방법이 쓰여 왔다. 그 외 전기적 가열 방법으로써 전기저항, 고주파(마이크로파), 적외선이 이용되고 있다.

2) 식품의 가열살균 처리의 원리와 분류

식품의 가열살균은 100℃ 이하에서 행하는 저온살균과 100℃ 이상에서 가열하는 고온살균으로 나눈다. 저온살균은 프랑스의 Luis Pasteur가 포도주의 살균법으로 고안한 것이기 때문에 저온살균을 Pasteurization이라고 부른다.

저온살균은 우유를 63~65℃에서 약 30분 가열하는 것과 pH4 이하의 과실과 즙통조림이나 맥주, 포도주 등의 살균에 적용되고 있다. 우유의 저온살균은 본래 우형결핵균의 살균을 목표로 한 처리이기 때문에 약간의 변패 미생물이나 유산균 등은 살아 있는 경우가 많아 제품을 냉장 보존할 필요가 있다.

또 우유는 75℃, 15초 정도의 가열살균을 고온단시간살균(High Temperature Short Time, HTST)이라 부르지만 이것은 저온살균에 대한 비교적인 말로, 일반적인 고온살균은 100℃ 이상을 말한다.

100℃ 이상의 고온살균은 주로 세균아포, 특히 공중보건 상 문제가 되는 보투리누스균의 완전살균이나 부패 원인균의 살균을 목표로 하여 행하여지고 있다. 식품 중에 활동을 정지하고 있는 약간의 비병원균(호열성아포형성균 등)이 남아 있어도 그 제품의 보존 조건하에서 품질이나 위생상 문제를 일으킬 만큼 증식이 되지 않기 때문에 상업적으로 이용되고 있다.

이 상업적 무균성을 달성하기 위한 가열 조건은 식품의 성질, 식품의 보존 조건, 미생물 또는 아포의 내열성, 열전달성, 초기 미생물 오염량 등에 크게 의존하고 있다.

식품의 가열살균은 기본적인 방법에 따라 두 가지로 분류된다.

즉, 식품을 용기에 밀봉한 후 가열 살균하는 방법과 식품을 미리 가열살균, 냉각하고 이것을 무균 상태에서 충진, 밀봉하는 방법이 있다.

앞의 방법은 전통적인 통조림 살균법으로 통조림, 병조림, 레토르트 파우치 식품의 살균수단이다. 뒤의 방법은 aseptic system 또는 무균 충진법으로 불리고 있으며 초고온순간살균(Ultra High Temperature, UHT) 처리 우유에 실용화되고 있다.

식품을 용기 내에서 살균하는 방법의 특정은 식품을 용기에 충진, 밀봉 후 가열살균을 하는 것이다. 열이 용기로부터 내부로 전달되기 때문에 용기의 형상, 재질에 따라 영향을 받으며, 가열효과를 충분히 받도록 잘 관리가 된다면 살균의 확실성은 극히 높다. 대상 식품은 액체 식품으로부터 순고형 식품까지 적용이 가능하다.

한편 살균 후 용기에 넣는 방법은 고온단시간살균을 행하기 때문에 식품의 풍미, 색조,

영양가 등에서 우수한 제품을 얻을 수 있다. 연속 생산 및 작업의 자동화에 따른 생산라인의 합리화가 가능하지만 다품목 소량생산은 어려운 결점이 있다.

3) 주요한 가열살균법

(1) 레토르트살균

100°C 이상의 고온으로 살균하기 위하여, 가압 가열증기를 사용하는 살균 장치를 레토르트(retort)라 한다. 가열 매체는 증기 및 열수이다. 증기를 레토르트에 넣고 대기압 이상의 압력을 가하면 100℃ 이상의 온도를 얻을 수 있으며, 일정 압력에서는 일정 온도를 얻을 수 있는 성질이 있다.

그러나 증기는 대기압 이하에서는 일정 온도를 유지하지 못하기 때문에 100℃ 이하의 저온살균에서는 열수가 이용되고 있다.

레토르트살균은 내용물의 pH가 5.5 이상의 저산성 식품을 대상으로 하는 것이 보통이다.

(2) 용기 외 살균 시스템에 의한 살균

용기 외 살균 시스템으로 식품의 가열살균에는 고온단시간살균법이 적용된다.

이것은 고온에서 단시간 살균하는 경우가 저온에서 장시간 살균하는 것보다 미생물의 치사 효과가 크고 식품의 품질 열화에 미치는 영향이 적다는 점에 근거를 두고 실행된다. 가열살균의 정도는 대상 식품의 종류, 특히 pH에 따라 다르며 우유와 같은 저산성 식품에서는 초고온순간살균(UHT, 135~150℃, 0.5~1.5초)이 행해지며 과즙과 같은 산성 식품에서는 85~95℃에서 10~15초의 살균을 행한다.

5. 자외선살균의 효과와 특성

태양광선에 살균력이 있다는 것은 옛날부터 알려져 있다.

태양광선에 살균 효과가 있는 것은 자외선의 살균 효과를 뜻하는 것이지만 자외선에는 살균 효과 외에 홍반(紅斑) 효과 및 광화학반응을 일으키는 작용도 있다. 그중 살균력이 강한 파장을 가진 자외선을 인공적으로 만들어 식품 취급 시설 등에서 이용하고 있는 경우가 많다.

1) 자외선과 살균등

태양광선이라고 하는 것은 단일한 광선이 아니고 가시광선 외에 육안으로는 느낄 수 없는 자외선이나 적외선도 포함되어 있다.

400nm 이하의 짧은 파장의 광선을 자외선(紫外線)이라고 부르고 있다. 태양광선 중에

살균작용을 나타내는 것은 200~300nm의 자외선으로 그중에 가장 강한 살균력을 나타내는 것은 265nm 부근의 파장이다. 이 파장은 생물의 유전자에 들어 있는 DNA의 최대 흡수대와 일치하고 있어 이 파장의 자외선은 직접 미생물의 핵산에 작용하여 균을 사멸시키게 된다. 그러나 태양광선으로 지표에 도달하는 자외선은 290nm 이하의 것은 거의 없기 때문에 태양광선의 살균력은 실제는 극히 미약하다(그림 6-9 참조).

살균력이 강한 파장을 가진 자외선을 인공적으로 만들어 내도록 고안된 장치를 자외선 살균등이라고 한다. 현재 시판되고 있는 살균등은 저압수은등으로 주로 254nm의 자외선을 방출하는 장치이다. 살균등의 구조는 일반 형광등과 거의 같으며, 단지 전구가 특수한 자외선 투과 유리로 만들어진 것이다(이 특수유리 대신 석영관을 쓰는 형도 있어 오존을 발생시킬 목적으로 사용되는 것이 있다).

일반적으로 형광등은 저압수은등에서 방출되는 자외선을 가시광선으로 변화시키기 위하여 보통의 유리전구 내면에 형광도료가 도포되고 있다.

살균등에서 방출되고 있는 자외선은 수은의 스펙트럼에 의한 것이기 때문에 253.7nm의 살균선이 주체가 되고 있으며, 시판되고 있는 15W형 살균등의 살균선출력은 2.9W가 대부분을 점하고 있다.

2) 살균등에 의한 살균의 특징

① 모든 미생물에 대하여 살균 효과가 있다. 그러나 균 종이나 균주에 따라 저항성의 차이가 있다. 15W형 살균등에서 50cm의 조사(照射) 거리로 그람음성균은 대체로 1분 내에 사멸하며, 그람양성균은 3분 내외, 아포형성균은 5~7분, 효모는 3~7분 정도 조사로 살균 효과를 얻을 수 있다.

② 화학약품이나 가열에 의한 살균과는 달리 피조사물에 조사 후 거의 변화를 주지 않는다. 또 살균 효과는 조사 중에만 나타나며 염소제와 같은 잔류 효과는 전혀 없다.

③ 사용법이 간편하다. 가정용 100V 전원으로 쓸 수 있고 사용 전력이 적기 때문에 유지비가 저렴하다.

④ 살균등의 살균 효과는 대상물의 자외선 투과율과 관계가 있으며, 가장 유효한 살균 대상은 공기와 물이다. 공기살균은 병원의 수술실, 세균실험실, 제약회사 등의 무균화 포장 등에도 사용된다.

⑤ 공기나 물 이외에 대부분의 물질은 자외선을 투과하지 않기 때문에 광선이 직접 닿는 부위의 표면 살균에 한정되고 그늘이나 내부는 전혀 효과가 없다.

⑥ 살균선이 어느 한도 이상 직접 눈이나 피부에 조사되면 일시적인 결막염 증상이나 피부가 검게 되는 현상이 일어나므로 적절한 방호 대책이 필요하다.

⑦ 지방이나 단백질이 많은 식품을 직접 강하게 조사하면 이취나 변색을 일으키는 일이 있다.

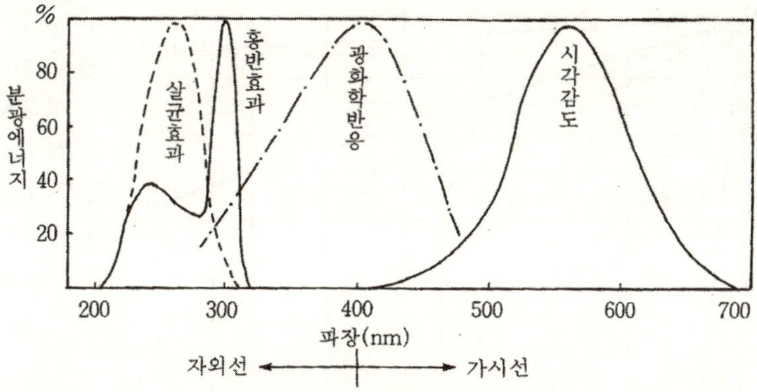

그림 6-8 자외선의 파장과 살균 효과

3) 자외선살균의 응용

(1) 공기살균

공기는 살균 자외선을 거의 흡수하지 않기 때문에 살균등을 가장 효과적으로 이용할 수 있다. 최근 유제품을 비롯하여 식육제품, 어육제품 등의 무균 충진이나 무균화 포장에 실용화하고 있다.

살균등은 설치비, 유지비가 싸고 정확히 사용하면 식품공장 내 공기의 미생물 제어에 유효하게 이용된다.

(2) 물 및 수용액의 살균

물은 자외선을 잘 투과시킨다. 자외선을 90% 흡수하는 물의 두께는 음료수에서 10~80cm이지만 정제한 재증류수는 3m에 달하기도 한다. 그러나 오염된 물이나 철분이 많은 물은 자외선을 흡수하기 때문에 녹이 생긴 철제 탱크나 파이프를 통과한 물의 살균 효율은 현저히 낮아진다.

대도시의 수도와 같이 다량의 물을 처리하는 데는 염소소독이 효과적이지만 식품공장과 같이 한정된 양의 물을 소독하는 데는 자외선을 이용하는 것이 간편하고 효과적이다.

물에도 해수나 무기질이 많은 정호수 등은 자외선살균이 크게 효과를 볼 수 없으며 합성주, 우유, 맥주에서는 자외선의 침투 깊이가 살균의 효율성을 갖는데 아주 낮아 거의 표면에서 1~2cm를 넘지 못하고 있다(그림 6-9 참조).

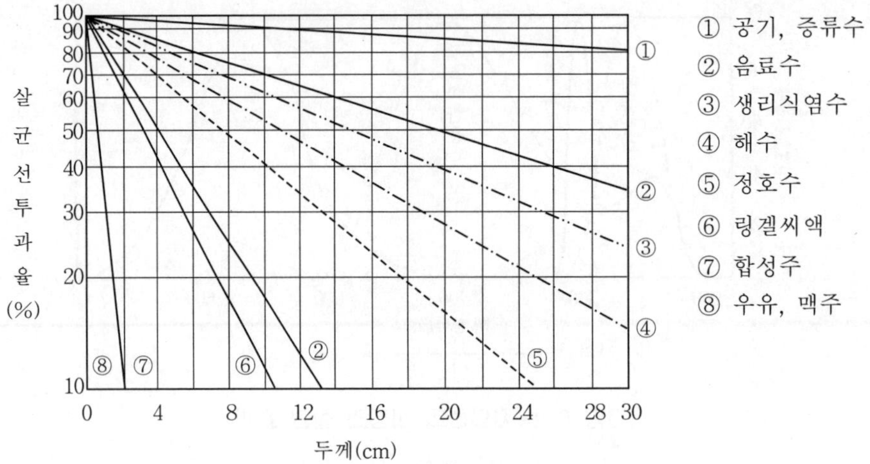

그림 6-9 액체의 종류에 따른 투과율

(3) 표면살균

식기·조리기구, 용기 등의 표면살균은 쉽게 효과를 얻을 수 있는 방법이다. 그러나 이들은 미리 잘 세정하여 오염물을 충분히 제거하지 않으면 살균 효과가 떨어진다.

가공식품의 빈 용기 또는 식품을 담은 용기를 컨베이어 위에 설치한 살균등으로 연속 살균 작업을 할 수 있다. 단지 유지가 많은 식품이나 식육, 어육 등은 직접 조사를 피하는 것이 좋다.

6. 마이크로파(microwave) 가열

1) 마이크로파의 특성

라디오파가 열을 생산할 수 있다는 것은 19세기 후에서야 알려지게 되었을 뿐 아니라 이 지식을 식품에 적용하는 데는 1940년대까지도 거의 시도되지 않았다. 1940년대 후반에는 몇몇 식당에서 식품을 따뜻하게 하기 위하여 설치한 것이 시작이었지만 실제는 1960년대에 이르러서야 식품 접객 영업소에 보편적으로 설치되기 시작했다고 볼 수 있다.

미국에서는 처음에 915MHz와 2450MHz 두 주파를 당국에서 할당하였으나 현재 915MHz는 거의 사용되지 않고 있으며, 일본 및 다른 나라에서도 미국과 마찬가지로

245±50MHz를 쓰고 있다.

전자장(電磁場) 안에서 가열은 식품에 있는 유리물분자 간의 충돌에 의하여 열이 발생하는 것이며, 이 열이 조리를 하거나 식품을 가열하는 데 공급되는 것이다. 염을 제외하고 식품에 있는 다른 분자는 상대적으로 볼 때 크게 영향을 주지 못한다.

마이크로파 가열은 다른 열원에 의한 가열보다 가열 시간이 빠르고, 눌러붙지 않는다. 식품의 구성 요소에 따라 전자파를 흡수하는 성질이 달라 가열 방식이 다를 수 있으며, 식품만 더워지고 용기가 가열되지 않기 때문에 수송에 편리하지만 식기 쉽다. 또한 가열 시간이 짧아 비타민 B_1의 손실이 적다는 보고도 있다.

2) 식품의 해동

냉동식품에서 식품에 있는 물 분자의 대부분은 얼음으로 되어 있다. 물은 마이크로파를 쉽게 흡수하지만 얼음은 흡수하지 않는다. 냉동식품일지라도 어떤 물 분자는 얼지 않고 있는데 이것은 염의 함량이 높은 부분에 액상으로 존재하고 있다.

이 얼지 않은 물이 해동 과정에서 마이크로파를 쉽게 흡수하여 해동의 시작점이 된다. 결과적으로 식품을 해동하거나 조리할 때 마이크로파의 사용은 달아나는 열을 이용하는 것이라 하겠다. 마이크로파를 냉동식품에 조사시킬 때 염을 함유한 얼지 않은 물이 비등점에 달할 때에도 단단한 얼음이 부근에 그대로 있게 된다.

이를 방지하기 위하여 잠시 동안 마이크로파 에너지에 식품을 노출시키고 마이크로파를 일정 시간 차단하여 열이 얼음으로 전도되도록 한다. 이 가열 과정은 해동이 완전히 이루어질 때까지 반복하여 불필요하게 방출되는 열을 생산하지 않고 식품의 부분적 변질을 막을 수 있다.

3) 가열 과정

마이크로파 가열은 대류에 의한 가열보다 더 빠르다.

조리 과정을 조절하는데 가장 중요한 요소는 시간이다. 사용되는 에너지를 조절하는 것은 조리 시간을 조절하므로 조정할 수 있다. 조리 시간은 식품의 조성, 크기와 모양, 조리 시 초기 온도와 마지막 온도 등에 의하여 결정된다.

온도 감지기를 식품 속에 넣고 조리하면 원하는 최종 온도에 도달했을 때 열 공급원이 차단되도록 프로그램화시킬 수 있다.

부피가 큰 식품은 작은 크기의 식품보다 더 오래 가열하여야 한다. 그러나 크기와 시간과의 관계는 그 크기와 모양에 의하여 결정된다. 크기가 2배인 식품은 보통 동일 온도에서 시간이 2배까지는 걸리지 않는다. 마이크로파 조리를 위한 가장 적당한 식품의 모양은 둥글고 얇은 것인데 이는 표면적을 최대한 노출시킬 수 있기 때문이다.

마이크로파 가열에 사용되는 조리 용기의 재질은 마이크로파에 노출되었을 때 어떻게 작용하느냐에 따라 선택되어야 한다.

재질에 따라서는 파장을 흡수하기도, 반사하기도, 투과시키기도 한다. 마이크로파를 흡수하는 재질은 마이크로파 에너지를 식품과 나누어 갖게 되기 때문에, 이상적인 용기는 마이크로파를 투과시키는 것이다. 투과력이 큰 재질은 종이, 내열성유리, 도자기, 플라스틱 등이다.

조리 용기나 가열 용기의 재질은 가열의 시간, 가열의 균일성에 영향을 준다. 높은 투과성을 가진 재질은 조리 시간을 단축시키고 마이크로파를 흡수하면 할수록 조리 시간이 길어지게 된다.

높은 투과성을 가진 조리 용기는 조리하는 식품의 온도를 더욱 균일하게 할 수가 있다.

마이크로파 가열을 위하여 사용되도록 고안된 조리 용기의 한 예는 고분자 중합체(polymer), 펄프, 셀룰로스 복합체로 구성되어 있는데 이는 우수한 특성을 나타내고 종이나 플라스틱, 도자기와 같은 재질의 용기를 사용할 때보다도 더 고른 가열 양상을 나타낸다고 한다.

온도 불균일성과 같은 좋지 않은 가열 양상이 가열 과정이 종료된 후에 식품에서 발견된다면 오븐은 문제가 있다고 볼 수 있다.

초기 마이크로파 오븐은 균일하게 가열되지 않는 구조상의 문제점 때문에 고충을 겪었으나 최근의 모텔은 이러한 문제점을 해결했으므로 불균일한 가열 양상은 거의 용기 때문에 유래되는 것이 많다.

마이크로파 가열 시 식품을 덮는 것은 열 분포를 균일하게 하는데 도움을 준다고 알려져 있다. Sawyer등(1984)은 육류에서 내부 온도와 세균의 생존과의 관계를 PVDC 랩을 덮개로 사용했을 경우와 사용치 않은 경우를 비교하고 덮개를 하는 것이 *Staphylococcus areus*와 *Salmonell seftenberg*의 수를 감소시키는데 도움을 준다고 하였다.

4) 미생물에 대한 효과

마이크로파가 미생물을 사멸시킬 수 있느냐 하는 문제는 미생물에 대한 마이크로파 에너지의 특이한 효과가 있는지에 대한 문제로 말할 수 있다.

미생물이 많은 물로 구성되어 있는 것이므로 가열 없이 미생물에 마이크로파 에너지를 적용시키기는 곤란하다. Wang 등은 온도가 오르지 않게 1분간 마이크로파에 노출시켰더니 사멸되지 않는 것을 발견하였다.

실내온도에서 동일한 조건의 플라스크를 1분간 마이크로파에 노출시켰을 때 온도는 93℃로 올라가고 미생물은 사멸하였다. 이러한 결과로 볼 때 마이크로파에 의한 살균 효과는 단지 마이크로파에 의하여 발생된 열에 의하여 이루어진 것임을 알 수 있다.

즉, 마이크로파에서 미생물의 사멸은 대류에 의한 가열처럼 온도와 시간과의 관계로 설명될 수 있는 가열 처리법이다.

연구문제

1. 상업적 살균이란 무엇인가?
2. 불연속점염소처리법에 의하여 물을 살균하고자 할 때 수중에 암모니아성 질소는 어떤 영향을 주는가?
3. 미생물의 내열성 표시법 중 D값을 알기 위하여 생잔곡선을 그릴 때 대수(對數)로 취하는 것은 무엇이며, 왜 대수로 취하는가?
4. 우유의 가열살균에서 목표로 하는 세균은 무엇인가?
5. 영업소에서 사용 중인 자외선 살균장치의 효율성을 높이기 위한 방법은 무엇인가?
6. Microwave oven에서 식품의 용도의 균일성을 장점으로 하고 있으나 그렇지 못한 경우도 있다. 온도의 균일성에 나쁜 영향을 주는 요인들은 무엇인가?

§6-6 식품 가공시설의 폐수와 폐기물 처리

식품 가공시설에서는 많은 폐수와 폐기물이 발생하는 경우가 많다. 이들의 처리 방법에 대한 것은 영업의 수익에 직접 관계될 뿐만 아니라 처리시설 내의 위생 환경의 유지에 크게 영향을 주게 된다. 폐수 자체는 적절한 처리시설을 하면 위생적으로 처리를 행할 수 있으나, 생물학적 처리에 따라 오니(sludge)가 생겨 2차 폐기물이 된다.

처리에 부담을 주는 폐기물로는 생산에서의 부생물(副生物), 생산 공정 중의 잔사류, 반품 등이 있다. 이러한 유기성 폐기물은 보통 부패하기가 쉽기 때문에 위생관리상 특별한 주의를 요한다.

이러한 특성을 이용하여 미생물에 의하여 소화분해시키는 방법이 보편적이며 독성물질이 없기 때문에 가능한 것이다.

1. 주요한 생물학적 처리법

1) 미생물 막처리법

넓은 표면을 가진 물체 위에 미생물 막을 형성시켜 여기에 폐수를 접촉시키는 방법으로 다음과 같은 것이 있다.

(1) 살수여상법(撒水濾床法)

넓은 표면적과 통기성을 가진 구조물 위에 폐수를 흘려보냄으로 구조체의 표면에 미생물막을 형성시켜 여기서 유기물을 처리토록 하는 것이다.

구조가 비교적 간단하여 운전 경비도 적게 들고 부지를 적게 필요로 하는 장점이 있지만 기온의 변화에 따라 처리 능력의 차이가 크고 냄새, 파리와 같은 곤충이 발생하기 쉬우며, 다량 처리가 어렵다. 또 겨울에 물이 동결되는 지역에서는 보호시설을 하기 전에는 이용될 수가 없다.

(2) 회전원반법(回轉圓盤法)

동축 위에 다수의 원반을 나란히 설치하고 그 원반 위에 미생물 막을 형성시킨다.

이 원반의 하반(下半)을 폐수 중에 침지시켜 회전함에 따라 공기와 간헐적으로 접촉시키는 방법이다. 소요 부지가 극히 적어도 되며 처리 효율도 높다. 그러나 고장을 일으키기 쉬우며 부하의 변동에 약한 결점이 있다.

(3) 고정여상법(固定濾床法)

미생물 막을 형성한 고정된 여상을 폐수 중에 침지시킴과 동시에 공기를 폐수 중에 불어넣어 처리를 행하는 방법으로 다음의 폭기식 활성오니법의 변법이라고 할 수 있다.

2) 폭기식 활성오니 처리법(曝氣式活性汚泥處理法)

폐수를 저장한 처리조에 공기를 불어 넣어 처리하는 방식으로 미생물(오니와 함께)은 폐수 중에 부유하는 형태로 증식하는 것이 특색이다. 식품 처리시설에 가장 광범위하게 이용되고 있으며 효율성이 높은 방법으로 알려져 있다.

(1) 활성오니 처리법의 원리

활성오니 폭기조에 충분한 산소를 공급하여 폐수를 여기에 유입시킨 경우, 폐수 중 유기물의 분해와 미생물의 증식과의 관계를 보면 영양원이 되는 유기물이 충분하면 미생물은 급격히 증식하지만 유기물이 감소되면 미생물의 증식은 정지된다.

최종적으로 유기물은 거의가 H_2O나 CO_2와 같은 물질까지 분해하게 된다. 이 현상은 자연 수역에서의 정화작용과도 동일하지만, 이 경우 미생물을 고밀도로 배양함에 따라 처리 속도가 현저히 빨라지게 된다. 이와 같이 처리 시간이 경과함에 따라 당초의 유기성 오탁성분의 일부는 미생물의 호흡에 의하여 분해되지만 나머지는 미생물의 체내에 섭취되어 남아있게 된다. 계속 시간이 경과되면 미생물의 자기 산화가 진행되어 오탁 성분은 거의 분해된다.

미생물체로 오탁 성분이 전환되는 최대점에서 미생물체와 오탁 성분의 일부는 응집침전

되며 상징수는 분리 방류되는데 침전된 것을 슬러지(汚泥, sludge)라 부른다.

(2) 표준 폭기식 활성오니 처리

표준적 폭기식 활성오니 처리의 처리 계통은 다음 그림과 같다.

계통도 중 폐수의 수질에 따라 침전조, pH 조정, 유분 분리조, 건조의 과정은 생략할 수도 있다. 이 처리법에서 배수량이 비교적 적은($30m^3$/일 이하) 경우에는 폭기조와 침전조가 한 조로된 경우도 많다. 이 경우 이 조는 1일 조업을 8시간 폭기, 5시간 침전, 기타 방류의 시간으로 구분하여 이용하면 된다. 그러나 폭기와 침전이 한 조에서 행하여지기 때문에 처리시설의 면적이 적어도 되는 이점이 있다.

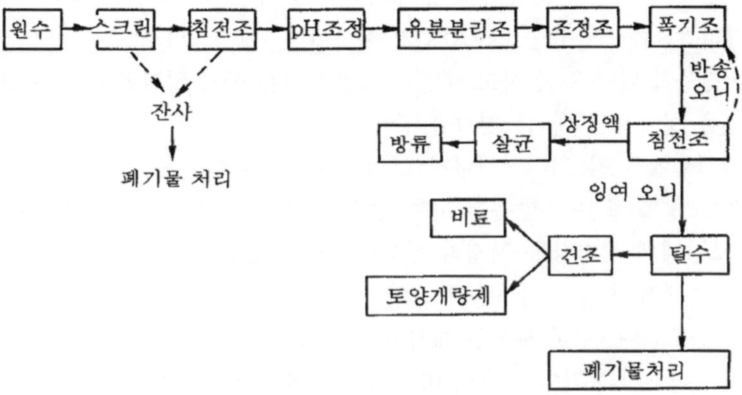

그림 6-10 표준 폭기식 활성오니 처리

(3) BOD(Biochemical Oxygen Demand)

BOD(생화학적 산소요구량)는 미생물이 생존 및 증식하고 있는 폐수 $1m^3$ 중의 유기물을 분해하는 데 필요한 산소량(g)을 ppm으로 표시한 것이다.

생물학적 처리라 함은 유기성 오탁물질을 미생물의 영양원으로 소화시키는 방법이다. 호기성 미생물은 외부의 산소를 이용하여 오탁물질을 분해한다. 식품 처리시설이나 가공공장의 BOD는 거의 1000ppm을 넘어 수천 ppm에 달하기도 하기 때문에 식품공장 폐수의 특성을 이루고 있다.

분해된 물질의 일부는 증식하는 미생물의 세포 형성에 이용되며, 다른 부분은 H_2O와 CO_2로 변한다. 이때 생기는 열량이 생활에너지가 된다.

연구문제

1. 식품 가공업체의 폐수처리법 중 활성오니 처리법이 효율성이 높다고 알려져 있다. 이 활성오니 처리법의 운영에서 가장 중요한 요소는 무엇인가?
2. 하수에서 BOD가 높게 나왔다면 무슨 뜻인가?

§6-7 안전사고 예방과 응급처치

사고의 예방과 응급 사건을 현명하게 대처하는 능력은 식중독의 예방과 같이 식품 접객 산업을 운영하는 데 있어서 중요한 업무의 하나이다. 대부분의 사고는 직접적으로 식품을 오염시키는 경우가 많아 결국 사고 예방과 식품위생은 상호 밀접한 관계가 있고 고객에게 안전한 식품을 공급하는 데 큰 영향을 준다.

식품 접객시설에서 사고를 일어나지 않게 해야 하는 이유는 다음과 같다.

① 사고는 고통을 준다 : 많은 사고는 인적 손상을 가져오는 경우가 많아 종사원이나 고객 모두에게 긴장감과 걱정의 원인이 될 수 있다.

② 사고는 경제적 손실을 가져온다 : 인적 손상에 따른 의료비의 지출, 상해자에 대한 보상이 필요하다. 결국 사고는 예기치 않은 인적, 물적 손상에 따른 비용을 지출하게 한다. 또 상해자의 작업 결손에 따라 원활한 작업이 이루어지지 않고 새로운 종사원으로 대치할 때는 교육을 위한 시간과 비용을 지출해야 한다.

③ 사고는 사기를 저하시킨다 : 잦은 사고는 근무의욕의 상실이나 태만에 의한 것으로 관리자가 적절한 안전장치나 교육을 시키지 않은 데도 원인이 있다. 종사원의 복지를 위하여 안전한 작업환경을 만들도록 노력해야 하며, 이를 소홀히 하면 종사원의 사기가 저하된다.

④ 사고는 명성에 손상을 준다 : 사고가 났다는 소식은 또 사고가 날 수 있다는 가능성을 고객에게 강하게 연상시키기 때문에 출입을 주저하게 된다.

⑤ 사고는 행정 규제를 초래한다 : 작업자가 안전한 환경에서 작업해야 한다는 것은 당연한 권리이다. 그렇지 못할 때 작업자는 불평이 있게 되고, 이는 결국 철저히 작업에 임하지 못하기 때문에 위생검사 등에 좋은 결과를 기대할 수 없다.

사고는 대부분 우연히 일어났고, 운이 나빴고, 사고를 잘 저지르기 쉬운 성품을 가진 사람에 의하여 일어난다고 생각하여 일어날 수밖에 없는 것으로 받아들이지만, 대부분의 사고는 예방이 가능하다는 것이 사실이다. 사고 예방이 쉽지는 않지만 결코 불가능한 것은 아니다.

사고란 상해, 손실, 손상을 초래하는 비의도적인 일이라고 정의할 수도 있다. 사고는 태만으로 일어날 수도 있지만 태만치 않아도 일어날 수 있으며, 작업도구나 작업장의 조건에 의하여도 일어날 수 있다. 식기가 세척 중 손에서 미끄러져 깨지고 그 깨진 조각을 주워 버리는 데 시간이 소요되었다면 사고가 났다고 할 수 있다. 또 세척자의 손이 베었다면 그것은 사고의 결과로 나타난 것이다. 사고예방 계획은 개인의 상해뿐 아니라 모든 종류의 사고를 일어나지 않게 하는 것이다.

1. 사고의 원인

식품 접객산업에서 사고는 훈련 부족과 열악한 환경 조건의 복합적인 원인에 의한다. 이러한 위험 요인은 제거할 수 있거나 적어도 최소화할 수 있다.

계단의 바닥이 삐거덕거리거나 주방이 복잡하거나 하면 그것도 안전에 나쁜 영향을 주는 요인이다. 그러나 이런 불안전한 물리적 조건도 그 조건만으로 사고가 나는 경우는 드물다. 위험한 작업환경을 알면서도 수년 동안 사고 없이 일하고 있는 것도 흔히 있는 일이다. 결국 대부분의 사고의 결정적 인자는 사람의 실수이다.

1) 인간적 위해 요인

사람은 사고의 큰 원인이 된다. 사람은 안전을 해치는 조건을 만들기도 한다. 그들은 장비에 연결되어 있는 전선이 다 닳은 것도, 쌓아둔 상자가 너무 높은 것도, 바닥에 미끄러운 물질이 떨어져 있는 것도 모르고 지나치기 쉽다.

사람들은 명백한 위해 요인을 모르는 경우가 많다. 그들은 맨손으로 깨진 유리를 집고, 그라인더나 슬라이스의 사용 시 안전장치를 사용하는 것을 귀찮아한다. 또 너무 무거운 물건을 들거나 젖은 마루를 큰 걸음으로 건너뛰는 일을 하기도 한다. 부주의로 다른 사람과 부딪치고 발등에 무거운 물건을 떨어뜨리기도 하며 문틈이나 서랍 등에 손가락이 낄 수도 있다.

그러나 사람들은 사고의 가능성을 감소시키는 방법을 배울 수 있다. 그들은 관리자의 지시에 따라서 배우거나, 그들 스스로 사고를 예방하는 방법을 터득하기도 한다.

사람의 태만이나 무관심이 사고의 가장 큰 원인이긴 하지만 작업 환경 중에 미리 존재하는 위해 요인이 함께 작용하기 때문에 일어나는 경우가 대부분이다. 이런 안전치 못한 조건들을 제거하는 것이 사고 예방을 위한 가장 중요한 것이다.

2) 환경적 위해 요인

환경적 위해 요인 중에는 위험한 부분을 노출시켜서 일어나는 경우와 작업자의 나쁜 습관에 의하여 이루어지는 경우가 있다. 어떤 환경 요인은 전반적인 개선 없이는 제거할 수 없는 경우가 있다. 좁고 경사가 심한 계단, 바닥이 고르지 않은 주방은 이런 형태의 위해요소이다. 불안전한 건축 구조물은 즉시 개선되어야 하나 경제적 사정 등으로 즉시 개선치 못할 때는 누구나 쉽게 알 수 있도록 표시를 하여야 한다.

2. 식품 접객시설의 사고와 예방

식품 취급 장소는 업무의 성격상 날카롭거나 뜨거운 물품의 취급이 따르기 때문에 위험한 장소이다. 바닥이 젖어 있거나 기름기가 묻어 있는 경우가 많고, 많은 물건을 들고 이곳저곳으로 급히 움직일 때가 많다. 대부분의 사고나 상해는 대부분 이런 조건의 변화와 직접적으로 관련되어 있다.

1) 자상(刺傷)과 열상(裂傷)

자상과 열상은 모두 피부가 파열된 것으로 이는 칼이나 슬라이스, 초퍼(chopper), 믹서 등과 같은 기구나 모서리가 날카롭거나 잘못 만들어진 제품에 의하여 일어난다. 이런 깨어진 유리그릇이나 잘못 만들어진 기계 기구에 의하여 일어나는 사고는 예고된 것이며, 또 부주의하거나 숙련이 안 되거나, 급히 서두르는 종업원에 의하여 사고가 촉진되기도 한다.

칼날이 무디면 날카로울 때보다 더 자상을 일으킬 수 있는 원인이 된다. 날이 무디면 작업이 힘들고 또 더 많은 힘을 가해야 하고 칼이 미끄러지기 쉽기 때문에 사고를 내기가 쉬워진다. 그러므로 칼날은 자주 갈아서 작업에 용이하도록 준비하여야 한다. 칼은 다른 기구와 함께 두지 말고 따로 보관하되 크기별로 구분하여 보관한다. 목적에 맞게 사용하고 사용한 후에는 싱크대나 다른 장소에 그냥 방치해서는 안 되며, 칼을 씻을 때는 손을 보호할 수 있는 장갑을 사용하는 것이 좋다.

동력으로 작동하는 슬라이스, 그라인더, 초퍼는 큰 사고의 원인이 될 수 있으며 손가락에 심한 상처를 줄 수 있다. 이러한 사고를 예방하기 위해서는 가장 안전한 장비를 구입하고 안전하게 유지 관리하는 것이 안전의 제일보이다. 가락지, 늘어진 소매, 넥타이 등은 위의 기계를 작동할 때 착용해서는 안 된다. 또 움직이는 칼날에 손이 닿지 않도록 보호장치를 하고 식품을 기계에 밀어 넣는 도구는 부서지지 않고 안전을 지켜줄 만한 것이어야 한다.

유리그릇은 쌓아두지 말아야 하며 손으로 씻을 때는 접시와 유리그릇을 나누어 씻어야 한다. 만약 유리그릇이 세척조에서 깨지면 즉시 물을 빼고 유리조각을 제거해야 한다. 열려져 있는 상자나 바구니에서 못, 스태플러 핀, 불쑥 나온 예리한 모서리 등은 종사원에게 상처를 줄 수 있는 요소들이다.

2) 화상과 예방

화상도 식품 취급시설에서 쉽게 일어날 수 있는 상해이다. 그릴, 오븐, 프라이장치, 열판 등 열기구와 접촉하여 화상을 입거나, 뜨거운 음식이나 음료가 엎질러지거나 튀어서 피부를 상하게 할 수 있다. 특히 튀김식품을 조리할 때 많은 화상이 일어나는데 튀김유의 온도가 150℃ 이상이기 때문에 부주의하면 심한 화상을 입기 쉽다.

주방의 공간이 좁으면 작업자가 왕래할 때 충돌의 위험뿐만 아니라 뜨거운 물건이나 장비를 피할 때 공간 부족으로 어려움을 겪게 된다.

열처리기구는 사용치 않을 때도 언제 사용하였는지 잘 알지 못하기 때문에 함부로 만지지 않는 것이 좋다. 대부분의 화상은 부주의 때문에 일어난다고 해도 과언이 아니다.

3) 낙상(落傷)과 예방

바닥에 있지 않은 물건은 모두 떨어지고 넘어질 수 있다고 생각한다. 그릇, 병, 칼 등이 넘어지거나 떨어지면 상처를 입히기 쉽다. 기구나 물건을 너무 높은 곳에 불안정하게 두면 작업 중 떨어져 작업자나 지나가는 사람에게 위해를 줄 수 있다.

바닥이 물, 식품, 기름 등으로 미끄럽게 되면 위험을 자초하는 꼴이 된다. 특히 식사시간에 서로 바삐 움직일 때는 넘어지기 쉽고 또 무거운 물건을 들고 다닐 때 시야가 가리기 때문에 더욱 넘어지기 쉽다. 이들 물건에 의한, 또 바닥에 의한 상해도 전혀 예방할 수 없는 것은 아니며 역시 작업자의 부주의가 위험을 가중시키게 된다. 일반적인 낙상 예방법으로는 다음과 같다.

□ 바닥은 안전을 고려하여 고안되어야 한다.
□ 배수가 잘 되도록 하여 건조 상태를 유지한다.
□ 기름이나 식품이 바닥에 떨어지면 즉시 청결하게 한다.
□ 작업자의 신발은 미끄럼을 방지하고 발을 보호할 수 있는 구조로 되어 있어야 한다.
□ 작업의 동선은 효율성과 함께 작업자가 서로 부딪치지 않도록 한다.
□ 무거운 물건은 아래쪽에, 가벼운 물건은 위쪽에 둔다.

4) 화재와 예방

식품 취급시설에서의 화재는 다른 업종에서보다 훨씬 많다. 또 다수의 사람이 이용하는 곳이기 때문에 많은 사상자를 발생케 한다. 또 식품 접객시설, 특히 유흥시설은 지하에 설치하는 경우가 많아 화재 발생 시 다수의 인명을 잃게 했던 충격적인 사건들이 있었다.

식품 취급시설의 화재의 상당수는 방화가 그 원인이다. 여러 가지 원인이 있을 수 있으나 종업원, 고객의 불만 행위, 보험금을 노린 영업주 측의 고의 방화도 있다.

우리나라에서는 식당이나 유흥접객업소에서 전기시설에 의한 화재가 40%를 넘고 있다. 이것은 낡은 전선의 과열, 과부하 작동, 퓨즈의 잘못된 선택, 전기기구의 작동 방법의 미숙 등도 큰 원인이 되며, 기구의 과밀집으로 과잉의 열이 쉽게 다른 곳으로 파급되는 데도 문제가 있다.

다른 주요한 화재 원인은 유지류이다. 튀김 시설, 환풍 시설, 벽, 장비 등에 묻어 있는 유지류는 인화성이 극히 높다. 이는 주요 원인이 될 뿐만 아니라 일어난 화재를 더욱 위험하게 만들기도 한다. 특히 튀김 시설은 많은 화재의 원인이 된다. 기름을 가열하면 휘발성 물질이 증가하게 되며 연기가 나고 218~260℃ 사이에 발화가 된다. 발화점은 기름의 종류에 따라 다른데 끓는점이 낮으면 발화점도 낮은 것이 보통이다.

또 식품 접객시설 화재의 한 원인은 담배이다. 불이 꺼지지 않은 담배를 재떨이나 쓰레기통에 부주의하게 버리면 가연성 물질에 불을 나게 하여 화재의 원인이 되며, 발화의 시간이 폐점 이후가 되는 경우가 있어 진화의 시기를 잃게 된다.

우리나라와 미국에서 조사된 식당에서의 화재 원인을 보면 표 6-18과 같다.

식품 취급시설에서 일어나는 화재는 대부분 예방할 수 있는 것이기 때문에 관리자는 시설에 대한 주기적 점검으로 화재 위험이 있는 요인을 제거토록 노력해야 한다.

표 6-18 식당 화재의 원인(%)

화 재 원 인	한 국*	미 국
전 기 시 설	43.7	22.7
열처리기구(난로 등)	8.2	6.3
조리시설(가스, 튀김시설)	6.8	15.8
담 배	5.5	14.2
방 화 , 실 화	7.2	32.3
기 타	28.6	1.6

* 소방 방재청, 2005년도 화재통계연감

□ 방화는 종업원이나 고객에 대한 안전관리에 의하여 예방할 수 있다. 불만 요소를 제거하고 시설에 대한 잠금 장치를 확인한다.

- □ 전기시설을 점검하고 과부하 시키지 않도록 하며, 전선을 복잡하게 설치하지 않고 모터 주변에 인화성 가스가 머물러 있지 않도록 환기를 시킨다.
- □ 유지류 화재를 예방하기 위하여 튀김 시설 등에 설치되어 있는 배기시설의 청결 작업을 정기적으로 실시한다.
- □ 흡연에 따른 화재를 예방하기 위하여 흡연 구역을 설치하는 것이 좋으며, 특히 종업원은 위생적인 측면에서도 특정 시설 외에서는 흡연하지 않도록 한다.
- □ 화재 예방을 위한 시설을 완비하고 정기적으로 정상 작동 여부를 점검하며 기구, 장비를 즉시 사용이 가능한 위치에 두고 누구나 쉽게 쓸 수 있도록 한다.

3. 안전성 조사

위험 요소, 사고, 상해 등은 모든 식품 취급시설에서 일어날 수 있는 것이지만 각 시설의 기계, 기구 배치, 제공되는 식품의 종류, 작업 형태 등에 따라 업소마다 더 위험한 부분이 있을 것이다.

사고 예방 계획을 작성하고자 하면 몇 가지 안전에 문제되는 요소를 충분히 조사한 후에 실시하여야 한다. 식품 접객시설에 필요한 사고 예방 방법을 이해하려면 과거에 그 시설에서 있었던 사고를 조사하여야 한다. 이것은 기록으로 확인할 수도 있지만 기록이 없는 경우에는 오래 종사한 종업원에게 물어 도움을 받을 수 있다. 실제 현업에 종사하는 종사원은 위험 요소와 문제점이 있는 작업 내용에 대하여 누구보다 잘 알고 있을 것이다.

1) 사고 예방계획

안전성 조사 과정에서 발견되는 위해 인자를 조사해 보면 두 개의 내용으로 집약할 수 있다. 즉, 물리적 환경을 변화시킴으로써 위해를 감소시킬 수 있는 경우와 작업자를 훈련시키고 감독함으로써 위해를 감소시킬 수 있는 경우이다.

(1) 시설의 안전

시설의 안전성을 확보하기 위하여 물리적 환경을 변화시킨다는 것은 위험한 조건을 바르게 고치는 것을 말하며 변화시킬 수 없을 때는 안내판이나 경고판을 세워둘 수도 있다.

위험 요인을 제거한다는 것은 식당의 식탁 배치를 바꿈으로써 통행이 쉽도록 통로를 넓힌다든가 계단에 난간을 설치하는 것과 같은 간단한 것도 있다. 통행이 빈번한 지역의 마룻바닥은 미끄럽지 않도록 조치하여야 한다. 어떤 변화는 시간과 돈이 드는 경우도 있다. 손상된 마루를 보수하고 복잡한 전선 배치 등을 재정비하는 것이다.

마룻바닥의 높이가 층지게 공사를 하였거나 통행 중 머리에 부딪칠 우려가 있는 시설물을 설치하였을 때는 경고 표시를 하거나 쿠션을 부착하여야 한다.

화재 예방 장치와 같이 특별한 안전장치는 필요한 곳에는 어디나 설치하여야 한다. 식품 접객시설에서는 화재의 위험이 매우 크기 때문에 화재 예방을 위한 시설을 하는 데 아끼는 것은 매우 어리석은 일이다. 소화기와 화재 경보장치는 화재가 일어날 위험이 있는 모든 지역에 설치하여야 한다. 소화기는 눈에 쉽게 뜨이는 곳에 설치하여야 하나 화재 위험이 있는 지역에 지나치게 가깝게 설치하여서는 안 된다. 소화기는 화재의 종류에 따라 다른 것을 써야 하기 때문에 소화기의 특성을 잘 알아두는 것이 좋다.

(2) 안전에 대한 훈련

환경에서 오는 위험 요인이 모두 제거되었다 하더라도 사람에 의하여 일어날 수 있는 위험 요인은 남아 있게 된다. 사고 예방의 가장 좋은 방법은 사고는 예방될 수 있고 그들 자신이 사고 예방에 책임을 가지고 있다는 것을 단지 확신시키는 데 있다.

이러한 인적인 위험 요인을 제거하기 위하여 안전 교육이 계획되어야 하며 이는 위생교육과 함께 이루어지는 것이 좋다. 사실 많은 위생상의 기술은 좋은 습관으로부터 얻어질 수 있으며 또 습관이 되어야 한다. 신규 임용자는 업무에 입하기 전 교육에서 안전한 작업 방법에 대하여 교육을 받아야 한다.

조기 안전교육은 두 가지 이점이었다. 시설이나 작업 과정에 익숙지 못하여 일어날 수 있는 사고를 예방하는 데 도움을 줄 뿐 아니라 위험한 작업 습관이 형성되지 않도록 하는 데 있다. 안전에 대한 연구에서 가장 안전한 방법이 가장 효율적인 방법으로 알려져 있다.

(3) 안전 감독

안전에 대하여 주의를 환기하는 데는 감독자의 조언이 제일 중요하지만 안전하게 만들어진 시설에서 안전을 계속 확보하는 것은 관리 측면의 책임이다. 사고 예방에 중요한 요소 중의 하나는 안전에 대한 작업자의 관심이다. 안전관리는 작업자가 작업 과정의 일부로 생각하는 것이 중요하지만 작업 조건이나 작업 환경이 불량하여 불만을 가지고 있을 때는 안전에 대한 주의력이 떨어지고 사고는 빈발하게 된다.

안전관리는 아래와 같은 사고예방 점검표를 사용하여 점검할 수 있으며 접객 시설의 특성에 맞도록 고쳐서 시행하는 것이 좋다.

• 사고 예방 검점표 •

• 종업원

□ 모든 종업원은 그들의 작업장에 존재하는 위험 요소를 알고 있는가?

□ 종업원은 위험한 기구(절단기 등)를 취급할 때 상해를 받지 않도록 손의 위치를 어떻게 해야 할 지를 지시 받았는가?

□ 종업원은 보호구를 적절히 사용하고 있는가?

□ 종업원은 미끄럼 방지, 상해 방지용 신발을 신고 있는가?

☐ 종업원은 믹서, 커터, 그라인더, 배기팬 등에 옷이 끌려들어 가지 않게 단정한 옷을 입고 있는가?
☐ 작업 교대 시에는 적어도 응급처치 요령을 알고 있는 숙련된 사람이 한 사람 정도는 배치되어 있는가?

- **화재 예방장치**

☐ 소화기는 화재 예상 지역에 사용이 편리토록 설치되어 있는가?
☐ 소화기는 예상 화재의 종류와 크기에 맞게 설치되어 있는가?
☐ 종업원은 소화기의 적절한 사용법을 교육받았는가?
☐ 소화기는 쉽게 발견될 수 있는 위치에 있는가?
☐ 소화기는 내용물이 완전히 충전되어 있고, 매주 손상 여부를 검사하고 있는가?
☐ 스프링클러와 화재경보기는 필요한 곳에 설치되어 있는가?

- **바닥**

☐ 바닥은 타일이 부서지거나, 바닥의 나무가 평활치 않아 걸려 넘어지거나 미끄러질 우려가 없이 되어 있는가?
☐ 바닥에 엎질러진 국물이나 음식 찌꺼기는 즉시 치워지는가?
☐ 바닥이 자주 젖어 있고 왕래가 빈번한 곳에는 미끄럼 방지 매트를 준비하고 있는가?
☐ 주방 바닥의 배수시설은 적절히 설치되어 있으며 뚜껑은 잘 덮여 있는가?
☐ 카펫은 사람들이 걸려 넘어지지 않도록 팽팽하게 당겨 고정되어 있는가?

- **고객 접대 장소**

☐ 접객용 테이블은 파손되거나 날카로운 모서리를 갖고 있지 않은가?
☐ 식기류는 이가 빠지거나 금이 가거나 흠집이 있는지 정기적으로 검사하고 있는 가? 흠집 있는 그릇은 안전한 방법으로 폐기처분하고 있는가?
☐ 접시를 들거나 음식을 취하기 위하여 움직이는 동안 충돌을 방지하도록 사람들의 흐름을 조절하고 있는가?
☐ 그림이나 벽장식은 안전하게 단단히 고정되어 있는가? 천장의 시설물은 단단히 부착되어 있는가?

- **문과 출구**

☐ 보도와 입출구의 계단은 깨끗하고 잘 보수 유지되고 있는가?
☐ 모든 출구는 건물에서 비상 시 탈출할 수 있도록 자물쇠 없이 열려져 있는가?
☐ 위험이 극히 높은 지역을 통과하지 않고 건물의 모든 곳에 도달할 수 있도록 되어 있는가?
☐ 출구로 향한 통로는 알기 쉽게 표시되어 있는가?
☐ 출구로 가는 통로에는 다른 장비나 물건을 방치해 두지 않았는가?

□ 가스 이용 기구는 그 주변의 환기가 잘되고 있는가?

- **계단, 경사로, 사다리**

□ 계단과 경사로는 분명히 주의 표시가 되어 있고 조명 상태는 양호한가?
□ 계단은 미끄러지거나 넘어지지 않도록 미끄럼 방지 표면 처리를 하였는가?
□ 계단의 손잡이는 튼튼히 고정되어 있는가?
□ 계단에는 장애물이 없는가?
□ 경사로의 경사는 너무 급하지 않은가?
□ 사다리는 잘 정비 유지되고 있으며 자주 점검하는가?
□ 사다리는 미끄럼 방지 시설이 되어 있는가?

- **환기 시설**

□ 환기는 수납, 저장 시설, 식기세척 시설 등에 적절히 설치 운용되고 있는가?
□ 조리 시설, 접객 시설 등에 신선한 공기가 들어오도록 되어 있는가?
□ 모든 환기팬은 안전장치를 하고 있는가?
□ 가스 이용 기구는 그 주변이 환기가 잘되고 있는가?

- **전기 장치**

□ 전기 장치는 적절한 퓨즈를 사용하는가?
□ 전기 장치는 승인 받은 제품으로 적절하게 설치되어 있는가?
□ 전기스위치는 응급 시에 쉽게 접근할 수 있는가?
□ 스위치는 종업원이 쉽게 기대는 곳을 피하여 설치되어 있으며 금속 용기가 닿아도 차단성을 갖게 하였는가?
□ 코드는 벗겨지거나 파손된 곳이 없는가?
□ 전선은 바닥에 노출되어 움직이게 설치되어서는 안 되며 장비 밑으로 지나가지 않게 설치하였는가?
□ 전기 기구는 물이 스며들지 않도록 보호되어 있는가?
□ 옥외 전기 장치는 기후에 영향을 받지 않는 코드나 플러그로 되어 있는가?
□ 전기 기구를 사용하는 사람을 보호하기 위하여 사용 중 서는 위치에 보호용 깔판 등을 설치하였는가?
□ 전기코드는 연결 코드를 필요로 하지 않을 만큼 충분한 길이를 가지고 있는가? 모든 배전반은 잘 닫혀져 있는가?

- **조명**

□ 조명은 모든 지역에 적합하게 밝게 비치는가?
□ 전구등과 같은 발광 시설물은 접근이 쉬운 경우 망으로 보호를 하고 있는가?

☐ 조리 지역, 환기시설 등에 설치되어 있는 조명 시설은 열 차단에 적합한 것으로 설치되어 있는가?

- **고온 취급 장치**

☐ 고온이나 고압에서 안전밸브와 같은 안전장치나 전원차단 장치가 부착되어 있는가?
☐ 안전밸브는 국가 규격에 맞도록 만들어진 것인가?
☐ 역류 방지 장치가 필요한 곳에 설치되어 있는가?
☐ 화상을 방지토록 뜨거운 물을 희석시키는 냉수 수도전이 함께 설치되어 있는가?

- **식품 수납실**

☐ 종업원은 바르게 개봉하고, 들고, 저장하는 방법을 교육받았는가?
☐ 운송용 상자, 통 등 용기를 개봉하는 데 적절한 도구를 사용할 줄 아는가?

- **식품 저장실**

☐ 저장실의 면적이 충분하며 마루, 통로, 계단 등에 식품을 방치하는 일은 없는가?
☐ 선반은 물건을 올리거나 내릴 때 바닥이나 옆에 손가락이 끼이지 않도록 충분한 공간을 가지고 설치되어 있는가?
☐ 가벼운 것은 위 선반에 무거운 것일수록 아래 선반에 순서대로 놓아져 있는가?
☐ 높은 선반의 이용을 위해 만들어진 사다리나 발디딤대는 안전한가?
☐ 냉동, 냉장실(walk-in 형)에서 작업 후 자유롭게 밖으로 나오고자 할 때 외부 시건장치가 방해하고 있지 않는가? 내부에서 조명등을 켤 수 있도록 스위치가 있는가?

- **위험 물질**

☐ 독성 물질이나 위험한 물건을 적절히 저장하고 취급하고 있는가?
☐ 폭발성 가스통은 넘어지거나 구르지 않도록 취급하고 있는가?
☐ 가연성 및 인화성이 강한 물질을 적절히 저장 취급하고 있는가?
☐ 압축 이산화탄소(CO_2) 탱크는 바람이 잘 통하는 건냉소에 보관하고 있는가? 넘어지지 않도록 잘 고정되어 있으며 압력계는 정상 작동하고 있는가?
☐ 인화성이 큰 물건이나 상자는 전구나 다른 열원으로부터 충분한 거리로 떨어져 있는가?

- **쓰레기 처리**

☐ 쓰레기 용기는 내수성 자재로 되어 있는가?
☐ 쓰레기통은 사용치 않을 때 덮어 두는가?
☐ 용기는 그 수와 크기가 적절한가?
☐ 용기는 늘 깨끗한가?
☐ 쓰레기통 주변은 청결한가?

□ 용기는 이동이 용이토록 손잡이가 있고 바퀴달린 기구가 준비되어 있는가?

- **식품의 처리 및 조리**

□ 조리된 식품은 오염 방지를 위하여 잘 덮어 두는가?
□ 작업 공간에 아주 근접하여 사람들이 통행할 수밖에 없도록 되어있지 않았는가?
□ 그라인더에 식품을 밀어넣는 기구는 청소가 용이한 구조이며 손상을 입지 않았는가?
□ 뜨거운 기구를 취급하는 기구는 준비되어 있는가?
□ 칼이나 다른 날카로운 기구를 안전하게 보관할 수 있는 칼집이나 보관 시설은 있는가?
□ 기계는 적절한 보호장치를 하고 있는가?
□ 종업원은 열기구 취급 장비나 칼집 등을 적절히 사용하고 있는가?
□ 종업원은 조리장에 있는 여러 장비나 기기를 적절히 운용하도록 교육을 받았는가?
□ 조리기구의 손잡이는 다른 작업이나 통행에 지장을 주도록 방치하지 않았는가?
□ 스토브, 환기장치 주변의 기름이나 가연성 물질은 즉시 청결히 하고 있는가?
□ 믹서는 안전하게 운용하고 있는가? 섞는 기구로부터 금속성 이물이 식품 속으로 들어가지 않도록 하고 있는가?

- **기구 세척 지구**

□ 더러워진 물건을 컨베이어로 이동시킬 때 사람들의 손이나 위생복을 접촉치 않도록 보호장치가 되어 있는가?
□ 세척용 식기 상자(rack)를 바닥에 방치하여 사람들이 넘어지게 하지는 않았는가?
□ 건조된 식기를 바닥에 쌓아두지 않도록 적절한 건조대가 있는가?
□ 식기 세척 자가 뜨거운 물이나 약품으로 소독할 때 그들의 손을 직접 접촉하지 않도록 보호기구나 작업기구는 준비되어 있는가?
□ 뜨거운 물을 넣은 소독조의 물막이 플러그는 끈이나 다른 기계적 방법으로 열 수 있도록 되어 있는가?

4. 응급 시의 행동

관리자나 종업원의 노력에도 불구하고 사고는 일어날 수 있으며 종업원이나 고객이 상해를 입게 될 수 있다. 그래서 응급 시에 어떻게 행동하느냐 하는 것이 중요하다. 그 행위란 가장 작게는 필요 시 도움을 요청하는 것을 말하며, 도움이 늦게 될 때 또 도움을 받기까지 기다리기만 할 수 없는 응급 시에는 응급처치를 포함한다.

식품 접객시설의 관리자로서 사람들은 1차 응급처치 행위자가 되길 기대하고 책임을 질 것을 요구할 것이다.

적어도 응급처리에 대한 훈련을 받은 종업원이 한 명쯤은 언제나 관할 시설 내에 근무하고 있어야 한다. 더불어 의료 구조를 받을 수 있는 곳이 가능한 가까이 있어야 한다. 식품 접객시설은 그래도 완전하고, 위생적인 응급 구호 용구를 갖추고 있어야 한다.

일반적으로 응급 구호 용구는 소독된 드레싱 패드, 일회용 반창고, 삼각붕대, 부목, 가위, 아스피린, 비누 등을 포함하여야 하며 관리자는 명세를 작성하여 두고 사용 시에는 즉시 보충하여야 한다.

응급 시의 행동 요령은 고용원 업무 처리 지침이나 교육훈련에 포함되어야 한다.

고용원은 응급 시 그 자신이 어떻게 행동하여야 하는지 알고 있어야 한다. 다음은 응급 시 적절한 행동 요령을 기술하였다.

① 허둥대지 말고 침착하라 : 이것은 아주 간단해 보이지만 허둥대는 경우가 아주 많아 도움 요청이 지체되는 경우가 있다. 더 나쁜 것은 허둥대기 때문에 더 악화시키는 경우도 있다.

② 필요하다고 인정될 때 도움을 요청하라 : 응급 요청 시 응급 상황을 정확히 기술한다.

③ 만약 기다리는 것이 상해를 더욱 나쁘게 한다고 판단되면 할 수 있는 응급처치를 한다.

④ 사람들을 편안히 또 조용히 하도록 한다.

⑤ 무관한 사람들을 희생자로부터 떼어 놓는다. 응급 시 해결방법에 도움을 주지 못하는 사람은 문제를 일으키는 사람으로 생각해야 한다.

⑥ 사건의 기록을 남겨라 : 이것은 날짜, 희생자의 이름, 상해의 성질, 관련된 사람, 종업원이나 관련 없는 사람이 취한 행동, 얼마나 빨리 도움을 받았는지를 포함한다.

1) 응급처치

응급처치에 대한 훈련을 받은 사람은 언제나 식품 취급 시설에 근무하는 것이 바람직하다. 식품 취급시설의 특성에 따라 일어나는 상해의 종류가 다양하다. 지역사회 병원이나 적십자 등을 통하여 응급처치 요령을 배우는 것이 좋다. 식품 취급시설에서 일어나는 긴급 상해의 종류는 질식과 심장마비이다.

(1) 질 식

복잡한 식당 안에서 고객 한 사람이 갑자기 얼굴이 파랗게 변하는 것을 상상해보자. 그는 음식조각으로 질식 상태에 있는 중이다. 어떻게 해야 할 것인가? 행동 요령을 알고 있는 사람이 있을 땐 재빨리 행동해야 한다. 응급처치는 수분 내에 이루어져야 한다. 뇌세포는 무산소성 조건에서 6분이 지나면 손상을 입게 된다.

질식은 식품 접객시설에서 가장 흔히 나타날 수 있다. 특히 어린아이들은 거의 씹지 않고 음식을 삼키다가 질식에 이르는 경우가 흔히 있다. 그때는 그림 6-11와 같이 질식에 대한 응급조치를 하여야 한다.

- 만약 위와 같은 행위를 할 수 없을 때는 아래 응급조치를 취하고 구조를 요청한다.
  - 환자 뒤에서 부축해 세운다.
  - 팔로 환자의 허리를 감싼다.
  - 한 손은 주먹을 쥐되 엄지가 배 쪽을 향하게 한다.
  - 주먹을 배꼽과 명치 사이에 놓는다.
  - 다른 손으로 당신의 주먹을 당긴다.
  - 빨리 주먹을 위로 밀어 올리며 위(胃)를 누른다.
  - 필요하면 계속 이 행동을 반복한다.
- 만약 환자가 의식이 없으면 호흡이 멈춰 있는 상태이다.
  - 우선 손가락으로 입안의 이물을 제거한다.
  - 인공호흡을 한다.
  - 그 다음에 6~10회 복부 압박을 가한다.
  - 필요하면 입 안의 이물 제거 단계로부터 반복한다.
  - 환자가 말할 수 있거나 기침하고 숨 쉴 수 있으면 그대로 둔다.

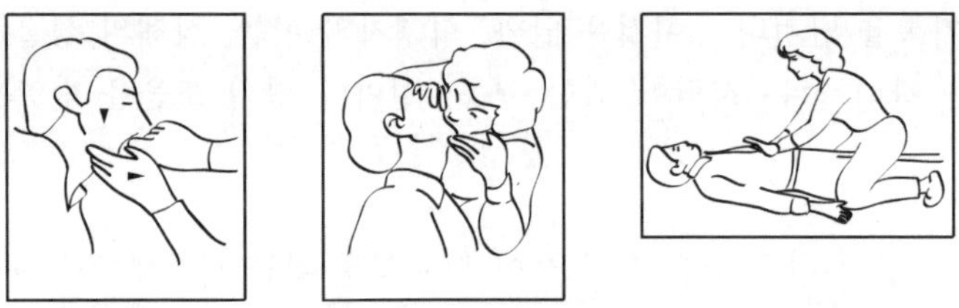

그림 6-11 질식 자에 대한 응급처리 순서 및 요령

(2) 심장마비

집 밖에서 사회활동 중 심장마비 사고는 점차 증가되는 경향이 있다. 심장이 멈추면 심폐소생술은 전문인으로부터 구호를 받을 때까지 생명을 유지시키는 데 필요할 것이다. 어느 경우든지 심장마비가 일어나면 환자는 조용히 편안하게 두어야 하며 그 후 심폐소생 기술의 교육을 받은 사람이 처치하여야 한다.

심폐소생 기술과 같은 생명에 관계된 기술을 특정 교육기관(적십자사 혹은 인명 구호단체)으로부터 교육받은 사람이어야 한다.

여기에서 응급처치란 의학적인 처치의 시작까지의 과정이며 응급처치 자체가 완전한 기술은 아니다.

연구문제

1. 안전사고는 식품위생과 어떤 관계가 있는가?
2. 식품 취급 중 일어나는 사고 중 칼이나 깨진 그릇의 날카로운 모서리에 자상을 입을 수 있다. 예방 방법을 써라.
3. 안전사고가 발생하였다. 어떻게 행동할 것인가? 그 요령을 기술하라.
4. 불은 식당의 주방에서 시작되었다. 튀김 장치로부터 비산한 기름이 후드의 먼지와 함께 붙어 있다가 튀김 시 화염 위로 떨어져 불이 났다. 그 불은 조리사 한 사람의 넥타이에 옮겨 붙었다. 다른 종사원이 물을 붓고 또 불이 붙은 튀김 장치에 물을 부었다. 불은 전보다 더 기세 좋게 타올랐다. 관리자는 급히 현장을 빠져나와 소방서에 신고했다.

① 화재의 원인이 되는 안전치 못한 부분을 지적하라.
② 불을 끄고자 한 조리사의 행동은 적절하였는가?
③ 관리자가 화재 예방을 위하여 해야 할 일은 무엇인가?

Ⅶ

식품위생 행정

7-1 영업허가 제도
7-2 식품위생 감시제도
7-3 식중독 사고의 처리
7-4 식품위생 행정

제7장

식품위생 행정

§7-1 영업허가 제도

식품은 사람의 건강과 생명에 직결되어 있기 때문에 위해 요인이 발생하는 경우에는 건강을 악화시키고 때로는 생명에 위협을 주기도 한다. 그러므로 식품을 취급 대상으로 하여 영업을 하는 자에 대하여는 식품위생법에서 엄격한 규제와 의무를 부과하고 있다.

식품과 관련된 영업을 하고자 하는 자는 관련기관에서 허가나 신고를 득한 후에만 영업을 할 수 있도록 규제하고 있으며, 이 외에 위생관계의 모든 업무도 규제의 대상으로 하고 있다.

1. 식품 영업

식품위생법 제2조 제8호에서 "영업"이라 함은 식품 또는 식품첨가물을 채취·제조·가공·수입·조리·저장 운반 또는 판매하거나 기구 또는 용기·포장을 제조·수입·운반·판매하는 업을 말한다. 다만, 농업 및 수산업에 속하는 식품의 채취업은 제외한다. 고 하였다. 즉, 영업의 대상과 영업의 행위 등을 규정하고 있다.

식품위생법 제2조 제9호에서 "집단급식소"라 함은 영리를 목적으로 하지 아니하고 계속적으로 특정 다수인에게 음식물을 공급하는 기숙사·학교·병원 기타 후생기관 등의 급식시설로서 대통령령이 정하는 것을 말한다. 라고 정의하고 있다.

이는 비영리 시설이라도 식품을 취급할 때는 시설 기준의 적용, 시설 설비의 감시 지도, 식품 등의 수거, 개선 명령, 시설의 폐쇄 명령 및 식품 등의 폐기명령 등 식품위생법에 근거한 규제와 처분을 영업시설과 같이 적용 받게 된다.

2. 식품 영업자의 의무

식품위생법에 근거한 규정 중에서 식품 영업자의 의무에 해당하는 주요한 내용은 다음과 같다.

① 비위생적인 식품·식품첨가물 등의 판매 등 금지
② 질병에 이환된 병육 등의 판매 등 금지
③ 규격·기준이 고시되지 아니한 화학적 합성품의 판매 등 금지
④ 규격·기준에 부적합한 식품 등의 판매금지
⑤ 유독 기구 등의 판매·사용 등 금지
⑥ 표시 기준에 부적합한 식품 등의 판매 등 금지
⑦ 식품 등의 허위표시·과대광고 및 과대포장 등의 금지
⑧ 수입식품 등의 신고 의무
⑨ 자가 품질검사의 의무
⑩ 영업의 허가 및 신고
⑪ 영양사 및 조리사의 고용 의무
⑫ 준수 사항 이행의무

이들의 사항은 식품위생을 확보하기 위한 것으로서 영업자가 준수해야 하는 기본적 위생 요건을 내용으로 하고 있다. 주요 내용은 영업허가에서 장소 및 시설, 비위생적 식품 등의 판매 등 금지, 자가 품질검사, 관리 및 취급, 관련 인력 고용, 준수 사항 등이다.

이와 같이 영업자에게 엄격히 규제하는 것은 식품의 안전성이 사람의 생명과 건강에 영향을 주기 때문이다.

일반 소비자가 제품에 대한 확인 방법은 외관이나 풍미 등 극히 제한되고 있어 결과적으로 영업자나 제조자의 행위를 신뢰할 수밖에 없다. 따라서 안전성에 대하여는 영업자나 제조자의 책임이 매우 크다.

3. 영업의 허가

식품과 관련된 영업을 하고자 하는 자는 식품위생법 제22조에 의하여 영업의 종류별·영업소별로 식품의약품안전청장, 시·도지사, 시장·군수 또는 구청장의 허가를 받거나 신고를 하도록 규정하고 있다.

신청서를 접수한 허가나 신고 관청에서는 영업시설이 식품위생법에서 정한 시설 기준에 적합할 때 허가를 하거나 신고를 받아 영업을 할 수 있도록 규정하고 있다.

또한 식품위생법에서는 식품을 취급하는 것은 공공의 복지에 크게 영향을 준다고 판단하

기 때문에 각종 영업 행위 등을 제정하여 금지 규정을 두고 있다. 그러나 적법한 경우 금지를 해제하고, 그 후에도 문제가 발생하지 않도록 지도·감독하는 제도를 도입하고 있다.

식품위생법 제24조에서는 영업허가 등을 제한하고 있는데, 제1항에서는 영업의 허가를 할 수 없는 사항으로 다음과 같다.

1. 시설 기준에 부적합

2. 영업허가 취소 후 6월이 경과되지 않은 장소에서 취소된 영업과 같은 종류의 영업을 하고자 하는 때

2의 2. 청소년보호법을 위반하여 허가 취소 후 1년이 경과하지 않은 장소에서 식품 접객업을 하고자 하는 때

3. 영업허가 취소 후 1년이 경과되지 않은 자가 취소된 영업과 같은 종류의 영업을 하고자 하는 때

3의 2. 청소년보호법을 위반하여 허가 취소 후 2년이 경과하지 않은 자가 식품 접객업을 하고자 하는 때

3의 3. 위해식품, 병육, 고시되지 않은 화학적 합성품, 유독 기구 등 판매 등의 규정을 위반하여 영업허가 취소 후 5년이 경과하지 않은 자가 취소된 영업과 같은 종류의 영업을 하고자 하는 때

4. 국민 보건위생상 제한할 필요가 인정되어 시·도지사 지정 고시하는 식품 접객 영업에 해당할 때

5. 영업허가를 받고자 하는 자가 금치산자나 파산선고를 받은 자일 때

6. 영업허가를 받고자 하는 자가 식품위생법을 위반하여 징역형 선고를 받고 형의 집행이 종료되지 않거나 집행을 받지 않기로 확정되지 않은 자일 때 식품위생법 제 24조 제2항에서는 영업의 신고를 할 수 없다.

1. 영업소의 폐쇄명령을 받은 후 6월이 경과되지 않은 장소에서 취소된 영업과 같은 종류의 영업을 하고자 하는 때

1의 2. 청소년보호법을 위반하여 영업소의 폐쇄 명령을 받은 후 1년이 경과하지 않은 장소에서 식품 접객업을 하고자 하는 때

2. 영업소의 폐쇄 명령을 받은 후 1년이 경과되지 않은 자가 폐쇄 명령을 받은 영업과 같은 종류의 영업을 하고자 하는 때

2의 2. 청소년보호법을 위반하여 영업소의 폐쇄 명령을 받은 후 2년이 경과하지 않은 자가 식품 접객업을 하고자 하는 때

3. 위해식품, 병육, 고시되지 않은 화학적 합성품, 유독 기구 등 판매 등의 규정을 위반하여 영업허가 취소 후 5년이 경과하지 않은 자가 폐쇄 명령을 받은 영업과 같은 종류의 영업을 하고자 하는 때

이와 같이 영업의 허가 및 신고 제도는 식품의 위생관리와 국민의 건강을 확보하기 위해 필요한 제도라 판단된다.

4. 영업의 종류 및 내용

식품위생법시행령 제7조에서 규정하고 있는 영업의 종류는 다음과 같다.

1) 식품제조 · 가공업

식품을 제조 · 가공하는 영업

2) 즉석 판매제조 · 가공업

보건복지부령이 정하는 식품을 제조 · 가공업소 내에서 직접 최종 소비자에게 판매하는 영업. 보건복지부령이 정하는 식품은 과자류, 당류, 아이스크림 제품류, 식육제품, 어육제품, 두부류 및 묵류, 식용유지류, 면류, 다류, 인삼 제품류, 김치 · 절임식품류, 음료류, 조미식품, 기타 식품류 등이다.

3) 식품첨가물 제조업

감미료 · 착색료 · 보존료 · 표백제 등의 식품첨가물, 동 · 식물로부터 추출한 단일 성분의 천연식품첨가물과 국 · 종국 또는 식품첨가물의 혼합 제제를 제조 · 가공하는 영업

4) 식품 운반업

직접 마실 수 있는 유가공품 · 젖산균음료(살균 젖산균음료 포함)나 어류 · 조개류 및 그 가공품 등 부패 · 변질되기 쉬운 식품을 위생적으로 운반하는 영업. 다만, 당해 영업자의 영업소에서 판매할 목적으로 식품을 운반하는 경우와 당해 영업자가 제조 · 가공한 식품을 운반하는 경우를 제외한다.

5) 식품소분 · 판매업

가. 식품 소분업 : 보건복지부령이 정하는 식품 또는 식품첨가물의 완제품을 나누어 유통을 목적으로 재포장 · 판매하는 영업

나. 식품 판매업

(1)~(3) 삭 제

(4) 식용얼음 판매업 : 식용얼음을 전문적으로 판매하는 영업

(5) 식품 자동판매기 영업 : 다류 · 음료 또는 익혀서 가공 처리한 면류 등을 자동판매기에 넣어 판매하는 영업. 다만, 캔 음료 등 완제품만을 자동판매하는 경우를 제외한다.

(6) 유통 전문 판매업 : 식품 또는 식품첨가물을 스스로 제조·가동하지 않고 타인에게 의뢰하여 제조·가공된 식품 또는 식품첨가물을 자신의 상표로 유통·판매하는 영업

(7) 삭 제

(8) 식품 등 수입 판매업 : 식품 등을 수입하여 판매하는 영업. 다만, 식품 등의 채취·제조 또는 가공에 사용되는 기계를 수입하는 경우를 제외한다.

(9) 기타 식품 판매업 : (4) 내지 (8) 외에 보건복지부령이 정하는 일정 규모 이상의 백화점·슈퍼마켓·연쇄점 등에서 식품을 판매하는 영업

보건복지부령이 정하는 일정 규모 이상이라 함은 영업장 면적이 300제곱미터 이상의 업소를 말한다.

6) 식품 보존업

가. 식품 조사 처리업 : 방사선을 쬐어 식품의 보존성을 물리적으로 높이는 것을 업으로 하는 영업

나. 식품 냉동·냉장업 : 식품을 얼리거나 차게 하여 보존하는 영업. 다만, 수산물의 냉동·냉장을 제외한다.

7) 용기·포장류 제조업

가. 용기·포장지 제조업 : 식품 또는 식품첨가물을 넣거나 싸는 물품으로써 식품 또는 식품첨가물에 직접 접촉되는 용기(옹기류 제외)·포장지를 제조하는 영업

나. 옹기류 제조업 : 식품을 제조·조리·저장할 목적으로 사용되는 독·항아리·뚝배기 등을 제조하는 영업

8) 식품 접객업

가. 휴게음식점 영업 : 음식류를 조리·판매하는 영업으로서 음주 행위가 허용되지 않는 영업(주로 다류를 조리·판매하는 다방 및 주로 빵·떡·과자·아이스크림를 제조·판매하는 과자점 형태의 영업을 포함). 다만, 편의점·슈퍼마켓·휴게소·기타 음식류를 판매하는 장소에서 컵라면, 1회용 다류, 기타 음식류에 뜨거운 물을 부어 주는 것을 제외한다.

나. 일반음식점 영업 : 음식류를 조리·판매하는 영업으로서 식사와 함께 부수적으로 음주행위가 허용되는 영업

다. 단란주점 영업 : 주로 주류를 조리·판매하는 영업으로서 손님이 노래를 부르는 행위가 허용되는 영업

라. 유흥주점 영업 : 주로 주류를 조리·판매하는 영업으로서 유흥 종사자를 두거나 유흥

시설을 설치할 수 있고 손님이 노래를 부르거나 춤을 추는 행위가 허용되는 영업

마. 위탁급식 영업 : 집단급식소를 설치・운영하는 자와의 계약에 의하여 그 집단급식서 내에서 음식류를 조리하여 제공하는 영업

5. 영업의 허가 및 신고

식품위생법에서 정하고 있는 영업을 하고자 하는 자는 영업의 종류별・영업소별로 식품의약품안전청장 또는 시・도지사, 시장・군수・구청장의 허가를 받거나 신고를 하여야 한다. 허가를 받아야 하는 영업 중 식품첨가물 제조업과 식품 조사처리업은 식품의약품안전청장에게, 단란주점 영업과 유흥주점 영업은 시장・군수・구청장의 허가를 받은 후에 영업을 할 수 있다. 이 외의 영업은 신고 업종으로 식품 등 수입 판매업은 식품의약품안전청장에게, 나머지의 모든 영업은 시・도지사에게 신고를 하여야 한다.

6. 영업허가 및 신고의 절차

영업의 허가나 신고를 하고자 할 경우에는 영업시설의 소재지를 관할하는 관청에 신청서를 제출하여야 한다.

영업허가를 받고자 하는 자는 신청서에 다음 서류를 첨부하여 허가 관청에 제출한다.

(1) 제조하고자 하는 식품첨가물의 종류와 제조 방법 설명서(제조가 필요할 때)

(2) 액화석유가스 사용시설 완성검사필증(단란주점 영업 및 유흥주점 영업을 하고자 할 때 액화석유가스 사용시설의 완성 검사를 받아야 하는 경우)

(3) 교육필증(사전 교육을 받은 경우)

(4) 유선 또는 도선사업 면허증 또는 신고필증(수상 구조물로 된 유선장이나 도선장에서 식품 접객업을 하고자 할 때)

(5) 먹는물 수질검사 기관이 발행한 수질검사(시험) 성적서(수돗물이 아닌 지하수를 사용하는 경우)

(6) 소방・방화시설 완비 증명서(단란주점 및 유흥주점 영업을 하고자 하는 경우)

(7) 금치산자이거나 파산선고자의 해당 여부 또는 도시계획 및 건축물의 용도에 관한 사항을 내부적으로 확인할 수 없는 경우에는 신원 확인에 필요한 자료 또는 토지이용계획 확인서 및 건축물 관리대장 등본을 제출하게 할 수 있다.

영업의 신고를 하고자 하는 자는 영업의 시설을 갖춘 후 신고서에 다음 서류를 첨부하여 신고 관청에 제출한다.

(1) 교육필증(사전 교육을 받은 경우)

(2) 제조·가공하고자 하는 식품의 종류와 제조 방법 설명서(식품제조·가공업, 즉석판매제조·가공업에 한함)
(3) 시설 사용 계약서(식품 운반업에서 차고, 세차장을 임대할 경우)
(4) 먹는물 수질검사 기관이 발행한 수질검사(시험) 성적서(수돗물이 아닌 지하수를 사용하는 경우)
(5) 액화석유가스 사용 시설 완성검사필증(휴게음식점 영업 및 일반음식점 영업을 하고자 할 때 액화석유가스 사용 시설의 완성검사를 받아야 하는 경우)
(6) 유선 또는 도선사업 면허증 또는 신고필증(수상 구조물로 된 유선장이나 도선장에서 휴게음식점 영업을 하고자 할 때)
(7) 소방·방화시설 완비 증명서(소방·방화시설 완비 증명서의 발급 대상 영업의 경우)
(8) 식품 자동판매기의 종류 및 설치 장소가 기재된 서류(2대 이상의 판매기를 설치하고 일련번호를 부여하여 일괄 신고를 하는 경우)
(9) 동일인이 같은 시설 내에서 식품 자동판매기 영업·식용얼음 판매업 및 기타 식품판매업을 하고자 하는 경우에는 영업별로 각각 신고를 하여야 한다.
(10) 식품 자동판매기 영업을 신고할 때 동일 읍·면·동에서 2대 이상 설치하여 영업을 하고자 할 때에는 일련관리번호를 부여하여 일괄 신고할 수 있다.
(11) 신고 관청이 도시계획 및 건축물의 용도에 사항을 내부적으로 확인할 수 없는 경우에는 토지이용계획 확인서 및 건축물관리대상 등본을 제출하게 할 수 있다. 단, 국유철도나 도시철도의 정거장 시설에서 식품소분·판매업, 휴게음식점 영업·일반음식점 영업을 하고자 할 때에는 국유철도의 경우 국유재산사용·수익허가서를, 도시철도는 도시철도시설 사용계약에 관한 서류를 제출하게 할 수 있다.

신청서를 접수한 해당 기관에서는 서류를 검토 후 해당 시설의 기준에 적합한지의 여부를 중심으로 확인하고 영업별 시설 기준에 적합할 때에는 허가증이나 신고증을 교부한다. 또한 허가나 신고를 한 일부 영업에서는 변경 사항이 발생할 때에는 동일한 절차를 따른다.

7. 시설 기준

식품위생법에서 정하고 있는 시설 기준은 식품으로 인한 위생상의 위해 발생을 방지하여 국민보건의 향상 증진에 기여하는 관점에서 필요로 한다. 따라서 영업의 종류별로 최저한의 시설 및 설비 등에 관한 요건을 기준으로 정하고 있다.

1) 식품제조·가공업, 식품첨가물 제조업

(1) 식품의 제조시설과 원료 및 제품의 보관시설 등이 설비된 건물의 위치 등

가. 건물의 위치는 축산 폐수·화학물질 기타 오염물질의 발생 시설로부터 식품에 나쁜 영향을 주지 않는 거리를 두어야 한다.

나. 건물의 구조는 제조하고자 하는 식품의 특성에 따라 적정한 온도가 유지될 수 있고, 환기가 잘될 수 있어야 한다.

다. 건물의 자재는 식품에 나쁜 영향을 주지 않고 식품을 오염시키지 않아야 한다.

(2) 작업장

가. 작업장은 독립된 건물이거나 식품제조·가공 외의 용도로 사용되는 시설과 분리되어야 한다.

나. 작업장은 원료처리실·제조가공실·포장실 및 기타 식품의 제조·가공에 필요한 작업실을 말하며, 각각의 시설은 분리 또는 구획되어야 한다.

다. 작업장의 바닥은 콘크리트 등 내수처리를 하고, 배수가 잘되도록 하여야 하고, 내벽은 바닥으로부터 1.5미터까지 밝은 색의 내수성으로 설비하거나 방균 페인트로 도색하여야 한다.

라. 작업장 내에서 발생하는 악취·유해가스·매연·증기 등을 환기시키기에 충분한 환기시설을 갖추어야 한다.

마. 작업장에는 쥐·바퀴 등 해충이 들어오지 못하도록 하여야 한다.

(3) 식품 취급시설 등

가. 식품을 제조·가공하는데 필요한 기계·기구류 등 식품 취급시설은 식품의 특성에 따라 식품 등의 기준 및 규격에서 정하고 있는 제조·가공 기준에 적합한 것이어야 한다.

나. 식품과 직접 접촉하는 부분은 위생적인 내수성 재질로서 씻기 쉬우며, 열탕·증기·살균제 등으로 소독·살균이 가능한 것이어야 한다.

다. 냉동·냉장시설 및 가열처리시설에는 온도계 또는 온도를 측정할 수 있는 계기를 설치하여야 하며, 적정온도가 유지되도록 관리하여야 한다.

(4) 급수시설

가. 수돗물이나 먹는물의 수질기준에 적합한 지하수 등을 공급할 수 있는 시설을 갖추어야 한다.

나. 지하수 등을 사용하는 경우 취수원은 화장실·폐기물 처리시설·동물 사육장 기타 지하수가 오염될 우려가 있는 장소로부터 20미터 이상 떨어진 곳에 위치하여야 한다.

(5) 화장실

가. 작업장에 영향을 미치지 않는 곳에 정화조를 갖춘 수세식화장실을 설치하여야 한다.

나. 화장실은 콘크리트 등으로 내수처리를 하고, 바닥과 내벽(바닥으로부터 1.5미터까지)에는 타일을 붙이거나 방수페인트로 색칠하여야 한다.

(6) 창고 등 시설

원료와 제품을 위생적으로 보관·관리할 수 있는 창고를 갖추어야 하고, 그 바닥에는 양탄자를 설치하여서는 아니 된다. 다만, 창고에 갈음할 수 있는 냉동·냉장시설을 따로 갖춘 업소에서는 이를 설치하지 않아도 된다.

(7) 검사실

가. 식품 등의 기준 및 규격을 검사할 수 있는 검사실을 갖추어야 한다. 다만, 다음에 해당할 경우에는 갖추지 않아도 된다. 식품위생 검사기관에 위탁하여 자가 품질검사를 할 때. 건과류·껌류·김치·도시락 등 단순 가공한 제품만을 가공하는 경우.

나. 검사실에는 자가 품질검사에 필요한 기계·기구 및 시약류를 갖추어야 한다.

(8) 시설 기준 적용의 특례

가. 선박에서 수산물을 제조·가공하는 경우에는 다음의 시설만 설비할 수 있다. 작업장에는 환기시설을 갖추어야하고, 창고 등에는 냉동·냉장시설을 갖추고 바닥에는 양탄자를 설치해서는 아니 된다. 수세식화장실을 갖추어야 한다.

나. 식품제조·가공업자가 제조·가공시설 등이 부족할 경우에는 식품제조·가공업의 영업신고를 한 자에게 위탁하여 제품을 제조·가공할 수 있다.

다. 하나의 업소가 2 이상의 업종의 영업을 할 때 또는 2 이상의 식품을 제조·가공하고자 할 때로서 각각의 제품이 전부 또는 일부의 동일한 공정을 거쳐 생산되는 경우에는 시설 및 작업장을 함께 쓸 수 있다. 해당 업소는 축산물가공처리업, 먹는샘물 제조업, 주류 제조업, 건강기능식품 제조업 등이다.

라. 농업인·임업인 또는 어업인과 생산자 단체가 국내산 농·수산물을 원료로 식품을 직접 제조·가공하는 영업에 대하여는 시장·군수·구청장이 시설 기준을 따로 정할 수 있다.

마. 의약품 제조업과 식품 제조·가공업을 함께 허가나 신고를 한 영업자는 의약품이 식품에 전이될 우려가 없다고 지정·고시하는 경우에는 시설을 이용할 수 있다.

2) 식품 접객업의 공통 시설 기준

(1) 영업장

가. 독립된 건물이거나 식품 접객업 외의 용도로 사용되는 시설과 분리되어야 한다.

나. 영업장의 연기 · 유해가스 등의 환기가 잘되도록 하여야 한다.

다. 음향 및 반주시설을 설치하는 영업자는 방음장치를 하여야 한다.

라. 공연이 필요한 영업자는 무대시설을 영업장 안에 객석과 구분되게 설치하되 객실 내에 설치할 수 없다.

(2) 조리장

가. 손님이 내부를 볼 수 있는 구조로 되어야 한다.

나. 바닥에 배수구가 있는 경우에 덮개를 설치하여야 한다.

다. 조리장 내에는 조리시설 · 세척시설 · 폐기물 용기 및 손 씻는 시설을 각각 설치하고 폐기물 용기는 뚜껑이 있고 내수성 재질로 된 것이어야 한다.

라. 1인의 영업자가 동일 건물 내에 같은 통로를 출입구로 사용하여 휴게음식점 영업 및 일반음식점 영업을 하고자 하는 경우와 일반음식점 영업자가 당해 업소와 직접 접한 장소에서 도시락을 제조하는 즉석 판매제조 · 가공업의 영업을 하는 경우에는 하나의 조리장을 공동으로 사용할 수 있다.

마. 자외선 또는 전기살균소독기를 설치하거나 열탕세척 소독시설을 갖추어야 한다.

바. 충분한 환기시설을 갖추어야 한다.

사. 냉장시설 또는 냉동시설을 갖추어야 한다.

(3) 급수시설

가. 수돗물이나 먹는물의 수질기준에 적합한 지하수 등을 공급할 수 있는 시설을 갖추어야 한다.

나. 지하수를 사용하는 경우 오염원으로부터 영향을 받지 않는 장소에 위치하여야 한다.

(4) 화장실

가. 콘크리트 등으로 내수처리를 하여야 하고, 건물 내에나 인근에 공중화장실이 있는 경우에는 따로 설치하지 않아도 된다.

나. 조리장에 영향을 미치지 않는 장소에 설치하여야 한다.

다. 정화조를 갖춘 수세식화장실을 설치하여야 한다. 다만, 상 · 하수도가 설치되지 않은 지역에서는 수세식이 아닌 화장실을 설치할 수 있다.

라. 수세식이 아닌 경우에는 변기의 뚜껑과 환기시설을 갖추어야 한다.

마. 손을 씻는 시설을 갖추어야 한다.

(6) 공동시설의 적용 특례

가. 해수욕장 등 계절적으로 음식점 영업을 하는 경우, 고속도로 · 공원 등의 휴게장

소에서 영업을 하는 경우, 건설 공사현장에서 영업을 하는 경우, 지방자치단체 및 농림부장관 또는 해양수산부장관이 인정한 생산자 단체 등에서 국내산 농·수·축산물의 판매 촉진 및 소비 홍보 등을 위하여 14일 이내의 기간에 한하여 특정장소에서 음식물을 조리·판매 행위를 할 때는 시장·군수·구청장이 시설기준을 정할 수 있다.

나. 백화점, 슈퍼마켓 등에서 휴게음식점 또는 일반음식점 영업을 하는 경우로서 위생상 위해 발생의 우려가 없다고 인정되는 때에는 별도의 차단 벽이나 칸막이 등을 설치하지 않아도 된다.

3) 식품 접객업소의 업종별 시설기준

(1) 휴게음식점 영업과 일반음식점 영업

가. 일반음식점의 객실에는 잠금장치를 설치할 수 없다.

나. 휴게음식점에는 객실을 둘 수 없으며, 객석에는 높이 1.5미터 미만의 칸막이(이동식 또는 고정식)를 설치할 수 있다. 이 경우 2면 이상을 완전히 차단하지 않아야 하고, 다른 객석에서 내부가 서로 보이도록 하여야 한다.

다. 기차·자동차·선박 또는 수상 구조물로 된 유선장·도선장을 이용하는 경우 다음 시설을 갖추어야 한다.

- 1일의 영업시간에 사용할 수 있는 충분한 양을 저장할 수 있는 내구성 저장 탱크
- 1일의 영업시간에 발생할 수 있는 음식물 찌꺼기 등을 처리하기에 충분한 크기의 오물통 및 폐수탱크
- 음식물의 재료(원료)를 위생적으로 보관할 수 있는 시설

라. 소방법령이 정하는 소방·방화시설을 갖추어야 한다.

마. 휴게음식점 및 일반음식점의 영업장에는 손님이 이용할 수 있는 자막용 영상장치 또는 자동반주 장치를 설치할 수 없다.

바. 일반음식점의 객실 안에는 무대장치, 음향 및 반주시설, 우주볼 등의 특수 조명시설을 설치할 수 없다.

(2) 단란주점 영업

가. 영업장 안의 객실이나 칸막이를 설치하고자 하는 경우에는 다음 기준에 적합해야 한다.

- 객실을 설치할 때는 객장의 중앙에서 객실 내부가 전체적으로 훤하게 보이도록 투명한 유리로만 설치하고, 통로 형태 또는 복도 형태로 설비해서는 안 된다.
- 객실로 설치할 수 있는 면적은 객석 면적의 2분의 1을 초과할 수 없다.
- 객장 안에는 높이 1.5미터 미만의 칸막이(이동식 또는 고정식)를 설치할 수 있다.

이 경우 2면 이상을 완전히 차단할 수 없고, 다른 객석에서 내부가 서로 보이도록 하여야 한다.

나. 객실에는 잠금장치를 설치할 수 없다.

다. 소방법령이 정하는 소방·방화시설을 갖추어야 한다.

(3) 유흥주점 영업

가. 객실에는 잠금장치를 설치할 수 없다.

나. 소방법령이 정하는 소방·방화시설을 갖추어야 한다.

(4) 위탁급식 영업의 시설 기준

가. 사무소 : 영업 활동을 위한 독립된 사무소가 있어야 한다. 다만, 영업 활동에 지장이 없는 경우에는 다른 사무소를 사용할 수 있다.

나. 창고 등 보관시설

- 식품 등을 위생적으로 보관할 수 있는 창고를 갖추어야 한다. 이 경우 창고는 영업신고를 한 소재지와 다른 곳에 설치하거나 임차하여 사용할 수 있다.
- 창고에는 식품 등을 식품위생법에서 정하고 있는 보존 및 보관 기준에 적합한 온도에서 보관할 수 있도록 냉장·냉동시설을 갖추어야 한다.

다. 운반시설 : 식품 등을 위생적으로 운반하기 위하여 냉동 또는 냉장시설을 갖춘 적재고가 설치된 운반 차량을 1대 이상 갖추어야 한다. 다만, 식재료 등의 납품을 전문으로 하는 업체와 계약을 체결하여 냉동 또는 냉장시설을 갖춘 운반 차량을 이용하는 경우에는 갖추지 않아도 된다.

라. 식재료 처리시설 : 식품첨가물이나 다른 원료를 사용하지 않고 농·임·수산물을 단순 가공하여 위해 발생의 우려가 없고 식품의 상태를 관능검사로 확인할 수 있도록 가공하는 경우 재료 처리시설의 기준은 식품제조가공업의 시설 기준 중 (2) 작업장의 규정에서부터 (5) 화장실 등의 규정을 준용한다.

8. 식품 접객 영업자의 준수사항

가. 물수건·숟가락·젓가락·도마·칼·행주 등 주방용구는 식품첨가물인 살균제 또는 열탕의 방법으로 소독한 것을 사용하여야 한다.

나. 검사를 받지 않은 축산물은 음식물의 조리에 사용할 수 없다.

다. 업소 내에서 도박, 기타 사행 행위나 풍기문란 행위를 방지하고, 배달 판매 행위 등을 조장하거나 묵인해서는 아니 된다.

라. 간판에는 해당 업종명과 허가받은 상호를 표시하여야 한다. 상호와 함께 외국어를 병행하여 표시할 수 있으나, 업종 구분에 혼동을 줄 수 있는 상항은 표시해서

는 아니 된다.

마. 손님이 보기 쉽도록 영업소 내 외부에 가격표를 붙이거나 가격표대로 요금을 받아야 한다.

바. 영업허가증 · 영업신고증 · 조리사면허증(조리사를 두어야 하는 영업)을 영업소 내에 보관하거나 게시하고 허가나 신고 관청이 식품위생 · 식생활 개선 등을 위해 게시를 요청하는 사항은 게시하여야 한다.

사. 혐오감을 준다고 인정하는 식품과 멸종 위기의 동 · 식물을 포획 · 채취한 것을 조리 · 판매할 수 없다.

아. 유통기간이 경과된 원료나 제품을 조리 · 판매의 목적으로 보관하거나 이를 사용할 수 없다.

자. 허가나 신고한 영업 외의 다른 영업시설을 설치하거나 다음의 영업 행위를 금지하고 있다.

① 휴게음식점 영업자 · 일반음식점 영업자 또는 단란주점 영업자가 유흥 접객원을 고용하여 유흥 접객 행위를 하거나, 이러한 행위를 조장하거나 묵인하는 행위

② 휴게음식점 영업자 또는 일반음식점 영업자가 음향시설을 갖추고 손님이 노래를 부르도록 허용하는 행위

③ 일반음식점 영업자가 주류만을 판매하거나 주로 다류를 조리 · 판매하는 다방 형태의 영업을 하는 행위

④ 휴게음식점 영업자가 손님에게 음주를 허용하는 행위

⑤ 식품접객업소의 종업원이 영업장을 벗어나 시간적 소요 대가로 금품을 수수하거나, 종업원의 이러한 행위를 조장하거나 묵인하는 행위

⑥ 휴게음식점 영업 중 주로 다류 등을 조리 · 판매하는 영업소에서 청소년인 종업원에게 영업소를 벗어나 다류 등을 배달하게 하여 판매하는 행위

차. 유흥주점 영업자는 성명 · 주민등록번호 · 취업일 · 이직일 · 종사 분야를 기록한 종업원 명부를 비치하여 기록 · 관리하여야 한다.

카. 손님을 꾀어서 끌어들이는 행위를 해서는 아니 된다.

타. 업소 내에서 미풍양속을 해치는 공연 · 영화 · 비디오 또는 음반을 상영하거나 사용해서는 아니 된다.

파. 수돗물이 아닌 지하수 등을 먹는물 또는 식품을 조리 · 세척 등에 사용할 경우에는 먹는물 수질검사 기관에서 검사를 받아 마시기에 적합한 물을 사용해야 한다. 다만, 동일 건물에서 동일 수원을 사용할 경우에는 하나의 업소에 대한 시험 결과로 갈음할 수 있다.

① 일부 항목 검사 : 1년마다 간이상수의 검사 기준에 따른 검사(잔류염소검사 제

외). 다만, 시 · 도지사가 오염의 염려가 있다고 판단한 경우에는 먹는물 수질기준에 따른 검사를 해야 한다.

② 전 항목 검사 : 3년마다 먹는물 수질기준 및 검사 등에 관한 규정에 의한 먹는물의 수질기준에 따른 검사

하. 동물의 내장을 조리한 경우에는 사용한 기계 · 기구류 등을 세척하여 살균하여야 한다.

거. 출입 · 검사 등 기록부는 최종 기재일로부터 2년간 보관하여야 한다.

너. 시정명령 · 폐기처분 · 시설개수명령 등 사후 조치가 필요한 행정처분을 받은 영업자는 사후 조치 후 이행 결과를 처분청에 보고해야 한다.

더. 식품접객 영업자는 음식 문화 개선을 위해 노력하고, 공동 찬통과 소형 또는 복합 찬기를 사용하도록 한다. 남은 음식물은 싸서 가져갈 수 있도록 포장용기를 비치하고 손님에게 알리도록 한다.

러. 휴게음식점 영업자 · 일반음식점 영업자 또는 단란주점 영업자는 영업장 내에 설치된 무대시설 외의 장소에서 공연을 하거나 공연을 하는 행위를 조장 · 묵인해서는 아니 된다.

머. 조수 보호 및 수렵에 관한 법률을 위반하여 포획한 야생동물을 사용하여 조리 · 판매해서는 아니 된다.

9. 위탁급식 영업자의 준수사항

가. 집단급식소를 설치 · 운영하는 자와 위탁 계약한 사항 외의 영업 행위를 해서는 아니 된다.

나. 물수건 · 숟가락 · 젓가락 · 도마 · 칼 · 행주 등 주방용구는 식품첨가물인 살균제 또는 열탕의 방법으로 소독한 것을 사용하여야 한다.

다. 검사를 받지 않은 축산물은 음식물의 조리에 사용할 수 없으며, 조수 보호 및 수렵에 관한 법률에 위반하여 포획한 야생동물을 사용하여 조리해서는 아니 된다.

라. 유통기간이 경과된 원료나 제품을 조리할 목적으로 보관하거나 이를 사용할 수 없다.

마. 수돗물이 아닌 지하수 등을 먹는물 또는 식품을 조리 · 세척 등에 사용할 경우에는 먹는물 수질검사기관에서 검사를 받아 마시기에 적합한 물을 사용해야 한다. 다만, 동일 건물에서 동일 수원을 사용할 경우에는 하나의 업소에 대한 시험 결과로 갈음할 수 있다.

① 일부 항목 검사 : 1년마다(전 항목 검사를 하는 연도의 경우 제외) 간이상수의 검사 기준에 따른 검사(잔류염소 검사 제외). 다만, 시 · 도지사가 오염의 염려

가 있다고 판단한 경우에는 먹는물 수질기준에 따른 검사를 해야 한다.

② 전 항목 검사 : 3년마다 먹는물 수질기준 및 검사 등에 관한 규정에 의한 먹는물의 수질기준에 따른 검사

바. 동물의 내장을 조리한 경우에는 사용한 기계 · 기구류 등을 세척하여 살균하여야 한다.

사. 조리한 식품은 매회 1인분 분량을 5℃ 이하에서 72시간 이상 보관하여야 한다. 다만, 보관 기간 중 휴무일이 있을 경우에는 그 기간을 제외한다.

아. 출입 · 검사 등 기록부는 최종 기재일로부터 2년간 보관하여야 한다.

자. 시정명령 · 폐기처분 · 시설개수명령 등 사후 조치가 필요한 행정처분을 받은 영업자는 사후 조치 후 이행 결과를 처분청에 보고해야 한다.

연구문제

1. 식품 관계 영업을 정부에서 허가하는 제도의 근본적인 취지는 무엇인가?
2. 영업자의 준수사항은 식품위생에 관계된 것 이외에도 많은 의무 사항이 있다. 어떤 것들이 있는가?

§7-2 식품위생 감시제도

1. 출입 · 검사 · 수거 등 위생관리

식품위생에 관한 지도 및 감시 업무 등을 행하는 관련자는 공무원인 식품위생감시원, 시민 식품감사인 및 소비자 식품위생감시원 등이 주요 업무를 수행하고 있다.

식품위생법에 의한 영업의 허가 및 신고 관청에서는 식품 등의 위생적 관리 및 영업의 질서 유지를 위하여 필요한 경우 다음 사항을 행할 수 있다.

① 영업자나 관계인에 대한 필요한 보고

② 관계 공무원으로 하여금 영업장소 등에 출입

③ 판매나 영업상 사용하는 식품 및 영업시설 등 검사

④ 검사에 필요한 최소량의 식품 등을 무상으로 수거

⑤ 영업 관계의 장부나 서류 등 열람

특히, 출입 및 검사 등은 국민보건위생상 필요하다고 판단될 경우에는 수시로 실시하고, 행정처분을 받은 업소에 대하여는 처분일로부터 6월 이내에 1회 이상 실시한다.

2. 자율적 위생관리(self-inspection)

영업에서는 규제적인 관리와 자율적인 관리로 구분할 수 있다. 영업 중 식품 접객업에는 매우 중요한 것으로 영업의 모든 시설은 위생적으로 밝고, 깨끗한 분위기로 종업원의 외모나 위생 상태, 그리고 사용하는 기구·용기·포장 등을 청결하게 사용하고 취급하여야 할 것으로 판단된다.

자율 위생 점검은 몇 가지 특징을 가지고 있다.

첫째, 이는 강제성이 없고 의무 사항이 아니기 때문에 무관심하기 쉽다. 따라서 효과적으로 관리하기 위해서는 영업의 허가나 신고 관청에서 자발적으로 이행하는 영업자에 대하여 출입 등을 제한하는 규정이 필요하다.

둘째, 자율적인 위생 점검은 영업자나 종업원이 시간에 제한을 받지 않고 행할 수 있다. 그러나 허가 및 신고 관청에서의 검사는 특정 시점에 대한 점검으로 문제점에 대하여 일시적인 제한으로도 이어질 수 있다.

셋째, 자율적인 위생 점검은 점검자와 피점검자가 동일 회사나 단체의 일원으로서 같은 목표를 가지고 행하기 때문에 함께 개선하고 노력할 수 있다.

표 7-1 위생실태 점검표

<table>
<tr><th>대상</th><th>주요 점검 항목</th><th>세부 점검 항목</th><th>실시 시기</th><th>비고</th></tr>
<tr><td rowspan="2">고정 시설
(건물)</td><td>구 조</td><td>• 바닥, 벽, 천정의 균열여부
- 청결상태
- 청소용이성
• 배수구의 모양, 구배
- 벽과의 거리
- 방충, 방서시설</td><td>월
일
건축시
건축시
건축시
월</td><td rowspan="2">구조
변경
시
동일</td></tr>
<tr><td>채광, 조명</td><td>작업의 불편 여부</td><td>주</td></tr>
</table>

대상	주요 점검 항목	세부 점검 항목	실시 시기	비고
	환기	용량 및 정상가동여부	일	
고정 시설 (건물)	부대시설	• 식품보관창고 - 방충, 방서시설 - 선입선출이행 - 정리 및 청결상태 - 타용도와 구분 - 유효기관 경과제품, 보관 여부 • 갱의실 : 크기, 청결 • 전용목욕실	 월 주 주 년 일 주 일	
설비, 기구, 기물	소기물	• 수적여유 • 깨지거나 금간 것 사용여부 • 청결상태 • 재질 위생성 및 청소용이성	월 일 일 구입 시	
	칼, 도마, 행주	• 수적여유 • 청결상태 • 소독상태	월 일 일	비누, 손톱 브러시, 소독액, 준비
	대형기구	• 청결상태, 녹슬거나 파손 여부 • 내벽이나 타기구와의 거리	일 월	
	수세 및 세정 시설	• 조리장 출입구에 수세시설 및 에어타월 비치 • 세정시설은 3개 이상으로 기능 분담여부 • 세정시설의 열탕소독 및 살균소독시설의 이용여부	주 설치 시 주	
	냉·온장 시설	• 온도계 비치 및 정상가동 • 식품의 특성에 따라 구분저장 • 크기적절여부 • 과량 충진여부 • 내부 청결상태 • 유통기한 경과제품 방치	일 일 구입 시 일 일 일	

대상	주요 점검 항목	세부 점검 항목	실시 시기	비고
종업원	건강진단	정기적 실시 여부	월	
	손	• 화농성 질환, 피부질환 • 반지 착용, 긴 손톱	일 일	
	위생복	• 위생복, 위생모착용 • 청결상태	일 월	
	식품취급 시 습관	• 껌을 씹거나 노래하는 행위 • 흡연 • 신체부위를 만지는 행위	일 일 일	
급수 및 폐기물 처리	급수	• 냉·온수가 적절한 압력으로 공급여부 • 공공용수 사용 • 수량 및 배수용이상태	주 설치시 월	
	폐기물	• 쓰레기통 : 수효, 크기, 뚜껑, 내수성, 분리처리 - 위생적 관리 • 잔반처리 : 재사용 금지 - 쥐나 곤충접근 방지	월 일 일 일	
화장실과 수세시설	화장실	• 방충, 방서의 시설, 구조 • 변기수 및 남녀 구분 • 환기시설 가동 여부 • 화장지 비치 및 관리상태	월 설치시 일 일	
	수세시설	• 냉·온수공급 • 비누, 에어타월 혹은 닦는 시설의 위생적 관리	주 일	

자율적 위생관리는 스스로 실행하는 것으로 명확한 목적의식과 책임감을 가지고 행한다. 또한 점검결과 부족하고 미비한 부분과 조치 과정 등을 기록하여 보존한다.

표 7-2 일일 위생 점검표

<table>
<tr><th>대상</th><th>주요 항목</th><th>세부 점검 항목</th><th>판정</th><th>비고</th></tr>
<tr><td rowspan="4">물</td><td>구조</td><td>바닥, 벽, 천정은 청결한가?</td><td>A,B,C</td><td></td></tr>
<tr><td>조명, 환기</td><td>파손이나 고장 없이 정상적으로 작동되고 있는가?</td><td>A,B,C</td><td></td></tr>
<tr><td rowspan="2">부대시설</td><td>식품보관 창고는 청결하며 유효기간이 경과된 제품은 보관하고 있지 않는가?</td><td>A,B,C</td><td></td></tr>
<tr><td>전용 목욕시설은 청결한가?</td><td>A,B,C</td><td></td></tr>
<tr><td rowspan="13">설비, 기구 기물</td><td rowspan="2">소기물</td><td>깨지거나 금간 것을 사용하고 있지 않는가?</td><td>A,B,C</td><td></td></tr>
<tr><td>깨끗이 닦고 먼지가 앉지 않도록 보관하고 있는가?</td><td>A,B,C</td><td></td></tr>
<tr><td rowspan="2">*칼, 도마, 행주</td><td>청결하게 관리되고 있는가?</td><td>A,B,C</td><td></td></tr>
<tr><td>소독은 철저히 행하고 있는가?</td><td></td><td></td></tr>
<tr><td rowspan="2">대형기구</td><td>청결하게 관리되고 있는가?</td><td></td><td></td></tr>
<tr><td>녹슬거나 파손된 곳은 없는가?</td><td></td><td></td></tr>
<tr><td rowspan="2">*수세 및 세정시설</td><td>조리장 출입구의 수세시설에 비누, 손톱 브러시, 소독액은 준비되어 있는가?</td><td>A,B,C</td><td></td></tr>
<tr><td>에어타월이나 위생적인 손 닦는 시설이 정상적으로 이용할 수 있도록 준비되어 있는가?</td><td>A,B,C</td><td></td></tr>
<tr><td rowspan="5">*냉·온장 시설</td><td>정상가동 및 정상온도 유지여부</td><td>A,B,C</td><td></td></tr>
<tr><td>식품의 특성에 따라 구분저장 되고 있는가?</td><td>A,B,C</td><td></td></tr>
<tr><td>과량 채워져 있지 않는가?</td><td>A,B,C</td><td></td></tr>
<tr><td>내부 청결 상태는?</td><td>A,B,C</td><td></td></tr>
<tr><td>유통기한 경과 제품이 방치되어 있지 않는가?</td><td>A,B,C</td><td></td></tr>
</table>

대상	주요 항목	세부 점검 항목	판정	비고
종업원	*손	청결하며 화농성 질환이나 피부질환은 없는가?	A,B,C	
		반지나 팔찌를 착용치 않았는가?	A,B,C	
		손톱은 짧고 매니큐어를 칠하지 않았는가?	A,B,C	
	위생복	위생복과 위생모는 착용하고 있는가?	A,B,C	
		위생복은 청결한가?	A,B,C	
		위생복을 입고 작업장 밖을 출입하지 않는가?	A,B,C	
	식품취급중의 습관	껌을 씹거나 담배를 피우지 않는가?	A,B,C	
		노래를 하거나 잡담을 하지 않는가?	A,B,C	
		신체 부위를 습관적으로 만지지 않는가?	A,B,C	
폐기물	*폐기물 처리	쓰레기통은 뚜껑이 잘 덮여 있는가?	A,B,C	
		쓰레기통 주변은 청결하게 관리되고 있는가?	A,B,C	
		한번 제공된 음식은 위생적으로 처리하는가?	A,B,C	
		먹다 남은 음식물은 쥐나 곤충이 접근치 못하도록 위생적으로 관리되고 있는가?	A,B,C	
화장실 및 수세시설	*화장실	조명 및 환기시설은 정상 가동되고 있는가?	A,B,C	
		화장지는 비치되어 있고 잘 관리하고 있는가?	A,B,C	
		화장실은 청결하며 악취는 없는가?	A,B,C	

대상	주요 항목	세부 점검 항목	판정	비고
	수세시설	주변은 청결한가?	A,B,C	
		비누는 비치되어 있으며 냉·온수는 정상적으로 나오고 있는가?	A,B,C	
		에어타월 혹은 손 닦는 시설은 위생적으로 관리되고 있는가?	A,B,C	

A : 우수, B : 보통, C : 개선 요함
(C급으로 판정할 경우 지적 사항을 구체적으로 기재하고 개선 여부를 재검사할 것)
* : C급 판정을 받을 때는 즉시 개선을 하여야 하는 항목임

생활수준이 향상되고 과학 기술이 발달되면서 건강에 대한 관심이 매우 높기 때문에 경험에 의한 관리보다 실제적이고 과학적인 위생관리가 요구되고 있다.

자율적 위생관리를 위하여 영업자는 전반적인 관리 운영을 계획하고 실행하여야 한다. 각 영업소는 자체의 시설 및 규모 등에 따라 이행 사항을 결정하여야 하며, 작업 요령이나 자율 관리 점검 등의 준수 의무를 부과하여야 한다.

1) 자율 위생 점검표

허가 및 신고 관청의 출입 및 검사 등은 6개월 혹은 1년으로 특별한 경우가 아니면 정기적으로 실시하며, 주로 법규위반 실태를 확인하기 위한 방법이 될 수 있다.

그러나 자율 위생 점검은 고정 시설에 대한 점검보다 주어진 시설에 대한 관리 상태를 점검하는 것으로서, 시설 관계 부서와 합동으로 년 1~2회 정도 실시하는 것이 바람직하다.

일상 점검에 필요한 점검표를 만드는 것은 식품위생의 안전을 확보하기 위한 것이다. 점검 대상에 따라서 표 7-2와 같이 일별, 주별, 월별, 분기별 혹은 연도별로 실시할 수 있으나, 일상 실시하여야 하는 항목만 제시하였다.

대상은 건물, 기구 등 5개 분야로 세부 점검 항목을 표 7-3과 같이 분류하였고, 판정 방법은 우수(A), 보통(B), 미비 및 개선 요구(C)로 단순화시켜 일상 점검에 따른 편의성을 주고자 하였다.

일상 점검 표는 호텔식당 정도의 고급 접객시설 위주로 작성된 것이기 때문에 점검 항목이 필요한 경우 보완하여 이용할 수 있으며, 조리장을 중심으로 하였으므로 화장실·수세시설 및 종업원의 이용 시설 등을 중심으로 점검 대상에 넣었다.

특히 식품위생은 미생물의 관리가 가장 중요하기 때문에 냉장·냉동시설의 운용, 조리자의 위생 상태 및 위생 관념, 폐기물 처리, 조리에 관련한 칼·도마·행주 등의 관리는 즉시 개선되어야 하고 집중적으로 점검되어야 할 항목이다.

2) 자율 위생 점검 시 항목별 주요사항

영업시설을 확인 및 점검할 때에는 점검자의 주관을 최소화하도록 하고, 점검자와 피점검자가 시설 등을 동일 시각으로 이해하고 판단하는데 이의가 없어야 한다.

(1) 건 물

① 구 조

건물은 건축 당시에 내수 불침투성으로 매끄럽고, 청소하기에 용이한 구조로 건축되어야 위생관리가 용이하다.

바닥 · 벽 · 배수구 · 천정 등의 청결 상태, 음식물 찌꺼기의 부착 여부, 시설 파손 등을 확인한다.

② 조명 및 환기

조명기구의 파손 여부를 수시로 확인하고, 월 1회 정도는 깨끗하게 청소를 하여야 한다. 자연 채광은 경제적이나 밝기의 차이가 크고 강도가 높아 작업에 불편을 주는 경우가 있다.

조리실에서는 열 · 가스 · 수증기 등이 발생하여 작업자의 건강을 해치고 작업 능률을 저하시킴으로 환기시설의 정상 작동 및 소음이 나지 않는가를 점검한다.

③ 부대시설

식품의 보관 창고에는 방충 · 방서시설의 파손 여부, 정리 상태, 유효 기간이 경과 제품의 유무, 선입 · 선출을 위한 입고 일자 표시, 제품별 표시 기준 등을 확인한다.

(2) 기구 · 시설 등

① 기 구

식기나 기구 등은 위해성이 없는 재질로써 모서리 부분은 둥근형으로 되어 있고, 끝 부분은 접혀 있지 말아야 한다. 기구는 금이 가거나 깨진 것은 사용하지 말도록 하고, 사용한 것은 깨끗하게 세척하고, 건조를 한 후 먼지가 앉지 않도록 관리한다.

② 칼 · 행주 · 도마 등

조리에 사용하는 기구는 깨끗이 세척을 하여 열탕이나 소독액 등으로 소독을 하고, 사용하지 않는 것은 건조를 시켜서 보관한다. 도마가 나무일 경우 깊이 파여 있거나 음식물의 색깔이 물들어 있는 것은 깎아내든가 교차를 한다. 행주는 2차 오염을 방지하기 위하여 소독이나 건조를 행한다.

③ 대형 기구

대형 기구는 정상 작동 여부, 벽면 및 바닥, 다른 기구와의 사이 등 청소가 어려운 부분의 청결 상태를 점검한다. 또한 녹이 슬거나 페인트가 벗겨지고, 기름이 유출되어 식품을 오염시키지 않도록 정비 상태를 확인한다.

④ 수세 및 세정시설

냉·온수의 정상적 가동 여부, 비누·손톱 브러시 및 소독액 등의 준비 사항을 점검한다. 또한 소독 후 건조기나 소독된 종이타월 등이 준비되어 있어야 한다.

⑤ 냉·온장시설

냉·온장의 시설은 정상적인 온도를 유지하는 것이 가장 필수적이다. 강제대류식이 아닐 경우 상하의 온도가 다를 수 있으므로 특성에 맞도록 식품을 저장 및 진열하여야 한다.

식품은 유통기간이 경과되지 않도록 선입·선출이 쉽게 진열되어야 한다. 저장고 내에는 적정량을 보관하여 내부의 온도가 유지되고 있는지 또한 청결하며 악취가 나지 않는가를 확인한다.

(3) 종업원

① 손

조리원의 손의 위생 상태는 식품위생상 매우 중요하다. 식중독 사고가 화농성 질환을 가진 조리원의 손을 통해 발생하고 있으며, 급식하기 전까지 생식품이나 기구류 등의 접촉이 많아 오염되기가 쉽다. 따라서 자상, 화상, 절상 등에 따른 화농성 부위나 피부질환의 여부, 손톱의 청결, 반지 등의 착용 등을 점검한다.

② 위생복

위생복과 위생모는 백색으로 청결하고 바르게 착용하여야 한다. 위생복은 조리장의 밖이나 화장실 등의 출입 시에는 반드시 갈아입고 용무를 보아야 한다.

③ 식품 등의 취급

조리원의 개인에 따라서는 조리 중 무의식중에 얼굴이나 머리, 옷 등을 만진다든가 대화를 나누는 일이 있다. 이러한 행위는 손이 오염된 부분과 접촉하여 식품을 오염시킬 우려 있고, 대화 중에는 침이 들어갈 수 있기 때문에 주의하여야 한다.

(4) 폐기물

쓰레기통은 내수성 자재로써 충분한 크기로 운반이 편리하게 만들어져야 하고, 항상 뚜껑을 덮어 놓아야 한다. 쓰레기는 가능한 한 분리하여 처리하도록 한다.

제공되었던 음식물은 다시 제공하지 말고, 쥐나 곤충이 침입하지 못하도록 보관을 철저히 한다.

(5) 화장실 및 수세시설

① 화장실

소화기계 전염병균이나 대장균군 등은 분변을 통하여 전파가 이루어지기 때문에 전염경로를 차단하는 것이 매우 중요하다.

화장실을 이용할 때에는 위생복을 갈아입고 출입하고, 조명이나 환기시설 등은 정상적으로 작동되어야 한다. 바닥은 건조한 상태로 항상 청결해야 한다.

② 수세시설

냉·온수가 정상 압력으로 나오고, 수도는 충분한 수효를 갖추어야 한다. 세척용 비누를 비치하고, 건조기나 소독된 종이타월이 준비되어야 한다.

연구문제

1. 자율 위생 점검과 공공기관의 위생 감시원에 의한 위생 감시는 어떻게 다른가?

2. **사례 연구 1**

영업장이 고객들로 복잡한 중에 위생 감시원이 들어오는 것을 보고 관리자는 당황했다. 종업원 숫자도 부족하고 식기세척기는 정상적으로 작동치 않고 있었다.

마지막 행굼조의 수온이 규정된 온도에 도달치 못하고 있었다. 더구나 쓰레기통은 용량이 부족하여 넘치고 있었다. 관리자는 식품위생 감시원에게 잠시 기다리도록 요구하고 쓰레기를 급히 비웠다.

그 후 위생검사를 빨리해 주도록 부탁하고 몹시 바빠 정신없이 끝냈다. 얼마 후 검사 결과 가까스로 적합했다고 통보되었을 때 아슬아슬한 느낌을 받았다. 위생감시원은 식기세척기를 즉시 수리토록 지시하였고 종업원의 개인 위생과 식품 취급 방법에 대하여 몇 가지 문제점을 지적하였다. 또 위생감시원은 그의 의견에 대하여 의문이 있거나 도움을 받기를 원하면 기꺼이 도와주겠다고 하였다. 그러나 관리인은 그 이상 검사 결과에 대하여 말하는 것을 원치 않았다.

① 관리자는 어떻게 하면 좋은 점수로 위생검사를 받을 수 있는가?

② 관리자가 식품 위생감시원을 어떻게 대하였다고 생각하는가?

§7-3 식중독 사고의 처리

경제 수준이 높아지고 식생활이 향상됨에 따라 식품에 대한 소비자의 인식도 매우 높아졌다. 따라서 식품의 안전성 확보를 위해서는 위생에 대한 철저한 관리가 요망되고 있다.

최근 이상 고온 현상과 집단급식소의 증가로 인하여 매년 식중독에 의한 환자 수가 급격하게 증가하고 있는 현실이다. 그러므로 식중독이 발생하였을 때에는 긴급히 사고 처리 체제를 갖추고 환자의 파악과 제품의 회수 및 원인을 규명하는데 노력해야 한다.

1. 식중독 사고의 발생 보고

식중독에 관한 조사 보고는 식품위생법에서 다음과 같이 규정하고 있다.

식품위생법 제67조(식중독에 관한 조사 보고) ① 다음 각 호의 어느 하나에 해당하는 자는 지체 없이 관할 보건소장 또는 보건지소장에게 보고하여야 한다. 이 경우 의사 또는 한의사는 대통령령이 정하는 바에 따라 식중독 환자 또는 식중독의 의심이 있는 자의 혈액·배설물의 보관에 필요한 조치를 하여야 한다.

1. 식중독 환자 또는 그 의심이 있는 자를 진단하였거나 그 사체를 검안한 의사 또는 한의사
2. 집단급식소에서 제공된 식품 등으로 인하여 식중독 환자 또는 그 의심이 있는 자를 발견한 집단급식소의 설치·운영자

② 보건소장 또는 보건지소장은 제1항의 규정에 의한 보고를 받은 때에는 대통령령이 정하는 바에 따라 지체 없이 그 사실을 조사하고, 시·도지사에게 보고한다. 이 경우에 보건지소장은 보건소장을, 보건소장은 시장·군수 또는 구청장을 거쳐야 한다.

③ 시·도지사는 제2항의 규정에 의한 보고를 받은 때에는 대통령령이 정하는 바에 따라 지체 없이 보건복지부장관·식품의약품안전청장에게 보고하여야 한다.

④ 제2항 및 제3항의 규정에 불구하고 보건소장은 제1항의 규정에 의하여 보고받은 사실이 중대하다고 인정하는 경우에는 지체 없이 이를 보건복지부장관·식품안전청장, 시·도지사, 시장·군수·구청장에게 각각 보고하여야 한다.

식품위생법 시행령 제40조(식중독 원인의 조사) 법 제67조 제2항(식중독 원인 조사)의 규정에 의하여 보건소장 또는 보건지소장이 하여야 할 조사는 다음과 같다.

1. 중독 원인이 된 식품 등에서 원인물질을 찾기 위해 필요한 역학적 조사
2. 중독된 자 또는 중독된 환자로 의심되는 자의 혈액·분뇨와 토물 또는 중독의 원인이라고 생각되는 식품 등에 대한 세균학적 또는 이화학적 시험에 의한 조사

식품위생법 시행령 제41조(식중독에 관한 보고) 시·도지사는 법 제67조 제2항(식중독 원인 조사)의 규정에 의한 보고를 받은 때에는 보건복지부령이 정하는 바에 의하여 지체 없이 보건복지부장관·식품의약품안전청장에게 보고하여야 한다.

식품위생법 시행규칙 제57조(식중독 환자 또는 그 사체에 관한 보고) ① 의사 또는 한의사가 법 제67조 제1항(식중독환자 또는 사체에 관한보고)의 규정에 의하여 행하는 보고에는 다음 사항이 포함되어야 한다.

1. 보고자의 주소와 성명

2. 식중독을 일으킨 환자 · 식중독의 의심이 있는 자 · 식중독으로 사망한 자의 주소 · 성명 · 주민등록번호 및 사체의 소재지
3. 식중독의 원인
4. 발병 연월일
5. 진단 또는 검안 연월일시

② 법 제67조 제3항 및 영 제42조(시 · 도지사가 행하는 식중독 보고)의 규정에 의하여 시 · 도지사가 행하는 식중독 보고는 별지 제42호의 서식에 의한다.

2. 영업자의 긴급 조치

영업자는 식중독환자가 발생하였다는 것이 확인되면 보건 관련기관에 조속히 보고하여 적절한 행동 요령에 대한 지시를 받는 것이 확산을 예방할 수 있으며, 식중독이 발생하였을 때의 조치 사항은 다음과 같다.

① 환자의 파악과 위문
② 발생 시설에서 식품의 제조 · 조리 · 판매 · 출하 등의 정지와 재고량 조사
③ 이미 출하된 식품의 판매 · 출하량의 조사
④ 해당 식품의 판매 정지와 재고 수량 조사
⑤ 원인의 규명
⑥ 해당 식품의 회수
⑦ 사고 처리의 경과 보고 및 조치 · 재발 방지 대책 검토
⑧ 해당 식품의 용도 변경 또는 폐기
⑨ 시설 설비의 보수 · 개선 혹은 제조 방법의 개선
⑩ 식품의 취급 및 위생관리의 개선
⑪ 종업원의 재교육

식중독의 발생은 원인 식품과 취급 과정 등에 따라서 환자 수가 다를 뿐 아니라 사고의 내용, 규모 및 병인 물질 등이 다르게 나타난다. 그러므로 식품과 관련한 영업에서는 제품이나 시설에 대한 위생관리를 철저히 하고, 식중독 발생 시에 관리 운영 요령을 설정하여 대처하여야 한다.

3. 식중독 사고 원인의 규명

식중독 사고가 발생한 경우 원인 규명을 영업자가 자진하여 취해야 하지만 성격이나 내용으로 보아 단독으로 행하는 데는 한계가 있다. 따라서 영업자는 행정기관의 지시를 받아 원인을 규명을 할 때나 행정기관에서 행하는 조사에도 적극적으로 협력을 하여야 정확한

원인이 규명될 수 있다.

조사하는 내용은 원인 식품의 제조 방법 전반에 걸친 사항이다.

① 재 료

주원료, 부원료, 조미료, 식품첨가물 명칭, 수량, 납품업자 명, 배합 비율 또는 양, 납입 품목의 내력, 납품 시와 보관 시의 온도, 납품시의 품질 상태, 최근의 시험검사 성적

② 제조 방법

전처리, 혼합, 조미, 숙성, 성형, 살균, 냉동 상태 등의 작업이 관리 운영에 적합하게 실시 및 기록 여부 등

③ 제조 관리

전처리, 혼합, 조미, 숙성, 성형, 살균, 동결 등 공정 설비의 정상적 작동 여부, 관리 기록, 각 공정에서 중간 제품의 최근 시험 성적 등

④ 충진 및 포장

충진기, 포장기의 작동, 충진 · 포장 시의 불량제품 발생 빈도, 세병 효과, 용기 · 포장의 재질 및 최근 검사 성적, 표시 사항, 작동 상황의 점검 결과의 기록 등

⑤ 저장 및 보관

온도 관리, 정리 정돈, 저장된 양의 과다 여부, 환기, 청소, 소독, 방충 및 방서시설 등 점검

⑥ 품질관리

제품 중 무작위 선택에 의한 검사 등

⑦ 시설 및 설비

신설 또는 보수한 설비의 점검 등

⑧ 사용하는 물의 수질검사 및 수도관 관리 등

⑨ 오물 및 폐기물

⑩ 종업원의 건강관리

4. 환자의 보호

식품은 인간의 생명과 건강을 유지 · 증진시키는데 필수 불가결한 것으로 안전하고 위생적으로 관리되어야 한다. 그러나 이로 인한 생명의 위협과 건강을 잃게 되는 일이 발생되고 있는데, 특히 식품 관련 영업자는 식품위생법에 있는 제규정과 주요 업무 사항을 준수할 뿐만 아니라 식품위생상 문제가 발생치 않도록 노력해야 한다.

식중독이 발생하는 경우에는 영업자는 소비자의 보호와 신뢰 확보 및 경영의 안정을 위하여 환자의 보호를 최우선으로 해야 한다. 일본에서는 "식품 · 영업배상 공제제도"가 있어 영업자가 제공한 음식물이 원인이 되어 식중독, 전염병 및 이물의 혼입 등으로 발생한 피해를 공제금에서 배상해줌으로써 피해자의 보호는 물론 영업자의 경영에도 많은 도움을

주고 있다.

연구문제

1. 식중독 사고가 발생했을 때 영업자가 취할 행동 중 옳지 않은 조치는 어떤 것이 있는가?
2. 대중음식점에서 식중독 사고가 발생했다면 본문의 원인 규명 내용 중 집중적으로 검토해야 할 것은 무엇인가?

§7-4 식품위생 행정

1. 식품위생 행정의 목적

식품위생 행정은 식품위생법을 바탕으로 하여, 식품으로 인한 위생상의 위해의 방지와 식품 영양의 질적 향상을 도모하여, 식생활을 청결하고도 안전하게 확보함으로써 국민보건의 증진에 이바지함을 목적으로 하는 행정이다.

식품 등의 관계 영업자에게 식품위생의 중요성을 인식시키고 위생상 안전한 식품의 생산기술, 식품의 안전성 확보를 위한 방법 등을 지도한다. 더욱이 이들 기술을 개선·개발하기 위한 연구를 촉진하여 소비자에게 안전한 식품을 제공하도록 지도한다. 한편 부정·불량식품 등을 적발한 경우에는 영업자에 대하여 부정·불량식품의 폐기와 영업시설의 개선을 명령한다.

위반 행위에 따라서는 영업의 정지나 업소 폐쇄 또는 영업신고 및 허가 등의 취소 처분 등을 행하거가 그 외에 벌칙을 적용하는 등 위반 행위에 대한 책임을 지도록 한다.

2. 식품위생 행정의 중심 과제의 시책

식품위생 행정의 목적을 달성하기 위한 중점 과제는 다음과 같다.

① 식품에 의하여 매개될 수 있는 병원미생물에 의한 오염을 방지하고, 이미 오염되었거나 인체의 건강을 해칠 우려가 있는 식품을 섭취하지 않도록 적절한 수단을 강구하는 것

② 유독 또는 유해한 물질을 함유하거나 부착하여 인체의 건강을 해칠 우려가 있는 식품을 배제하고, 식품의 제조나 가공 과정에서 혼입되는 것을 방지하는 것

③ 부패 또는 변질되었거나 미숙하여 인체의 건강을 해칠 우려가 있는 식품을 배제하는 것

④ 위조 또는 변조된 식품을 배제하는 것
이러한 식품위생 행정의 과제를 해결하기 위하여 실제적으로 시행되고 있는 시책은 다음과 같다.
⑤ 식생활의 안전 확보를 위한 식품・식품첨가물, 기구・용기・포장 등의 규격과 기준의 제정 및 적용
⑥ 화학적 합성품의 지정 및 식품 및 식품첨가물의 공전서 작성
⑦ 제품 검사 제도의 실시
⑧ 표시제의 실시
⑨ 영업의 허가 및 신고 또는 식품 취급 시설의 기준의 제정과 그 적용
⑩ 식품위생의 감시
⑪ 수입식품의 신고 및 검사 제도
⑫ 식중독의 예방과 발생 시의 조치
⑬ 식품 관계 종사자들에 대한 건강관리 및 작업 방법 등에 대한 감시
⑭ 위생교육의 실시

3. 식품위생 행정기구

1) 보건복지부

식품위생관계의 행정기구 및 조직으로는 중앙에 보건복지부 보건의료정책본부와 식품의약품안전청이 있으며, 지방에는 6개의 지방식품의약품안전청, 15개소의 시・도 보건환경연구원, 각 시・도, 시・군・구의 위생과 등이 있다.

보건의료정책본부에는 의료정책팀・의료지원팀・식품정책팀・의약품정책팀・공공의료팀・혈액장기팀이 있다.

수입식품은 전국 주요 항만 및 공항에는 13개 검역소 및 한국식품연구원 등에서 검사를 실시하고 있고, 동물・식물 및 수산물에 대하여는 동물검역소・식물검역소 및 수산물검사소 등에서 검사를 한다.

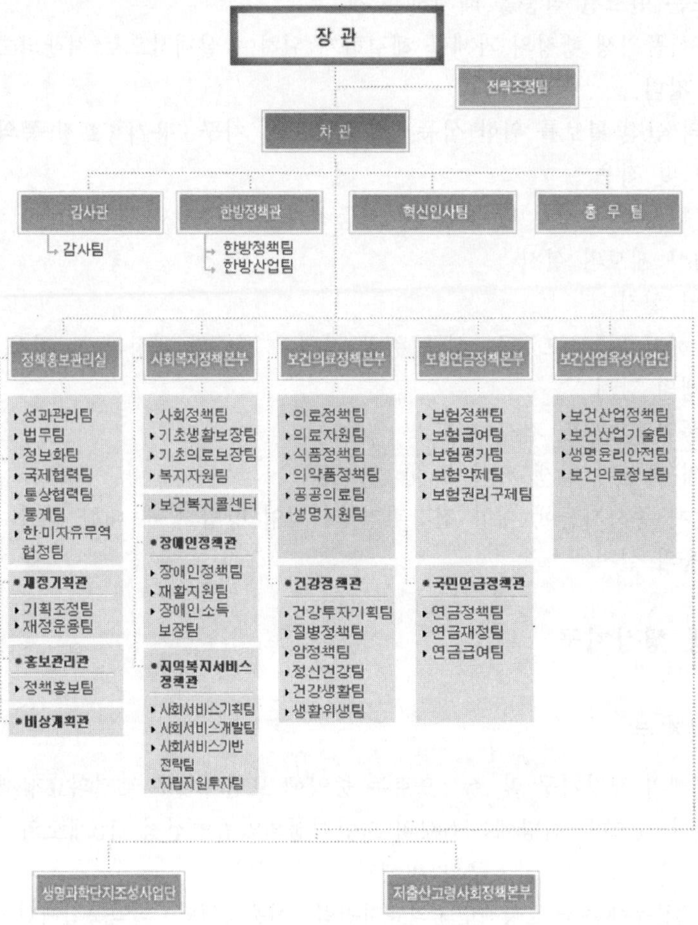

그림 7-1 보건복지부 조직도

2) 식품의약품안전청

식품의약품안전청은 정부 조직법(1998. 2. 28. 법률 제 5529호), 식품의약품안전청과 그 소속 기관 직제가 개정(1998. 2. 28. 대통령령 제 15733호)됨에 따라 식품과 의약품에 관련된 모든 업무를 이관 받아 기능을 강화하고, 차관급 독립 외청인 식품의약품안전청으로 출범하게 되었다.

식품의약품안전청 본부에서의 식품에 관한 업무는 식품본부(4개 팀)는 식품평가부(5개팀)와 유해물질관리단(3개팀) 및 영양식품기능식품본부(5개팀)에서 행하고 있다. 지방식품의약품안전청은 서울 · 부산 · 경인 · 대구 · 광주 · 대전 등 6개의 지방청으로 운영되고 있다.

(1) 조직도

그림 7-2 식품의약품안정청 조직도

(2) 임무

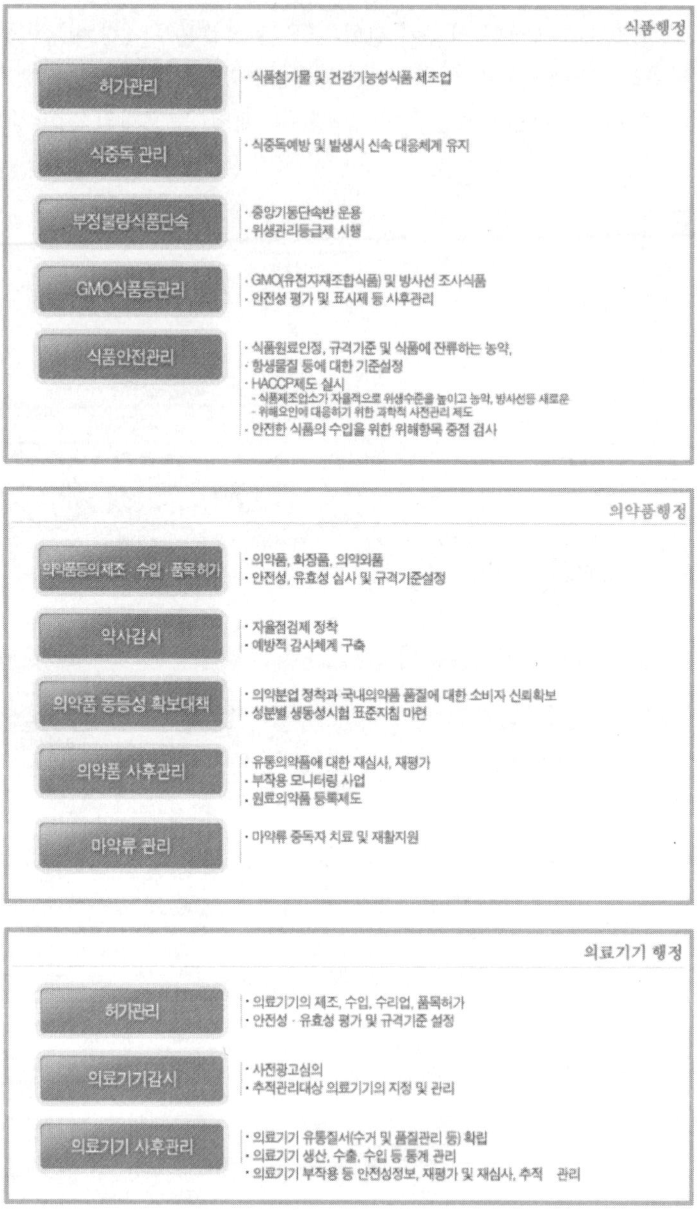

그림 7-3 식품의약품안정청의 임무

연구문제

1. 식품위생 행정의 궁극적인 목적은?
2. 서울특별시에서 식품 접객업소를 관장하는 최일선 행정기관 및 부서명은?

참고문헌

○김동원 : 식품위생관계법규·해설, 형설출판사, 서울, 2005
○금종화, 김동원, 소명환, 손규목, 오승희, 유영균, 이상일, 조석금 : 식품위생학, 문운당, 서울, 2006
○구성회 : 공중보건학, 高文社, 서울, 2006
○金東昇, 金慶珠, 崔云貞, 下眞媛 : 給食經營學, 光文閣, 서울, 1997
○金東昇 : 食品購買論, 효일, 서울, 1999
○金三純, 金養燮 : 韓國産 버섯圖鑑, 裕量出版社, 서울, 1990
○김원일 : 정통복어요리, 지구문화사, 서울, 1999
○文範洙 : 食品衛生學, 新光出版社, 서울, 1996
○文希柱 : 人體寄生蟲學, 2版, 高文社, 서울, 1998
○박무현 : 食品包裝學, 형실출판사, 서울, 2000
○蘇鎭卓 : 韓國人의 寄生蟲病, 新光出版社, 서울, 1986.
○신유항, 이동규 : 바퀴의 정체와 방제, 아카데미서적, 서울, 1996
○오원택 : 식품위생관리제도, 홍익기술출판, 서울, 1996
○劉永均, 李光培, 李漢基, 全世烈 : 食品衛生學, 大學書林, 서울, 1993
○이서래 : 식품의 안전성 연구, 이화여자대학교 출판부, 서울, 1993
○李漢一 : 衛生昆蟲學, 고문사, 서울, 2005
○장동석, 신동화, 정덕화, 김창민, 이민선 : 자세히 쓴 식품위생학, 청운각, 서울, 1999
○鄭東孝 : 食品微生物學, 先進文化社, 1997
○鄭熺坤, 朴弘鉉, 李相日 : 最新食品衛生學, 光文閣, 서울, 1998
○최석영 : 식품오염, 2판, 울산대학교 출판부, 울산, 1995
○河英吉 : 위생관리인과 위생감시원을 위한 식품제조관리 실무, 태성출판사, 서울, 1996
○한국곤충학회, 한국응용곤충학회 : 한국곤충명집, 건국대학교 출판부, 서울, 1994
○橋本芳郎 : 魚貝類の毒, (株)學會出版セソター, 東京, 1983
○近藤雅臣, 樫本隆, 小林正, 篠田純男, 田中慶一, 藤井正美 : 生命現象から見た食品衛生, (株)化學同人, 京都, 1985
○渡邊忠雄, 諸岡信一, 橋本秀夫, 菊池武昭 : 食品の汚染と安全性, 2版, 講談社, 東京, 1980
○藤原喜久夫, 粟飯原景昭 : 食品衛生ハンドブック, 南江堂, 東京, 1992
○杉田浩一, 森雅英 : 新編營養士ハソドグック, 2版, 醫歯藥出版(株), 東京, 1980
○西田博 : ストップ・ザ・食品事故, 中央法規出版(株), 東京, 1996
○西田博 : 經營者のための食品衛生, 中央法規出版(株), 東京, 1994
○石倉俊治 : 新食品衛生, (株)內田老鶴圃, 東京, 1984

- 食糧營榮調査會 ： 食料, 營養, 健康, 醫歯藥出版(株), 東京, 1989
- 日本藥學會編, 衛生試驗法注解, 金原出版(株), 東京, 1980
- 日本全國食品衛生鑑視員協議會 ： 食品苦情處理事例集, 中央法規出版(株), 東京, 1992
- 日本厚生省生活衛生局乳肉衛生課 ： 日本近海産フグ類の鑑別と毒性, 中央法規出版(株), 東京, 1997
- 全國(日本)食品衛生主管課長連絡協議會 ： 大量調理施設衛生管理のポイント, 中央法規出版(株), 東京, 1998
- 春田三佐夫, 細貝祐太郎,宇田川俊一 ： 目でみる食品衛生檢査法, 中央法規出版(株), 東京, 1998
- 坂崎利一 ： 食水系感染症と細菌性食中毒, 中央法規出版(株), 東京, 1994
- 河端俊治, 林敏夫, 春田三佐夫, 騰劵正生, 邊野喜正夫, 細貝祐太郎 ： 食品衛生事典, 中央法規出版(株), 東京, 1984
- 河端俊治, 春田三佐夫 譯 ： HACCP, こわからの食品工場の自主衛生營理, 中央法規出版(株), 東京, 1996
- 河端俊治, 春田三佐夫 譯 ： 食品の安全・品質確保のたぬのHACCP, 中央法規出版(株), 東京, 1996
- 河端俊治, 春田三佐夫, 細貝佑太郎 ： 食品衛生, 中央法規出版(株), 東京, 1985
- Guthrie R. K. : *Food Sanitation*, 2ne ed., AVI Publishing Co., Westport, Conn., 1988
- Graham H. D. : *The Safety of Foods*, 2nd ed., AVI Publishing Co., Westport, Conn., 1988
- Tannenbaum S. R. : *Nutritional and Safety Aspects of Food Processing*, Marcel Dekker Inc., New York, 1979
- Liener I. E. : *Toxic Constituents of Plant Foodstuffs*, 2nd ed., Academic Press, New York, 1980
- Karla Longrée and Gertrude Armbruster : *Quantity Food Sanitation*, 4th ed., Wiley Interscience Publication, New York, 1996
- The Culinary Institute of America : *Basic Food Sanitation*, The CIA, New York, 1986
- Davis B. P., Pulbecco R., Eisen H. N. and Ginsberg H. S. : *Microbiology*, 3rd ed., Harper and Row Publishers Inc., Hagerstown, 1980
- The Education Foundation of the National Restaurant Association : *Applied Food Service Sanitation*, 4th ed., John Wiley & Sons Co., Chicago, 1995

ㅇ Spears M. C. : *Foodservice Organization*, 2nd ed., Macmillan Publishing Co., New York, 1991

ㅇ Pitt J. I. and Hocking A. K. : *Fungi and Food Spoilage*, Academic Press, Australia, 1997

ㅇ Pierson M. D. and Stem N. J. : *Foodborne Microorganisms and their toxins : Developing methodology*, Marcel Dekker Inc., New York, 1986

ㅇ Carol A. Rinzlyer : *The Complete Book of Food*, World Almanac, New York, 1999

ㅇ Charles R. H. G. : *Mass catering*, WHO Regional Publications, 1983

ㅇ WHO Expert Committee : *Salmonellosis control* : the role of animal and product hygiene, WHO, Geneva, 1988

ㅇ Report of WHO Consultation : *Health surveillance and management procedures for food-handling personnel*, WHO, Geneva, 1989

ㅇ Peterson M. S. and Johnson N. H. : *Encyclopedia of Food Science*, The AVI Publishing Co. Inc., Westport, 1978

ㅇ Tressler D. K., Van Arsdel and Copley : *The Freezing Preservation of Foods*, 4th ed., The AVI Publishing Co. Inc., Westport

ㅇ Karel M., Fennema O. R. and Lund D. B. : *Principles of Food Science*, Part Ⅱ, *Physical Principles of Food Preservation*, Marcel Dekker Inc., New York, 1975

ㅇ Harrigan W. F. and Park R. W. A. : *Making safe Food* : A management guide for microbiological quality, Academic press, London, 1991

ㅇ Shapton D. A. and N. F. : *Principles and Practices for the safe processing of Foods*, Butterworth-Heinemann Ltd., Oxford, 1991

ㅇ Norman W. Desrosier and James N. Desrosier : *The Technology of Food Preservation*, 4th ed., AVI Publishing Co. Inc., Westport, Conn., 1977

ㅇ Jean Still : *Food Selection and Preparation*, Macmillan Publishing Co., New York, 1981

ㅇ Lendal H. Kotschever : *Quantity Food Purchasing*, 5th ed., John Wiley & Sons Inc., New York, 1998

ㅇ John A. Troller and Christian J. H. B. : *Water activity and Food*, Academic Press, New York, 1998

ㅇ Y. H. Hui, Merle D. pierson, J. R. Gorham : Foodborne disease Handbook , 2nd ed., Marcel Dekker Inc., New York, 2001

◦ Zeuthen P., Cheftel J. C., Eriksson C., Jul M., Leniger H., Linko P., Varela G. and Vos G. : *Thermal Processing and Quality of Foods*, Elsevier Applied Science Publishers Ltd., Essex, 1984

◦ Malcolm C. Bowman : *Handbook of Carcinogens and Hazardous Substances*, Marcel Dekker, Inc., New York, 1982

◦ Food and Drug Administration : *Bacteriological Analytical Manual*, AOAC International, Arington, VA, 2005

◦ WHO : *Evaluation of programmes to ensure food safety*, 1989

◦ Jacob M. : *Safe food handling*, WHO, Geneva, 1989

◦ WHO : *Guidelines for the study of dietary intakes of chemical contaminants*, WHO Offset Publication, 1985

◦ Marion Bennion : *Intorductory Foods*, 12th ed., Merril, an imprint of prentica Hall, Englewood Cliffs, N.J., 2003

◦ Njicholas Johns : *Managing food Hygiene*, 2nd ed., Macmillan Press Ltd., London, 1995

◦ Norman G. Marriott : *Principles of Food Sanitation*, 3rd ed., Chapman and Hall Inc., New York, 2006

◦ Norman G. Marriot : *Essentials of Food Sanitation*, Chapman and Hall Inc., New York, 1997

◦ Carl Scriven and James Stevens : *Food Equipment Facts*, Van Nostrand and Reinhold Inc., 1999

◦ WHO : *Harzard Analysis Critical Control Point System*, Report of a WHO consultation with the participation of FAO, 29~31 may, 1995

◦ WHO : *HACCP Introducing the Harzard Analysis and Critical Control Point System*, 1997

◦ WHO : *Food Safety and globalization of trade in food*, A challenge to the public health sector, 1998

◦ WHO : *Preventation and Control of Enterohaemorrhagic Escherichia coli (EHEC) Infections*, Report of a WHO Consultation, 28 April~1 May, 1997

◦ Joan K. Loken : *The HACCP Food Safety Manual*, John Wiley & Sons Inc., New York, 1995

◦ David McSwane, Nancy Rue and Richard Linton : *Essentials of Food Safety of Sanitation*, Prentice-Hall, New Jersey, 2004

실무를 위한 **식품위생학**

2007년 8월 29일 1판 1쇄 인 쇄
2007년 9월 3일 1판 1쇄 발 행

편 저 / 박홍현 · 김동원 · 김중배 · 강창수
펴낸이 / 박 정 태

펴낸곳 / **광 문 각**

121-130
서울시 마포구 구수동 42-2 영풍빌딩 2층
등 록 / 1991. 5. 31 제12-484호

전화(代)/ 02) 713-2122
팩 스 / 02) 713-2125
E-mail/ kwangmk@u
홈페이지/ www.kwangmoon

• ISBN : 978-89-7093-439-6

값 19,000원